人力資源管理

王斌、魏大明 主編

崧燁文化

人力資源管理
目錄

目錄

第一章 人力資源管理導論

第一節 人力資源的起源 ... 13
一、人力資源的起源 ... 14
二、人力資源與人力資本 ... 14

第二節 人力資源的概念 ... 16
一、人力資源的含義 ... 16
二、人力資源的特徵 ... 17
三、人力資源的數量與質量 ... 20
四、人力資源的結構 ... 27

第三節 人力資源管理 ... 32
一、人力資源管理的含義 ... 32
二、人力資源管理的目標 ... 33
三、人力資源管理的職能 ... 34
四、現代人力資源管理與傳統人事管理的關係 ... 38

第二章 人力資源管理的基本原理

第一節 中國傳統文化中的人力資源管理思想 ... 44
一、中國傳統文化中關於人性的相關思想 ... 44
二、中國傳統文化中關於人的管理的思想 ... 46

第二節 關於人的理論 ... 52
一、人力資本理論 ... 52
二、人性假設理論 ... 55
三、激勵的基本過程 ... 61
四、激勵理論 ... 62

第三節 人力資源管理的基本原理 ... 76

第四節 人力資源管理思想的發展 ... 84

人力資源管理
目錄

  一、市場經濟體制下的人力資源管理 84
  二、科學發展觀與以人為本 84

第三章　人力資源管理的發展歷程
 第一節　中國古代人力資源管理思想 88
  一、中國古代人力資源管理思想的制度之基 88
  二、中國古代人力資源管理思想的主要內容 91
  三、中國古代人力資源管理思想的啟示 93
 第二節　西方人力資源管理思想 94
  一、西方人力資源管理理論的形成和發展 94
  二、不同時代背景下的西方人力資源管理 95
  三、西方不同學派的人力資源管理思想 98
  四、西方人力資源管理思想的啟示 102
 第三節　未來人力資源管理的發展趨勢 103
  一、當今人力資源管理面臨的新形勢 103
  二、當今人力資源管理面臨的挑戰 105
  三、未來人力資源管理發展的基本趨勢 107

第四章　人力資源規劃
 第一節　人力資源規劃的內涵與功能 114
  一、人力資源規劃的內涵 114
  二、人力資源規劃的階段 115
  三、人力資源規劃的功能 117
 第二節　人力資源需求預測 118
  一、人力資源需求預測的定義 118
  二、人力資源需求分析 118
  三、人力資源需求預測的方法 119
 第三節　人力資源供給預測 126
  一、人力資源供給預測的定義 126

二、內部人力資源供給預測 126
　　三、外部人力資源供給預測 131
　第四節　人力資源規劃的編制 133
　　一、人力資源供需的平衡 133
　　二、編制人力資源規劃的步驟 135
　　三、人力資源規劃 137

第五章 職位分析

　第一節　職位分析的概述 144
　　一、職位分析的基本概念與內容 144
　　二、職位分析的基本原則 146
　　三、職位分析的意義 148
　第二節　職位分析的程序 150
　　一、準備階段 150
　　二、調查研究階段 152
　　三、分析總結階段 153
　　四、控制階段 154
　第三節　職位分析的方法 155
　　一、定性分析法 155
　　二、定量分析方法 167
　第四節　職位分析結果的運用 172
　　一、職位分析結果在職位描述編寫中的運用 172
　　二、職位分析結果在職位規範編寫中的運用 174
　　三、編寫職位說明書需要注意的事項 176
　　四、其他方面的作用 177

第六章 招聘管理

　第一節　招聘概述 185
　　一、招聘的概念與意義 185

人力資源管理
目錄

　　二、招聘的原則 186
第二節　招聘程序 188
　　一、制訂招聘計劃 189
　　二、招聘團隊的組建 189
　　三、工作分析和勝任素質的確定 190
　　四、確定招聘管道和發布招聘訊息 190
　　五、收集應聘者的回饋訊息 191
　　六、人員甄選與評價 192
　　七、人員的錄用 192
　　八、招聘評估 193
第三節　招聘方式 194
　　一、內部招聘 194
　　二、外部招聘 200

第七章 錄用測評

第一節　人員錄用 208
　　一、人員錄用的概念 208
　　二、人員錄用的基本程序 208
第二節　員工測評的概述 210
　　一、員工測評的概念 210
　　二、員工測評的意義 211
　　三、員工測評的程序 214
第三節　人員測評的原理 215
　　一、人員測評的特點 215
　　二、人員測評的標準體系 217
　　三、人員測評的類型 218
　　四、人員測評的基本原理 221
第四節　員工測評的方法與工具 223

一、員工測評常用的工具和方法 223
　　二、員工測評常見的統計方法 236
　　三、測評過程的主要衡量指標 237

第八章 員工培訓

　第一節　員工培訓的概述 243
　　一、員工培訓的概念 243
　　二、員工培訓的形式 244
　　三、員工培訓的意義 245
　　四、員工培訓的發展趨勢 247
　第二節　培訓的需求分析 248
　　一、培訓需求分析的概念和作用 249
　　二、培訓需求分析的流程 250
　　三、培訓需求分析的方法 252
　　四、培訓需求分析結果的應用 256
　第三節　培訓的方式及選擇 257
　　一、培訓方式的性質 258
　　二、主要的培訓方式 259
　　三、培訓方式的選擇 264
　第四節　培訓效果的評估 267
　　一、培訓效果評估的概念和作用 267
　　二、培訓效果評估的內容 268
　　三、培訓效果評估的模型 269
　　四、培訓效果評估的流程 273

第九章 績效管理

　第一節　績效管理的概述 282
　　一、績效的概念 282
　　二、績效管理的含義 286

人力資源管理
目錄

　　三、績效管理的作用 289

　　四、績效管理的意義 291

　　五、績效管理與人力資源管理其他職能的關係 292

　第二節　績效管理的過程 293

　　一、準備階段 294

　　二、實施階段 297

　　三、回饋階段 300

　　四、運用階段 301

　第三節　績效考核的方法 302

　　一、目標管理法 302

　　二、關鍵事件法 303

　　三、行為錨定等級評價法 304

　　四、量表法 304

　　五、排序法 306

　第四節　績效考核的執行與回饋 307

　　一、考核主體的確定 307

　　二、考核前的培訓 310

　　三、考核的週期 311

　　四、考核結果的回饋 312

第十章 獎酬與激勵

　第一節　獎酬概述 319

　　一、獎酬的概念 320

　　二、獎酬體系 321

　　三、獎酬的設計目標 321

　　四、獎酬的影響因素 322

　第二節　工資薪酬 324

　　一、薪酬的含義 324

二、薪酬的構成 ... 325
　　三、薪酬的功能 ... 326
　　四、工資 ... 327
　第三節　獎金與津貼 ... 328
　　一、獎金 ... 328
　　二、獎金的特點 ... 328
　　三、津貼 ... 329
　第四節　與獎酬相關的激勵理論 ... 330
　　一、公平理論 ... 330
　　二、強化理論 ... 331
　　三、期望理論 ... 331
　　四、代理理論 ... 332
　第五節　福　利 ... 333
　　一、福利的含義 ... 333
　　二、福利的特點 ... 333
　　三、福利的功能 ... 334
　　四、福利的類型 ... 335

第十一章 職業生涯規劃

　第一節　職業生涯規劃概述 ... 344
　　一、職業生涯規劃的含義 ... 345
　　二、職業生涯規劃的內容 ... 346
　　三、職業生涯規劃的原則 ... 350
　　四、職業生涯規劃的作用 ... 352
　第二節　職業生涯理論 ... 354
　　一、職業選擇理論 ... 354
　　二、職業生涯發展理論 ... 362
　第三節　影響職業生涯的因素 ... 371

一、個人因素對職業生涯規劃的影響 371
二、環境因素對職業生涯規劃的影響 376

第十二章 人力資源危機管理

第一節 人力資源危機管理概述 382
　一、人力資源危機管理的基本概念 382
　二、人力資源危機的特徵 385
第二節 人力資源危機管理的主要類型 386
　一、人力資源過剩危機 386
　二、人力資源短缺危機 387
　三、人力資源流失危機 387
　四、人力資源使用不當危機 387
　五、組織文化危機 388
　六、人力資源效率低下危機 389
第三節 產生危機的原因分析 389
　一、組織缺乏人力資源規劃 389
　二、組織績效考核難以發揮效用 390
　三、組織制度不完善 391
　四、組織培訓體系不完善 391
　五、領導者能力不足 391
第四節 人力資源危機管理困境的突破 392
　一、人力資源危機管理原則 392
　二、人力資源危機管理的預防措施 393
　三、人力資源危機管理的應對措施 397

第十三章 跨文化人力資源管理中的溝通管理

第一節 文化與組織文化 405
　一、文化的內涵及作用 405
　二、組織文化的內涵與結構 406

  三、組織文化的作用 407
  四、文化差異與衝突 409
 第二節 管理溝通 411
  一、管理溝通的含義 411
  二、管理溝通的過程 412
  三、管理溝通的要素 414
 第三節 跨文化人力資源管理中的溝通管理 417
  一、跨文化人力資源管理 417
  二、跨文化溝通的障礙 418
  三、跨文化溝通的原則與技巧 420

第十四章 人力資源管理的全球化發展趨勢

 第一節 人力資源管理全球化的發展趨勢 427
  一、人力資源管理全球化發展趨勢的動因 427
  二、人力資源管理全球化發展趨勢 428
 第二節 人力資源管理全球化的障礙 431
  一、政治和法律障礙 431
  二、文化障礙 432
  三、經濟障礙 433
  四、勞資關係障礙 433
 第三節 人力資源全球化的管理問題 434
  一、人力資源全球化的全新挑戰 434
  二、當前人力資源管理實踐面臨的突出問題 436

後記

人力資源管理

第一章 人力資源管理導論

第一章 人力資源管理導論

學習目標

- ●瞭解人力資源的起源；
- ●瞭解人力資源的含義；
- ●把握人力資源的特徵、數量、質量以及結構；
- ●理解人力資源管理的含義、目標、職能等相關概念。

知識結構

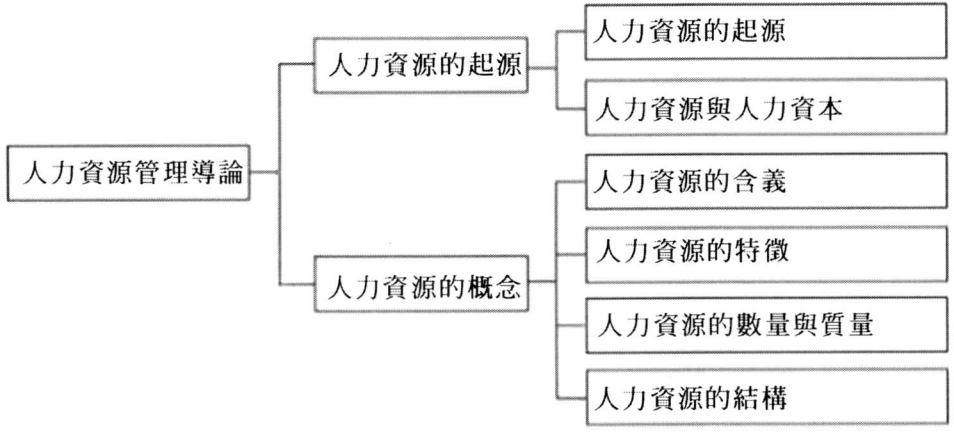

第一節 人力資源的起源

資源（resource），泛指社會財富的來源，通常是指能給人們和社會帶來新的價值和使用價值的客觀存在。在各種資源中，人力資源是唯一的以人為載體的能動資源，被稱為第一資源。

人力資源管理
第一章 人力資源管理導論

一、人力資源的起源

　　隨著生產力的發展和科學技術在生產中貢獻的比重越來越大，管理者逐漸將知識的載體和創造者——人作為一種資源來對待，並最終將其命名為人力資源。

　　「人力資源」（human resource）一詞曾先後於1919年和1921年在約翰·R·康芒斯（John R.Commons）的《產業信譽》和《產業政府》兩本著作中被使用過，因此康芒斯也被認為是第一個使用「人力資源」一詞的人，但其人力資源的內涵與我們現在使用的含義相差甚遠。

　　我們現在使用的「人力資源」源於管理學大師彼得·杜拉克（Peter F.DrucKer）於1954年出版的《管理的實踐》一書中提出的「人力資源」一詞。杜拉克在其著作中的「管理員工及其工作」這一部分引入了「人力資源」概念，之所以提出這一概念，是因為傳統詞語並不能表達這一意思。他認為，相比其他資源，人力資源是一種特殊的資源，這種特殊是因為人力資源指的是人。它具有其他資源所不具有的協調能力、融合能力、判斷力和想像力等素質，這種資源必須透過一定的手段開發利用才能為組織帶來效益。杜拉克的最大貢獻就是將人力和資源聯繫起來，並從管理學角度對其加以詮釋。

　　此後，各國學者從不同角度對人力資源的內涵進行詮釋，由於思維特點和文化差異等原因，這一概念並沒有形成統一的理解，但這並不影響人們對人力資源的重視。在經濟全球化、歐美再工業化、科學技術迅速轉化為生產力等經濟競爭全面加劇的背景下，社會勞動分工和內涵產生了新的多樣性變化，人們進一步認識到科學技術與產業結合對經濟發展的巨大推動作用，而科技發展的根源在於人力資源的開發與管理。在這種情況下，人力資源受到了前所未有的重視，甚至被看作是最根本的資源。

二、人力資源與人力資本

　　可以說人力資源的概念起源於人力資本，但兩者也是比較容易混淆的概念，經常有人將它們通用，但兩者還是有很大區別的，簡單來說，人力資源是管理學的概念，而人力資本是經濟學的概念。

1．人力資本的含義

人力資本之父西奧多·W·舒爾茨（Theodore W.Schultz）認為，人力資本（human capital）是體現在人身上的技能和生產知識的存量，指人們以某種代價獲得的並在勞動力市場上具有一定價格的能力或技能。

當代發展經濟學和教育學的研究表明，隨著教育水準和醫療保健水準的提高，人們的知識水準上升，知識結構逐漸合理化，體制不斷增強。因此，勞動力質量的提高，使勞動者的工作技能、熟練程度得到大大改觀，並帶來了生產效率的上升。這種對人力資源進行開發性投資所形成的可以帶來財富增值的資本形式叫人力資本。

2．人力資本與人力資源的關係

從人力資本到人力資源是一個智力加工的過程，是人力資本內涵的繼承、延伸和深化。現代人力資源理論是以人力資本理論為根據的；人力資本理論是人力資源理論的重點內容和基礎；人力資源經濟活動及其收益的核算是基於人力資本理論的；兩者都是在研究人力作為生產要素在經濟增長和經濟發展中的重要作用時產生的，正因如此人們常將兩者相提並論。

雖然兩者有著緊密的聯繫，但它們之間還是存在著一定的區別。

第一，社會財富和社會價值關係上的區別。人力資本在投資中產生，勞動者以自己投入生產過程中參與價值創造的腦力和體力為獲取相應勞動報酬和經濟利益的依據，人力資本與社會價值是一種由因溯果的關係。而人力資源作為一種資源，勞動者的腦力和體力在價值的創造中起著重要的貢獻作用，人力資源與社會價值是一種由果溯因的關係。

第二，兩者研究問題的角度與關注重點的區別。人力資本是透過投資形成的存在於人體中的資本形式，是形成人的腦力和體力的物質資本在人身上的價值凝結，從成本收益的角度來研究人在經濟增長中的作用，關注的重點是收益問題，即投資能否帶來收益以及收益量的問題。而人力資源則不同，它將人作為財富的來源來對待，是從投入產出的角度來研究人對經濟發展和

人類進步的作用，關注的重點是產出問題，即人力資源的投入對經濟發展的貢獻量問題。

第三，計量形式的區別。在計量形式中，資源是存量概念，而資本則是兼具存量與流量的概念，人力資源與人力資本也對應地存在這一問題。人力資源是指一定時期、一定地域內人所具有的能夠為價值創造貢獻作用，並能被組織所使用的腦力和體力的總和。而在生產活動中的人力資本一般是與流量核算相關聯的，表現為經驗的不斷累積、技能的不斷增強、產出量的不斷變化以及體能的不斷損耗；在投資活動中人力資本又與存量核算相關，表現為教育培訓、遷移和醫療保健等方面的資本投入在人身上的凝結。

因此可以看到，人力資本與人力資源的區別存在著內容上的遞進與範圍上的拓展，人力資源把人力資本研究、分析問題的視角和內涵推向縱深。

第二節　人力資源的概念

人力資源的含義不僅容易與人力資本混淆，同時也與其他相關概念比較相似，因此在對這些概念進行比較的過程中，才能更加準確地把握人力資源自身的含義。

一、人力資源的含義

在人力資源中，人作為一種特殊的資源載體，其本身也是資源的一部分。因為我們這裡認為，人力資源是指一定範圍內所有具備勞動力或具有潛在勞動力，並能推動社會發展和人類進步的人的能力的總和。

人力資源並不是一個單一的概念，它與人口資源、勞動力資源和人才資源等概念有著包含與被包含的相關關係，如圖1-1。

圖1-1 人口資源、勞動力資源、人力資源、人才資源包含關係圖

人口資源是這一系列概念的起點，是指一國或地區擁有的人口總量，主要表現為人口的數量，這一資源在經濟學可以從社會財富消耗的角度來界定，當然人口資源中也有創造社會財富的一部分，但它是人才資源的最基本資源。

勞動力資源是指一國或地區擁有的所有具備腦力勞動或體力勞動的勞動力人口，在年齡範圍中通常指 16～60 歲的人口群體，這同樣也是一個單純的數量概念，只是在人口資源的概念中對勞動能力和年齡做了進一步的限制。

人力資源是指勞動力資源中能夠創造社會價值、推動人類進步的健康人口群體。它增加了質量的限制，要求勞動力資源既能夠創造價值，還必須達到身體和精神健康的基本標準。

人才資源是指一國或地區所擁有的具有較多知識儲備和較強勞動力，並在創造過程中能夠造成關鍵性作用的人群，可以理解為較高層次的人力資源。

二、人力資源的特徵

人力資源作為一種特殊的資源，在具備普通資源特徵的同時，還具有人的屬性。研究並瞭解人力資源的特徵，是對人力資源進行優化配置的前提條件。

人力資源管理
第一章 人力資源管理導論

1．時效性

人力資源不同於礦藏等可以長期儲存且價值不變的自然資源，儲而不用人力資源就會退化、過時，用而不儲也會形成人力資源供給的斷層。由於人力資源在具備資源屬性的同時還具有人的生物屬性，以人為載體的人力資源，其價值表現為人的腦力和體力，與人的生命週期緊密相連。人力資源會隨著人的生命處於不同時期而表現出不同的價值：在成長期由於腦力和體力還在成長的過程中，人力資源並不能真正地創造價值；在老年期由於腦力和體力的退化，人力資源已經難以再進行勞動和價值創造了；只有在成年期的人力資源才能夠進行有價值的創造。對處於不同時期的人力資源進行開發和使用，收益也是有區別的。

2．能動性

人力資源不同於其他資源，以人為載體的人力資源在勞動中能夠自覺地、有目的地、有計劃地完成任務，這是人與動物以及其他資源較大的區別之一，即人的主觀能動性。正如在蜂房的建造中，人類建築師遠遠比不上蜜蜂，但不同的是，建築師勞動結束後所得到的結果，是其在建築建設之前就已經在頭腦中形成了的觀念的建築。正因如此，人力資源在從事經濟活動和社會事務的所有資源中，總是處於控制、調配其他資源的地位，人力資源可以依據環境和規律以及自身的條件、願景，能動地制訂行動方案。所以，人力資源是勞動過程中最積極、最活躍的因素，在所有資源中處於主導地位。正是因為人力資源的能動性，在使用和開發中需要特別注意對其情感的照顧和意願的激發，以調動其能動地從事價值創造活動。

3．再生性

再生性同人力資源的時效性，作為個體的人力資源隨著使用的時限發生變化，超過一定時限後其價值會不可逆轉地衰退並最終喪失，但以人口資源和勞動力資源作為基底的人力資源整體，基於人口的生產和再生產從而獲得自身實體的延續、更新和發展，並基於教育、繼續教育、培訓和各種成人教育、社會教育而獲得能力的延續、更新和發展，進而具有了勞動力和勞動能力的再生性。由於人口的再生產，使勞動力中衰老的個體更換、更新以及群

體勞動力喪失的恢復得以實現。同時，人力資源的勞動能力也具有再生性，在得到適當休息之後其消耗了的勞動能力可以完全恢復，並且能力在不斷的使用和培訓中還能夠不斷地提高。

4．資本性

人力資源不同於勞動力資源，既有數量的屬性也有質量的屬性，其中人的精神和身體健康、知識的儲備和技能的水準可以歸納為人力資源的資本屬性，因為這三者在很大程度上決定了人力資源的價值創造量和投入收益量。結合專欄中人力資本的相關知識，人力資源作為一種經濟資源具有資本屬性的主要依據來自以下幾個方面。

第一，人力資源的形成是投資的結果。在知識經濟時代，人力資源的數量規模和質量高低很大程度上取決於投資的多寡。對於社會上每一個成員來說，其身心健康、知識儲備和技能水準的前期獲得和持續獲得、日常維護以及使用中的提高和發展都需要持續的投資來支持。可以說沒有投資就不可能形成社會經濟發展所需要的人力資源，因此世界各國政府和組織在人才競爭中持續提高對國民教育的投資和對員工培訓的投資並不是無的放矢。

第二，對人力資源的投資可以帶來預期收益。人力資源初步形成一定的規模、具備一定的質量水準後，就能夠在一定的預期內為投資者和使用者帶來一定的收益，這種收益並不侷限於貨幣形式，有些收益可能需要進一步的轉化才能得到貨幣收益，但這並不影響預期收益的獲得。據經濟學家的研究，在世界各國的國民經濟構成中，人力資源所帶來收益的相對值和絕對值，已經遠超自然資源和其他資本資源所帶來的收益。此外，人力資源的收益區別於一般資源的收益，具體表現為：一般實體資源的收益呈現遞減的態勢，而現代社會發展中的人力資本收益在一定時空範圍內呈現遞增的態勢，這也使得現代社會經濟發展對人力資源的依靠越來越緊密，而研究人力資源及其管理的現實意義則更為重要。

第三，人力資源具有產權性質。人力資源的結構會在後面進行詳述，但健康、知識、技能等是人力資源的基本構成這一點毋庸置疑，這些構成本身具有資本的屬性，與人身緊密結合密不可分。這樣就帶來一個問題，人力資

源的所有者對自己的人力資源擁有了產權。人力資源產權具有與物的產權相似的特徵，但與物的產權又存在本質區別。因為人力資源與人身不可分割，人力資源的價值必須以人身為載體才能夠得到體現和發揮，在界定人力資源產權時需要同時考慮產權的本質與人權的因素並賦予適當權重。人力資源產權是一種不完全的、受限制的權利，可使投資者在一定條件下擁有一系列的權利。雖然人力資源的產權在形式上可以讓渡交換，但人力資源的個體自始至終地、應然地享受這其中的收益權，這個收益權除了個體在讓渡交換中所得到的工資、獎金等貨幣報酬，還應然地包括在人力資源使用過程中獲得的經驗累積、知識增長、技能提升等增值價值。

此外，受到生物衰老不可逆性的限制，人力資源同其他資本一樣具有折舊性，雖然人力資源的勞動能力在適當休息和合理回報後會自動恢復，但其健康狀況、知識儲備、技術水準在使用和閒置中會出現有形磨損和無形磨損。

5・社會性

不同於自然資源在不同時代和社會變化極小的完全自然屬性，由於人的社會性，人力資源具有不同於其他資源的社會屬性。人力資源所包含的腦力和體力資源明顯且必然地受到持續的時代和社會影響，並呈現出與社會、時代相適宜的特徵和差異，這就是人力資源的社會屬性。由於人力資源個體在產生形成階段所處的社會政治、經濟、文化背景的差異，其所受到的教育、培訓、環境影響都有所差異，這種差異導致人力資源在質量和結構上形成顯著的區別。此外，受到不同時期和區域科學技術水準的影響，人力資源也相應地呈現出明顯差異，如古代人力資源的整體質量明顯低於現代，已開發地區人力資源的整體質量高於開發中及未開發地區。

三、人力資源的數量與質量

人力資源作為一種資源，在瞭解其性質特徵之後必須要從數量和質量這兩個維度做進一步的把握。瞭解人力資源的數量和質量，在發揮人力資源使其合理配置價值的過程中可以使人力資源管理更加精確。

1．人力資源的數量

人力資源的數量是構成人力資源總量的基礎，反映了人力資源量的屬性，是對人力資源群體規模的描述。對人力資源數量的界定是根據人力資源需求的不同採用不同的標準來劃分的，但具體的表述可以用絕對數量和相對數量來表現人力資源的規模。

(1) 人力資源的絕對數量

人力資源的絕對數量一般是針對具體的國家或地區所擁有的具有勞動能力的人口數量加以統計的。一般情況下世界各國是以勞動年齡為基本劃分標準，具體到每個國家和地區則又有些細微差別，例如開發中國家普遍對勞動年齡的規定男子為16～60歲，女子為16～55歲，勞動年齡上限與下限之間的這部分人口稱為勞動適齡人口。此外，在勞動適齡人口中必然存在一些因傷、殘、病等原因暫時或永久喪失勞動能力的個體，特殊情況下在勞動適齡人口之外還存在一些具備勞動能力或事實上正在從事社會勞動的人口。因此，在計算人力資源絕對數量時，必須將這些因素綜合考慮後才能得到相對準確的結果。具體來講，一個國家或地區的人力資源應該包括以下八個部分，如表1-1。

①處在勞動年齡之內，正在從事社會勞動的人口，被稱為「勞動適齡就業人口」。

②尚未達到勞動年齡，而事實上正在從事社會勞動的人口，被稱為「未成年人就業人口」。（這裡並不對未成年人權益的問題進行探討，只是對社會事實進行客觀性的描述）

③已經超過勞動年齡，但事實上仍在從事社會勞動的人口，被稱為「老年就業人口」。（這部分人力資源可能是因為經濟社會變化後超過勞動年齡上限但仍未退休，或已經退休的人力資源被返聘後繼續參加社會勞動而產生的）

以上三部分構成了人力資源的主體，又被稱為「就業人口」。

④處在勞動年齡之內，有能力、有意願參加社會勞動，但實際並未參加社會勞動的人口，被稱為「求業人口」或「待業人口」。

國際上通常將「就業人口」加上「求職人口」的人力資源稱為「經濟活動人口」或「現實人力資源」。

⑤處於勞動年齡之內的就學人口。

⑥處於勞動年齡之內的軍隊服役人口。

⑦處於勞動年齡之內的家務勞動人口。

⑧處於勞動年齡之內的其他未就業人口。

以上四部分人力資源在現實中並未對社會勞動力構成現實供給，因此稱之為「潛在人力資源」。

綜上所述，人力資源的絕對數量是由現實人力資源和潛在人力資源之和構成的，因此人力資源也可以表述為一國的人口中，勞動適齡人口減去其中喪失勞動能力的人口，再加上勞動適齡外具備勞動能力的人口。

圖1-1 人力資源絕對數量構成表

	未成年就業人口	勞動適齡就業人口				老年就業人口	
		求職人口					
		就業人口	軍隊服役人口	家務勞動人口	其他未就業人口		
		傷殘病人口					
0歲	少年人口　16歲	勞動適齡人口			60/55歲	老齡人口	

(2) 人力資源的相對數量

人力資源的絕對數量是反映一個國家國力總量的重要指標，而相對數量透過測算一國人均人力資源的擁有量，可以更加準確地對一國國力的結構合理性進行評價，採用相對數量還可以將本國的異期水準和他國同期水準進行比較，從而反映出一個國家或地區的發展程度及更深層次的社會經濟特徵。

人力資源的相對數量可以用人力資源率來表示，人力資源率是指人力資源的絕對量占總人口的比重。人力資源率越高，表明一個國家或地區可以投入經濟活動的人力越多，作為單純消費者的人口越少。其計算公式如下：

人力資源率＝（人力資源總量／被考察範圍總人口）×100%

例：某地區人力資源總量為 250 萬人，總人口為 300 萬人，求其人力資源率。

根據公式，則有：

人力資源率＝（250／300）×100%＝83‧3%

（3）影響人力資源數量的因素

一般來說，對人力資源數量產生影響主要有以下三個因素。

因素一：人口總量及其再生產狀況。人力資源來源於人口資源，可以說人口資源的多寡與優劣對人力資源數量的發展有著極大的限制。在靜態分析中，人力資源數量取決於人口總量，在動態分析中人力資源數量的變化則取決於人口自然增長率的變動。自然增長率由出生率和死亡率構成，在和平與發展的世界背景下人口死亡率變動較小，長期處於穩定的較低水準，所以人口總量和勞動力人口數量的變動主要取決於人口基數和人口出生率水準。當然，人從出生到成長為具備勞動能力的適齡人力資源之間存在一定的時間延遲，因此透過人口數量變動來對人力資源數量變動進行預測時還需要考慮這一因素。

因素二：人口年齡結構及其變動。人口的年齡構成是影響人力資源數量的一個重要因素。在人口總量一定的前提下，人口的年齡結構直接決定了人力資源的數量，即：人力資源數量＝人口總量 × 勞動年齡人口比例。

此外，適齡勞動人口的內部年齡構成變動也制約著人力資源內部結構的變動，這種變動能夠對人力資源的質量產生一定的間接影響。

調節人口年齡構成，需要在相當長的時間內透過對人口出生率和自然增長率的調節來實現，這其中除了人口年齡調整政策的合理制定，還需要充分考慮自然災害、流行性致命疾病等會對人口構成產生較大影響的特殊因素。

因素三：人口遷移。人口遷移即人口在地區間的流動。造成人口遷移的原因有很多，但一般情況下是由區域間的經濟差距而引發的，具體表現為人們總是自覺或不自覺地由生活水準較低的地區向生活水準較高的地區遷移、由收入水準較低的地區向收入水準較高的地區遷移、由物質資源相對匱乏的地區向物質資源相對豐富的地區遷移、由發展前景較小的地區向發展前景較大的地區遷移，其原因可以歸納為以下三點。

第一，生物趨利避害的天性。這一特點主要表現為人們從不發達地區向發達地區的流動，這類流動主要是由目前的收入與未來預期收入差距較大、發達地區就業前景相對較好等經濟因素造成的。此外，發達地區的社會文化氛圍、地區的精神面貌以及親友的情感吸引等非經濟因素也是造成流動的一個重要原因。

第二，人口遷移與人們流動能力（知識、技能、健康、財富等）的強弱有關。理論上經濟落後、就業率低的地區，其對人口流動的外推能力應該較強。但實際上即便在完全的市場經濟條件下，人口遷移在不被行政或人為干擾時，經濟落後與失業對流動仍然沒有直接的推動作用，這是因為在經濟落後、失業率較高的地區其人力資源的質量也比較低，這部分人力資源並不具備遷移與流動的能力，甚至有一部分人沒有產生流動的願望。

第三，國際的人口遷移。國際人口遷移的主體主要是成年人，這個群體一般都掌握一定的專業技術或能夠創造價值的專長，並且擁有相對豐厚的經濟基礎。對於流入國而言，外來人力資源有利於其發展，增強了其人力資源的存量；但對流出國而言，這在一定程度上是人力資源的流失，短期內會對經濟社會的發展造成一定的損失，限制專業人才外流是發展中國家普遍採取的一項保護本國、本民族利益的措施。但隨著人力資源全球化流動的不可逆態勢，以及人力資源在國外發展一定時期後對流出國產生一定的隱形效益後，人力資源的跨國流動慢慢成了一種常態。

2．人力資源的質量

人力資源質量是指對人力資源質的規定，與構成人力資源的個體勞動能力的素質相關，包括人力資源所具有的體質、智力、知識和技能水準等。人力資源整體的質量是一個國家勞動力素質的綜合反映。

（1）人力資源質量的內容

人力資源質量主要包括能力質量和精神質量。

第一，人力資源能力質量。人力資源的能力質量是指推動物質資源、從事社會勞動的能力水準，具體表現在知識、工作技能、創新能力、職位適應能力等方面，其中知識與工作技能的水準是人力資源能力質量中最重要的方面。

人力資源的知識水準，一般表現為人力資源的文化水準和受教育水準，而人力資源受教育水準的獲得和提升主要依靠公共教育資源的投入，在這方面政府教育部門是對人力進行資本投入、生產社會人力資源的最主要部門，各類組織也擔負著對本組織內人力資源受教育程度提升的相應義務。

人力資源的工作技能水準，主要體現為在專業工作中的實際操作水準，一般以人力資源接受專業教育、職業教育、培訓的程度來反映，或者以人力資源所具有的技能職稱、等級來表示。

第二，人力資源精神質量。人力資源的精神質量是其心理素質、心理狀態等精神方面質量的總和。在人力資源質量中，精神質量因為不能直接體現且難以量化，常常被人忽視。實際上，人力資源的精神質量在一定程度上比能力質量更重要。可以說能力質量決定人力資源產生價值的多寡，而精神質量則直接影響人力資源是產生價值抑或影響生產活動。精神質量對人力資源從事工作時的心理狀態和積極性以及應對任務時的心理素質起著直接的決定性作用，它是影響人力資源群體關係、組織凝聚力以及經濟效益的重要因素。

（2）影響人力資源質量的因素

因素一：遺傳及其他先天因素。遺傳和其他先天因素是塑造人力資源質量的物質性基礎。人類的體質和職能源於人口代際間生理基因的穩定得以繼承。這種代際遺傳對個體的體質、智力及其成年後的素質和發展有著重大的影響，並且在不同種族和地域間存在顯著的差距，如華人有較高的平均智力水準，非洲、歐洲人種擁有較為平均強健的體魄等。這種遺傳從根本上對人力資源總體質量的成長和發展水準形成了一定的限制。

因此，現代基因工程致力於對人類基因遺傳的研究，旨在去除人口基因中的不良基因，避免由此而產生的病殘人口，減小人力資源出現先天的損失。此外，隨著基因技術水準的提高與領域的拓展，還可以透過基因的改造、優化，打破人力資源成年後因為遺傳的限制而阻礙個體的發展，對個體的體質和智力等遺傳素質水準進行提升。

其他先天因素，即胎兒出生前和嬰兒成長期可能發生的對人力資源達到勞動年齡後的限制因素也應受到重視。需要對懷孕期女性的勞動條件、生活環境、營養水準等方面加以改善，為提高未來人力資源的質量提供保障。

因素二：營養因素。營養是食物中的有用成分，是構成人體組織器官、體液成分、機體運動能源的物質。營養物質一般包括糖、蛋白質、脂肪、無機鹽、維生素、纖維素和水等物質，其中糖和蛋白質最為重要。糖是維持人體運動能量消耗的主要來源，蛋白質是人體組織器官的基本組成物質。人的生物性決定其攝取的營養總量和營養結構會對個體體質、智力的後天成長造成重要的影響，可以說人成長期的營養攝取狀況對其成年後的體質和智力有著必然的影響，同時營養也是維持人體進行體力勞動和腦力勞動的必要養分。在一些貧困國家中，人們難以獲得維持人體正常發育的營養供給，其機體因長期處於飢餓狀態而遭到破壞，即便成年後食物營養供給狀況得以改善，其體質和智力也難以得到恢復性的增長。

因素三：教育和培訓因素。教育是人類知識和經驗得以傳承延續的一種社會性活動，是一部分人對另一部分人進行多方面影響的過程，也是提高人力資源質量最重要、最直接的手段。透過學習，受教育者可以獲得從事社會

勞動所需的基本知識，並透過一定的實踐獲取相應的技能，在這一過程中人力資源的體質、智力水準得以提高。因此教育對人力資源的素質有著決定性的影響，如果說人的先天遺傳在一定程度上決定了人力資源的發展潛力，那麼後天教育就是決定人力資源發展現實和突破極限的決定性因素。

因素四：經濟與社會發展狀況。一般來說，在經濟、文化發達的國家，人的文化素質、體質健康、精神狀態相對較好，從而使人力資源的質量處於較高水準；在相對落後、貧困的國家，人的受教育水準較低、身體健康狀況較差，人力資源的質量也處於較低水準。在實行市場經濟的國家，競爭的利益和壓力迫使人們致力於提高素質，並迅速捕捉市場需求的信號而自動形成人力資源供給，在這些國家中高質量的人力資源能夠得到高收入，使人力資源素質水準與財富狀況緊密聯繫。

四、人力資源的結構

人力資源結構是繼數量和質量之後系統性瞭解人力資源狀況的途徑，一般來說人力資源的結構包括其自然結構、社會結構和經濟結構，在此基礎之上還可以繼續細分。

1．人力資源的自然結構

人力資源的自然結構主要可以從其年齡和性別兩個角度來分析，針對不同年齡段人力資源的特點和女性人力資源的開發是人力資源領域研究的焦點問題。

（1）人力資源的年齡結構

①不同年齡段的人力資源

按人口學對人類年齡的劃分，可以將 0～14 歲的人歸為少年組，15～64 歲的人歸為成年組，65 歲以上的歸為老年組。根據人力資源絕對數量中對不同人力資源構成部分的劃分可以看出，少年組和老年組一般處於勞動適齡人口範圍之外，但這兩組人口對人力資源的發展也有著重要的影響。

人力資源管理
第一章 人力資源管理導論

　　少年組的人口處於身體繼續發育和智力大幅提高的階段，其主要社會活動是為加入和適應社會勞動而接受教育和體能鍛鍊。在這一過程中，其勞動能力正在增長，思想觀念正在形成，並對其未來的職業選擇做出基本判斷。儘管在這一時期其勞動能力水準不高，但其未來使用年限較長，學習能力較強，適應能力較好，具有較強的開發潛力。

　　成年組的人口處於體質和智力相對穩定的高峰狀態，隨著人力資源的使用和再培訓其素質會在一定範圍內提高，但整體幅度相對較小。這一年齡階段的人力資源勞動能力最強，技術水準最高，生產管理經驗也比較豐富，是價值創造的高峰時期，對這一階段的人力資源進行科學開發和利用是促進經濟社會又好又快發展的重要途徑。

　　老年組的人口雖然其體質、智力都明顯下降，處在生理衰退期，但老年人由於長期累積的社會經驗、生活經驗、生產經驗極為豐富，也是人類知識和經驗的重要寶庫，對老齡人口的人力資源進行合理的再開發也是提高現階段人力資源效率和效益的可行途徑。

②劃分人力資源年齡結構的意義

　　按照相關規定，可以將男性和女性的勞動年齡分別界定在 16～60 歲和 16～55 歲。在這一部分年齡劃分中還可以對適齡人力資源依其年齡細分為青年、中年和老年，其中青年為 16～25 歲，中年男性為 26～50 歲，女性為 25～45 歲，老年男性和女性分別為 50 歲以上或 45 歲以上，這就組成了適齡人力資源的年齡結構。相對來講，一個社會的人力資源年齡構成較為年輕的，即青年人力資源比例較大、老年人力資源比例較小對社會經濟發展較為有利。相反，人力資源年齡結構老化的社會就存在人力資源供不應求以及人力資源斷層的風險，從而影響經濟社會的正常有序發展。但人力資源年齡結構過於年輕化，即青年人力資源比例過大，且這一比例仍處於持續上升中，則會導致人力資源供大於求的狀況，因為社會職位吸納能力不足從而出現失業等社會問題。此外，不同年齡階段的人力資源，其知識技能的結構、特點、總量不同，其勞動能力、思維模式、行為風格的不同，使不同年齡階段的人

力資源對組織的價值存在巨大差異，這種差異在組織中主要體現在組織決策、管理模式、工作風格和員工關係等方面。

(2) 人力資源的性別結構

①性別結構的內容

男性與女性由於生理方面的巨大差異，使其在從事社會活動以及對不同職業的適應能力等方面都會產生較大的差異，這種差異對社會人力資源的供給和組織人力資源的使用會產生必然的影響。相對而言，男性的體能等方面因素強於女性，工作環境對男性的影響和限制較小，且男性較女性有更長的社會勞動年限；但女性也有其獨有的優勢，使其在醫學、教育、服務、語言等方面的工作較男性有優勢。正常情況下，人口總體的性別比例和各年齡組的性別比例，包括適齡勞動人口的性別比例基本上是均衡的。但在特殊情況下，如戰爭、疾病、遷移等，可能會造成人口性別比例的失調，這種失調必然會影響人力資源的性別結構及其有效供給。例如第二次世界大戰中，蘇聯損失了 2000 萬人口，其中大部分是成年男性，這種性別結構的失調使其人力資源的供給在今後數十年受到了影響和改變。

②女性人力資源的開發利用

女性人口的從業狀況在不同國家、地區和時期各不相同，但總體是處於較低水準的，因此加強對女性人力資源的開發和利用，解決女性人力資源求職與就業後的相關問題，對人力資源效率和效益的提升以及社會經濟發展有著重要的意義。女性由於其性別的限制和歷史原因，其勞動參與率和就業率受到社會需求總量、職位需求、生理特點、受教育程度、家庭負擔以及男性人力資源供給量等諸多因素的影響，此外社會風俗習慣和政治環境也對女性就業有著一定的影響。改善女性教育情況和改變社會氛圍對提高女性人力資源的開發利用效率有著重要的作用。

2．人力資源的社會結構

人力資源的社會結構主要包括教育結構和職業結構兩方面，而且這兩方面因素在一定程度上還存在互為因果的關係，教育結構的改變直接影響職業結構的調整，職業結構的變化也對教育結構的改變起著一定的誘導作用。

（1）人力資源的教育結構

人力資源的狀態和效能存在著巨大的差異。在一定區域內人力資源的體質差異不會很大，其差異主要表現在智力方面，這種「智力」並不是指智商，而是體現在人力資源的受教育水準上，按照習慣，人力資源的教育結構是依其教育程度來劃分的。此外，人力資源的職業技能等級比例也是教育結構的一種表現形式。相對而言，經濟發達地區對高教育水準人力資源的數量需求大，但人力資源結構中高教育水準比例過高不僅會造成成本的浪費，也會影響人力資源組織的合理搭配，對經濟社會發展的最優效益產生影響。在中國大力發展高等教育、迅速步入「高等教育大眾化」的背景下，處理好高等教育的合理布局與可持續增長問題具有重要的經濟和社會意義。

（2）人力資源的職業結構

職業因其勞動內容、勞動工具、勞動方法、勞動對象以及勞動條件和環境的差異，被劃分為不同的種類與層次，但總體而言所有職業都可以分為體力勞動職業和腦力勞動職業兩大類。人類社會的發展是一個腦力勞動型職業比例不斷增大的過程，腦力勞動者中的高級部分比低級部分具有更快的增長速率；在體力勞動者中，生產型職業逐漸減少，服務型職業比例逐漸增加，體力勞動者中的技術性、含腦力性成分的職業正在增加。

（3）人力資源的經濟結構

人力資源的經濟結構並不僅指其產業結構，還包括人力資源分布的地域結構和相應的城鄉結構。

第二節　人力資源的概念

①人力資源的產業結構

人力資源產業結構是指人力資源在三大產業中分布的數量和質量結構，隨著產業結構調整的歷史趨勢，世界各國的產業結構都發生了相應的變動，這一變動的實現和發展需要人力資源進行相應的調整，這也是現階段開發和管理人力資源的基本任務之一。

人力資源產業結構變動的一般規律是，人力資源首先由第一產業流向第二產業和第三產業，然後由第一產業、第二產業流向第三產業。隨著農業生產率的提高，農業人口閒置，農業轉移人口大量湧向城市的第二產業、第三產業。中國自改革開放以來，第一產業就業的人口減少比例每年超過1%，而這一數字在發達國家僅為0·5%。第二產業人力資源則呈現出了先增長後下降的趨勢，因為在第二產業發展中，勞動的密集能夠帶來規模效益，規模效益的再生產中隨著技術的發展和生產效率的大幅提高，由勞動密集型向技術密集型轉變成了第二產業發展的規律和客觀現實，也為第二產業人力資源向第三產業分流提供了客觀的要求。隨著第一產業、第二產業勞動效率的提高，其對人力資源數量的需求不斷減少，社會閒置人力資源為了充分就業和創造價值，就必須流向第三產業，而第三產業就業比例的提高也是國家經濟發達的重要表現。

②人力資源的地區結構

人力資源的地區結構是指人力資源在不同地區的分布，這種分布並不侷限於行政區劃，還包括經濟區劃和自然地理區劃等。由於人力資源在很大程度上受到人口資源的限制，因此人力資源的地區結構基本上取決於人口的地區分布。因為不同區域的政治、經濟、文化發展存在差距，研究人力資源的年齡結構、性別結構、質量結構等都要以人力資源的地區分布為基礎，這些結構的合理化程度也受到人力資源地區分布合理程度的影響。

因為市場存在組織生產的有序性和整個市場生產的無序性，人力資源作為一種受到市場對其配置產生決定性作用的資源，人力資源的合理分布也受到市場這一缺陷的影響，因此人力資源分布合理化需要透過規劃來實現。

③人力資源的城鄉結構

人力資源的城鄉結構也是人力資源經濟結構的重要方面。人力資源的城鄉結構是由人口的城鄉分布決定的，並且受到農業轉移人口和城鎮人口在城鄉間流動的影響，它在反映社會農業部門和非農業部門發展的情況的同時，還反映了社會的經濟發展總體水準。按照土地性質和產業結構劃分，農村主要以農業經濟活動為主，城鎮以非農業經濟活動為主。城市和農村的人力資源供給是滿足二者經濟活動所需要的條件，而人力資源在城鄉間的流動則是調解人力資源城鄉分布的重要途徑。

人力資源城鄉結構的變化主要還是表現為農村人力資源向城鎮的單向流動，這也是城鎮化的歷史趨勢。中國自20世紀90年代以來，出現了大規模的農村人力資源向城市流動的現象，並隨之產生了盲目性較大的「民工潮」問題。進入21世紀後又出現了「民工荒」和企業大規模裁員與辭退農業轉移人口現象，為城市化進程增加了人為的障礙。

第三節　人力資源管理

人力資源管理從出現到發展，對人類社會的經濟發展和科技進步造成了巨大的推動作用，其地位的重要性已經成為當今社會的共識。但是社會各階層在對人力資源管理相關概念的理解上並沒有形成統一的認識，探究人力資源管理的含義、目標、作用等主要內容以提高人力資源管理實踐的有效性仍具有重大的現實意義。

一、人力資源管理的含義

人力資源管理的行為在人類早期活動中就存在了，但是作為一種概念和理論卻是在杜拉克提出「人力資源」這一概念之後才出現的。在60年的發展歷程中，各國學者從不同視角對人力資源管理進行研究並形成了各自的流派，雖然各流派之間對人力資源管理的界定差距甚大，但在核心內容上還是形成了一定的共識。

第一，人力資源管理的對象是人力資源。這一點是幾乎所有流派都能夠基本認同的。人力資源具有自我補償和成長的特性，這也是人力資源與物力資源的區別。人力資源在組織的管理中不僅是生命的個體，也是組織的個體，人力資源管理研究的重點就是如何管理組織的人力資源。此外，人力資源管理的內容是對各種與人力資源有關的關係進行管理。管理的對象也不是個體現象。

第二，人力資源管理是一個過程而不是一個瞬間。人力資源管理是一個組織長期的、持續的工作，從人力資源供求分析、人力資源規劃、職位分析、招聘、培訓再到績效考核和激勵等各環節，都是人力資源管理的系統構成，需要長期持續地進行才能實現人力資源管理的目標。

第三，人力資源管理不是個別行為而是組織行為。可以將人力資源管理理解為一系列的人力資源管理制度在操縱著管理者對人力資源進行計劃、組織、協調、控制的活動，對個體的管理以及個別的管理行為都是在組織的管理和行為中完成的。

因此，人力資源管理可以理解為是組織為了實現其特定目標，在一定的制度約束和規範下，由被授權的組織內部人員透過對人力資源的獲取、開發、保持和有效利用，以實現組織目標和組織人力資源增值的過程。

二、人力資源管理的目標

人力資源管理始終是圍繞如何充分開發人力資源這一核心目標展開活動的，具體來講，人力資源管理具有以下三個主要目標。

第一，充分調動組織成員的積極性。在霍桑試驗後，有管理學家對員工的工作能力發揮狀況進行過調查，發現在自然狀態下，員工只能發揮20%～30%的能力，而在充分調動員工積極性的狀態下，其潛力能夠發揮80%～90%。所以，在充分、全面地發揮組織成員人力資源的價值中，調動其積極性是實現組織目標的有效手段。此外，組織成員的積極性還常常受到成員在組織中的發展空間、自我實現機會、福利狀況、人際關係及組織文化等因素的影響。

人力資源管理
第一章 人力資源管理導論

　　第二，使人力資源增值。組織一般擁有三種資源，即人力資源、物質資源和財力資源。其中，物質資源和財力資源價值實現的本質是透過與人力資源的結合而實現的，其價值的實現程度又受到人力資源的數量、利用程度以及人力資源管理狀況的影響。人力資源管理除為實現組織目標外，還需要實現對組織人力資源的增值。因為，透過人力資源自身的增值，可以在物質資源和財力資源不變的前提下大幅提升其價值發揮效率。所以說，使人力資源增值也是人力資源管理的一大目標。

　　第三，實現組織利益的最大化。雖然人力資源管理起源於企業管理，但隨著其地位的提升，人力資源管理在社會各類組織中都扮演著極其重要的角色。因此，透過人力資源管理不僅能夠實現企業利益的最大化，也可促使非營利組織的利益達到最大。人力資源管理就是透過提高組織人力資源對任務的適應程度、自身價值的發揮程度以及價值發揮對組織自身的有效程度，達到人盡其才、人盡其能的狀態以最終實現組織利益最大化的目標。

三、人力資源管理的職能

　　在後面章節會對人力資源管理的職能進行詳細的分析，這裡只對人力資源管理的職能做簡單、介紹性的描述。

1・人力資源管理的基本職能

（1）人力資源規劃

　　人力資源規劃是根據組織的策略目標，科學分析和預測組織在變化的環境中人力資源供給與需求的狀況，從而制訂必要的計劃和措施，以確保組織能夠獲取需要的人力，為實現組織的策略目標提供助力。人力資源規劃具體包括對組織未來人力資源供需情況的預測，根據預測結果制訂平衡供需的計劃等。

（2）工作分析

　　工作分析是人力資源管理的最基礎工作，具體包括兩大類活動：

一是對組織內各職位的內容和職責進行清晰界定；

二是確定各職位所要求的年齡、學歷、專業、經驗等在內的任職資格。

工作分析的最終結果一般體現在職位說明書上，這也是人力資源規劃、招聘、培訓、績效評估和薪酬管理等工作有效開展的前提性工作。

（3）招聘錄用

根據人力資源的規劃或供需計劃而開展的招聘與錄用工作是從人力資源管理中獲取人力的重要活動。在招聘環節，不僅需要透過各種管道發布招聘訊息，還需要對應聘者進行一定形式的考核。招聘的形式包括內部招聘和外部招聘兩大類，這兩大類是組織獲取合適的人力和維持組織擁有可持續人力潛能的重要手段。

錄用環節是以職位說明書的具體要求以及組織的人力資源需求計劃等為標準，透過不同管道對應聘者的實際情況進行瞭解並對考核結果進行甄選，為組織提供有效的人力資源供給。

（4）培訓開發

培訓是為了實現組織目標，透過有計劃、有目的地對員工傳授知識和技能，在員工自身價值增值的過程中提高員工績效，並最終實現組織目標。相較於培訓側重於短期工作技能的提升，開發則是對員工未來技能水準及員工素質和價值的開發。培訓和開發都是人力資源管理中使人力資源持續增值的重要內容，隨著競爭環境的日益激烈，培訓與開發的重要性也在不斷增強。有效的培訓與開發能夠幫助組織適應環境的變化，滿足組織參與社會活動和員工自身發展的需要，對組織利益的提升也有相應的促進作用。

（5）績效管理

績效管理是透過將組織目標細化成可以具體落實到某一職位完成的任務，對任務完成程度與效果進行考核並以一定的激勵和處罰作為獎懲的手段，從而確保組織整體目標實現的管理活動。績效評估訊息可以幫助員工提高工作績效，實現自我發展，此外這一訊息還是對員工的晉升、加薪、培訓等人事決策產生重要影響的指標。其具體活動包括制訂績效計劃、進行績效考核以及實施績效溝通等活動。

（6）薪酬管理

薪酬管理是與績效管理有直接關係的管理活動，其目的是為了激勵員工積極性及有效完成職位職責以實現組織目標的管理活動。具體包括實施工作評價、確定薪酬水準、制訂福利及其他待遇標準等活動。

（7）員工關係管理

員工關係管理並不侷限於對勞動關係的管理。除了對勞動關係進行協調外，管理者還需要努力營造良好的組織氛圍以促使員工工作積極性的發揮，健康積極的組織文化和融洽的人際關係也能夠提升組織的核心競爭力。此外員工關係管理還需要對員工的職業生涯進行規劃。

2．人力資源管理職能間的關係

對於人力資源管理的各項內容，應當以一種系統的觀點來看待，它們之間並不是彼此割裂、孤立存在的，而是相互聯繫、相互影響的，並共同形成一個有機的系統，如圖1-2。

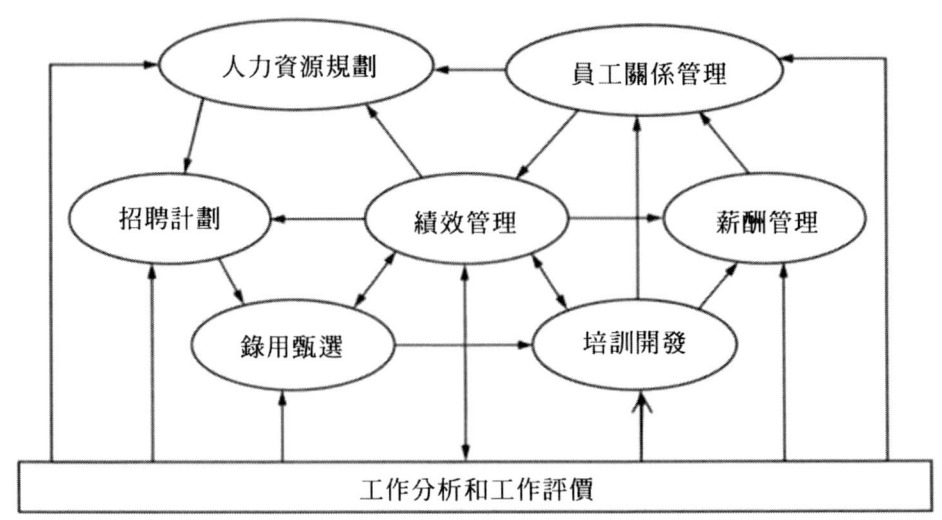

圖1-2 人力資源管理職能之間的關係圖

(1) 工作分析和工作評價是基礎

工作分析和工作評價是一個平臺，其他各項職能的實施基本上都要以此為依據。人力資源規劃中，預測組織所需的人力資源數量和質量時，基本的依據是工作分析的結構——職位說明書的主要內容；預測組織內部的人力資源供給時，要參考每個職位可調動或晉升的訊息，也需要以職位說明書為重要依據。在進行計劃招聘時所發布的招聘訊息，其實質就是簡化版的職位說明書，而在錄用甄選環節中，職位說明書中的具體要求就是實施甄選的直接操作標準。在績效管理和薪酬管理中，工作分析和工作評價的基礎性作用更加明顯，績效考核的指標來源於職位工作職責的確定，薪酬的評定也依其職位說明書中的規定按其績效進行適當的增減。在培訓和開發中，培訓的具體需求與目標指向必須以職位說明書中對業務知識水準、技能水準等要求為直接依據，員工的實際狀況與職位說明書中所要求的差距就是培訓所要實現的目標。

(2) 績效管理是整個系統的核心

在人力資源管理活動中，績效管理在整個管理活動系統中居於絕對的核心地位，其他全部職能都與績效管理產生單向或雙向的聯繫。在預測組織內部人力資源供給時，需要對組織員工現有的工作能力與業務水準進行評價；計劃招聘中，透過績效考評對來自不同招聘管道的員工進行績效比較，從而得出經驗性的結論，以優化招聘管道。錄用甄選和培訓開發兩項職能分別與績效管理之間存在雙向互動關係。在甄選中，一方面可以依據績效考核的結果來改進甄選過程的有效性，另一方面甄選的結果也會影響員工的績效，因為甄選與績效考核使用的是相同的標準，所以甄選執行的有效性在很大程度上決定了員工的績效結果。培訓與開發是在發現員工現狀與職位需求存在差距時所進行的活動，但這一差距的發現必須同時借助工作分析和績效考核的結果。同時，有效的培訓與開發也能夠使員工的績效得以提高。績效管理與薪酬管理有著最直接的關係，績效考核的結果直接對員工實際獲得的工資結果產生重要的影響。此外，透過員工關係管理，建立融洽良好的氛圍，有助於員工發揮工作積極性，進而實現績效的提升。

(3) 其他各職能關係密切

人力資源管理的其他職能之間同樣也存在著密切的聯繫。錄用甄選要在招聘的基礎上進行，沒有應聘者就無法甄選；招聘計劃的制訂需要以人力資源規劃為依據，招聘的質量和數量都是人力資源規劃的結果；培訓開發同樣受到甄選結果的影響，甄選執行的有效性低，則員工無法滿足職位需求，就必須加大培訓的力度。員工關係管理的目標是提高員工的組織承諾度，而培訓開發和薪酬管理則是達成這一目標的重要手段。培訓開發和薪酬管理之間也存在聯繫，員工薪酬的構成除了工資、福利等貨幣報酬外，還包括各種形式的非貨幣報酬，而培訓就是員工薪酬的一種重要形式。

四、現代人力資源管理與傳統人事管理的關係

現代人力資源管理與傳統人事管理在廣義的管理對象、部分管理內容和方法上還具有相似之處，但兩者之間的關係更多地體現在區別上，如表1-2。

表1-2 現代人力資源管理與傳統人事管理的區別

比較項目	現代人力資源管理	傳統人事管理
管理視角	視員工為第一資源、資產	視員工為負擔、成本
管理目的	組織和員工利益的共同實現	組織短期目標的實現
管理活動	重視培訓開發	重使用、輕開發
管理內容	非常豐富	簡單的事務管理
管理地位	策略層	執行層
管理模式	以人為中心	以事為中心
管理方式	強調民主、參與	命令式、控制式
管理性質	策略性、整體性	戰術式、分散性
部門性質	生產效益部門	單純的成本中心

歸納起來，現代人力資源管理與傳統人事管理有以下三方面的主要區別。

第一，管理觀念的不同。傳統人事管理與現代人力資源管理的本質區別是在價值觀和人性假設上的區別。傳統人事管理視員工為「經濟人」；而現代人力資源管理則視員工為「社會人」或「複雜人」，對員工實施人本化的

管理，認為組織的首要目標不再是短期利益而是首先滿足員工在自我發展中的需要。

第二，管理內容的不同。傳統人事管理僅限於簡單的行政事務性管理，強調的是對各項事務的具體操作；而現代人力資源管理在傳統人事管理內容的基礎上進行了發展和完善。包括人力資源規劃、人力資源開發、員工持續培訓等在內的新增管理內容，使人力資源更具有計劃性、策略性、系統性和前瞻性，這也是現代人力資源管理與傳統人事管理最大的區別所在。

第三，管理方法的不同。相對於現代人力資源管理，傳統人事管理的方法是一種被動的、靜止的、孤立的管理，在這種管理方式下，依據組織的需要將員工直接分配到某個職位，其晉升和職位的更換都很難發生。此外，傳統人事管理中的招聘、錄用、工資管理等環節都被人為地割裂開，由各個部門孤立地實施，也造成了各部門對人力資源重引進輕使用現象的出現。不計人力資源效率和開發的工作環境，造成了人力資源嚴重的浪費、閒置，阻礙了人力資源在流動中創造價值的可能，更沒有對人力資源進行持續開發和有效利用，使人力資源無法為組織的發展做出應有貢獻。

人力資源管理則是建立在市場基礎之上的，市場在人力資源的配置中起決定性作用，人力資源的供需預測、規劃、職位分析、招聘錄用、績效考核以及培訓和激勵等環節應由人力資源管理主體主動地、動態地採取全過程的管理方式，加強各環節的緊密結合，按照規律對人力資源進行可持續的開發和利用。

本章小結

人力資源管理導論作為本書的開卷之章，全面系統地對人力資源管理中的核心環節進行了淺顯易懂的介紹。透過本章的學習，我們可以對人力資源管理這門學科形成一個整體性的系統認知。本章以對人力資源不同角度的描述為始，透過人力資源的起源引出了對人力資源含義的探討，在透過與相關概念的比較中闡述了人力資源的含義，進而從人力資源的特徵、數量與質量以及結構三個維度對人力資源進行了相對詳盡的解釋說明。在充分分析人力

人力資源管理
第一章 人力資源管理導論

資源概念的基礎上,本章第三部分引出了人力資源管理的概念。在對人力資源管理的含義進行界定後,從其目標、職能兩個角度分別進行了描述,並與傳統人事管理進行了異同比較。由於本書章節的設置,在第一章中並沒有對人力資源管理的理論以及人的理論、人力資源管理的發展沿革進行討論,後面的章節對此會有專門的介紹。

關鍵術語

人力資源	人力資本	適齡勞動年齡	人力資源管理
人力資源規劃	工作分析	招聘錄用	培訓開發
績效管理	薪酬管理	員工關係管理	

討論題

1. 簡述人力資源的特徵。
2. 簡述人力資源質量的影響因素。
3. 簡述人力資源的結構。
4. 簡述人力資源管理的目標。
5. 簡述人力資源管理的職能。
6. 簡述現代人力資源管理與傳統人事管理的關係。

案例

案例背景

白木銘在大學畢業後被一家合資企業聘為業務員。工作的前兩年,他的銷售業績確實讓人不敢恭維。

但是隨著對業務逐漸熟練,又跟那些零售客戶熟悉了,他的銷售額就開始逐漸上升。到第三年年底,他估計自己當屬全公司業務員的冠軍。不過公

司的政策是不公布每人的銷售額,也不鼓勵相互比較,所以白木銘還不能確定。

第四年,白木銘表現得特別出色,到9月底就完成了全年的銷售額,但是經理對此卻沒有任何反應。

儘管工作上很順利,但是白木銘總是覺得自己的心情不舒暢。最令他煩惱的是,公司從來不告訴大家各自的工作績效,也從來沒有人關注業務員的銷售額。

他聽說另外兩家化妝品企業都在會有銷售競賽和獎勵活動,公司內部還有通訊之類的小報,對業務員的業績做出評價,讓人人都知道每個業務員的銷售情況,並且要表揚每季和年度的最佳業務員。想到自己所在公司的做法,白木銘就十分惱火。

上星期,白木銘主動找到經理,談了他的想法。不料,上司說這是既定政策,而且也正是本公司的文化特色,從而拒絕了他的建議。

幾天後,令公司主管吃驚的是,白木銘辭職而去,聽說是被挖到另外一家競爭對手那去了。而他辭職的理由很簡單:自己的貢獻沒有被給予充分的重視,沒有得到相應的回報。

正是由於缺乏有效、正規的考核,這家公司無法對白木銘做出評價並且給予相應的獎勵,才使公司失去一名優秀的員工。

案例討論題

1.請結合本案例中白木銘跳槽的經過,分析該企業人力資源管理上存在的問題及其原因。

2.你對「跳槽」的行為是怎麼認識的,跳槽是否就是對企業的不忠?

人力資源管理
第二章 人力資源管理的基本原理

第二章 人力資源管理的基本原理

學習目標

- ●瞭解中國傳統的人力資源管理思想；
- ●瞭解西方經典的人性假設理論；
- ●理解人力資源管理的基本原理；

知識結構

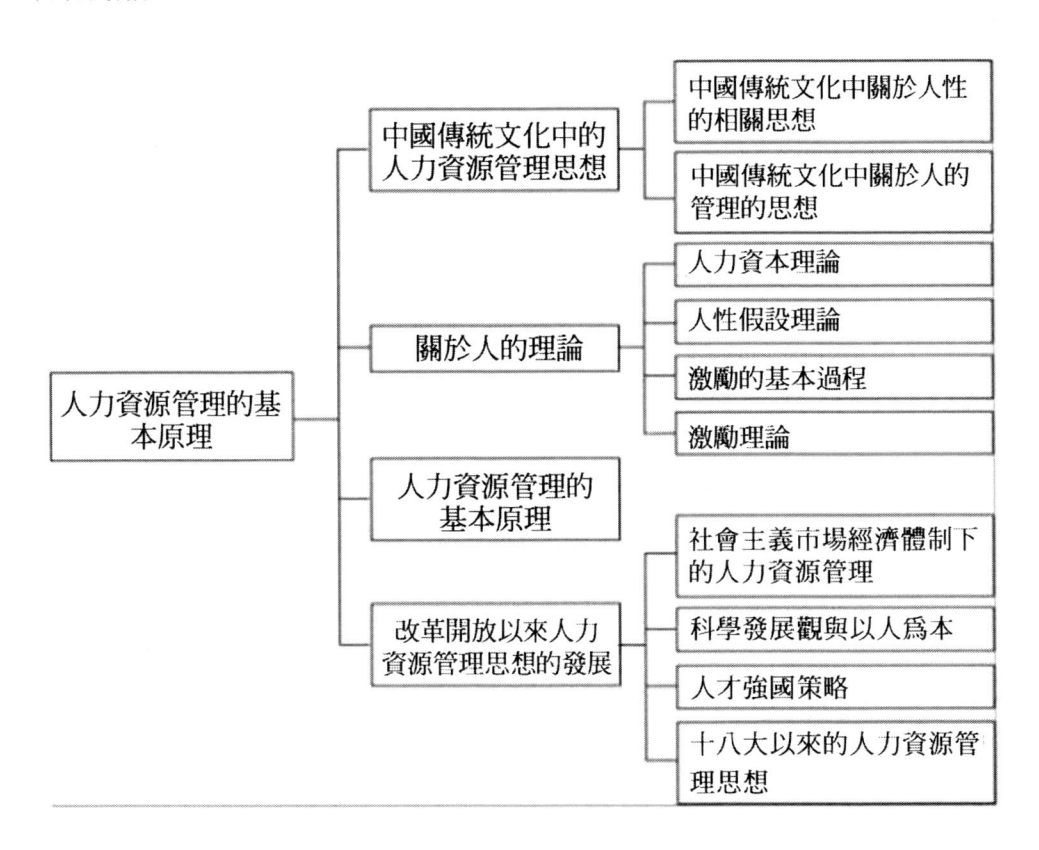

```
                                          ┌─ 中國傳統文化中關於人性的相關思想
                 ┌─ 中國傳統文化中的 ─────┤
                 │   人力資源管理思想      └─ 中國傳統文化中關於人的管理的思想
                 │
                 │                        ┌─ 人力資本理論
                 │                        ├─ 人性假設理論
                 ├─ 關於人的理論 ─────────┤
人力資源管理的    │                        ├─ 激勵的基本過程
基本原理 ────────┤                        └─ 激勵理論
                 │
                 ├─ 人力資源管理的基本原理
                 │
                 │                        ┌─ 社會主義市場經濟體制下的人力資源管理
                 │                        ├─ 科學發展觀與以人為本
                 └─ 改革開放以來人力 ────┤
                    資源管理思想的發展    ├─ 人才強國策略
                                          └─ 十八大以來的人力資源管理思想
```

第一節　中國傳統文化中的人力資源管理思想

一、中國傳統文化中關於人性的相關思想

中國傳統文化中的人性思想，主要體現在以儒家和道家為代表的人性的論著中。歸結起來可分為四類：以孔孟為代表的性善論，以荀子為代表的性惡論，以告子為代表的無善惡論，以董仲舒為代表的有善有惡論。

1．以孔孟為代表的性善論

孔子對人性的論述不多，對於人性的論述見於《論語·陽貨》中「性相近也，習相遠也」，可以看出孔子認為人的先天素質基本相同，透過後天的學習才造成了人的差別。但孔子並沒有明確指出人性是善是惡，孔子透過「仁」的思想間接地表達出人性善的觀點。

孟子在繼承孔子思想的基礎上明確提出了人性本善的思想，並找出了人性本善的依據。孟子認為「人性之善也，猶水之就下也。人無有不善，水無有不下。」（《孟子·告子上》）孟子認為人性之所以是善的，是因為人生來就具有天賦的「善端」，具有一種先驗的道德觀念的萌芽，這是人異於禽獸、高於禽獸的本質特徵。孟子認為人的「仁義禮智」是以潛在的形式或未完成的形式存在的，故而稱之為「四端」，即「惻隱之心，仁之端也；羞惡之心，義之端也；辭讓之心，禮之端也；是非之心，智之端也。」

2．以荀子為代表的性惡論

荀子認為人生來性是惡的，後天教育可以使性由惡變善。在人性理論上，他強調「明於天人之分」，把屬於自然的東西與人為的東西加以區分，承認人性的天賦本質，否認人性中具有先天的道德觀念。人的道德觀念、禮儀制度是人為、加工製作的。人好利惡害，所謂「惡」的功利慾求，是天生俱來的，不是經過後天的教化而獲得的。

荀子提出了「性」和「偽」兩個不同範疇的概念。所謂的「性」就是人天生的本性，是不能改變的，即荀子在《儒效》中所說「性也者，吾所不能為也」。荀子在《荀子·性惡》中進一步解釋道：「今人之性，目可以見，耳

可以聽。夫可以見之明不離目，可以聽之聰不離耳，目明而耳聰，不可學明矣。」由此可以看出，人之性就是天生具有的，是「生而有」的本能，即「生之所以然者謂之性」。荀子所指的「偽」是指能經過後天的教化而習得東西，即「慮積焉、能習焉而後成謂之偽」（《荀子·正名》）。由此很顯然地可以看出，荀子所說的性和偽是對立的。

荀子認為「蓬生麻中，不扶而直；白沙在涅，與之俱黑」（《荀子勸學》）。人性先天本是惡的，後天出現賢與不肖、君子與小人的差別，原因在於社會環境教育的不同。荀子認為人性的教化透過「可以知仁義法正之質」「可以能仁義法正之具」，人具有對是非、美醜、善惡、利害等進行理智判斷的知性，這些使人具有了認識、接受、遵從、實踐道德規範的可能性。

3·以告子為代表的無善惡論

告子，名不詳，一說名不害。曾在孟子門下學習。他的著作沒有流傳下來。由於孟子在人性問題上和他有過幾次辯論，所以他的學說僅有一些記錄在《孟子·告子》中。告子主張「性無善無不善」的理論。告子認為人性是人的自然屬性，是天生具有的。「性無善無不善」「性可以為善，可以為不善」。在這裡告子認為，人性本來沒有善與不善，但是人性可以變好也可以變壞，這是告子人性定義的道德推論。

告子人性論思想的進一步推論認為，所謂「仁內」，內在與人性之中的基於血緣的親情的天性是人性所固有的。因為人性本無善惡，所以人的善和惡是不能自己產生出來的，人也不可能會有判斷善惡的標準，所以超越親情之外的善惡及其評判標準與人性無關，只能來源於外在環境，故曰「義外」。

4·以董仲舒為代表的有善有惡論

董仲舒在吸收孟子和荀子人性思想的基礎上，明確地提出性情二元、質分三等的人性理論，形成自己的人性觀。人性有善有惡，具體說來有兩重含義：一是在同一個主體身上，既有善性也有惡性，即性情二元論；二是不同的主體，有的人性是善的，有的人性是惡的，即質分三等論。

人力資源管理
第二章 人力資源管理的基本原理

第一，性情二元論。董仲舒認為天是由陰陽所決定的，與之相對應的人生下來就有善惡兩種性情，天之陽氣在人即仁，即性，即善質；天之陰氣在人即貪，即情，即惡質。「天之所生謂之性情」，由於性情同時受於天，因此與之相應的善惡同時也受於人。

第二，質分三等論。董仲舒將人性分為聖人之性、斗筲之性和中民之性三等。他認為，聖人之性，先天就是善的，不需要教化；斗筲之性，本性就是惡的，即使經過教育也難以轉化為善；中民之性，可善可惡，是可以變化的，需要教育引導其向善。由此可以看出，董仲舒已經認識到人性的差異性和發展性。

二、中國傳統文化中關於人的管理的思想

中國傳統文化中關於人的管理的思想源遠流長，在中國幾千年的歷史演進和時代更替中不斷豐富和發展，逐漸形成了系統的人才思想和實踐。深入學習這些思想，將對新時期中國特色人力資源開發與管理具有重要價值。

1．先秦時期的人力資源管理思想

春秋戰國時期「百家爭鳴」的時代，形成繁簡各異的人的管理思想，並成為後世各代思想家用人思想的理論之源。他們爭論的焦點集中體現為用人標準的德才之分上。

（1）尚德論

孔子是這一觀點的代表。孔子堅持用人以德為首、才能次之，他強調：「如有周公之才之美，使驕且吝，其餘不足觀也已」，就是說如果人才沒有德，即使有周公那樣的才能也不能用。另一方面，孔子為了維護「家國同構」的社會政治結構，向「任人唯賢」妥協，他認為「君子不施其親，不使大臣怨乎不以。故舊無大故，則不棄也」，這種用人思想上的矛盾反映了中國古代宗法制度體系對人的深刻影響。

（2）尚能論

韓非子堅持用人的首要標準是人才能力。他認為「外舉不避仇，內舉不避子」，不論社會地位和親仇，只要有才能都應為我所用。同時，韓非子提出一套具體的用人方法，如建立嚴格的人才考核制度，使用人才應堅持「能質能級」，給予他們發揮才能的空間。韓非子尤其強調使用好現有人才，充分挖掘他們的潛能。「無使近世慕賢於古，無思越人以救中國溺者」。同時代的墨子更是十分推崇人才的「能」，他認為「能」前人人平等，「雖在農與工肆之人，有能則舉之，高予之爵，重予之祿，任之以事，斷予之令」，而且選拔人才應實行能上能下的競爭機制，「有能則舉之，無能則下之，舉公義，辟私怨，此若言之謂也」，才能使人才團隊始終保持活力。韓非子和墨子的用人思想已經閃爍著現代人才使用理論的火花，對於建立科學的人才使用體系具有重要的借鑑意義。

（3）尚賢使能論

荀子堅持用人「尚賢使能，而等位不遺」，並對此做了充分闡述。一是用人應德才並舉，「德以敘位，能以授官」，而不應有親疏貴賤之別，「安不恤親疏，不恤貴賤，唯誠能之求，夫是之謂巨用之」；二是用人應揚長避短，而「無用吾之所短，遇人之所長」；三是賞罰分明適度，「無德不貴，無能不官，無功不賞，無罪不罰」，以充分激發人才的積極性。

2．秦漢時期

秦漢時期是中國古代社會封建制度初建和逐步完善的時期。這一時期的用人思想和用人制度根據統治者的統治需要經歷了由「法術御人」到以儒家思想識人、用人的過程。

經過秦朝的「法術御人」和西漢早期統治者崇尚「黃老之術」，奉行「清靜無為」的方針後，漢武帝「罷黜百家，獨尊儒術」，從此儒家學說取得了中國學術思想上的正統地位，從而奠定了中國古代用人制度的思想基礎。

人力資源管理
第二章 人力資源管理的基本原理

(1) 察舉制

察舉制建立於西漢初期，至漢武帝時期才成為用人制度得以真正確立。察舉人才的主要標準是以儒術的高低決定任用與否。察舉的對象包括在職官員、儒生以及平民。察舉的科目有孝廉、茂才、賢良方正、賢良文學、明經、明法、勇猛知兵法等。經常舉行的是孝廉和茂才兩科，孝廉著重考察人才的基本品德：孝悌和廉潔。茂才著重考察人才的才華。察舉權一般掌握在諸侯王、公卿、丞相、郡守以及二千石以上官員的手中。察舉制在全國或指定的範圍內，公開地、有組織地考察和選拔國家需要的賢良之士，具有效率高和目的性強的優點，選拔了一大批具有治國興邦的人才，使得「漢之得人，於茲為盛」。但在漢朝中後期，選拔標準籠統，主觀隨意性大。察舉大權為各級官僚和世族豪強所操縱，且無監督機制，成為他們壟斷仕途的工具，最終形成「舉茂才，不知書；察孝廉，父別居；寒素清白濁如泥，高第良將怯如雞」的局面，察舉制就失去了選拔人才的積極作用，走到了盡頭。

(2) 任賢論

兩漢時期思想家王充認為門閥制度的出現是對寒門庶族最大的威脅，豪門勢族壟斷了察舉制度，使貧寒正直之士難以透過察舉之門進入政途。王充在《論衡·程材》中指出「儒生無閥閱，所能不能任劇，故陋於選舉，佚於朝廷。」他在《論衡·定賢》中專門討論了什麼是「賢」，進一步否定了察舉制，他說：「以朝庭選舉皆歸善為賢乎？則夫著見而人所知者舉多，幽隱人所不識者薦少……由此言之，選舉多少，未可以知實。或德高而舉之少，或才下而薦之多。……且廣交多徒，求索眾心者，人愛而稱之；清直不容鄉黨，志潔不交非徒，失眾心者，人憎而毀之。故名多生於知謝，毀多失於眾意。」他認為真正的「賢」應該是「夫賢與聖同軌而殊名，賢可得定，則聖可得論也。」王充的用人思想與門閥思想的鬥爭，體現了當時中下層地主階級對政治權力的要求。

3．東漢末年、三國與兩晉南北朝時期

東漢末年、三國與兩晉南北朝時期是中國古代政局最為更替多變的時代，政權此起彼亡。這一時期，一方面經歷了人才競爭、角逐與流動最為精彩、激烈的時期，另一方面也出現了壓抑人才、浪費人才的局面。

(1)「唯才是舉」論

曹操的用人標準是「唯才是舉」，他在公元 202 年、公元 210 年、公元 214 年與公元 217 年四次頒布的用人「令」中明確廢除了世俗的用人限制，他在《求賢令》中詔告「今天下得無有被褐懷玉而釣於渭濱者乎？又得無有盜嫂受金而未遇無知者乎？二三子其佐我明揚仄陋，唯才是舉，吾得而用之」；在《舉賢勿拘品行令》中詔告「昔伊摯、傅說出於賤人；管仲，桓公賊也，皆用之以興……負汙辱之名，見笑之行，或不仁不孝而有治國用兵之術：其各舉所知，勿有所遺」。即只要有才能，無論年老者，曾為政敵者，不仁、不孝、不悌者，社會地位低下者都是可用的人才。在當時對於「德」的含義主要有仁義、孝悌與忠君三項要求的文化背景下，曹操的唯才是舉正是將這些與自己霸業無關的用人標準拋棄，蒐羅更多的人才。曹操的「唯才是舉」看似將「德」的要求降低，把人才的品行放在了從屬地位，實際上他是把「德」的內涵轉化為符合自己統治集團利益的要求，不論出身，更多地吸納人才加入本集團。

(2)「九品中正制」

隨著察舉制的廢除，曹魏尚書陳群提出了「九品中正制」。「九品中正制」把人才分為九類，分類的基本內容是：將各地士人按門第、聲望評定為九品，即上中下三品，再細分為上上、上中、上下；中上、中中、中下；下上、下中、下下九品。人才品第的選舉由地方大小中正主持，而任命權由朝廷尚書掌握，人事管理向中央集權專制前進了一步。這種選拔人才的等級劃分在早期能夠公正執行。

曹魏後期世族豪門把持了國家政權，把「九品中正制」作為控制國家政權的工具，最終形成了「上品無寒門，下品無士族」的門閥專制局面。「九

品中正制」最終走上了和「察舉制」一樣的道路，除了同樣的主觀原因，如選拔標準在很大程度上取決於用人者的主觀認識等原因外，最重要原因的就是大地主、世族門閥等統治者害怕失去既得利益。

總之，兩晉南北朝時期的用人思想可以用司馬光的一段話來總結：「選舉之法，先門第而後賢才，此魏、晉之深弊，而歷代相因，莫之能改也」。

4．唐宋時期

唐宋時期是中國封建社會的上升和鼎盛階段。經過百年的戰亂，社會進入穩定發展的階段，為了穩固統治地位，這一時期的用人思想的重心是以什麼為標準來選拔人才、任用官吏。

（1）王安石的「實用才能」論

王安石認為人才重要的是有才，人才要以實踐來檢驗其才能大小，強調用人的實踐性。同時人才的使用不能脫離大眾，而且要適合人才的能力。他在《王文公文集·材論》一篇中寫到「且人之有材能者，其形何以異於人哉？惟其遇事而事治，畫策而利害得，治國而國安利，此其所以異於人也。……則雖抱皋、夔、稷、契之智，且不能自異於眾……故不以天下為無材，盡其道以求而試之耳，試之之道，在當其所能而已」。王安石的用人思想是基於其政治改革的要求而產生的，他強調人才的實用性，確實選拔了一批人才，但由於忽視了人才的德行，片面地強調才能，也提拔了一些品德不好和投機變法之人。因此王安石的用人思想及政策可以說是變法失敗的誘因之一。

（2）司馬光的「德帥」論

司馬光認為選用的人才要有才德，選用人才要根據人才的才德選任務實，他在《資治通鑑》中評論晉國智伯滅亡的原因中具體分析了什麼是才、德，以及才、德的關係，並對用人的原則提出了自己的觀點。他認為「智伯之亡也，才勝德也。夫才與德異，而世俗莫之能辨，通謂之賢，此其所以失人也。夫聰察強毅之謂才，正直中和之謂德。才者，德之資也；德者，才之帥也。……是故才德全盡謂之聖人，才德兼亡謂之愚人；德勝才謂之君子，才勝德謂之小人。凡取人之術，苟不得聖人、君子而與之，與其得小人，不若得愚人」。

司馬光關於正確認識和處理德、才關係的思想是對儒家人才思想的正確把握與總結，他認識到德對人才各方面的發展方向有調控和引導作用，他的德才觀的主要思想已經成為後代乃至現代社會的基本用人標準。但是司馬光的德才論是一種靜態人才思想，過分地強調德的作用，忽略了教育的作用，走到了寧用愚人的極端。

(3) 朱熹的人才培養思想

朱熹在用人思想上承襲儒家的傳統觀點。他抨擊南宋朝科舉制的弊端，他認為科舉制到了南宋時期已經出現了許多弊病。他在《朱子語類》中說道：「今上自朝廷，下至百司、庶府，外而州縣，其法無一不弊，學校科舉尤甚」，在《學校貢舉私議》中進一步指出「其所以教者，既不本於德行之實，而所謂藝者，又皆無用之空言。至於甚弊，則其所謂空言者，又皆怪妄無稽，而適足以敗壞學者之心志。」關於人才的標準，朱熹認為「今日人材，須是得個有見識，又有度量人，便容受得今日人材，將來截長補短使」。即有見識、有度量的才能稱為人才。朱熹主張任用人態度應該是「知其為賢而用之，則用之唯恐其不速，聚之唯恐其不多；知其為不肖而退之，則退之唯恐其不早，去之唯恐其不盡」。他認為要「任賢使能」就要擯棄兩個當時選拔官員的弊端。一是蔭恩制，他在《朱子語類》中講道「然今之公卿子孫，亦不可用者，只是不曾教得。故公卿之子孫莫不驕奢淫佚」。二是不能只憑「資考」，而應看「賢能」。他認為「今日學官只是計資考遷用，又學識短淺，學者亦不尊尚」。因此，朱熹強調培養人才的重要性，而其中之關鍵是選擇好的教導之官。他認為「其學校必選實有道德之人使為學官，以來實學之士」，在有「德行」和「道藝」的賢儒的教導下，才能培養出「有實行而無空言之弊，有實學而無不可用之材」的人才。朱熹的這些用人思想對於維護封建統治的長治久安是有意義的，但是由於南宋王朝積重難返，不可能接受他的這些思想。

5．明清時期

明清時期是中國封建社會從頂峰走向衰落的時期。封建用人思想也隨著這一歷史潮流走向了終結。

明朝在科舉制中以八股文取士，嚴重地限制了人才實踐能力的培養。進入清朝以後，滿洲統治階級承繼了以往成熟的用人思想與用人制度。直到晚清時期，由於西方思想與勢力的傳入和入侵，一部分先進知識分子認識到當時中國與世界的巨大差距，提出了破除長久以來僵化的用人思想與制度的吶喊。

龔自珍激烈抨擊清王朝的專制統治和腐朽的官吏制度，可以說他是呼喚人才解放的第一人。

他在《明良論》第三篇集中抨擊了清王朝用人的資格論，指出資格論有三大弊端，一是不能公正地選拔、提拔人才。他認為論資排輩使得「賢智者終不得越，而愚不肖者亦得以馴而到。」這樣看似公平排隊的制度，其實是人才的無效磨損與浪費，是「此辦事者所以日不足之根源也。」二是壓制人才才能的發揮。「蓋言夫資格未深之人，雖勤苦甚至，豈能冀甄拔？」這句話的意思是人才再勤奮、能幹，由於資格的壓制，只能屈服於資格，最終導致「至於建大猷，白大事，則宜乎更絕無人也。」三是影響社會環境，導致人才不思進取。龔自珍認為用人資格論導致「此士大夫所以盡奄然而無有生氣者也」，影響了社會環境，使人們安於庸為，造成嚴重的思想和政治危機。他的這些思想直擊封建制度末期用人制度的腐朽本質，是中國人才思想史上的一個重要里程碑。

第二節　關於人的理論

一、人力資本理論

1．人力資本理論的發展歷程

（1）人力資本思想的萌芽——古典經濟學家對勞動價值的研究

經濟學家亞當·史密斯（Adam Smith，英國，1723—1790 年）首次將人力視為資本，他明確提出勞動技巧的熟練程度和判斷能力的強弱必然要制約人的勞動能力與水準，而勞動技巧的熟練水準要經過教育培訓才能提高，教育培訓則是需要花費時間和付出學費的。

第二節　關於人的理論

約翰·斯圖亞特·穆勒（John StuartMill，英國，1806—1873 年）認為，技能與知識都是對勞動生產率產生重要影響的因素，穆勒富有創造性的論點是：從傳統經濟增長與資源配置的生產性取向出發，指出教育支出將會帶來更大的國民財富。

讓·巴蒂斯特·薩伊（Jean BaptisteSay，法國，1767—1832 年）認為，花費在教育與培訓方面的費用總和稱為「累積資本」，受過教育培訓的人的工作報酬，不僅包括勞動的一般工資，而且還應包括培訓時所付出的資本的利息，因為教育培訓支出是資本。

阿爾弗雷德·馬歇爾（Alfred Marshall，英國，1842—1924 年）提出知識和組織是資本的重要組成部分，是最有力的生產力。在進一步的研究中，馬歇爾指出知識和組織是一個獨立的生產要素，他認為教育投資對經濟增長起著重要作用。

（2）馬克思的人力資本理論——勞動價值論

馬克思的資本理論是人力資本理論的重要思想基礎，他認為，勞動是創造社會財富的主要泉源，人類的具體勞動創造商品的使用價值，抽象勞動創造商品的價值。馬克思認為教育可以提高人的智力和科學技術，是生產力的重要來源。同時，馬克思還提出了勞動力的價值構成理論，在此基礎上，他又把勞動分為生產性勞動和非生產性勞動，非生產性勞動就是指勞動者受教育、培訓以及保持勞動能力的那部分勞動。

（3）人力資本理論的形成與發展——現代經濟學家對人力資本的成果

人力資本之父西奧多·W·舒爾茨對人力資本的最大貢獻在於他第一次系統地提出了人力資本理論，並使其成為經濟學一門新的分支。舒爾茨研究了人力資本的形成方式與途徑，並對教育投資的收益率以及教育對經濟增長的貢獻做了定量研究。

2·人力資本的定義與分類

人力資本是指存在於人體之中的具有經濟價值的知識、技能和體力（健康狀況）等質量因素之和。人力資本理論有兩個核心觀點：

一是在經濟增長中，人力資本的作用大於物質資本的作用；

二是人力資本的核心是提高人口質量，教育投資是人力投資的主要部分。

人力資本，比物質、貨幣等硬資本具有更大的增值空間，在後工業時期和知識經濟時期，人力資本有著更大的增值潛力。因為人力資本具有創新性、創造性，具有有效配置資源、調整發展策略等應變能力。

人力資本理論主要包括：

第一，人力資源是一切資源中最主要的資源，人力資本理論是經濟學的核心問題。

第二，在經濟增長中，人力資本的作用大於物質資本的作用。人力資本投資與國民收入成正比，比物質資源增長速度快。

第三，人力資本的核心是提高人口質量，教育投資是人力投資的主要部分。不應當把人力資本的再生產僅僅視為一種消費，而應視為一種投資，這種投資的經濟效益遠大於物質投資的經濟效益。教育是提高人力資本最基本的手段，所以也可以把人力投資視為教育投資問題。生產力三要素之一的人力資源顯然還可以進一步分解為具有不同技術知識程度的人力資源。高技術知識程度的人力資源帶來的產出明顯高於技術程度低的人力資源。

第四，教育投資應以市場供求關係為依據，以人力價格的浮動為衡量符號。

人力資本具有不同的分類方法，根據舒爾茨的理論，五種具有經濟價值的人類能力分別為學習能力、完成有意義工作的能力、進行各項文娛體育活動的能力、創造力和應付非均衡的能力。

對於人力資本的分類，還應該從人力資本作為知識要素構成的角度進行劃分，即人力資本還應該有顯性人力資本與隱性人力資本之分。所謂顯性人力資本是指構成人力資本價值的外在的、透過一般方法可以觀察其價值構成或其價值可以得到確定的部分，如人力資本投資的價值形成、人力資本投資貼現、人力資本的會計成本、人力資本的現金流等。而隱性人力資本是指存

在於員工頭腦或組織關係中的知識、工作訣竅、經驗、創造力、價值體系等。與公開人力資本和半公開人力資本要素相比，隱性人力資本要素更具有本源性和基礎性，是創新的源泉，是一切顯性知識的基石。如人力資本在價值增值過程中的預期收入、人力資本價值增值過程中的貢獻比率等。由於它的構成往往難以觀察和確認，然而又是其價值構成中的關鍵性部分並在價值增值中起著關鍵性的作用，因此，我們將之稱為隱性人力資本。由於大多數隱性人力資本是看不見、摸不著的，這一方面使隱性人力資本給企業帶來的競爭優勢更具有不可模仿性和長久性；另一方面，雖然它對企業發展、對經濟增長的貢獻不可估量，但要對其定價比較難，至少目前還不存在針對經驗、創造力或價值體系等隱性人力資本的交易市場。

二、人性假設理論

人力資源管理的理論基礎之一就是企業管理中的人性觀，美國著名的管理學家道格拉斯·M·麥格雷戈（Douglas M.Mcgregor）在其著作《企業的人性面》中說：「每項管理的決策與措施，都是依據有關人性與其行為的假設。」對人的本性的看法，仍是人力資源管理理論、管理原則與管理方法的基礎。把人看作「性本善」的「自我實現人」還是「性本惡」的「經濟人」的觀點將對人力資源管理制度的制訂產生深遠的影響。

人性假設就是對人的本性所持的基本看法，例如《三字經》的首句「人之初，性本善」就是一種人性假設。透過前面的分析我們知道，人力資源管理是對人進行的管理，因此對人的基本看法將直接決定著人力資源管理的具體管理方式與管理方法，人性假設從而也就構成了人力資源管理的一個理論基礎。

自英國古典經濟學家亞當史密斯和大衛李嘉圖（1772—1823年）提出「經濟人」假設以來，先後出現了「社會人」「自動人」和「複雜人」等假設。

人力資源管理
第二章 人力資源管理的基本原理

1・「經濟人」假設

「經濟人」（Rational-Economic Man）也叫「唯利人」或「實利人」。這種假設認為人的行為在於追求本身的最大利益，人工作的動機就是為了獲得經濟報酬。它的主要觀點有以下幾個方面。

（1）多數人生來就是懶惰的，他們都想儘量逃避工作。

（2）一般人都沒有雄心壯志，不願負任何責任，而寧願受別人的指揮與擺布，容易受他人的影響，容易盲從，並缺乏自制力。

（3）多數人的個人目標和組織的目標是相矛盾的，必須採取強制的、懲罰的辦法，才能迫使他們為達到組織目標而工作。

（4）多數人幹工作是為了滿足溫飽。因此，只有金錢才是激發他們積極性的唯一動力。

（5）人大致可以分為兩類，即多數人滿足上述特性，屬於被管理者；少數人能克制和鼓勵自己，成為管理者。

2・「社會人」假設

「社會人」（Social Man）也叫「社交人」。20 世紀二三十年代美國哈佛大學教授梅奧為了研究如何提高勞動效率，在美國芝加哥市城郊進行了舉世聞名的「霍桑試驗」，這一概念是他在霍桑試驗之後提出的。這種假設認為調動人的生產積極性的因素不是人們在工作中得到的經濟報酬，而是良好的人際關係。和良好的人際關係相比，物質刺激只具有次要的意義。這種假設認為「社會人」主要有以下特徵。

（1）人類的工作以社會需要為主要動機，人們最重視人與人之間的相互關係，經過同事間的交往，可以滿足人的社交需要。

（2）現代工業機械化程度越高、分工越細，結果會使工作本身變得單調、枯燥、乏味。因此，人們只能從社會關係上去尋求意義。

（3）和管理者所給予的經濟誘因以及控制相比，工人們更加重視同事們的社會影響力。

(4) 工人的生產效率隨著上司能滿足他們社會需要的程度而改變，也就是說，工人的社會需求的滿足與否，決定著他們生產效率的高低。

由此可見，「社會人」假設與「經濟人」假設大不相同。「社會人」假設認為人與人之間的關係在調動人的積極性上起決定作用。正是從這個觀點出發，梅奧提出了他的人際關係理論，形成了人際關係學派。

3.「自動人」假設

「自動人」（Sef-Actuaizing Man）也叫「自我實現人」。這個概念是由美國著名心理學家馬斯洛提出來的。馬斯洛認為，人有生理、安全、社交、尊重和自我實現五種需要，自我實現是人的需要的最高層次。自我實現就是人都需要發揮自己的潛力，表現自己的才能，只有人的潛力和才能充分發揮出來，人們才能感到最大的滿足，人格才能臻於完美。馬斯洛主張人只有透過「生長」才能達到完美的人性的實現，只有充分實現個人的全部價值，才能成為自由的、健康的、無畏的人，才能在社會中充分發揮作用。

「自動人」的基本觀點有以下幾個方面。

(1) 一般人都是勤奮的，如果條件對人有利的話，人們對工作就會感到像娛樂和休息一樣輕鬆自然。

(2) 人們在執行工作任務中會自我指導和自我控制。因此，對工人實施控制和懲罰並不是實現組織目標的唯一方法。

(3) 在通常情況下，一般人不僅樂於接受工作任務，而且會主動地尋求責任。

(4) 人群中蘊藏著豐富的聰明才智，存在著豐富的想像力和創造力，只是在目前條件下，人的才智只利用了一部分，還有相當大的潛能沒有發揮出來。

4.「複雜人」假設

「複雜人」（Complex Man）是在 20 世紀 60 年代末 70 年代初提出來的一種人性假設。這種假設認為，人既不是單純的「經濟人」，也不是完全

的「社會人」,更不是純粹的「自動人」,而應該是因時、因地、因各種情況而採取適當反應的「複雜人」。深入研究發現,人類的需要和動機並非如此單一,而是非常複雜的。人的需要在不同的情況下和不同的年齡階段,其具體表現形式是不一樣的。每個人的需要和潛力,將隨著環境的改變、年齡的增長、知識的累積、地位的改變以及人際關係的改變而不斷變化。「複雜人」的假設,正是在這樣的事實基礎上被提出來的,以求合理說明人的工作動機的理論。

「複雜人」假設的基本要點有以下幾個方面。

(1) 人的需要是多種多樣的,隨著人的發展和生活條件的變化,人的需要不斷發生變化。並且需要的層次也不斷改變,因人而異。

(2) 在同一時間內,人有各種不同的需要和動機,各種不同的需要和動機相互作用,結合成為一個統一的整體,形成複雜的動機模式。

(3) 由於人的工作和生活條件不斷變化,因此,人們不斷地產生新的需要和動機。這就是說,在某一時期,人的動機模式的形成是內部需要和外部環境相互作用的結果。

(4) 人在不同組織或在同一組織的不同部門,其動機的滿足可能不同。如一個在正式組織中落落寡合者,在非正式組織中可能會獲得社會需求或自我實現的滿足。

(5) 人們可以依自己的需要、能力,對不同的管理方式做出不同的反應。因此,不可能有一套適合於任何時代、任何個人的萬能的管理方法。

5．X-Y 理論

麥格雷戈認為,有關人的性質和人的行為的假設對於決定管理人員的工作方式來講是極為重要的,不同的管理人員之所以會採用不同的方式來組織、控制和激勵人們,原因就在於他們對人的性質的假設是不同的。他經過長期研究後,在 1957 年 11 月發表的《企業的人性面》一文中提出了著名的「X-Y 理論」,並在以後的著作中對這一理論做了進一步發展和完善。

（1）X 理論

麥格雷戈將傳統的人們對人性的假設稱為「X 理論」，並將這一觀點的內容歸納為以下幾個方面。

①大多數人生性都是懶惰的，他們儘可能地逃避工作。

②大多數人都缺乏進取心和責任心，不願對人和事負責，沒有什麼雄心壯志，不喜歡負什麼責任，寧可讓別人領導。

③大多數人都是以個人為中心的，這會導致個人目標與組織目標相互矛盾，為了達到組織目標必須靠外力嚴加管制。

④大多數人都是缺乏理智的，不能克制自己，很容易受別人影響。

⑤大多數人具有欺軟怕硬、畏懼強者的弱點，習慣於保守，反對變革，安於現狀，為此，必須對他們進行懲罰，以迫使他們服從指揮。

⑥大多數人做的工作都是為了物質與安全的需要。為了滿足基本的生理需要和安全需要，他們將選擇那些在經濟上獲利最大的事去做。

⑦只有少數人能克制自己，這部分人應當擔負起管理的責任。

X 理論的觀點與中國古代的性惡論十分類似，認為「人之初，性本惡」。在這種理論的指導下，必然會形成嚴格控制的管理方式，以金錢作為激勵人們努力工作的主要手段，對消極怠工的行為採取嚴厲的懲罰，以權力或控制體系來保護組織本身和引導員工。

（2）Y 理論

基於「X 理論」，麥格雷戈提出了與之完全相反的「Y 理論」，這一理論的主要觀點包括以下幾個方面。

①一般人並不是天性就不喜歡工作的，大多數人願意工作，願意為社會、為他人做貢獻，工作中體力和腦力的消耗就像遊戲和休息一樣自然。工作可能是一種滿足，因而自願去執行；也可能是一種處罰，因而只要可能就想逃避。到底怎樣，要看環境而定。

人力資源管理

第二章 人力資源管理的基本原理

②大多數人是願意負責的，願意對工作、對他人負責任。外來的控制和懲罰並不是促使人們為實現組織目標而努力的唯一方法，而可能是對人的一種威脅和阻礙，並放慢了人成熟的腳步。人們願意實行自我管理和自我控制來完成應當完成的目標。

③人具有自我指導、自我表現的控制的願望。人的自我實現的要求和組織要求的行為之間是不矛盾的，如果給人提供適當的機會，就能將個人目標和組織目標統一起來。

④一般人在適當條件下，不僅學會了接受職責，而且還學會了謀求職責。逃避責任、缺乏抱負以及強調安全感通常是經驗的結果，而不是人的本性。

⑤所謂的承諾與達到目標後獲得的報酬是直接相關的，它是達成目標的報酬函數。

⑥人具有獨創性。每個人的思維都有其獨特的合理性，在解決組織的困難問題時，都能發揮較高的想像力、聰明才智和創造性，但是在現代工業生活的條件下，一般人的智慧潛能只是部分得到了發揮。

Y理論的觀點與中國古代的性善論類似，認為「人之初，性本善」。以這一理論作為指導，管理的方式方法必然也會不同，管理者的重要任務不再是監督控制，而是創造一個使人得以發揮才能的工作環境，發揮出員工的潛力，使員工在完成組織目標的同時也達到自己的個人目標；同時對人的激勵主要是來自工作本身的內在激勵，讓員工擔當具有挑戰性的工作，擔負更多的責任，滿足其自我實現的需要。

麥格雷戈認為Y理論比X理論更優越，因此管理應當按照Y理論來行事。但是後來，約翰·莫爾斯（John J.Morse）和杰伊W·洛爾施（Jay W.Lorsch）這兩位學者經過實驗證明麥格雷戈的這一觀點是不正確的，他們於1970年在《哈佛商業評論》上發表了《超Y理論》一文，提出了著名的「超Y理論」，對麥格雷戈的「X-Y理論」做了進一步的完善。該理論的主要觀點包括以下幾個方面。

①人們是抱著各種各樣的願望和需要加入企業組織的，人們的需要和願望有不同的類型。有的人願意在正規化、有嚴格規章制度的組織中工作；有的人卻需要更多的自制和更多的責任，需要有更多發揮創造性的機會。

②組織形式和管理方法要與工作性質和人的需要相適應，不同的人對管理方式的要求是不一樣的。對上述的第一種人應當以 X 理論為指導來進行管理，而第二種人則應當以 Y 理論為指導來進行管理。

③組織機構和管理層次的劃分，員工的培訓和工作的分配，工資報酬、控制程度的安排都要從工作的性質、工作的目標和員工的素質等方面考慮，不可能完全一樣。

④當一個目標達到以後，可以激起員工的勝任感和滿足感，使之為達到新的更高的目標而努力。

三、激勵的基本過程

按照超 Y 理論的觀點，在進行人力資源管理活動時要根據不同的情況，採取不同的管理方式和方法。

人力資源管理的最終目的是為了實現企業的整體策略和目標，這一目的的達成是以每個員工個人績效的實現作為基本前提和保證的，在外部環境條件一定的前提下，員工的個人績效又是由工作能力和工作態度這兩個因素決定的。一般來說，一個人的工作能力具有相對的穩定性，在短時期內很難發生大的變化，因此員工的工作績效在很大程度上就取決於他的工作態度。正因為如此，如何激發員工的工作熱情、調動他們工作的積極性和主動性就成為人力資源管理需要解決的首要問題，從這一角度理解，激勵理論就構成了人力資源管理的另一個理論基礎。

簡單地說，激勵就是激發人內在的行為動機並使之朝著既定目標前進的整個過程，由此可見，激勵是與人們的行為聯繫在一起的，因此我們首先要簡單瞭解一下行為的形成過程。

根據行為的形成過程，美國管理學家 A·D·西拉季（A.D.Szilagyi）和 M·J·華樂斯（M.J.Wallace）將激勵的過程劃分為七個階段，分別包括以下幾個方面。

（1）需要的產生，在人的內心產生不平衡，引起心理上的緊張。

（2）個人尋找和選擇滿足需要的對象和方法，當然在選擇滿足需求的途徑時要以自身的能力為基礎來進行，不能選擇那些不現實的方法。

（3）個人按照既定的目標去行動，為實現目標而努力。

（4）組織對個人在實現目標方面的績效進行評價。

（5）根據績效考核的結果進行獎勵或懲罰。

（6）根據獎勵和懲罰重新衡量和評估需要。

（7）如果這一激勵過程滿足了需要，個人就會產生滿足感；如果需要沒有得到滿足，激勵過程就會重複，可能要選擇另一種不同的行為。

四、激勵理論

1．內容型激勵理論

內容型激勵理論主要是研究激勵的原因和起激勵作用的因素的具體內容，馬斯洛的需求層次理論、克雷頓·奧爾德弗（Clayton Aldeder）的 ERG 理論、弗雷德里克·赫茨伯格（FredricK Herzberg）的雙因素理論和戴維·麥克利蘭（David McClelland）的成就激勵理論是最典型的幾種內容型激勵理論，本書主要介紹前三種理論。

（1）需求層次理論

美國心理學家馬斯洛在 1943 年出版的《人類激勵理論》一書中首次提出了需求層次理論，1954 年在《激勵與個性》一書中又對該理論做了進一步的闡述。他將人們的需要劃分為五個層次：生理需要、安全需要、社交需要、尊重需要和自我實現的需要。

①生理需要。這是人類維持自身生存所必需的最基本的需求,包括衣、食、住、行等各個方面,如食物、水、空氣、住房等。生理需要如果得不到滿足,人們將無法生存下去。

②安全需要。這種需求不僅指身體上的,希望人身得到安全保障、免受威脅,而且還有經濟上的、心理上的以及工作上的等多個方面,如擁有一份穩定的職業、心理不會受到刺激或者驚嚇、退休後生活有所保障等。

③社交需要。有時也稱作友愛和歸屬的需要,是指人們希望與他人進行交往,與同事和朋友保持良好的關係,成為某個組織的成員,得到他人關愛等方面的需求,這種需求如果無法滿足,可能就會影響人們精神的健康。

④尊重需要。尊重需要包括自我尊重和他人尊重兩個方面,自我尊重主要是指對自尊心、自信心、成就感、獨立權等方面的需求;他人尊重是指希望自己受到別人的尊重、得到別人的承認,如名譽、表揚、讚賞、重視等。這種需求得到了滿足,人們就會充滿信心,感到自己有價值,否則就會產生自卑感,容易使人沮喪、頹廢。

⑤自我實現的需要。這是最高層次的需求,指人發揮自己最大的潛能,實現自我的發展和自我的完善,成為自己所期望的人的一種願望。

按照馬斯洛的觀點,人們的這五種需要是按照生理需要、安全需要、社交需要、尊重需要、自我實現需要的順序從低級到高級依次排列的。滿足需要的順序也同樣如此,只有當低一級的需要得到基本的滿足以後,人們才會去追求更高一級的需要;在同一時間,人們可能會存在幾個不同層次的需要,但總有一個層次的需要是發揮主導作用的,這種需要就稱為優勢需要;只有那些未滿足的需要才能成為激勵因素;任何一種滿足了的低層次需要並不會因為高層次需要的發展而消失,只是不再成為行為的激勵因素而已。這五種需要的次序是普遍意義上的,並非適用於每個人,一個人需要的出現往往會受到職業、年齡、性格、經歷、社會背景、受教育程度等多種因素的影響,有時可能會出現順序顛倒的情況。

人力資源管理

第二章 人力資源管理的基本原理

馬斯洛的需求層次理論將人們的需求進行了內容上的區分，揭示了人類心理發展的一般規律，這對於管理的實踐具有一定的指導意義，但同時也存在一些問題。馬斯洛自己也承認，這一理論並沒有得到實證研究的證明。此外，他將需求層次看成是固定的機械上升運動，沒有考慮到人們的主觀能動性；他認為滿足的需求將不再成為人們行為的動機，但是對於滿足的意義解釋仍不是很明確；在現實中，當一種需要得到滿足以後，很難預測到哪一種更高層次的需要會成為下一個必須滿足的需要。

(2) ERG 理論

這是美國心理學家奧爾德弗提出的一種理論，他在大量研究的基礎上，對馬斯洛的需求層次理論進行了修正，認為人的需要主要有三種：生存需要，包括心理與安全的需要；關係需要，包括有意義的社會人；成長需要，包括人類潛能的發展、自尊和自我實現。由於這三個詞的第一個字母分別是 E、R、G，因此又被稱為 ERG 理論。

①生存需要。這是人類最基本的需要，包括生理上的和物質上的需要，這類需要相當於馬斯洛提出的生理需要和安全需要。

②關係需要。這是指與他人進行交往和聯繫的需要，這相當於需求層次理論中的社交需要和尊重需要中的他人尊重部分。

③成長需要。這是指人們希望在事業上有所成就、在能力上有所提高，不斷發展、完善自己的需要，這可以與需求層次理論中的自我實現需要以及尊重需要中的自我尊重部分相對應。

奧爾德弗認為，各個層次的需要得到的滿足越少，人們就越希望滿足這種需要；較低層次的需要越是得到較多的滿足，就越渴望得到較高層次的需要；但是如果較高層次的需要受到挫折、得不到滿足，人們的需要就會退到較低層次，重新追求低層次的需要。據此奧爾德弗提出在需要滿足的過程中，既存在需求層次理論中的「滿足—上升」趨勢，也存在「挫折—倒退」的趨勢。此外，他還指出，人們所有的需要並不都是天生就有的，有些需要是經過後天學習和培養得到的，尤其是較高層次的需要。

儘管 ERG 理論假定激勵行為沿著類似於馬斯洛理論的層次而上升，兩者之間仍然有兩個重大的區別。第一，ERG 理論認為可以同時有兩種或兩種以上需要占主導地位。例如，人們可以同時被金錢的慾望（生存需要）、友情（關係需要）和學習新技能的機會（成長）所激勵。第二，ERG 理論有「挫折—倒退」機制。如果需要遲遲不能得到滿足，個體會感受到挫折，退回較低的層次，並對較低層次的需要有更強烈的慾望。例如，以前由金錢（生存需要）激勵的員工可能獲得了一次加薪，從而滿足了這方面的需要。假定他接下來試圖建立友情，以滿足關係需要。如果由於某些原因他發現不可能與工作中的其他同事成為好朋友，他可能遭受挫折並且退縮，進而會去爭取更多的金錢來滿足自己的生存需要。

根據馬斯洛與奧爾德弗的理論，在人力資源管理過程中，為了調動員工的工作積極性和主動性，管理者必須首先明確員工的哪些需要沒有得到滿足，以及員工最希望得到的是哪些需要，然後再有針對性地來滿足員工的這些需要，這樣才能最大限度地刺激員工的動機，發揮激勵的效果。

（3）雙因素理論

雙因素理論，又稱作「激勵—保健因素」理論，這是美國行為科學家赫茨伯格提出的一種激勵理論。20 世紀 50 年代末，赫茨伯格及同事對匹茲堡地區 9 家工業企業的 200 多位工程師和會計師進行了訪談，訪談主要圍繞兩個問題：在工作中，哪些事項是讓他們感到滿意的，並估計這種積極情緒持續多長時間；哪些事項是讓他們感到不滿意的，並估計這種消極情緒持續多長時間。赫茨伯格以對這些問題的回答為材料，著手研究哪些事情使人們在工作中得到快樂和滿足，哪些事情造成不愉快和不滿足，在此基礎上，他提出了這一理論。

調查的結果表明，使員工感到滿意的因素往往與工作本身或工作內容有關，赫茨伯格將其稱為「激勵因素」，包括成就、認可、工作本身、責任、晉升、成長 6 個方面；而使員工感到不滿意的因素則大多與工作環境和工作條件有關，赫茨伯格將其稱為「保健因素」，主要體現在公司的政策、監督、

與主管的關係、工作條件、薪金、與同事的關係、個人生活、與下屬的關係、地位以及安全感 10 個方面。

保健因素的滿足對員工產生的效果類似於衛生保健對身體健康所起的作用。保健從人的環境中消除有害健康的事物，它不能直接提高健康水準，但有預防疾病的效果；它不是治療性的，而是預防性的。這些因素惡化到人們認為可以接受的水準以下時，就會產生對工作的不滿意。但是，當人們認為這些因素很好時，它只是消除了不滿意，並不會導致積極的態度，這就形成了某種既非滿意，又不是不滿意的中間狀態。根據赫茨伯格的發現，管理者應該認識到保健因素是必需的，但只有「激勵因素」才能使人更努力地工作，有更好的工作績效。對於激勵因素，如果員工得到滿足以後，往往會使員工感到滿意，使他們具有較高的工作積極性和主動性，當這些因素缺乏時，員工的滿意度會降低或消失，但是並不會出現不滿意的情況。

據此，赫茨伯格針對傳統的工作滿意與不滿意的觀點提出了自己不同的看法。傳統的觀點認為，「滿意」的對立面就是「不滿意」，因此消除了「不滿意」就會產生「滿意」。赫茨伯格則認為，「滿意」的對立面不是「不滿意」而是「沒有不滿意」。

「滿意」的對立面是「沒有不滿意」，消除「不滿意」只會產生「沒有不滿意」，並不能導致「滿意」。赫茨伯格的雙因素理論與馬斯洛的需求層次理論有相似之處，他提出的保健因素相當於馬斯洛提出的生理需要、安全需要、社交需要等較低級的需要；激勵因素則相當於受人尊敬的需要、自我實現的需要等較高級的需要，但這兩個理論解釋問題的角度是不同的。與需求層次理論相比，雙因素理論更進了一步，它使管理者在進行激勵時的目標更加明確，也更有針對性。

當然，這一理論同樣也有不足的地方。首先，它進行調查的樣本的代表性不夠，工程師和會計師這類的白領和一般工人還是存在著較大差異的，因此調查得到的結論並不具有廣泛的適用性；其次，人們總是把好的結果歸結於自己的努力，而把不好的結果歸結於客觀條件或他人身上，問卷調查沒有考慮這種一般的心理狀態；最後，許多行為科學家認為高度的工作滿意不一

定就產生高度的激勵，不論是有關工作環境的因素還是工作內容的因素，都有可能產生激勵作用，而不僅是使員工感到滿意，這取決於環境和員工心理方面的許多條件。

赫茨伯格的雙因素理論對於人力資源管理的指導意義在於，能夠促使管理者注意工作內容方面因素的重要性，特別是它促使管理者在激勵員工時必須要區分激勵因素和保健因素，對於保健因素不能無限制地滿足，這樣做並不能激發他們的動機、調動他們的積極性，而應當更多地從激勵因素入手，滿足員工在這方面的需要，這樣才能使員工更加積極主動地工作。也就是說，物質需求的滿足是必要的，沒有它會導致不滿意，但是，它的作用往往也是有限的、不能持久的。要調動人的積極性，不僅要注意物質利益和工作條件等外部因素，更重要的是要注意工作安排、量才適用、各得其所；注意對人進行精神鼓勵，給予他們表現和認可；注意給人以成長、發展、晉升的機會。此外，在人力資源管理過程中要採取有效的措施，將保障因素儘可能地轉化為激勵因素，從而擴大激勵的範圍。例如工資本來是屬於保健因素的，但是如果將工資與員工的績效水準掛鉤，使工資成為工作結果好壞的一種反映，那麼它就會在一定程度上變為與工作本身有關的激勵因素，這樣就能使工資發揮更大的效用。

2．過程型激勵理論

過程型激勵理論主要是研究行為是如何被引發、怎樣向著一定的方向發展、如何保持以及怎樣結束這種行為的全過程，其中比較典型的有期望理論、公平理論和目標理論。

（1）期望理論

期望理論有很多學者進行過研究，其中以美國心理學家維克托·弗魯姆（Victor H.Vroom）於1964年在其著作《工作與激勵》一書中提出的理論最有代表性。弗魯姆認為，人之所以能夠從事某項工作並達成目標，是因為這些工作和組織目標會幫助他們達成自己的目標，滿足自己某些方面的需要。因此，激勵的效果取決於效價和期望值兩個因素，即：

激勵力（Motivation）＝效價（Value）× 期望值（Expectance）

或 M ＝ V×E

　　式中，激勵力表示人們受到激勵的程度。效價指人們對某一行動所產生結果的主觀評價，取值範圍是 -1 ～＋1。結果對個人越重要，效價值就越接近＋1；結果對個人無關緊要，效價值就接近於 0；結果越是個人不願意出現而盡力避免的，效價值就接近於 -1。期望值是指人們對某一行動導致某一結果的可能性大小的估計，它的取值範圍是 0 ～ 1。由公式可以看出，當人們把某一結果的價值看得越大，估計結果能實現的機率越大，那麼這一結果的激勵作用才會越大；當效價和期望值中有一個為零時，激勵就會失去作用。

　　後來，一些行為科學家在弗魯姆的期望理論中，增加所謂的媒介值，這是指工作績效和所得報酬之間的關係，它的取值範圍也是 0 ～ 1，這樣就構造出了人們的期望模型。

　　可以看出，激勵作用在一個組織中的發揮程度取決於三個關係：第一個是個人努力與個人績效之間的關係；第二個是個人績效與組織獎勵之間的關係；第三個是組織獎勵與個人目標之間的關係。人們只有在認為經過個人的努力可以取得一定的績效，所取得的績效會得到組織的獎勵，同時組織的獎勵能夠滿足自己的需要時，才會有努力工作的動機，這三個關係中任何一個減弱，都會影響整個激勵的效果。

　　按照期望理論的觀點，人力資源管理要達到激勵員工的目的，就必須對績效管理系統和薪酬管理系統進行相應的改善。在績效管理中，給員工制訂的績效目標要切實可行，必須是員工經過努力能夠實現的；同時要及時地對員工進行績效回饋，幫助員工更好地實現目標。在薪酬管理方面，一方面要根據績效考核的結果及時給予各種報酬和獎勵；另一方面要根據員工不同的需要設計個性的報酬體系，以滿足員工的不同需要。

（2）公平理論

　　公平理論又稱社會比較理論，是美國心理學家約翰·斯塔西·亞當斯（John Stacey Adams）在《工人關於工資不公平的內心衝突同其生產率的關係》

（1962 年，與羅森鮑姆合寫）、《工資不公平對工作質量的影響》（1964 年，與雅各布森合寫）、《社會交換中的不公平》（1965 年）等著作中提出來的一種激勵理論。該理論側重於研究工資報酬分配的合理性、公平性及其對員工生產積極性的影響。

該理論的基本要點是：人的工作積極性不僅與個人實際報酬多少有關，而且與人們對報酬的分配是否感到公平更為密切。人們總會自覺或不自覺地將自己付出的勞動代價及其所得到的報酬與他人進行比較，並對公平與否做出判斷。公平感直接影響員工的工作動機和行為。因此，從某種意義來講，動機的激發過程實際上是人與人進行比較，做出公平與否的判斷，並據以指導行為的過程。

（1）橫向比較，即他要將自己獲得的「報償」（包括金錢、工作安排以及獲得的賞識等）與自己的「投入」（包括教育程度、所做努力、用於工作的時間、精力和其他無形損耗等）的比值與組織內其他人作社會比較，只有相等時，他才認為公平，如下式所示：

$$OP / IP = OC / IC$$

其中：

OP——對自己報酬的感覺

IP——對自己投入的感覺

OC——對他人報酬的感覺

IC——對他人投入的感覺

當上式為不等式時，可能出現以下兩種情況。

第一，$OP / IP < OC / IC$。在這種情況下，他可能要求增加自己的收入或減小自己今後的努力程度，以便使左方增大，使等式兩邊趨於相等；

第二種辦法是他可能要求組織減少比較對象的收入或者讓其今後增大努力程度以便使右方減小，使等式兩邊趨於相等。

人力資源管理
第二章 人力資源管理的基本原理

此外，他還可能另外找人作為比較對象，以便達到心理上的平衡。

第二，OP／IP＞OC／IC。在這種情況下，他可能要求減少自己的報酬或在開始時自動多做些工作，但久而久之，他會重新估計自己的技術和工作情況，終於覺得他確實應當得到那麼高的待遇，於是產量便又會回到過去的水準了。

（2）縱向比較，即把自己目前投入的努力與目前所獲得報償的比值，同自己過去投入的努力與過去所獲報償的比值進行比較。只有相等時他才認為公平，如下式所示：

OP／IP＝OH／IH

其中：

OP——對自己現在報酬的感覺

IP——對自己現在投入的感覺

OH——對自己過去報酬的感覺

IH——對自己過去投入的感覺

當上式為不等式時，也可能出現以下兩種情況。

第一，OP／IP＜OH／IH。當出現這種情況時，人也會有不公平的感覺，這可能導致工作積極性下降。

第二，OP／IP＞OH／IH。當出現這種情況時，人不會因此產生不公平的感覺，但也不會覺得自己多拿了報償，從而主動多做些工作。調查和試驗的結果表明，不公平感的產生，絕大多數是由於經過比較認為自己目前的報酬過低而產生的；但在少數情況下，也會由於經過比較認為自己的報酬過高而產生。

①改變投入。人們可以選擇對組織增加或減少投入的方式來達到平衡。

②改變報酬。由於人們是不會主動要求降低薪酬的，因此改變報酬主要透過競價報酬來達到平衡。

③改變對自己投入和報酬的知覺。在實際報酬和投入沒有發生變化的情況下，人們可以透過改變對這些要素的知覺來達到比較的平衡。在感受到不公平之後，我們可以改變自我評估，認為我們的貢獻並不那麼高，而回報則並不那麼低。

④改變對他人投入或報酬的看法。例如，如果我們認為獎勵不足，我們可能認為比較對象的工作時間比我們原來認為的更長——週末加班或將工作帶回家。

⑤改變參照系。人們還可以透過改變比較的對象來減輕原有比較所產生的不公平感。例如，我們也許認為當前的比較對象與老闆的關係較好、運氣好或擁有特殊的技能和能力。

⑥選擇離開。也就是說，唯一的出路是換個完全不同的環境。換到另一個部門工作或找新的工作也許是減少不公平感的最後方法。

從激勵的角度來看，公平理論的意義更多地是在於消除員工的不滿意，保持他們的滿意度，從而避免員工降低工作的積極性，減少自己的投入。

公平理論對管理的意義是顯而易見的。首先，影響絕對值，也會影響報酬的相對值。其次，激勵時應力求公平，儘管有主觀判斷的誤差，也不會造成嚴重的不公平感。最後，在激勵過程中應注意對被激勵者公平心理的引導，使其樹立正確的公平觀。

一是要認識到絕對的公平是不存在的；

二是不要盲目攀比；

三是不要按酬付勞。

因此在薪酬管理方面，要實施具有公平性的報酬體系，這種公平體現在內部公平、外部公平和自我公平三個方面，要使員工感到自己的付出得到了相應的回報，從而避免員工產生不滿情緒。為了保證薪酬體系的公平合理，要從兩個方面入手，一方面是薪酬體系的設計，例如採用薪酬調查、職位評

價等技術來保證公平；另一方面是薪酬的支付，要與績效考核掛鉤，「多勞多得，少勞少得」，這就從另一個角度對績效考核體系的公平提出了要求。

(3) 目標理論

這一理論也被稱作目標設置理論，是美國馬里蘭大學心理學教授 E·A·洛克（E.A.LocKe）於 1968 年提出來的，他和同事經過大量研究發現，對員工的激勵大多是透過設置目標來實現的，目標具有引導員工工作方向和努力程度的作用，因此應當重視目標在激勵過程中的作用，洛克提出了目標理論的一個基本模式。

激勵的效果主要取決於目標的明確度和目標的難度這兩個因素。目標的明確度是指目標能夠準確衡量的程度，目標的難度則是指實現目標的難易程度。洛克的研究表明，就激勵的效果來說，有目標的任務比沒有目標的任務要好；有具體目標的任務比只有籠統目標的任務要好；有一定難度但經過努力能夠實現目標的任務比沒有難度或者難度過大的任務要好。當然，目標理論發揮作用還必須有一個前提，那就是員工必須承認並接受這一目標。

與公平理論相比，目標理論對人力資源管理的意義更多地體現在績效管理方面。按照目標理論的要求，在制訂員工的績效目標時要注意以下幾個問題：

一是目標表述具體、明確；

二是目標還要有一定的難度，通俗地說就是讓員工「跳一跳就可以摘到桃子」；

三是制訂目標時要讓員工一起參與，使員工能夠認同和接受這一目標。

3·行為改造型激勵理論

這一理論主要研究如何來改造和轉化人們的行為，變消極為積極，以期達到預定的目標，行為改造型激勵理論以美國哈佛大學心理學教授斯金納（B.F.SKinner）的強化理論最典型。

斯金納認為，對行為進行改變可以透過四種方法來實現。

①正強化。正強化是指在某種行為發生以後,立即用物質的或精神的獎勵來肯定這種行為,利用這種刺激使人感到這種行為是有利的或符合要求的,從而增加這種行為在以後出現的頻率。

②負強化。負強化是指預先告知人們某種不符合要求的行為可能引起的後果,從而使人們為了避免不良的後果而不出現這種不符合要求的行為。負強化與正強化的目的是一樣的,只不過兩者採取的手段是不同的。

③懲罰。懲罰是指當某種不符合要求的行為發生後,給予相應的處罰和懲戒,以這種刺激表示對這種行為的否定,從而減少或阻止這種行為在以後的出現。懲罰雖然能夠阻止某些不符合要求行為的發生,但是不能鼓勵任何一種合乎要求行為的出現,而且懲罰往往還會引發員工的牴觸、厭煩情緒。

④衰減。衰減是指撤銷對原來可以接受的行為的強化,由於一段時間內連續的不強化,使該行為逐漸降低了重複發生的頻率,甚至最終消失。

強化理論指出,要根據員工行為情況的不同來選擇不同的強化方式。

連續強化是指在每次行為發生之後都進行強化。間隔強化是指間隔性地進行強化。其中固定間隔就是在固定的一段時間後給予強化;固定比率指在確定數量的行為發生後給予強化;可變間隔指給予強化的時間間隔是可以變動的,但時間的長短圍繞一個平均數變動;可變比率指在一定數量的行為發生後給予強化,這一數量雖然不是確定的,但圍繞某個確定的數值變動。強化理論具體應用的行為原則包括以下幾個方面。

①經過強化的行為趨向於重複發生。強化因素會使某種行為在將來重複發生的可能性增加。

②要依照強化對象的不同採用不同的強化措施。人們的年齡、性別、職業、學歷、經歷不同,需要就不同,強化方式也應不一樣。例如有的人更重視物質獎勵,有的人更重視精神獎勵,就應區分情況,採用不同的強化措施。

③小步前進,分階段設立目標,並對目標予以明確規定與表述。對於人的激勵,首先要設立一個明確的、鼓舞人心而又切實可行的目標,只有目標明確而具體時,才能進行衡量和採取適當的強化措施。同時,要對目標進行

分解，分成許多小目標，在完成每個小目標時都及時給予強化，這樣不僅有利於目標的實現，而且透過不斷的激勵可以增強信心。

④及時回饋。要取得最好的激勵效果，就應該在行為發生後盡快採取適當的強化方法。一個人在實施了某種行為以後，即使是領導者表示「已經注意到這種行為」這樣簡單的回饋，也能造成正強化的作用；如果領導者對這種行為不加注意，這種行為重複發生的可能性就會減少以至於消失。所以，必須利用及時回饋作為一種強化手段。

⑤正強化比負強化更有效。所以在強化手段上，應以正強化為主；必要時也要對壞的行為給予懲罰，做到獎懲結合。

4・綜合型激勵理論

上述各種類型的激勵理論都是從不同角度出發來研究激勵問題的，因此都不可避免地會存在這樣或那樣的問題，而綜合型的激勵理論則試圖綜合考慮各種因素，從系統的角度來理解和解釋激勵問題，這種理論主要有庫爾特·勒溫（Kurt Lewin）的早期綜合激勵理論、萊曼·波特（Lyman Por-ter）和愛德華·勞勒（Edward E.Lawler）的綜合激勵理論。

（1）勒溫的早期綜合激勵理論

最早期的綜合激勵理論是由心理學家庫爾特·勒溫提出來的，他借用物理學中磁場的概念，認為人的心理和行為決定於內部需要和環境的相互作用。因此，要測定人的心理與行為就必須瞭解完成這一行為的內在的心理力場和外在的心理力場的情景因素。當人的需求未能滿足時，就會產生內部力場的張力，環境起著導火線的作用。他的這一理論也被叫做場動力理論，用函數關係可以表示為：

$$B = f(P \times E)$$

式中，B 表示個人行為的方向和向量；f 表示某一個函數關係；P 表示個人的內部動力；E 表示環境的刺激。這一公式表明，個人的行為向量是由個人內部動力和環境刺激的乘積決定的。

根據勒溫的理論，外部刺激是否能夠成為激勵因素，還有看內部動力的大小，兩者的乘積才決定了個人的行為方向，如果個人的內部動力為零，外部環境的刺激就不會發生作用；如果個人的內部動力為負數，外部環境的刺激就有可能產生相反的作用。

（2）波特和勞勒的綜合激勵理論

這是美國學者波特和勞勒在弗魯姆期望理論的基礎上，於 1968 年提出的一種綜合性的激勵理論，它包括努力、績效、能力、環境、認識、獎酬、滿足等變量，它們之間的關係是：先有激勵，激勵導致努力，努力產生績效，績效導致滿足。它包括以下幾個主要變量。

①努力程度。它是指員工所受到的激勵程度和發揮出來的力量，取決於員工對某項報酬價值的主觀看法，以及經過努力得到報酬的可能性的主觀估計。報酬的價值大小與對員工的激勵程度成正比，報酬的價值越大，對員工的激勵程度就越大，反之就越小；員工每次行為最終得到的滿足會反過來影響他對這種報酬的價值估計。同時，努力程度與經過努力得到報酬的可能性大小也成正比，經過努力取得績效進而獲得報酬的可能性越大，努力程度就越大；員工每一次行為所形成的績效也會反過來影響他對這種可能性的估計。

②工作績效。工作績效不僅取決於員工的努力程度，還取決於員工自身的能力和特徵，以及他對所需完成任務的理解程度。如果員工自身不具備相應的能力，即使他再努力可能也無法完成工作任務；如果員工對自己所要完成的任務瞭解得不是很清楚，那麼也會影響到工作績效的取得。

③工作報酬。工作報酬包括內在報酬和外在報酬，它們和員工主觀上感覺到的公平的獎勵一起影響著員工的滿足感。

④滿足感。這是個人實現某項預期目標或完成某項預定任務時體驗到的滿意感，它依賴於所獲得報酬同所期望得到的結果之間的一致性，當實際的結果大於或等於預期時，員工會比較滿足；當實際的結果小於預期時，員工會產生不滿。

波特和勞勒認為，員工的工作行為是受多種因素綜合激勵的結果。要想使員工做出好的工作業績，首先要激發他們的工作動機，使他們努力工作；然後，要根據員工的工作績效實施獎勵，在獎勵過程中要注意公平，否則就會影響員工的滿足感；而員工的滿足感反過來又會變成新的激勵因素，促使員工努力工作獲得新的績效，如此循環反覆。

上面我們簡要地介紹了幾種最具代表性的激勵理論，應當說，這些理論對激勵問題做出了比較深入和準確的研究，這對於人力資源管理的實踐活動具有非常重要的指導意義。但是需要注意的是，這些理論都是在一定的條件和環境下得出的，因此都有相應的適用範圍，並不是絕對的真理。

在實踐中，我們必須根據具體的情況靈活加以運用，絕對不能生搬硬套。此外，這些理論對激勵的解釋基本都是從不同的角度入手的，不可避免地具有一定的片面性，因此在實踐中，我們應當對這些理論綜合加以運用。

第三節　人力資源管理的基本原理

人力資源管理的基本原理是指人力資源制度建設和管理實踐的思想、理論的總和。這些原理是否正確、運用是否恰當，關係到人力資源能否有效開發、合理配置、充分使用和科學管理，關係到人力資源工作的成敗。提出和確立人力資源管理的基本原理是一項重要的理論建設，需要吸收其他學科的研究成果，更需要在實踐中不斷總結、不斷補充和修正。

1．系統原理

系統是由兩個以上元素組成的，相互聯繫又相互作用的具有特定功能的有機整體。根據系統理論，在人力資源管理活動時，必須自覺地將組織視為由人力、財力、物力、時間和訊息組成的高度複雜的可控系統，人力資源及其管理也是一個系統。

運用系統原理對組織系統及人力資源系統進行管理時，必須突出系統思想和系統觀點，並運用系統分析方法，依據人造系統的目的性、關聯性、社

第三節 人力資源管理的基本原理

會性、有序性、環境適應性等特徵，建立最優或最適宜的人力資源管理系統，以實現系統整體優化和高效率運轉的目的。

系統原理對於人力資源效能的最大化有著重要意義。掌握人力資源管理的系統原理，有助於糾正傳統人事管理中以局部利益或單一事務為導向的狹隘結構，有助於我們認識到現代人力資源管理系統與整個組織系統的目標其實是一致的，在策略上也應該是相互協調配合的。

運用系統原理應遵循以下幾個原則。

第一，整體性原則。即要求管理者在管理工作中重視整體效應，把著眼點移到系統整體上來，把具體事物放到系統整體中來考察。此外，還要注意處理好各部分的比例關係。

第二，結構性原則。系統的結構決定著系統的整體功能。所謂結構，是系統內各要素的組織形式，是要素間的關係，系統透過結構將要素連接起來。結構是保持系統穩定性的根據和基礎。它透過對要素的制約，使要素的變化限制在一定的範圍內。例如，員工可以視作企業的要素，規章制度可以視作企業的結構。規章制度約束著員工的自由，維護企業的整體利益，保持企業的生機和活力。這就表明，一個組織不僅要提高人員的素質，還要進行人事制度、管理體制等方面的結構變革；否則，人員素質再好，也難以充分發揮作用。

第三，層次性原則。系統要素的組織形式是系統的結構，但結構又可分為不同的層次。在簡單的系統裡，結構只有一個層次；在複雜的系統裡，存在著多個層次。如企業員工按年齡劃分，可分為老、中、青不同年齡段的員工；按教育程度劃分，可分為初中、高中、大專、碩士等。因此，要根據系統的實際情況，合理設置結構層次，處理好層次之間的關係，解決好集權和分權的問題，揚長避短，提高組織活動的效率。

第四，相關性原則。即系統的要素之間、要素與系統整體之間、系統與環境之間是相互聯繫、相互影響的。它要求管理者在管理工作中要注意事物之間的相互聯繫，防止片面孤立地看問題。

2．人本原理

人力資源是組織系統中的決定性資源要素，也是組織生存和發展的策略性資源，因此人力資源管理必須堅持「以人為本」，以人為中心，這就是管理的人本原理。這一原理的核心是重視「人性」，把人視為管理的最主要因素與組織的最寶貴資源，想方設法調動人的積極性、主動性和創造性，充分發揮人的潛能。人本管理的最高境界是實現自我管理。

運用人本原理的最主要手段是激勵，激勵手段是貫穿於人力資源一切具體活動中的基本手段和主要線索，也就是說，是衡量一切管理活動和政策的一個基本準則，應視其對人力資源激勵作用的大小而進行選擇和做出決定，如獎懲手段的應用，只要運用得當，就能造成很好的激勵作用。

3．能級對應原理

能級指人的能力按大小分級，能級大表示辦事能力強，不同行業的能級標準也不一樣，科學研究有能級，管理也有能級，企業中的不同行業也有不同的能級。

能級對應指在人力資源管理中，要根據人的能力安排工作、職位和職位，做到人盡其才、物盡其用，因此，能級對應原理要求建立一定的秩序、規範和標準。

能級對應原理的基本內容：承認人具有能力的差別；人力資源管理的能級要求按層次建立和形成穩定的組織形態；不同能級應表現為不同的權力、利益和名譽；人的能級必須與其所處的管理級次動態對應，對應的能級不是固定不變的；能級原理承認能級本身的動態性、可變性與開放性；人的能級與管理級次之間的對應程度，標誌著社會進步和人才使用的狀態變化。

能級對應原理揭示了人力資源能級結構必須是一個穩定的結構。這種結構上小下大，呈正三角形，如圖2-1。

第三節　人力資源管理的基本原理

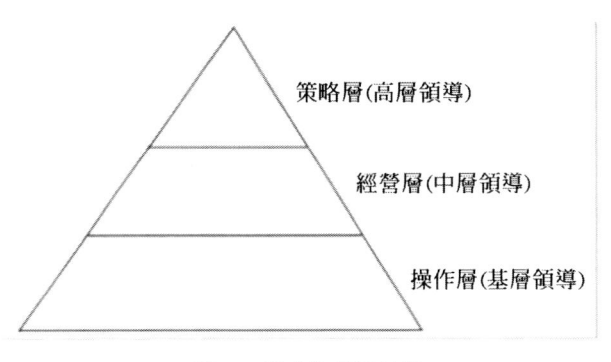

圖2-1　穩定的能級結構

　　圖 2-1 中處於操作層的人數最多，隨著層次上升，管理人員逐步減少，最高層必須要有頂點，即要有權威的個人或小組，具有決策權、財權、人權和權威性，以負責指揮全系統的高效運行。非穩定的能級結構在人力資源管理中也有體現，如圖 2-2。

圖2-2　不穩定的能級結構

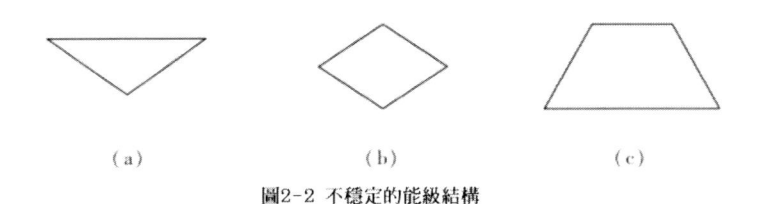

　　圖 2-2 的（a）為倒三角形結構，由於上大下小，極不穩定，沒有基礎，缺乏權威，因而是最基本的也是最典型的不穩定結構。（b）為菱形結構，這種結構中間大，兩頭小，說明中層比上層大是穩定的，然而中層比下層大就不穩定了。（c）是梯形結構，看上去似乎是穩定結構，但由於上、中、下三層結構失調，缺少「頂點」，無最高決策機構，平行的若干「點」會讓下級無所適從，因此也是一種不穩定結構。

4．同素異構原理

　　同素異構原理是指任何要素在空間上的排列次序或結構形式的變化，而引起完全不同的組合結果，甚至是要素發生質的變化的過程。如化學中常看到的，由於幾種化學元素的組合方式不同，得出的化學實驗結果也完全不同。

同素異構原理主要告訴我們的是如何針對工作性質和組織目標的要求，將不同的要素以合適的方式組合起來，發揮協作疊加的功能與優勢。同一組員工的能力要素可以以多種形式組合在一起，不同的組合方式得到的管理結果可能完全不同。因此，管理者在管理中應突破思維習慣和慣例的約束，依據組織目標，尋求比較理想的人與人、人與事之間的組合形式，發揮人力資源管理的最佳效益。

5．互補增值原理

由於每個個體的多樣性、差異性，因此在人力資源整體中，每個個體的能力、性格及見解等多方面存在著互補性。「智者千慮，必有一失」，而近乎平庸的人，也有其閃光的一面。這就是互補增值原理的客觀可能性。互補增值原理就是合理地把各有長短的個體有機地組織在一起，取長補短，形成 1＋1＞2 的新的整體優勢。其主要內容包括以下幾個方面。

（1）知識互補。不同知識結構的人思考問題的方法不同，把不同知識領域、深度和廣度的人組合在一起，實現互補，能使整體的知識結構更加全面、科學和合理。

（2）能力互補。每個個體在能力類型、能力大小方面若能實現互補，那麼整體的能力就會比較全面，在各種能力上都可以形成優勢，這種集體的能力結構就比較合理。

（3）性格互補。在一個團體中，每個個體都有不同的性格特點，比如：有的人外向，有的人沉穩，有的人急躁，有的人熱情，有的人冷靜……這種不同的性格特點對一個整體而言是極為有利的，它易於使集體形成一種能處理各類問題的性格優勢。

（4）年齡互補。年齡差別體現了精力、知識、經驗、處理問題的方式以及社會關係等方面的差別。一般來說，年老的人經驗豐富、穩定；中年人有一定的經驗，精力充沛，反應迅速，處理問題果斷；年輕人有闖勁，敢於開拓創新。老、中、青相結合，就可以實現互補，把工作做得更好。

（5）性別互補。不同性別有不同的長處，女性較細心和耐心，男性較粗獷和堅強。男女性別的合理搭配，可以實現優勢互補。

（6）技能互補。在一個集體中，不同的技能專長互相補充，會形成陣容的最佳組合。

運用互補增值原理時，應注意：能互補增值的人力資源群體，必須有共同的理想、事業和追求，有合作的意願、寬宏大度的品格和便於溝通的管道；否則，就難以取得互補增值的效果。目標不同，志向各異，缺乏理解，溝通困難，就會「道不同不相為謀」，甚至鉤心鬥角，彼此拆臺，這樣，不僅不能互補增值，反而是內耗不斷，使群體的價值消耗殆盡。

6．回饋控制原理

回饋控制是指在管理活動中，管理者根據回饋訊息的偏差程度採取相應措施，使輸出量與給定目標的偏差保持在允許的範圍內。在人力資源管理中，管理過程中各環節、各要素或各變量形成前後相連、首尾相顧、因果相關的回饋環。其中一個環節或要素的變化，會引起其他環節和要素發生變化，最終又使該環節或要素進一步變化，形成回饋回路和回饋控制運動。回饋控制原理就是要利用訊息回饋作用，對人力資源開發與管理活動進行協調和控制。

系統動力學中，回饋是指兩個以上的因果關係鍵首尾相連而成的因果關係回饋環。其中，因果關係鍵是指系統中兩個有因果關係的要素之間的聯繫。如果一個要素增多或減少，另一個要素也因此增多或減少，則兩者為正因果關係，用「＋」號表示，這種關係被稱為正關係鍵；如果一個要素增多或減少，另一個要素因此減少或增多，則兩者為負因果關係，用「-」號表示，這種關係被稱為負關係鍵，如圖 2-3。

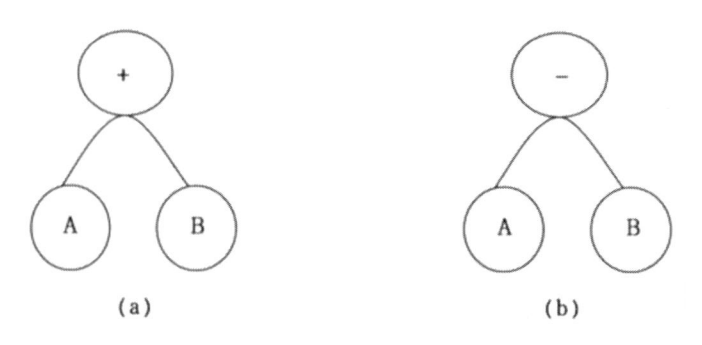

圖2-3 正關係鍵(a)和負關係鍵(b)

因果回饋環中有正回饋環和負回饋環。正回饋環是指一個回饋環中任意一個變量的變化最終導致該變量原變化趨勢的加強，具有自我強化效果的因果回饋環；負回饋環是指一個回饋環中任意一個變量的變化最終導致該變量原變化趨勢的減弱和自我調節、自我控制並使原變化趨勢穩定的因果回饋環。正回饋環和負回饋環在人力資源管理中具有重要的意義。

7．公平競爭原理

公平競爭原理指競爭條件、規則的同一性原則。在人力資源管理中，該原理是指使用相同的規則對競爭各方進行考核、錄用、晉升和獎懲的競爭方式。同一性指起點、尺度、規則、標準的統一。

人力資源管理競爭貫穿於人力資源管理的整個過程，但表現得比較明顯和激烈的是在招聘錄用、職務晉升、獎勵培訓、考核晉級等環節。人力資源競爭大致可分為排他性競爭和非排他性競爭兩種。排他性競爭是實力強、條件優越者勝利，相形見絀者被淘汰。如在招聘錄用中，一般來說，招聘錄用的名額指標是既定的，而應聘者的人數通常又多於既定的錄用名額。儘管應聘者都達到錄用標準的基本要求，但由於名額限制，只能是其中的優秀者獲勝，而相當數量的應聘者則名落孫山。這種百裡挑一、千裡挑一的淘汰性競爭，保證了招聘錄用的高質量，達到了擇優的目的。而對於落選者來說可能是不愉快的，甚至是殘酷的，但只要落選者正確對待，將壓力變為動力，將來仍有獲勝的機會。所以，排他性競爭中的排他或淘汰是相對於一定的數量指標而言的，實質上對勝利者或落選者來說都是一種強勁的動力，都能達到

強化的目的。非排他性競爭一般不受指標數量的限制，因而不存在你勝我負、你上我下的局面，而是你追我趕、力爭上游，共同攀登新的高峰。比如，在培訓中知識的掌握和技能的增長，一般不具有排他性質。可能有合格或不合格的差別，也可能使全體優秀。排他性競爭和非排他性競爭各有使用的範圍，正確運用就能做到擇優和強化人力資源的目的。

無論是公開競爭，還是用比較緩和的招聘、考核或評比等競爭方式，管理者必須通觀全局，運籌帷幄，堅持以下三個競爭原則。

第一，公平競爭。一般意義上來說，公平包含公道和善意兩層意思。公道就是嚴格按協定、規定辦事，一視同仁，不偏不倚。善意就是領導者對所有人都採取與人為善、鼓勵和幫助的態度。

第二，適度競爭。沒有競爭或競爭不足，會死氣沉沉，缺乏活力。但過度競爭則適得其反，不僅破壞協作，使人際關係緊張，甚至「以鄰為壑」，而且容易產生內耗，影響組織的凝聚力。

第三，良性競爭。競爭分為良性競爭和惡性競爭。惡性競爭很容易將組織目標棄之不顧，完全以個人目標為主，為了個人利益不惜損害他人和組織利益。這種競爭必然難以實現組織目標。而在良性競爭中，個人以組織目標為重，每個人主要是取人之長，補己之短。這樣的競爭，既有利於效率的提高，又有利於凝聚力的增強。

8．激勵強化原理

激勵強化原理是指透過獎勵和懲罰，使員工明辨是非，對員工的勞動行為實現有效激勵。在管理學中，廣義的激勵是指激發鼓勵，調動人的熱情和積極性。心理學認為，激勵是人的動機系統被激發後，處於一種活躍的狀態，對行為有著強大的內驅力，促使人們向希望和目標出發。在這裡，「所謂激勵，指的是組織者採取有計劃的措施，在一定的外部環境下，對組織成員施加正強化或負強化的訊息回饋，引起員工心理和思想的某種變化，使之產生組織者所期望的行為反應，進而達到組織預定的目標。」激勵是引導個人內在動機，使之願意去完成組織目標的方法，其目的在於激發人的正確動機，

調動人的積極性，充分發揮人的智力效應，以保證企業的發展。激勵的實質是透過對正確動機的激發和強化，以達到發揚良好行為和克服不良行為的目的。

第四節　人力資源管理思想的發展

一、市場經濟體制下的人力資源管理

人力資源管理是市場經濟體制的有機組成部分，它的發展與構成必須與市場經濟體制的要求相協調。

總體視野下的人力資源管理包括管理機制、管理機構、管理權限和管理制度等一系列內容。在國家範疇內，人力資源管理是為經濟體制和政治體制服務的，有什麼樣模式的經濟體制和政治體制，就有與其相適應的人才體制模式。

人事體制改革能夠使用人單位擁有必要的人才自主權，如果得到正確運用，可以增強組織的活力，能夠成為真正的相對獨立的組織實體。人力資源管理的改革能夠進一步發展和逐步完善市場經濟的市場體系，能夠促進消費市場、生產資料市場、資金市場，特別是技術市場的繁榮和發展，能夠促進勞動力的合理流動。人力資源管理能夠形成有效的人才總體控制機制，從而推動社會主義總體調控機制的建立和完善，使各種經濟活動能夠沿著健康的軌道配套發展。人力資源管理形成有計劃指導、有總體控制、有市場調節的人才體制模式，將使人才的生產、流通和使用的管理變得更加合理、更加有效，將使人才的發展與經濟發展相適應，保證經濟新的振興。

二、科學發展觀與以人為本

科學發展觀與以人為本的核心理論，為人力資源管理的理論研究與實踐提供了理論動力。

科學發展觀要求做到統籌城鄉發展、統籌區域發展、統籌經濟社會發展、統籌人與自然和諧發展、統籌發展和開放，以達到全面、協調和可持續性發

展。毋庸置疑，人才工作也要圍繞關係全局的「五大統籌」，做好自身的「四個統籌」。

一是統籌人才開發與經濟發展的關係。一般而言，人才開發與經濟發展存在互為因果的關係，經濟發展離不開人才，人才發揮聰明才智離不開經濟發展提供的平臺。當前的人才結構與經濟結構不協調，一方面經濟發展急需的人才奇缺，一方面又存在大量的人才閒置和浪費，一個很重要的原因是人才培養開發滯後於經濟建設。要統籌人才開發與經濟發展的關係，最重要的是做到「三個同步」：做到人才發展規劃與經濟社會發展規劃同步考慮，人才結構調整與經濟結構調整同步考慮，人才素質的提高與經濟質量的提高同步考慮。

二是統籌體制內人才與體制外人才的關係。科學的人才觀要求我們不論人才所在的單位是姓「公」還是姓「私」，不論人才所在的地域是「城」還是「鄉」，理應享受無差別國民待遇，在政治上一視同仁，在政策上一個標準，在業務上統籌安排。「英雄不問出處，人才不講身分」，只要是為「三個文明建設」做貢獻的人才都要統籌開發，進而開拓人才活力競相迸發、聰明才智充分湧流的新局面。

三是統籌高層次人才與一般人才的關係。據有關研究顯示：高、中、低端人才的比例在１：３：６時最能發揮人才團隊的作用。正因為如此，在人才組織建設中，既要重視高層次人才組織建設，也要重視其他各層次人才組織建設；既要把高層次人才組織的主動性、創造性保護好、發揮好，同時也要把一般人才的積極性調動起來。

四是統籌存量人才與增量人才的關係。經濟的發展、人才結構的優化必須統籌存量人才與增量人才的關係。在透過產權制度改革、人事制度改革等搞活存量人才的同時，尤其應注重透過增量人才的注入激活存量人才。一個單位、一個團隊如果不及時引進新鮮人才，久而久之會積澱成一個封閉的系統。增量人才的引進會給存量人才帶來新的衝擊和活力，有利於人際關係矛盾的化解和創造力的發揮。在增量人才組織的建設中，重點是要根據經濟社

人力資源管理

第二章 人力資源管理的基本原理

會需求信號培養增量人才,使存量人才與增量人才異質互補,在全面建設小康社會的平臺上實行對接。

本章小結

　　人力資源管理的基本原理從中國的歷史發展中關於人力資源的思想入手,對中國歷史中重要的人力資源選拔、培養、使用等各個環節的思想進行了整理和總結,同時對國外工業革命以來的人力資源管理和實踐所產生的,並對中國有著重要影響的基本原理進行了整理和總結。在此基礎上,結合兩者的思想和理論,總結了人力資源管理的基本原理的體系。

關鍵術語

　　人力資本　「經濟人」假設　「社會人」假設　「複雜人」假設

　　X-Y 理論　需求層次理論　ERG 理論　雙因素理論

　　期望理論　公平理論　行為改造型激勵理論綜合型激勵理論

　　系統原理　人本原理　能級對應原理　同素異構原理

　　互補增值原理　回饋控制原理公平競爭原理　人才強國策略

討論題

　　1．中國傳統文化中人力資源管理的思想有哪些重要理論?

　　2．中國傳統文化中人力資源管理的思想是否適合中國當前的管理實踐?

　　3．工業革命以來西方人力資源管理的理論是如何產生的?其特點是什麼?

　　4．如何在管理實踐中運用人力資源管理的基本原理?

第三章 人力資源管理的發展歷程

學習目標

● 瞭解中國古代人力資源管理思想產生的制度背景；

● 理解中國古代人力資源管理的主要內容；

● 掌握中國古代人力資源管理思想對當代的啟示；

● 認識不同時代背景下西方人力資源管理的顯著特徵；

● 把握不同學派的人力資源管理思想；

● 掌握西方人力資源管理思想的啟示；

● 理解未來人力資源管理的發展動向與基本趨勢。

知識結構

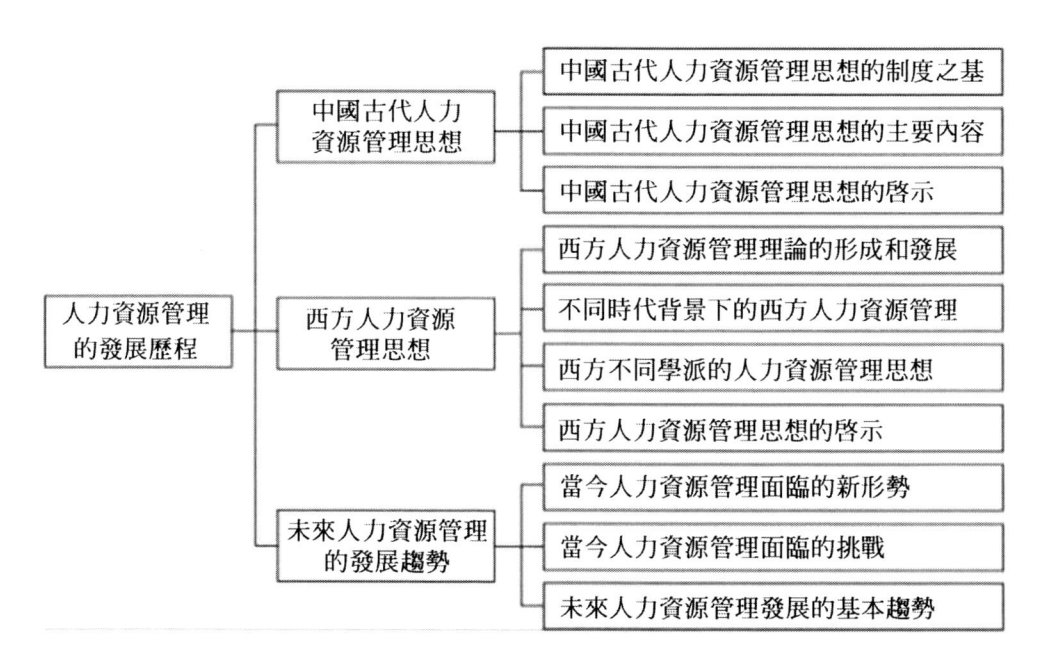

```
                            ┌─ 中國古代人力資源管理思想的制度之基
            ┌─ 中國古代人力 ─┼─ 中國古代人力資源管理思想的主要內容
            │  資源管理思想  └─ 中國古代人力資源管理思想的啟示
            │
            │                ┌─ 西方人力資源管理理論的形成和發展
人力資源管理 │  西方人力資源  ├─ 不同時代背景下的西方人力資源管理
的發展歷程  ─┼─ 管理思想     ├─ 西方不同學派的人力資源管理思想
            │                └─ 西方人力資源管理思想的啟示
            │
            │                ┌─ 當今人力資源管理面臨的新形勢
            └─ 未來人力資源管理 ┼─ 當今人力資源管理面臨的挑戰
               的發展趨勢     └─ 未來人力資源管理發展的基本趨勢
```

人力資源管理
第三章 人力資源管理的發展歷程

案例導入

　　AB訊息技術有限公司成立於2006年，是一家專門從事電力資訊化服務的訊息技術公司，透過先進的技術和產品，為電力行業的資訊化、數位化管理提供優質的服務。公司立足於「策略導向、持續創新、服務制勝、注重團隊」的經營策略和方針，力求保持技術的先進性和獨創性，對產品銳意創新，是一家以電力企業資訊化為依託，集管理、維護、研發、監理及軟件服務為一體的成長型IT服務企業。近幾年，隨著工業化和資訊化融合的大力推進，AB訊息技術有限公司的電力資訊化業務也取得了突飛猛進的發展，公司的業務規模也實現了跨越式發展。但是，對於以人才為主的IT服務企業，AB訊息技術有限公司仍然沿用電力工程行業的組織結構、薪酬制度等人力資源管理制度。與此同時，公司的團隊規模也不斷膨脹，從20多人發展到100多人，給內部管理造成了極大的壓力和挑戰，尤其是人力資源管理，到了必須進行變革的境地。此時，公司管理層意識到，公司必須進行行之有效的變革，建立與之相適應的人力資源管理策略，來適應業務快速發展的需要。那麼，應該怎樣適應人力資源管理的發展趨勢來進行人力資源管理的變革，這是擺在管理層面前一個重要的課題。

第一節　中國古代人力資源管理思想

　　現代意義上的人力資源管理產生於西方，但是隨著組織的產生，在中國古代文化中就已出現圍繞人的管理的一系列實踐活動和思想理念，形成獨具特色的中國古代人力資源管理思想。本節基於歷史的視角，探尋中國古代人力資源管理思想的形成軌跡和實踐走向，深入挖掘中國古代人力資源管理思想在推動當代人力資源管理建設和發展中的現實價值。

一、中國古代人力資源管理思想的制度之基

　　中國古代人力資源管理思想形成和發展根植於中國古代傳統文化之中。中國古代五千年的傳統文化造就了舉世矚目的華夏文明，賦予了中國古代人力資源管理思想較為濃厚的鮮明特色。按照社會發展的歷史沿革可將中國古

代人力資源管理思想的形成軌跡和發展路徑劃分為萌芽、初創、發展、成熟四個階段。

1．萌芽階段

從五帝時期的原始氏族社會至夏王朝建立前是中國古代人力資源管理思想的萌芽時期。據史料記載，中國古代五帝時期的原始氏族社會是以血緣關係為核心紐帶的部落聯盟，尚未形成國家管理機構。氏族中的公共事務主要由部落中的成員共同管理，重大事件則由成員所推選出的民眾大會決定。但在確立首領以及首領繼承方面，則由民眾大會討論和部落首領雙方透過「任人唯賢」「賢能管理」「技能過高」等標準來決定首領人選，最終形成了原始部落的禪讓制，如大禹因治水有功被推選為部落聯盟首領。這種選拔首領的方法較具原始的樸素的特點，對後世選人、用人之道有著深刻的啟示作用。

2．初創階段

從夏王朝建立至春秋戰國是中國古代人力資源管理思想的初創時期。禹晚年時將其位傳給伯益時，其子啟聯合支黨，透過「攻益而奪之天下」，繼承禹之位，打破原始部落的禪讓制，開創中國古代王位世襲先河並建立了第一個世襲王朝——夏朝。此後，夏、商、西周君主在整個國家權力結構中處於核心的至高點，享有絕對至高無上的權力，在官吏任用和選拔方面推行以宗法血緣、任人唯親為主要的選人用人標準，實行世卿世祿制。春秋戰國時期，隨著奴隸制的衰退和封建制的出現，出現百花齊放，百家爭鳴的局面。諸子百家在人力資源管理方面提出許多思想，如孔子「舉賢才」的用人思想，孟子「得天下英才而教育之」的育人思想，墨子「尚賢任能」的用人方略等。尤其是在戰國時期，諸侯爭霸，私學興起，新興地主為壯大和鞏固政治經濟地位，紛紛推進人事制度改革，取消世官世祿制度，實行軍功爵制的俸祿制度，招賢納士，廣納人才，創造了人才輩出的生動局面。

3．發展階段

從秦漢至南北朝是中國古代人力資源管理思想的發展時期。公元221年，秦始皇統一中國，創建了中國歷史上首個統一的中央集權的封建制國家。在

官吏管理方面涉及人力資源管理的思想。如秦在中央推行三公九卿制度，在地方推行郡縣制。到漢代，官吏任用方面採取漢承秦制，保留了三公九卿和郡縣制，在涉及官吏錄用、考核、監察、培訓等方面出現了一些顯著的思想觀點。如在官吏選任方面，出現自下而上推舉人才的察舉選吏制度（察舉制）、由上而下選聘的徵辟制，以及透過考試選拔的策試制；在官吏考核方面，推行「上計」考核方式；在官吏工作監督層面，推行監察制；在官吏薪酬管理方面，推行同級官吏享有同等薪酬待遇的「秩祿」制；在官吏社會保障方面，採取退休官吏享有一定退休金的「致仕」制度。魏晉南北朝時期，中國古代社會進入極為動盪的時期，戰亂連連，政權更替頻繁。以官吏為核心的中國古代人力資源管理出現了九品中正制，進而取代了察舉制和徵辟制的選官制度，門閥大族興起，人才選任受到門閥大族的控制，士族出身人員壟斷了人員選聘的職位，庶族出身的人員很難獲得晉升的機會。

4．成熟階段

從隋唐到清晚期是中國古代人力資源管理思想的成熟時期。公元581年，隋文帝楊堅結束了魏晉南北朝三百多年以來的分裂局面，建立了隋朝。由於魏晉南北朝時期官吏的選拔和考評主要考慮出生背景而忽視人才的品德和才能，導致九品中正制逐漸背離選拔出社會治理所需人才的初衷，逐漸走向消極面。為此，隋文帝楊堅和隋煬帝楊廣先後分別開設秀才科和進士科，透過考試選拔人才。隋朝正式開創了以科舉制為主體的封建官僚選拔制度，歷經唐朝、宋朝、元朝、明朝、清朝五個朝代，直到晚清1905年才得以廢除。

在人才選拔方面，唐隨隋制繼續沿用科舉制選拔人才，並在隋朝的基礎上補充和完善了人才選拔考試的內容，設置了常科和制科。在官員考核方面，設立考核官員績效的機構，即下屬於尚書省的吏部考功司。宋朝在繼承唐朝人才選拔制度的基礎上，在縮小參考人員身分限制、考試結果直接授予官職、考試制度規範化等方面做出了進一步建設。在官吏政績考核方面，建立了一套定期考核官吏政績、德行等的嚴密考課制度。明朝則在官吏考試選拔方面開設了文進士科和武進士科，考試內容和考試級別變得愈加豐富和明晰。清

承明制，清朝在加強官吏選拔方面做出了嚴格要求，選拔制度更加嚴密，但是考試內容更加僵化，與現實社會需求相脫離，如八股考試。

二、中國古代人力資源管理思想的主要內容

人力資源管理理論及其相關制度的確立並非一蹴而就，世界各國對人力資源管理的探索都經歷了較長時期，並具有與該民族歷史發展緊密相連的時代背景和社會淵源。同時，在不同時期產生出與其時代經濟社會發展水準相適應的人力資源管理思想（或稱人事管理思想）。在中國古代，人們常將對人與事的管理稱之為人事管理，其思想內容大致體現在選人、用人、考核、育人等幾個方面。

1．選人思想

在中國古代人事管理中，很早就提出選人的管理思想。認識到選人過程中知人善任的重要性，其選人思想主要集中體現在選人原則、選人要求、選人方法等方面。一是以「德才兼備、以德為先」為選人的首要目標。其中，「德才兼備」凸顯政治思想品質與才能在選人過程中的重要性，兩者不可偏廢。正如司馬光指出「才者，德之資也；德者，才之帥也」，德是才的統帥，才是德的支撐。德決定才的作用方向，才影響德的作用發揮的範圍大小。「以德為先」的選人準則，強調人的品性道德在選人過程的核心性和關鍵性，以及修身養性的重要性。如康熙指出「國家用人，當以德為本，才藝為末」。二是鮮明的擇人原則，如《六韜》中指出選人要遵循「一曰仁，二曰義，三曰忠，四曰信，五曰勇，六曰謀」的擇人標準，並透過使用富之、貴之、付之、使之、危之、事之六種手段來考察所選之人能否符合擇人的六條標準。三是古代選人採用繼承、考試、招賢、自薦、推薦相結合的多元化選人方法，其選人機制歷經了從商周時期「世卿世祿制」，戰國時期的「客卿制」，興於漢代的「察舉制」，魏晉南北朝時期的「九品中正制」，隋唐至明清的「科舉制」的發展歷程。

2・用人思想

中國古代人力資源管理思想也體現在用人的標準和用人的方法上。一是堅持「尚賢任能」和「不拘一格用人」的標準。所謂「尚賢任能」，是指用人之時需要重用真才實學的人，做到「外舉不避仇，內舉不避子」。所謂「不拘一格用人」，即指不因親疏關係、出身貴賤等原因決定人才去留，要做到「苟得其人，不患貧賤；苟得其材，不嫌名蹟」（王符《潛夫論·本政》）。二是採取用其所長、避其所短的用人方法。所謂用人所長、避其所短，就是指在用人之時，不應過分拘泥於人才的短處，用人之時要學會揚長避短，充分發揮人才的長處，要學會「用人如器，各取所長。」。如《貞觀政要·崇儒學》提出「為政之要，惟在得人，用非其才，必難致治」，韓愈《上張僕射書》提出「量力而任之，度才而處之。」。三是用人不疑，疑人不用，量以授權。北宋散文家歐陽修在《為君難論上》中指出：「用人之術，任之必專，信之必篤。」這句話的意思是任用他人既要做到充分信任，也要學會適時授權。

3・考核思想

中國古代官本位思想十分盛行，歷朝歷代對官僚體制的發展和完善從未停歇。尤其以官吏為管理考核對象的古代管理思想是中國古代人力資源管理思想的重要構成內容。西周時期的「述職」就要求諸侯向周王匯報職守，接受君王考察，其考核的目的在於檢驗諸侯對周天子的忠誠度，以此督促諸侯忠於職守。其考核結果常伴隨獎懲措施，對考核不合格的諸侯則採取懲戒措施。戰國時期，商鞅、李悝、吳起等改革家就開始進行一系列圍繞官吏考核與獎懲的探索之路，提出「食有勞而祿有功，使有能而賞必行，罰必當」（《說苑·政理》），以及「丞相受金，左右伏誅。犀首以下受金，則誅」（《法經》）的思想。並透過實行「上計」制度，加大對官吏考核，以此激勵和約束官員。形成於漢朝時期的「考課」制度，對考核程序、考核主體、考核內容、考核時間、考核結果運用等內容做出了明確規定，隨後唐、宋、元、明、清等各個朝代都對考核制度進一步做出了補充和完善。如漢代官吏考核結果的優秀與差的區別是用「最」和「殿」表示的，而唐代則將官員分為三等九級，即上、

中、下三等,上上、上中、上下,中上、中中、中下,下上、下中、下下九級,並按照考核等級給予官吏賞罰。

4．育人思想

古人在人力資源管理實踐活動及其有關思想論述中就已意識到並重視教育在人才培養中的重要作用。如春秋時期,政治家管仲在其《管子·權修》中強調育才對治理社稷的重要性,並指出培養人才的長期持續性,認為「一年之計,莫如樹穀;十年之計,莫如樹木;終身之計,莫如樹人。一樹一獲者,穀也;一樹十獲者,木也;一樹百穫者,人也。」這是中國古代重要的樸素育才思想。在強調選才、用人對治理國家具有重要性的同時,還進一步指出教育和培養人才的重要性,強調其對國家管理和長足發展具有深遠意義。

三、中國古代人力資源管理思想的啟示

透過對中國古代人力資源管理思想,特別是以官吏為對象的人力資源管理思想的制度之基的演進歷程和主要內容的透視分析,可以得出其顯著特徵。具體而言體現在以下幾個方面。

一是鮮明的政治倫理關係。在中國古代以父權為中心的家長制社會,在人才選拔、任用、考核、激勵等過程中,對父母的孝順、忠誠、孝廉和官吏對君主的絕對忠誠成為選任和考核官吏的關鍵標準。重品德、輕治理成為中國古代選拔人才最為顯著的特徵。

二是君主對用人制度的絕對主導權。在五帝原始氏族社會和奴隸社會乃至以後的封建社會,圍繞以血緣、地緣關係為關鍵的中國古代宗法社會,以及自夏朝以來的世襲君主制,都強調古代官吏的去留由擁有絕對權力的君主決定,以是否符合君主治國主政的需要而決定人才的去留。人才選任過程中以親疏關係、任人唯親的方式選拔人才的現象非常普通。

透過對以官吏為主要分析對象的中國古代人力資源管理思想特徵的審視,可以得出以下幾點結論:

一是中國古代人力資源管理思想根植於中國古代政治社會文化中，是中國傳統文化的主要組成部分，其人才選拔、任用、考核、激勵等一系列制度及有關思想，具有樸素的古代管理特徵，對當代人力資源管理具有重要的借鑑意義；

二是中國古代人力資源管理思想內容標榜了鮮明的時代特徵，突出了中國古代人力資源管理與政治統治之間密不可分的聯繫，但是在人才管理過程中重道德輕技能、重人治輕法治、重理論輕實踐、重男輕女等思想嚴重影響了古代人力資源管理的公平性和公正性，制約了中國古代人力資源管理的科學化發展；

三是在中國古代對人才選任過程中，一段時期社會風俗和群眾輿論對人才的選拔產生了一定影響，如察舉制，但從嚴格意義上來說這樣的作用並未能成為選才的主流，在整個古代人力資源管理過程中，尤其是對官吏的考核，群眾的參與力量是極其微薄的，易造成官吏考核流於形式。

第二節　西方人力資源管理思想

基於不同歷史境遇下的西方人力資源管理思想則體現出與特定時代相符合的特徵，在農業經濟、工業經濟、知識經濟時代的西方人力資源管理的側重點也各有不同。本節透過採用不同學派的人事管理思想對西方現代人力資源管理的前身（人事管理）做出簡要回顧，並闡述人力資源管理的理論和實踐的演變歷程。

一、西方人力資源管理理論的形成和發展

20世紀50至70年代，第二次世界大戰後，西方資本主義國家進入恢復經濟社會的關鍵時期，急需管理理論來提高組織管理績效。基於這一現實，有關學者從組織人力資源管理的視角進行了探索研究。

1954年管理學家彼得·杜拉克在其所著的《管理的實踐》一書中提出「人力資源」概念，奠定了現代人力資源管理的理論基礎，促使不適應社會發展和組織需要的西方人事管理開始向現代人力資源管理轉變。杜拉克指出人力

資源與組織中其他物資資源具有同等重要性，並且具有組織中其他資源所不具備的協調能力、判斷力、融合力、想像力等素質，用人單位管理者在開展員工管理時需要關注員工的需要，採取積極措施來激勵員工開展工作，加強對員工工作的挑戰性設計和員工素質的提升。1958年懷特·巴克在其《人力資源功能》一書中提出管理人力資源是組織管理職能構成內容的主張，指出人力資源管理的職能包括勞動關係管理、員工人際關係管理、行政人員開發、人事行政管理等內容。1960年，西奧多·W·舒爾茨在美國經濟學會年會上做了《人力資本投資》的演說，闡述許多無法用傳統經濟理論解釋的經濟增長問題，提出人力資本是當今時代促進國民經濟增長的主要原因，認為「人口質量和知識投資在很大程度上決定了人類未來的前景」，開創了著名的人力資本理論，對用人單位加強人力資源投資產生深遠影響。1965，雷蒙德·邁勒斯在《哈佛商業評論》上發表一文，提出了「人力資源模型」，使「人力資源」這一概念引起了學術界和企業界的廣泛關注。

伴隨訊息全球化、經濟全球化、知識全球化的發展，西方一些學者將人力資源管理納入組織策略設計之中加以通盤考慮，人力資源管理的理論探討開始轉向策略人力資源管理。以1981年美國學者戴瓦納等人在其發表的《人力資源管理：一個策略觀》一文中首次提出「策略性人力資源管理」概念為標誌，表明策略性人力資源管理的誕生。隨後，諸多學者研究人力資源管理從「文化人」的假設出發，如威廉·大內在《Z理論——美國企業界怎樣迎接日本的挑戰》中提出「文化人」假設。探究居於策略性地位的人與工作、與組織其他要素的高度協調和目標一致性，以及從跨文化背景下的員工管理、員工績效考核等視角進行深入研究，如卡普蘭和諾頓的平衡計分卡被運用到員工績效管理過程中。

二、不同時代背景下的西方人力資源管理

西方現代人力資源管理的出現及其理論根源可以追溯到較早時期。以生產力發展階段為劃分標準，西方人力資源思想大致經歷了農業經濟時代、工業經濟時代、知識經濟時代三個發展階段。其中，三個階段的人力資源管理的目標取向與管理中心各有不同。

人力資源管理
第三章 人力資源管理的發展歷程

1．農業經濟時代

所謂農業經濟，是指一種建立在自然資源、勞動力，尤其是社會發展主要依附於土地、農作物、農產品為主要生產資源的生產、分配、使用等基礎上的經濟形態。而農業經濟時代則指以農業資源的占有、分配、生產、使用為最重要因素的時代。農業經濟是主要依附於農業資源基礎之上的一種經濟發展形勢。在該種經濟社會形態下，人力資源管理實踐活動及相關觀念強調組織中管理者與被管理者之間的勞役關係。在組織生產活動中，管理者對被管理者的勞動力擁有絕對的支配權，而被管理者卻沒有獨立的人格與尊嚴，並將被視為一種「會說話的工具」。管理者與被管理者之間體現出「絕對服從」或是「絕對控制」的特殊關係。該種生產方式是一種奴隸式的生產方式，此類管理則是一種野蠻式管理。

2．工業經濟時代

以強調追求企業利潤最大化為目標的工業經濟時代的到來，加快了人力資源管理發展的實踐進程並推動了近代人力資源管理理論的出現。所謂工業經濟，是指一種建立在對資本、自然資源、勞動力的生產、占有、配置及使用等基礎上的經濟形態。該經濟發展形態以攫取大量原材料和消耗能源為發展動力，以追求企業利潤最大化為價值目標。工業經濟時代的組織或用人單位管理活動的最顯著特徵是創造一切辦法及可能性因素去推動組織或用人單位達成利益至高、利潤最大化的目標。在該種經濟社會形態下，組織或用人單位將人視為某種生產工具或機器的構成要件，將對人的管理從屬於對物的管理上，管理的中心對象是物而非人（被管理者）。儘管工業經濟時代所出現的行為科學學派在科學管理學派的基礎上做出諸多努力和創新，但終究未能徹底改變人（被管理者）在組織或用人單位的生產活動中從屬於物的命運，也未能將人力資源管理發展進程推向創新階段。

3．知識經濟時代

伴隨現代科學技術的快速發展和訊息技術的普遍推廣，科學知識和智力資源作為推動社會經濟發展的重要因素日益受到社會的廣泛關注，並推動一個新的經濟時代的到來。所謂知識經濟時代，是一種以智力資源和知識的占

第二節　西方人力資源管理思想

有、配置、生產和消費為基本要素的經濟時代。在該種經濟社會形態下，科學技術的飛快發展逐步促使科學知識和技術日益成為組織或用人單位發展的最為重要的無形資產。知識經濟時代的組織或用人單位將知識和技術視為生產要素中的首要要素，十分關切以人為載體的智力元素在推動組織或用人單位可持續發展中的至關重要性，將人作為一種提升組織或用人單位核心競爭力的資源要素，還積極開發以人為載體的智力因素，採取多元化方式激發人的潛能並以追求人與組織單位的共同發展為價值導向，強調「科學技術是第一生產力」「人力資源是第一資源」「人才是組織或用人單位發展的核心競爭力」。當前，西方人力資源管理的發展還處於知識經濟時代的初級階段，該階段的組織或用人單位的管理活動體現出一種以人與物共同主導管理對象的管理範式。

自然資源與人力資源二者都是形成社會物質財富和精神財富的重要源泉，是推動組織或用人單位可持續發展不可或缺的生產要素。但在不同經濟社會發展時期，二者的地位和作用各有不同。農業經濟時代、工業經濟時代、知識經濟時代三個發展歷程中西方人力資源管理思想凸顯出各有不同的特徵，如表3-1。

表3-1 西方人力資源管理思想演變歷程及其主要內容的異同分析

	農業經濟時代	工業經濟時代	知識經濟時代
時間間隔	18世紀中葉前	18世紀中葉-20世紀40年代	20世紀40年代以來
主要依附的資源	自然資源為主、勞動力為輔	自然資源、資本、勞動力	自然資源、資本、訊息、勞動力
資源的主導地位	有形資產	有形資產	無形資產
管理目的	實現雇主的利益極端最大化	實現雇傭單位的利益最大化	實現雇傭單位與雇員利益的協同發展
管理手段	野蠻式	統一、單一	多元、差別、彈性
價值追求	極端追求生產效率	提高生產率	激發員工創新精神，提高員工創新能力
管理過程	用人	引人、用人	用人、引人、育人

三、西方不同學派的人力資源管理思想

經分析有關史料獲悉，亞當·史密斯可能最早在西方企業管理環境中對員工勞動力進行了分析研究。隨後行為科學理論、策略管理理論等學者對相關研究成果進行了豐富和完善，進而促使西方人力資源管理思想逐漸演變成系統化的理論體系。本文聚焦於西方人力資源管理思想歷史演進長河中不同理論學派及其代表性人物的人力資源管理思想，用以簡要概覽西方人力資源管理思想的理論淵源。

1．古典經濟學派

英國產業革命的爆發推動了資本主義經濟的發展，手工業生產逐漸被大機器生產所代替，加強企業內部勞動力管理以及提升其經濟效益顯得尤為重要。1776年亞當·史密斯開創了古典經濟學派，其所發表的《國民財富的性質和原因的研究》（簡稱《國富論》）中首次提出勞動分工的原則及其經濟效益，系統闡述了勞動分工的原因、勞動分工對提升企業生產效率和促進國民財富增加的巨大作用，並指出勞動分工不僅適用於企業內部管理、個人、家庭，同樣也能適用於其他地區和國家。亞當·史密斯的勞動分工理論明確指出了勞動分工是促進經濟增長的內生動力，這對推進人力資源管理理論建設和發展具有啟示意義。但勞動分工在帶來社會生產力大幅提升和人類社會較大進步的同時，也產生了諸多不利的影響，如分工使得政策不均等進而導致權利貧困和經濟貧困的產生。

2．古典管理學派

進入19世紀，西方資本主義社會的經濟取得長足發展。為適應資本主義企業的發展需要，人們開始意識到管理作為一門科學技術在企業內部員工管理中的重要性，進而將其運用到企業內部的員工管理，以此提升企業的生產效率。19世紀末西方古典管理理論中科學管理學派和組織管理學派興起，直至20世紀30年代，以「科學管理之父」弗雷德里克·溫斯洛·泰勒為代表的科學管理學派和以亨利·法約爾、馬克思·韋伯為代表的組織管理學派都對加強用人單位員工管理的相關觀點和理論進行了有關闡述。

第二節　西方人力資源管理思想

一是以泰勒為代表的科學管理理論，強調用人單位中各員工的生產效率具有非同等性的特質，指出有必要加強對員工工作的科學設計和管理，建議採用科學管理的技術方法來設計員工工作、挑選一流員工、培訓員工，要求轉變僱主與員工相對立的觀點，二者應增強密切協作，建立共同富裕的目標並使之完成。具體而言，在員工選用方面，提出以工作為導向來挑選一流員工的人事相符的員工選拔思想，指出員工身體、心理、能力應與工作相匹配；在員工薪酬管理方面，推行差別計件工資制，提出「對同一種工作設有兩個不同的工資率：對那些用最短的時間完成工作、質量高的工人，就按一個較高的工資率計算；對那些用時長、質量差的工人，則按一個較低的工資率計算」；在工作設計方面，採用科學化工具設計員工工作的具體內容，並賦予其挑戰性，強調「企業裡的每一個人，無論職位高低，每天都應該有明確的任務擺在面前。這項任務不應有絲毫的空洞或不明確之處，必須全部加以詳細規定，並且應該不是那麼輕易就能完成的。」在員工培訓方面，由專門機構和人員開展員工培訓工作，並使用高標準化和精細化的培育技術；在員工激勵方面，提出採用以金錢為主要激勵要素的激勵思想。招聘、培訓、工資待遇、激勵措施等職能的具體化，推動了專門從事員工管理的部門的成立。

二是以亨利·法約爾和馬克斯·韋伯為代表的組織管理理論，側重於從組織總體架構和用人單位整體運營的視角對包括組織內部員工在內的相關管理進行論述。其中，亨利·法約爾在組織內部的人力資源管理中提出勞動分工、權力與責任、紀律、統一指揮、統一領導、個人利益服從整體利益、人員的報酬、集中、等級制度、秩序、公平、人員的穩定、首創精神、人員的團結14條管理原則。馬克思·韋伯則提出將組織中的全部工作細分為各種可操作的基本業務，並將其分配給具體工作員工的主張，他還強調在用人單位組織結構體系中需對各個職位的權利與義務做出明文規定，形成一個等級分明和權責明晰的組織結構體系。在員工選聘方面，提出透過公開招考的方式來檢測任職人員的技術資格和能力，使其能夠勝任具體工作；在員工薪資福利管理層面，提出工資由員工的職務等級和責任所決定；在員工職業晉升方面，強調資歷和成績的至關重要性。

3·行為科學學派

20世紀20年代末30年代初，西方企業管理中對員工管理的研究開始轉向對員工行為及其誘因進行相關研究。1948年，在美國芝加哥召開的世界跨學科會議上行為科學的創立，標誌著行為科學正式成為一門獨立的學科立於西方現代管理理論叢林之中。具體而言，行為科學學派在涉及用人單位的人力資源管理思想的主要內容體現在以下幾個方面。

以喬治·埃爾頓·梅奧為代表的人力資源管理思想。1927至1932年的五年時間裡梅奧、羅特利斯伯格等人在美國芝加哥西方電器公司霍桑工廠開展了實驗研究，實驗結果表明員工並非被動和孤立的個體，員工生產效率的提高不只是來自物質條件的刺激，如工作方式和員工薪酬等因素影響，其最重要的影響因素是員工在工作過程中的人際關係，如員工工作態度、情緒都會受到環境變化、領導的管理方式、組織對員工的關心與支持等影響，導致這些因素產生的誘因主要在於工作環境、工作場所、工時長短、勞動強度和工資制度等。該觀點開創了以人、人的行為、人的社會關係為中心的人力資源管理研究範式。

由於人際關係管理方法未能對不同員工差異化的價值訴求進行深入分析，以及未能有效制訂規章制度對員工行為進行規範化管理，導致企業過分關注一般化激勵措施建設而忽視組織目標的追求，造成組織目標偏離。同時，由於所採取的同質化激勵性措施未能關注到不同員工的多元價值訴求，造成人際關係管理方法的功能發揮得不顯著。

人際關係管理對員工工作行為的分析過於強調組織對員工需求的滿足，而忽視影響員工工作行為的因素的複雜性和多樣性。直到20世紀中期，人際關係管理方法難以適應用人單位人員管理的需要，進而轉向對組織和群體的整體性研究，並在個體和群體行為動機及其成因方面取得了新進展，如在員工激勵管理方面，馬斯洛的需求層次理論、麥格雷戈的「ＸＹ理論」、赫茨伯格的「激勵—保健」雙因素理論都從不同層面探討了激勵性措施及其成因，為用人單位加強人力資源管理提供了可借鑑的方法。

馬斯洛的需求層次理論強調組織可透過外部活動（如：簽訂勞工合約、建立明確的員工薪酬體系）來滿足員工低層次的生理需要和安全需要，再透過教育、培訓、職位晉升、職業生涯開發等管理措施來滿足員工較高層次的社會需要、尊重需要、自我實現的需要，以此激勵員工進行積極性勞動和提升員工生產力。麥格雷戈的「X Y 理論」的理論之基建立在對人性的假設，提出「人性壞」的 X 理論和「人性善」的 Y 理論，針對「人性壞」的員工主要採取規章制度的強制性管理措施，而針對「人性善」的員工則採取下放權力、提供更多發展機會的激勵管理，主張 Y 理論和 X 理論更能夠符合用人單位人力資源管理的需要，建議為員工提供參與組織決策過程的機會、營造融洽的勞資關係等。赫茨伯格的「激勵—保健」雙因素理論指出決定員工工作效益的關鍵因素主要在於員工的工作態度，從政策、地位、薪水、人力關係、營造良好工作環境等方面進行改善，對激勵員工而言只能造成保障性作用，而從工作具有挑戰性、工作富有成就感、工作成績得到認可、職位具有晉升空間等方面進行建設並滿足員工這一系列的需要，對用人單位調動員工積極性和提升單位生產效率具有激勵性作用。

隨後在行為科學研究的進程中還出現了一些較具代表性的人物和理論觀點，如伯爾赫斯·弗雷德里克斯金納的「行為修正理論」、利蘭·布雷德福的「敏感性訓練理論」、倫西斯·利克特的「支持關係理論」、羅伯特·布萊克和簡·莫頓的「管理方格理論」、克瑞斯·阿格瑞斯的「目標一致性理論」、保羅·赫塞和肯·布蘭佳的「情景領導理論」等從不同視角探討和分析了組織中員工行為的影響因素及形成機理，為用人單位開展人力資源管理實踐活動提供了較為豐富的理論支撐和方法參考。

4．管理科學學派

第二次世界大戰後，現代科學技術（如：電腦資訊系統、先進的數學方法、控制論、運籌學等）和現代自然科學等被廣泛地運用到用人單位的人力資源管理中。該學派的主張主要由運籌學、系統分析、決策理論三個部分組成。如運籌學提出在組織中人力、物力、財力等物質要素已確定的條件下，使用統籌方法來統籌組織中各個活動環節要素，促使人力、物力、財力以最經濟、

最有效、最便捷的方式實現其在組織中的績效。系統分析方法主張用系統全面的觀點看待組織中的各要素，並且各要素都由不同的子系統構成，各子系統之間存在著相互聯繫、相互作用的關係。這對用人單位將員工納入組織重要構成要素，不可忽視其重要性具有重要的參考意義。決策理論主張組織要以客觀事實為依據，運用嚴謹的邏輯分析法，根據事物內外部關聯採用大量的數據和訊息資料，經過科學的運行程序來做出正確決策。這對用人單位人力資源管理，尤其是單位員工規劃、員工招聘、員工績效考核等方面具有重要的啟示意義。

四、西方人力資源管理思想的啟示

西方人力資源管理思想與特定時期的社會生產力發展水準密切相關，是特定時空環境下人力資源管理實踐活動的反映和總結。農業經濟、工業經濟、知識經濟背景下的人力資源管理思想富有特定時空背景下的人力資源管理的顯著特徵，各學派的人力資源管理思想是西方人力資源管理思想的重要組成內容，對當今人力資源管理建設和發展具有重要的理論價值和現實意義。

透過對西方人力資源管理思想的論述，我們可以得知西方人力資源管理思想的演進進程和主要內容，主要是以「人性假設」為邏輯主線和基點開展的。西方人力資源管理的研究圍繞以確定「人性假設」為邏輯基點，歷經從「經濟人」、「社會人」、「複雜人」、「文化人」的歷史嬗變。「經濟人」假設下的古典管理理論，強調運用科學技術對用人單位中員工的技能管理和素質管理、工資管理等；「社會人」假設下的人際關係理論強調用人單位從社會關係、員工需要的社會心理視角對提高員工工作績效實施影響；「複雜人」假設下的系統權變理論強調了用人單位在人力資源管理過程中需要關注員工對象的差異性，在不同環境情境下採取不同的管理方法；「文化人」假設的人力資源管理思想強調加強組織文化建設，積極營造企業核心價值觀和凝聚員工的文化氛圍，透過明確用人單位願景和目標，追求員工與用人單位價值、願景、組織目標的高度一致性。不同人性假設的基礎，導致用人單位人力資源管理呈現出與之相對應的管理模式，如「經濟人」假設的物本管理（強調人、土地、資本、技術等生產要素都是完成生產的工具）、「社會人」假

設的人本管理（要求把滿足人的需求和人的全面發展作為管理的出發點和目的）、「文化人」假設的能本管理（以人的能力作為管理的對象和管理的核心，提倡能力本位的價值觀）。

　　西方人力資源管理思想強調員工管理過程中的理性精神。西方人力資源管理思想凸顯運用現代科學技術的理性思維，常傾向於運用精確化的現代科學技術對員工行為、工作、人際關係、績效等內容加以分析研究。由於文化底蘊、管理思維、管理方式等因素的差異性，中外人力資源管理思想具有各自的鮮明特點。西方人力資源管理思想在人員選任過程中突出員工技能、技藝的重要性，並強調人力資源管理的制度化、科學化、精細化、規範化建設。在理性精神的主導下，西方人力資源管理思想具有明晰的實用主義和實證主義特點，追求組織效益和效率的高度統一。在員工管理方法層面，要求運用現代科學技術對其加以運用和管理，如員工績效管理方面，採取差異化的利益分配機制，根據員工的成果配以相應的獎勵，對鼓勵員工工作積極性和提升組織生產效率具有刺激作用。

第三節　未來人力資源管理的發展趨勢

　　經過人類上千年的探索和努力，人力資源管理思想、管理理論和管理實踐的發展取得了較大進步。隨著時代的變遷，經濟社會的快速發展，科學技術的極大進步，組織或用人單位結構的不斷更新，以及人力資源管理對象的變化，人力資源管理理論、實踐活動也在潛移默化地發展改變。傳統的人力資源管理理論、管理實踐以及管理方式逐漸受到諸多環境因素的挑戰。調整、融合和創新人力資源管理的方式以期適應和契合經濟全球化、訊息全球化、知識全球化時代發展趨勢下的現代化管理的新需求。

一、當今人力資源管理面臨的新形勢

　　常言道，「欲認其形，先觀其勢」。全球金融危機爆發後，世界經濟發展發生了一系列新變化，在以美國為首的西方國家開始推行「再工業化」策略、中國經濟發展呈現出「新常態」的時空背景下，用人單位的人力資源管

人力資源管理
第三章 人力資源管理的發展歷程

理勢必會受到一定影響。只有認清當前經濟發展的形勢和特點，用人單位的人力資源管理才能做到因勢而謀，應勢而動，順勢而為。

1．西方國家的「再工業化」

2008年國際金融危機爆發後，以美國為首的西方先進國家，開始審視「去工業化」所造成的一系列經濟社會問題，並重新認知製造業在推進經濟社會發展進程中的地位和作用，美、英、歐盟等國家和地區相繼推行重返製造業的「再工業化」策略，以期重塑本國或地區的國際競爭地位和增強全球化競爭優勢。西方國家所推行的重返製造業的實質是探求科學技術投入在促進製造業中新的經濟增長點上的積極作用。回歸製造業是傳統製造業的轉型與升級，由傳統製造業向高端、精細、環保、智慧的現代製造業轉化。然而，西方國家的「再工業化」策略目標的實現需要大量高尖端人才的支撐和保障，勢必會引起全球高端人才的爭奪。而對於處於世界產業鏈條低端的國家而言，如何確保本國製造業在國際競爭中的一席之地，以及以人才資源為管理對象的用人單位的人力資源管理及其相關制度措施亟須響應全球環境的變化，並做出適應性的調整。

2．中國經濟發展步入「新常態」

中國提出實施創新驅動發展策略，明確要求由過去的要素驅動轉向以創新驅動為支撐的經濟發展模式。創新驅動發展策略的關鍵在於技術創新，技術創新的決定性要素在於人本身。為此，用人單位的人力資源管理將更多地關心單位組織中人力資源開發工作的建設，勢必會造成用人單位人力資源開發成本的提高。尤其一些資本薄弱、技術落後的用人單位將會面臨核心員工流失、人力培養成本上升的局勢。用人單位對組織員工的績效管理的複雜程度和難度也會相對攀升。

同時，全球經濟危機的大爆發，世界經濟逐漸步入經濟大調整的時期，在這種時代背景下中國經濟增長速度進入階段性回落的「新常態」時期。新常態下中國經濟結構呈現出新的發展態勢，經濟增長速度長期處於合理穩定的增長區間，產業結構將會更加優化。在產業結構優化、要素升級的背景下，依附產業結構調整的人力資源結構也需做出相應的優化調整，用人單位勢必

將會開展精簡員工、優化配置人力結構等工作，一定程度上將會對用人單位的人力資源管理產生一定影響。

二、當今人力資源管理面臨的挑戰

在經濟發展的新常態下，國內外市場環境急劇變化，傳統的人力資源管理不能只停留在對人力資源存量的提升上，更應關注人力資源存量的振興，充分發揮顯在的人力資源或是挖掘潛在的人力資源，實現人力資源智力和勞動成果的社會化和市場化轉型。面對市場需求和公共領域的新需求，作為組織和用人單位重要職能之一的人力資源管理將遭遇前所未有的挑戰。從環境視角分析，當今人力資源管理面臨的挑戰主要來自總體、中觀、個體三個維度因素的影響，即國際市場、國內行業市場和組織內部員工因素三個環境因素的影響。

1．總體層面——國際人才爭奪戰愈加激烈

隨著國際貿易自由化程度的提高和經濟全球化的加劇，國際人才資源爭奪更加激烈。不少國家不惜重金推動國際人才引進工作的開展，採取多元化的引才模式吸引海外人才到本國創新創業，如中國推行的「千人計劃」、美國積極推行的移民政策改革、德國的「藍卡計劃」、印度的「PIO」和「OCI」計劃等，各國國際人才引進工作模式在推動本國經濟社會發展和產業結構優化等方面造成了積極性的作用。但從長遠發展的視角觀測，以重金作為吸引國際人才的主要手段難以推進人才工作的可持續性發展。尤其對財力薄弱的國家而言，以重金為手段的引才勢必將會對該國人才工作的可持續性發展造成巨大的財政負擔。當前一些國家逐漸意識到在國際人才引進工作中重金引進能夠對人才吸引造成即刻性的刺激作用及其由此暴露出的一些新問題，但從長遠發展的視角看，重金引才為主導工作模式難以持久性地適應變化莫測的國際人才市場之間的人才爭奪。

以物質激勵為導向的主要引才措施將會對資金實力薄弱、人才基礎設施建設薄弱的地區或國家造成巨大的財政壓力。在新一輪國際人才爭奪戰中，各國之間比拚將由重金吸引、福利保障、營造良好的硬件環境逐步轉向物質

支撐和軟服務（政策制度保障和機制創新）相結合的人才爭奪賽。未來人才關注的不只是福利性保障措施，更加關注的將是一系列國際人才引進的制度措施的策略性、可持續性和法律保障性。未來哪一個國家能夠在政策創新和制度機制創新建設，以及在人才措施的長遠策略規劃和法律支撐方面多下功夫，不斷變革阻礙國際人才引進的制度機制障礙以適應不斷變革的國際人才競爭市場，勢必將會給該國國際人才引進工作迎來「春天」。

2・中觀層面——組織環境之變

訊息網路技術的飛速發展對傳統組織結構和組織成員間的交流方式提出了挑戰。訊息傳播速度的加快和增強，人與人、人與組織、組織與組織之間的交流方式呈現出網絡結構化的關係交流體系，整個社會逐漸成為一個社會化的網絡體系。資訊化時代對營利性和非營利性用人單位快速響應市場需求和公眾服務需要做出較高要求，用人單位必須及時做出積極響應。而過去封閉、半封閉以及層級冗餘的組織結構暴露出訊息接收和響應緩慢、訊息交流成本較高、訊息閉塞、員工參與組織管理空間有限等問題，組織結構勢必須要做出相應調整，向扁平式、開放式、虛擬化的組織結構轉變，組織層級變得精簡、幹練，權力結構變得更加民主，員工參與組織管理的機會更加豐富，辦公場所也由一維空間進入網路體系中的虛擬空間，組織的辦公場所逐步轉向線上一線下相結合的管理領域裡，提升對組織外部的快速應對。同樣，用人單位在員工招聘、員工培訓、員工績效考核等方面的工作將由實體化陣地轉向虛擬的網絡空間平臺，對組織內部人力資源的資訊化管理將會做出更高要求。同時，用人單位中的非正式組織將會日益受到人力資源管理部門的高度重視，將由過去的任其保持在一定合理空間的成長轉向對非正式組織的積極影響和運用。

3・個體層面——管理對象之變

隨著區域性結構的優化調整，用人單位人力資源管理的對象發生許多變化，如員工組織結構出現代際轉移、員工老年化現象突出、新生代員工權利意識高漲、關鍵員工流失較為嚴重、勞資糾紛問題突出、部分地區人口紅利消失、勞動力供給結構性短缺、勞動力成本上升等問題，這些問題成為當前

用人單位管理對象變化的突出性特徵。權威式領導管理難以適應時代需求等都對組織或用人單位的人力資源管理發起一系列挑戰。尤其是新生代員工離職現象逐漸增多，員工與組織之間的討價還價能力增強，勞資關係緊張，員工心理契約發生變化，以及過去員工聽從組織安排認真完成工作的模式向員工對工作的公平性、靈活性、豐富性的要求的轉變使得傳統的人力資源管理和組織正常運行受到衝擊和挑戰。

以往硬性的人力資源管理模式難以適應新的經濟發展態勢下管理對象對組織或用人單位的期許與憧憬，由過去員工對組織給予報酬表示極大關注逐漸轉向組織對員工職業發展的期許和滿足，以及組織給予員工的尊嚴、歸屬感、幸福感的滿足。為此，組織或用人單位需要改變過去以外部硬性干預為主的崇尚權威式管理的取向，轉向關注員工心理需求的柔性管理模式，適度調整和平衡勞資雙方關係，採取多元化柔性管理方式方法，爭取員工對組織發展的支持，注重加大員工對組織的滿足感、歸屬感的心理建設以及組織文化氛圍對員工的感召。

三、未來人力資源管理發展的基本趨勢

由於政策紅利和人口紅利的漸退，用人單位績效的持續性提升路徑轉向對組織中人力資源的充分開發和運用。據有關研究表明，學界和實踐領域關於人力資源管理發展趨勢的預測和分析的資料頗多，但仍有許多值得商榷的地方。本文以員工管理作為分析的切入點，歸納出未來用人單位人力資源管理發展將呈現出如下幾個方面的基本趨勢。

1・人力資源管理將呈現「六化」特徵

立足於當前全球環境的知識化、經濟化、資訊化等時代背景，以及結合目前營利性和非營利性組織和單位人力資源管理的現有研究成果和實踐範式，預測未來人力資源管理將呈現出人本化、策略化、國際化、網路化、外包化、數據化的「六化」特徵。

一是以員工創新能力開發為主導的人本化管理。人本化管理強調未來用人單位人力資源管理的關切點將由事務性工作轉向以人的創新能力開發和成

果轉化的管理。對員工的職業素質將會要求更高，在招聘、選拔、使用、培育、開發等方面，將會採用多元化、針對性措施對員工進行管理，如在人才選聘層面將會由人為干擾轉向法治化的制度選拔，更加突出法制措施在人員選聘中的公平、公開、公正的強制力和保障性。

二是以組織可持續發展為追求目標的策略化管理。目前部分用人單位逐步意識到人力資源管理在推動整個單位策略式發展和提升組織晉升空間中的重要性，不斷積極開發和鞏固人力資源管理的策略性功能，並取得一定程度的進步。但是從整個用工環境的市場分析，將人力資源管理納入組織策略規劃體系和將其上升到組織策略性定位的用人主體十分少，因此，未來重視人力資源管理發展的策略化管理和將其納入組織發展策略性地位的主體越來越多。

三是以知識全球化為依託的國際化管理。用人單位的人力資源管理將會以國際人力資源管理的高標準和高要求來規範和提高其人力資源管理的品牌和價值。在以知識全球化為主題的背景下，跨國公司紛紛在具有不同文化背景的國家中成立，未來各國之間用人單位的人力資源管理將會更加關注、培育和開發高尖端素質人才，並在不同領域加大國際高尖端人才的引進、人才工作交流和合作，以及在跨文化背景下人力資源管理方式方法的創新、調適和變革。

四是以現代訊息技術為支撐的網路化管理。在現代訊息技術的支援下用人單位人力資源管理方式發生了諸多變化，如人力資源管理辦公自動化操作的運用。但從現代訊息技術運用於組織人力資源管理的區域分布來看，發達地區將現代資訊化技術運用於人力資源管理之中的頻率要高於欠發達地區。為此，未來一段時期欠發達地區用人單位人力資源管理的網路化辦公將成為一種新趨勢。

五是以較為成熟的行業環境為條件的外包化管理。隨著市場經濟環境的開放和行業環境的成熟度逐步提升，用人單位逐漸將非核心業務剝離並外包給專業中介機構（如員工招聘、培訓），儘量將全單位人力資源管理業務集

中到與公司核心競爭力密切相關的領域中，這樣一種發展態勢將會由當前以營利性單位為活動主體向非營利性用人單位拓展。

六是以「大數據」為平台支持的數據化管理。「大數據」時代，人力資源管理將會追求精細、明確、精準的人力資源及其成果管理，更加關注人力資源成果轉化為現實生產力的可量化性和員工的量化考核。理論界和實踐界對人力資源與經濟增長之間的定量關係研究急劇成為熱點和焦點。

2．員工管理將更加關注能力管理和關係管理

一是員工管理的內容將由工作管理向能力開發轉變。過去用人單位對員工的管理儘管在提升員工素質方面開展了多種建設性的努力，但其實質仍未能擺脫以工作職位和工作內容為核心的員工管理方式。在該種模式下的員工只是任務執行和履行職責的構件，員工的創造性創新意識和精神將會受到嚴重制約。為此，未來用人單位對員工的管理將會轉向以員工能力開發為重心的管理，尤其是對員工創新性、創造性精神和素質的培養開發，將會加強用人單位的學習型組織建設和知識型員工的培育、員工職業生涯的培育等。

二是員工管理的內容也將會更加關注員工的關係管理。當下用人單位員工所面臨的工作壓力影響主要來源於組織內外的雙重因素。過去只侷限於組織內部尤其是勞資關係管理不能夠滿足用人單位內部的正常運行，員工關係管理邊界將會逐漸走出組織內部，逐漸走出與員工密切相關的領域，尤其是家庭因素的影響。未來員工關係管理將會側重於對用人單位與員工的關係（如：員工的歸屬感、職業感、幸福感、忠誠度、心理契約建設等）、員工與員工之間、員工與家庭之間關係的關注，員工關係管理的邊界將由組織內部轉向對員工家庭積極影響的滲透。

3．管理方式由控制型轉向引導激勵型

過去用人單位對員工管理主要採用以控制型為主導的管理方式，在該種管理模式下，員工的積極性、創造性、創新意識和創新精神受到嚴重限制。沉悶、壓抑、極度緊張的組織氛圍、「一刀切」的員工績效考評方式、硬性化的工作時間和超負荷的工作量對員工的身心健康造成諸多的不利影響，用

人力資源管理
第三章 人力資源管理的發展歷程

人單位員工離職率逐步攀升、自殺事件頻發，長期下去勢必會對組織的正常運行帶來巨大傷害。現今，在員工權利意識逐步強化、員工職業價值訴求趨於多元化的情境下，未來用人單位的人力資源管理方式勢必將由以控制型為主導的管理方式逐步向引導、激勵、彈性管理方式轉變，由硬性管理轉向柔性管理。從員工管理方式的視角看，未來用人單位將會逐步採取多元化的管理方法和措施對員工進行積極影響，如針對不同級別和職能的員工採取差別化的考評措施進行績效管理，並加大員工創新性成果的自主知識產權保護和股權分紅，以及採取彈性的工作管理方式和加強高效率、公平、寬鬆、和諧、積極進取的組織文化的營造。

概而言之，組織或用人單位的人力資源管理的變革將會隨著不同時空境遇下經濟、社會、科技文化的發展而不斷地調整和完善，並呈現出富有階段性特徵的發展趨勢及其趨勢性的一般規律。為此，立足分析當前組織或用人單位人力資源管理發展的時空背景，並從其階段性特徵出發對未來一段時期人力資源管理發展趨勢做出預測性分析對營利性單位或非營利性單位人力資源管理具有重要的啟示意義。

本章小結

本章較為系統地介紹了中國古代人力資源管理思想和西方人力資源管理思想的主要內容，並結合時代發展的背景，分析了未來人力資源管理發展的基本趨勢和走向。透過本章的學習，讀者可以瞭解中國古代人力資源管理思想形成和發展的制度基礎，以及獲知中國古代人力資源管理思想的主幹內容、基本特徵，並對古代人力資源管理思想對當代人力資源管理理論研究和實踐探索的啟發意義有著較為客觀的認識。同時，基於不同時期經濟發展形態的視角，縱向分析了西方人力資源管理思想在各經濟形態時空背景下的顯著特徵及其差異性，圍繞不同學派的人力資源管理思想介紹了西方人力資源管理思想的主要內容。從縱向邏輯的時空框架和不同學派的思想內容體系兩個基點，較為全面地呈現出西方人力資源管理思想地圖。最後，本章立足於當前國內外經濟發展新形勢，對人力資源管理所面臨的挑戰做了深入分析，並在此基礎上對人力資源管理的未來走向做出趨勢預測。

關鍵術語

中國古代人力資源管理思想　　　西方人力資源管理思想　　　人力資源管理發展趨勢

古典經濟學派　　　古典管理學派　　　行為科學學派　　　管理科學學派

討論題

1．簡要論述中國古代人力資源管理思想的主要內容。

2．結合農業經濟、工業經濟和知識經濟的時代差異，論述西方人力資源管理在三個不同經濟發展形態下的主要特徵。

3．談談古典管理學派和行為科學學派的人力資源管理思想的主要內容。

4．結合所學知識並聯繫實際，談談當前人力資源管理面臨的新形勢和新挑戰，以及未來的發展趨勢。

5．舉例說明當前用人單位人力資源管理活動所發生的變化及其應對策略。

案例

漢高祖劉邦何以得天下

漢高祖劉邦以一介布衣提三尺寶劍崛起於亂世，嘯命豪傑，南征北戰，終勝西楚霸王項羽成就開國帝業。隨後，劉邦置酒洛陽南宮，大宴群臣，問到「徹侯、諸將毋敢隱朕，皆言其情。吾所以有天下者何？項氏之所以失天下者何？」高起、王陵對曰：「陛下使人攻城略地，因以與之，與天下同其利；項羽不然，有功者害之，賢者疑之，此其所以失天下也。」上曰：「公知其一，未知其二。夫運籌帷幄之中，決勝千里之外，吾不如子房；鎮國家，撫百姓，給餉饋，不絕糧道，吾不如蕭何；連百萬之眾，戰必勝，攻必取，吾不如韓信。三者皆人傑，吾能用之，此吾所以取天下者也。項羽有一范增而不能用，此所以為我擒也。」群臣說服。

人力資源管理
第三章 人力資源管理的發展歷程

——《資治通鑒·漢紀三》（摘選）

案例討論題

1.上述歷史典故中蘊含了漢高祖劉邦哪些用人思想？結合實際，談談你從中所受到的啟發。

2.從組織領導者的視角，談談面對比自己能力突出的員工，應持有何種理念或素質對其加以管理？

3.列舉歷史上像漢高祖劉邦重用人才而成就一番事業的事例。

第三節　未來人力資源管理的發展趨勢

第四章 人力資源規劃

學習目標

●瞭解人力資源規劃的內涵和功能；

●理解人力資源規劃的四個階段；

●掌握人力資源供需預測及其方法；

●理解和掌握人力資源供需平衡措施，以及編制人力資源規劃的步驟。

知識結構

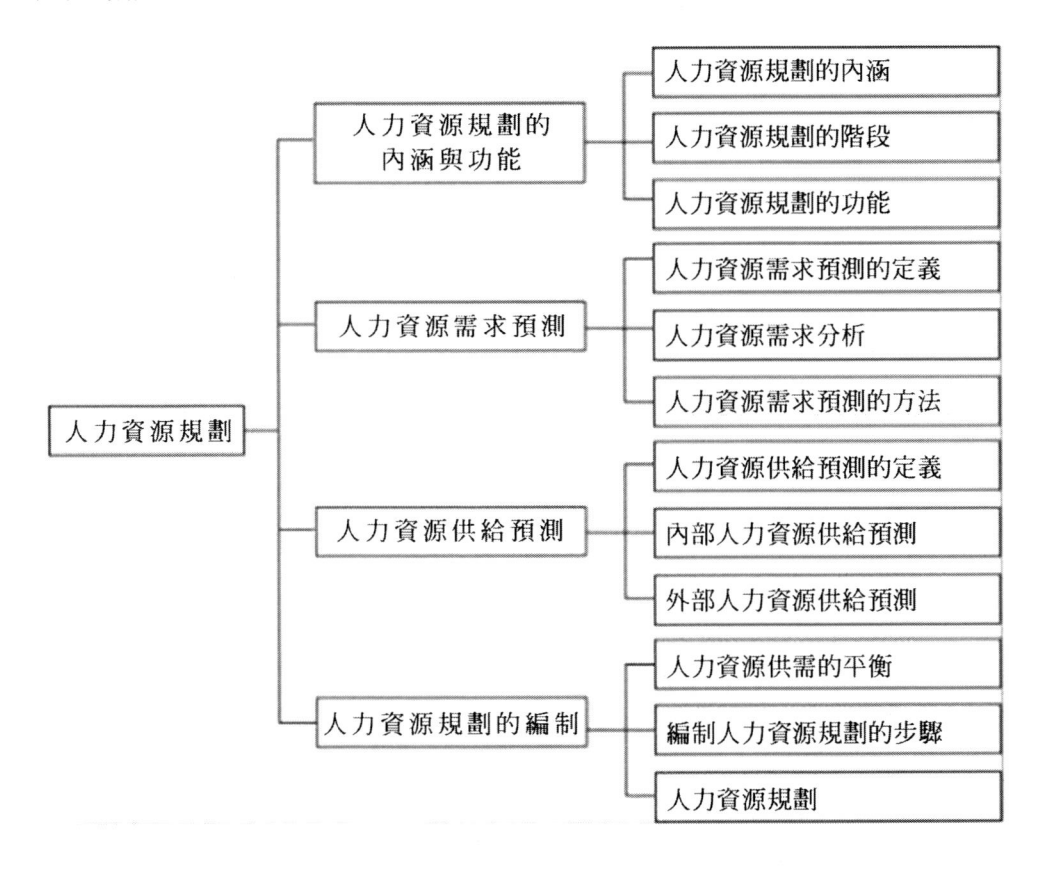

```
                                    ┌─ 人力資源規劃的內涵
                  ┌─ 人力資源規劃的 ─┼─ 人力資源規劃的階段
                  │   內涵與功能     └─ 人力資源規劃的功能
                  │
                  │                  ┌─ 人力資源需求預測的定義
                  ├─ 人力資源需求預測 ─┼─ 人力資源需求分析
                  │                  └─ 人力資源需求預測的方法
  人力資源規劃 ───┤
                  │                  ┌─ 人力資源供給預測的定義
                  ├─ 人力資源供給預測 ─┼─ 內部人力資源供給預測
                  │                  └─ 外部人力資源供給預測
                  │
                  │                  ┌─ 人力資源供需的平衡
                  └─ 人力資源規劃的編制 ┼─ 編制人力資源規劃的步驟
                                     └─ 人力資源規劃
```

113

人力資源管理
第四章 人力資源規劃

案例導入

春節之前，在某汽車零件公司的每週例會上，銷售總監李總向大家宣布了一個好消息。春節期間，公司和客戶談妥了一份金額 5000 萬元的汽車零件銷售合約。人力資源總監周總卻面露難色，「我們公司現有的工人數量根本不能保證完成這份巨大的合約任務！當然，我們也可以趕緊從外部招聘一些工人，但是現在是過年期間，很多工人都提出辭職或者請假回家過年。目前各行業均缺勞工，並且很難在短時間內招募到懂技術的汽車零件工人，對現有工人進行培訓也需要 1～2 個月的時間才能勉強滿足空缺，但是也無法在合約要求的時間內完成任務。現在這個問題怎麼解決呢？」

第一節　人力資源規劃的內涵與功能

人力資源規劃作為人力資源管理工作中一項基礎而重要的環節，必須對組織的人力資源現狀進行科學而全面的清查，透過有效的人力資源需求與供給預測後，制訂相應的人力資源規劃方案。

一、人力資源規劃的內涵

人力資源規劃（Human Resource Planning，HRP）是指根據組織策略發展目標，在分析組織人力資源現狀的基礎上，科學預測組織在未來的環境變化中對人力資源的供給與需求狀況，制訂必要的人力資源獲取、利用、保持和開發策略，確保組織對人力資源在數量與質量上的需求，保證組織和個人獲得長遠利益。從這個內涵上，我們可以看出以下幾個特徵。

1 · 人力資源規劃以組織策略發展目標為依據

人力資源管理系統是組織管理系統的一部分，目的是為組織發展提供充足的人力資源，因此，人力資源規劃必須以組織發展規劃為出發點。同時，當組織的策略發展目標發生變化時，人力資源規劃也應當做出相應的調整。

2．人力資源規劃應當預見組織未來人力資源管理的需要

組織外部政治、經濟、技術、法律等環境不斷變化，組織的人力資源狀況也在不斷變動和調整。人力資源規劃就要在不斷變動的組織環境和可能發生變化的組織目標這個前提下，進行預測分析。對組織的需要進行甄別和回應，以滿足組織在短期、中期和長期的人力資源需求。

3．人力資源規劃必須轉化為人力資源政策、制度和措施

政策、制度和措施要清晰明了，涉及內部員工的升職、降職、開發培訓以及外部人員招聘等都要有切實可行的保證措施，否則就無法保證組織人力資源規劃的實現。

4．人力資源規劃要注重組織和員工目標的統一

人力資源規劃不僅要實現組織策略發展目標，同時也要關心組織中每一位員工在物質、精神和職業發展方面的需求。把員工的目標和組織策略發展目標有機結合起來，才能充分發揮組織中每個人的主觀能動性，使每個人提高自己的工作效率，提高組織效率，使組織的策略目標得以實現。

二、人力資源規劃的階段

人力資源規劃的主要過程可以分為以下四個階段。

1．調查準備階段

本階段主要是收集制訂人力資源規劃所需要的訊息，為後續階段做準備。在這個階段不僅要瞭解組織的現狀，還要明確組織的策略發展目標，認清組織內外環境的變化趨勢。不僅要瞭解當前的表象，更要看清潛在問題與發展趨勢。對外在的人力資源供需進行分析，如：勞動力市場供給與需求現狀、教育培訓政策、勞動就業政策等與勞動力市場有關的影響因素，都需要進行深入的調查分析。對內在的人力資源供需與利用情況的調查分析，是人力資源規劃中最重要的環節。主要包括現有員工的基本情況（年齡和性別）、知識層次、經驗水準、能力與潛力、興趣與愛好、目標與需求、人力資源結構與當前的人力資源政策等。

人力資源管理
第四章 人力資源規劃

在這一階段，需要特別注意組織內人力資源流動的情況。人力資源流動包括組織內流動和組織內外流動。組織內流動主要是指組織內員工升職、降職及職位變更等。組織內外流動包括內部人力資源向外流出組織和組織外部人力資源流入組織。向外流出組織指員工辭職、退休、辭退、工傷、病故等。向內流入組織是指組織從外部人力資源市場吸納人力資源。由於員工離職具有較大的不確定性，因而離職的訊息難以準確把握，給人力資源供需預測帶來了不確定性。

2．供需預測階段

這是人力資源規劃中技術性較強的部分。在收集的所有人力資源訊息的基礎上，對人力資源的供給與需求進行預測。預測可採用主觀經驗法和各種統計方法以及預測模型法，並要考慮所實施或假定的人力資源政策，它對組織的管理風格與傳統往往會發生重大影響。預測工作可以使用相關的軟件來幫助完成，以便分析比較不同的人力資源政策的影響結果。預測的目的是得出計劃期各類人力資源的餘缺情況，即「淨需求」的數據。

3．編制實施階段

編制人力資源總規劃，並根據總規劃制訂各項具體的業務計劃以及相應的人力資源政策、制度及措施等。各項業務計劃要與人力資源總規劃保持一致，確保透過各業務計劃的實施能實現人力資源規劃目標。人力資源規劃編制完成後，就進入具體的實施階段。人力資源規劃方案執行的關鍵在於，必須要有實現既定目標的組織作為保證。除分派負責執行的具體人員外，還要保證實現這些目標所需的必要的權力和資源。

4．評估回饋階段

人力資源規劃是一個長久持續的動態過程，它需要不斷累積經驗為下一次規劃的制訂提供基礎。評估回饋階段是人力資源規劃的最後一個階段，組織將人力資源的總規劃與各項業務計劃付諸實施後，將實施結果進行人力資源規劃評估，及時將評估的結果進行回饋，以修正人力資源規劃。有的組織只重視人力資源規劃的制訂與實施過程，輕視人力資源規劃的評估工作，這

可能會導致人力資源規劃工作流於形式，最終導致組織策略發展目標無法實現。對人力資源規劃進行評估，能準確地知道規劃的不足所在。瞭解規劃的不足，可以有效地進行回饋並修正人力資源規劃，促使規劃更好地落實。為了保證回饋作用的發揮，組織必須建立相應的透明的人力資源規劃回饋管道與程序，以保障人力資源規劃回饋的全面性與系統性。

三、人力資源規劃的功能

人力資源規劃是人力資源管理工作的一項重要職能，在組織管理實踐中發揮著重要的功能。主要表現在以下幾個方面。

1．為組織的持續發展提供人力資源保障

任何組織的外部環境都處於一個不斷變化和運動的狀態，例如政治、經濟、技術等。組織為了適應環境的變化和技術的更新，保證組織策略目標的實現，相應地也要進行組織結構、規模的調整。要分析組織內部人力資源供需差異，實現人力資源供需平衡，確保組織人力資源在數量、質量和結構方面符合組織變化的需要。這也是人力資源規劃的基本功能。

2．是組織管理的重要依據

隨著社會的發展，組織規模日益多樣化，管理工作的難度與工作量都在迅速提高。組織人員的招聘、錄用、考評、培訓、激勵、績效和薪酬計算等工作也日益複雜，如果沒有人力資源規劃，容易陷入相互割裂的混亂狀態。人力資源規劃工作是組織管理的重要依據，為上述工作提供準確的訊息和依據。

3．有利於控制人力資源成本

人力資源成本中最大的支出是工資，而工資總額在很大程度上取決於員工在不同職務、不同級別上的數量狀況，同時也需要考慮外部因素。人力資源規劃有助於檢查和測量人力資源規劃方案的實施成本及其帶來的效益。透過人力資源規劃預測組織人員的變化，可以調整組織的人員結構，把人力資源成本控制在合理的水準。

在管理職能中,人力資源規劃最具有前瞻性和主動性。社會發展迅速,科技日新月異,人力資源預測變得更加困難,同時也更加重要。人力資源管理部門必須對組織未來的人力資源供給和需求做出科學預測,提供組織發展所需要的人才,才能保證組織策略目標的實現。

第二節　人力資源需求預測

人力資源需求預測是人力資源規劃的核心內容,是制訂人力資源計劃、培訓與開發方案的基礎。它透過估算實現組織目標所必需的人員配置計劃,幫助管理者組織未來的人力資源需求,指導管理者思考未來人員需求及如何滿足這些需求。

一、人力資源需求預測的定義

人力資源需求預測是指根據組織策略發展目標、組織結構及職位要求,綜合考慮多種因素,對未來所需求的員工數量及質量進行估計的活動。面對不斷變化的環境,組織希望能夠保持持續的競爭力,則需要一支合格的富有競爭力的員工組織。

二、人力資源需求分析

人力資源需求預測受到許多因素的影響,既有社會、經濟、政治等外部因素的影響,也有組織戰略、組織結構、管理水準等內部因素的影響。下面我們將主要從內部影響因素分析人力資源需求。

1．組織策略

這是影響人力資源需求的重要因素,組織策略目標決定著組織的發展目標和方向,也決定著組織的發展速度,決定著組織需要什麼類型的人才。組織策略的實施通常需要較長的時間,在制訂好組織策略目標以後,該目標會對未來的人力資源需求和配置產生決定性的影響。例如,當組織決定實施擴張性策略,進入新的領域或成立分支機構等,則將來需要具備相應素質的員

工數量就會增加。因此，組織策略制約著人力資源規劃，並對人力資源需求預測提出要求。

2．組織結構

隨著經濟發展，更多組織結構趨於扁平化，相應管理幅度增加，員工跨層升遷的機會減少。對現有員工的需求減少，對具有較高管理能力的高級管理人員的需求增加。組織結構對人力資源需求的影響，還體現在要求員工具有更高的素質、更強的創新力、更好地適應新角色等方面。

3．管理水準

管理水準是指組織管理、運營活動開展所採用的技術和方法所達到的程度。較高的管理水準，可以充分利用組織現有人員的能力滿足組織運營需要。但是管理水準的高低主要取決於管理者的素質。組織管理水準高，則要求配備高素質的管理人員。另外，組織高層發生重大變化時，組織策略、人力資源策略都會隨其發生變化，自然也會影響人力資源需求。

4．現有人員的素質及流動情況

人力資源需求預測不僅是預測未來所需要的人才，更重要的是合理使用現有的人力資源。如果現有人員配置合理，能滿足組織發展的需要，現有人力資源的需求就不太重要，組織對人力資源的需求可以著眼未來。此外，還需要考慮因組織中人員辭職、升遷或合約中止而發生的人員流動等因素。人員流動會增加人力成本，包括離職成本、培訓成本及招聘成本等，尤其是高級管理人員及專業技術人才，他們的流動成本更高。人員流動性要求組織做出更為合理的人力資源需求預測。

三、人力資源需求預測的方法

人力資源需求預測的方法包括主觀經驗判斷法和定量分析預測法。

1．主觀經驗判斷法

這是一種較為常用的方法，由有經驗的專家或管理人員進行直覺預測判斷，其精確程度取決於預測者個人的經驗和判斷力。由於預測者主要是這一

領域的專家，故這類方法也稱之為「專家預測法」。在實踐中被廣泛使用的有以下幾種方法。

（1）經驗預測法

由相關領域的專家或資深管理人員，根據組織未來的需求，將所需要的技術、行政支持等工作量按比率轉化為人力需求。此方法適用於短期預測，以及組織開拓新發展領域。注意保留歷史檔案，儘可能採用多人集合的經驗，以減少誤差。

（2）德爾菲法

德爾菲法也稱為「專家集體諮詢」法，是20世紀40年代末在美國蘭德公司發展出來的一種主觀預測方法。它根據對組織內部因素的瞭解程度，邀請專家參與人力資源需求預測。專家可以來自組織內部，也可以來自組織外部。

第一步，將要諮詢的內容寫成若干條簡潔清楚的問題寄給專家，請他們以書面的形式匿名作答。專家們在背靠背、互相不通氣的情況下回答問題。

第二步，由主持人將專家們的答案、意見收集起來，並進行統計、歸納整理。把整理的結果以匿名的形式回饋給各位專家，請每一位專家對歸納的結果重新進行評估考慮。

第三步，專家們有機會重新考慮自己的預測，並說明原因。之後，專家們將再修改的結果交給主持人。

按以上步驟循環往復幾次後，直到專家的意見趨於集中，得到最後的預測結果。根據專家們的最終預測情況，制訂人力資源需求預測方案。此方法適用於對人力資源需求的中長期趨勢預測。它的優點是能充分發揮每位專家的作用、集思廣益，每位專家在不知道其他專家的情況下進行，避免人際關係、群體壓力等因素對專家的影響。同時也解決了難以將專家在同一時間集中在同一地點的問題。這個方法由於簡單可靠，而被廣泛採用。德爾菲法的主要缺點是過程比較複雜，花費時間較長；有些專家出於自尊心而不願意修改自己原來不全面的意見。

例：4-1

預測項目：某組織 A 類職位與 B 類職位的合理比例

上次（第 X 次）的調查結果為：

1．1：1　　　原因：

2．1：1.5　　原因：

3．1：2　　　原因：

4．1：3　　　原因：

上次調查的中間值為 1：1.5，四分位點是 1：1 和 1：2，極端值是 1：3。

您的新預測為：

理由是：

（3）腦力激盪法

腦力激盪法邀請專家們坐在一起，讓他們敞開心扉，針對預測，暢所欲言。主持人盡力營造融洽輕鬆的會議氣氛，以明確的方式向所有參會專家說明會議規則，互相不要提出批評的意見，以免影響會議的自由氣氛。然後將所有意見進行羅列，再逐一分析這些意見，排列出這些意見的實際性和優先次序。這種方法的好處是方便易操作，可以集思廣益。但是這種方法費用昂貴，費時較長，組織應綜合實際情況而決定是否採用這種方法。

2．定量分析預測法

定量分析預測法運用數學、統計學以及運籌學的方法進行分析預測，主要方法有以下幾種。

（1）趨勢預測法

趨勢預測法又稱時間序列法，是一種基於組織過去幾年人員數量的定量預測方法。其方法是收集組織過去幾年內人員數量的數據，並用這些數據做

圖，用數學方法進行修正，使其成為一條較為平滑的曲線。將這條曲線延長，就可以看出未來的變化趨勢。在實踐中，為了方便起見，通常將這條曲線簡化為直線。這種方法適合於中期預測或者是處於穩定時期的預測。它預測的可靠性，與歷史的和現在的資料的時間長短密切相關。

例：4-2

某大學過去 8 年的教職員工人數如下表所示，請預測今後第 3 年的人力資源需求量是多少？

年度	1	2	3	4	5	6	7	8
人數	726	789	842	893	957	1021	1073	1126

根據過去 8 年的人員數量來分析教員工人數的變化趨勢，假設是一種線性變化，年度是變量 x，人數是變量 y，那麼根據下面的公式分別計算出 a 和 b：

$$a = \frac{\sum y}{n} - b\frac{\sum x}{n} \qquad b = \frac{n(\sum xy) - \sum x \sum y}{n(\sum x^2) - (\sum x)^2}$$

$$a = 670.1071 \qquad b = 57.3929$$

直線趨勢就可以表示為：y = 670．1071 ＋ 57．3929x，也就是說，每過一年，學校的教員工需求量就會增加 57 人（取整數）。按題目要求，對今後第 3 年的人力資源需求量可以做以下預測：

y = 670．1071 ＋ 57．3929×（8 ＋ 3） = 1301．429 ≈ 1301

故今後第 3 年的人力資源需求為 1301 人。

(2) 一元線性回歸法

這是一種比較簡單的方法。通常在某一因素與人力資源需求量具有高度相關關係的時候，才能運用這種方法。在運用一元線性回歸法時，必須先預

測自變量和因變量之間的相關係數，只有當相關係數｜r｜值較大時，才可以運用一元線性回歸方程進行預測。

例：4-3

已知公司過去 8 年的人力資源數量如下表所示：

年度	2003	2004	2005	2006	2007	2008	2009	2010
產量(萬台)x	3.4	5.2	6.5	7.1	8.3	8.5	9.1	9.3
員工數y	5.6	6.8	7.8	8.8	9.5	9.6	9.9	11.3

先計算相關係數：

$$r = \frac{\sum xy - \frac{1}{n}\sum x \sum y}{\sqrt{\sum x^2 - \frac{1}{n}\left(\sum x\right)^2}\sqrt{\sum y^2 - \frac{1}{n}\left(\sum y\right)^2}} \approx \frac{523.21 - \frac{1}{8} \times 57.4 \times 69.3}{5.464 \times 4.8861} \approx 0.9972$$

相關係數｜r｜值較大，說明產量 x 與員工數 y 之間具有顯著性相關關係，可運用一元線性回歸方程進行預測。

$$\sum x = 57.4 \quad \sum y = 69.3 \quad n = 8$$

一元線性回歸公式為：

$$y = a + bx$$
$$a = \bar{y} - b\bar{x}$$

$$b = \frac{n\sum xy - \sum x \sum y}{n\sum x^2 - (\sum x)^2} = \frac{8 \times 533.21 - 57.4 \times 69.3}{8 \times 441.7 - 57.4 \times 57.4} \approx 0.8703$$

$$y = 2.42 + 0.8703 x$$

所以可以預測產量為 11 萬臺時，所需員工人數為

y = 2．42 + 0．8703×11 = 11．9933 ≈ 12（人）

（3）比率分析法

比率分析法是基於對員工個人生產率的分析來進行的一種預測方法。進行預測的時候，按照歷史數據，計算出員工平均的生產效率，然後根據組織未來的業務預測來確定人力資源需求的方法。

例：4-4

根據歷史資料，某汽車銷售公司銷售人員，平均每人每年銷售量為 40 部。公司計劃將明年的銷售量從 600 部提升到 800 部。問明年需要增加多少位銷售人員？

解：明年增加的銷售量＝ 800 － 600 ＝ 200（部）

明年增加銷售人員數量＝ 200÷40 ＝ 5（人）

注意：比率分析法假定生產率保持不變的情況下，無論對銷售人員採用任何激勵手段，銷售人員的銷售量不會超過 40 部。如果銷售人員的人均銷售量提高或者下降，那麼根據歷史銷售比率來確定人員需求的預測就不太準確。

（4）勞動定額法

它是對勞動人員在單位時間內應當完成工作量的規定，在已知組織計劃任務總量及制訂了科學合理的勞動定額的基礎上，運用此方法能較準確地預測組織人力資源的需求量。

$$公式: N = \frac{W}{Q(1+R)}$$

其中，N——人力資源需求量；

W——計劃期總任務量；

Q——組織現在的勞動定額；

R——計劃期內組織勞動生產率變動係數。R = R1 + R2 + ... + Rn，R1 代表由於技術進步使勞動生產率提高係數；R2 代表經驗累積使勞動生產率提高係數；……Rn 代表引進新的管理制度使勞動生產率提高係數。

例：4-5

某企業生產瓶裝礦泉水，年產量為 2000 萬箱，平均每位工人每年的生產量為 1 萬箱。計劃明年改進生產線後勞動生產率提高 10%，工人們經驗累積使勞動生產率提高 3%，外聘高級管理人才擬定新管理制度，使勞動生產率提高 7%。明年需要多少工人？

$$解：N = \frac{2000}{1 \times (1 + 10\% + 3\% + 7\%)} \approx 1667（人）$$

（5）電腦模擬法

人力資源管理資訊化趨勢越來越明顯，運用電腦進行人力資源需求預測，可以更好地建立起完善的人力資源訊息系統。把組織生產單位產品所需要的直接勞動工時、當前產品的銷售額等相關數據訊息存儲在人力資源訊息系統中。以這些數據為基礎，可以分別預測需要的生產類人員、行政工作人員以及職能管理人員的需求數量。透過這種方法在電腦中運用各種複雜的數學模型對在各種情況下組織人員的數量配置運轉情況進行模擬測試，從模擬測試中預測出各種人力資源需求方案以供組織選擇。運用這一方法，管理者可以很快地將勞動生產率和銷售水準轉化為對人員需求的預測。同時，也可以預測各種勞動生產率水準對人員需求的影響。

在人力資源需求預測當中，還有很多其他方法，在這裡不逐一列舉。進行人力資源需求預測時，影響需求的因素較多，單純依靠以往的經驗和少數人的判斷來定性地預測組織的人力資源需求，其效度較低；而刻板地套用定量方法及模型，對組織的環境、自身經濟條件不予考量，可能會出現脫離實際的結果。所以，根據具體情況，選擇定性法、定量法，或者將兩者結合起來使用，才能達到符合實際的預測結果。

第三節　人力資源供給預測

除了需要確定組織的人力資源需求之外，還需要確定人力資源供給的狀況，有利於在不同的人力資源時期（供大於求、供小於求以及供求平衡）採用不同的手段。

一、人力資源供給預測的定義

人力資源供給預測是預測在某一未來時期，組織內部所能供應的（或經有培訓可能補充的）及外部勞動力市場所提供的一定數量、質量和結構的人員，以滿足組織為實現策略發展目標的人員需求。人力資源供給預測主要分為兩個方面，包括內部人力資源供給預測和外部人力資源供給預測。

二、內部人力資源供給預測

內部人力資源供給預測主要是指調查組織內部人力資源的優劣勢，瞭解組織內部人力資源現狀，預測組織內部人力資源未來的狀況。瞭解的內容主要包括：現有組織成員的年齡、職位；學歷、技能；工作經驗、經歷；人員測驗中心結果；培訓進修記錄及結果；所持有的證書、牌照；目前承擔的工作及任務；個人工作意向等。以下是常用的內部人力資源供給預測法。

1．人員替代法

在組織中預測特定時期人力資源供給現狀，員工流動狀況是確定供給的基礎。運用這一方法的關鍵是，假設每一個職位都是潛在的空缺職位，該職位以下的員工均是潛在的供給者。依據前年度績效考評結果，評估接替人選目前的工作情況。當某位員工績效表現過低時，組織將採取調離或辭退的方法；當員工績效卓越時，將被提升替代他上級的工作。這兩種情況均會產生職位空缺，其工作則由下屬替代。按照員工的職業目標和組織目標確定職業發展需要並預先實現供給。此外，為了保證預測的準確性，需要對人員替換訊息及時更新。人員替代情況如圖 4-1：

第三節　人力資源供給預測

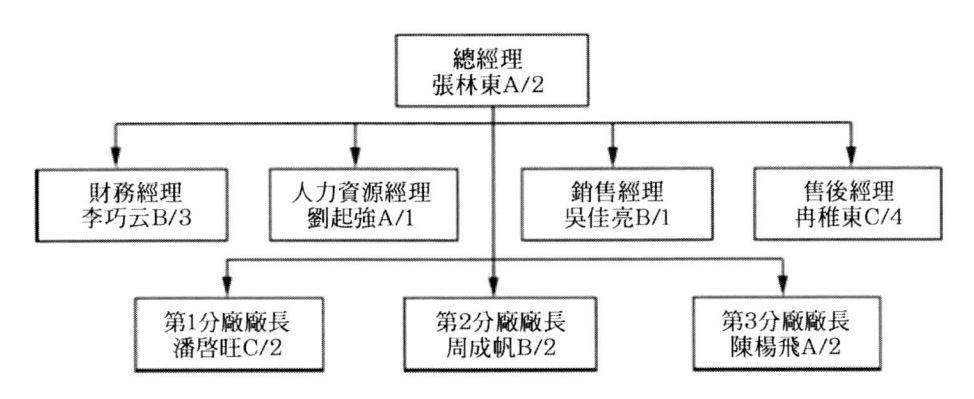

```
                    總經理
                   張林東A/2
        ┌──────────┬──────────┬──────────┐
    財務經理    人力資源經理    銷售經理      售後經理
    李巧云B/3    劉起強A/1     吳佳亮B/1     冉稚東C/4
        │            │           │
    第1分廠廠長   第2分廠廠長   第3分廠廠長
    潘啓旺C/2    周成帆B/2    陳楊飛A/2
```

框內名字代表可能接替職位的人員。

A：可以晉升　　B：需要訓練　　C：不適合該職位

1：表示卓越　　2：表示良好　　3：表示普通　　4：表示欠佳

圖4-1　人員替代圖

2・技能清單法

對現有人員的數量、質量及結構進行盤點，掌握員工工作能力、培訓經歷、持有證書牌照以及員工的個人職位意願等內容。這種方法主要用於人員晉升的確定、職位變動、特殊任務的完成、培訓以及職業生涯規劃等。具體操作步驟如下：首先，設計人力資源清單表；其次，登記員工基本訊息，包括工作能力、培訓經歷以及持有的證件牌照等；然後，記錄員工的工作職位意願，考慮在工作變動時，員工主觀上勝任的職位；最後，評估員工潛力，從客觀上確認員工能夠勝任的工作職位。為了確保表格的有效性，除了平時的記錄工作以外，也要注意及時更新表格內容，如表 4-1。

表4-1 員工技能清單

姓名		部門		工作地點		填表時間	
到職日期		出生年月		婚姻狀況		職位	

教育背景	類別	學位	畢業日期	學校	主修科目
	高中				
	大學				
	碩士				
	博士				

培訓經歷	訓練主題	訓練機構	訓練時間

技能	技能種類	證書

意向	你是否願意擔任其他類型工作？	是（　）	否（　）
	你是否接受工作輪換？	是（　）	否（　）
	如果是，你願意承擔哪種工作？		

你認為自己需要接受何種訓練？	改善目前的績效與工作技能：
	工作晉升所需要的能力：
你現在可以接受哪種工作指派？	

3．人力資源「水池」模型

　　本方法與人員替代法類似，區別在於分析出發的角度不同。人員替代法從員工的角度出發進行分析，「水池」模型則從職位出發進行分析，預測未來某一時間現實的供給情況。此法通常針對具體的部門、職位類別或者職位層次進行預測。它在組織現有內部人員的基礎上，透過計算流入量和流出量來預測未來的供給，就好比是計算一個水池未來的蓄水量，故而被稱之為「水池」模型。下面我們透過一個職位層次分析的例子來看一下這個模型是怎樣運用的。

　　首先，分析每一個職位層次的人員流動情況，如圖 4-2，可以用下面的公式進行預測：

第三節　人力資源供給預測

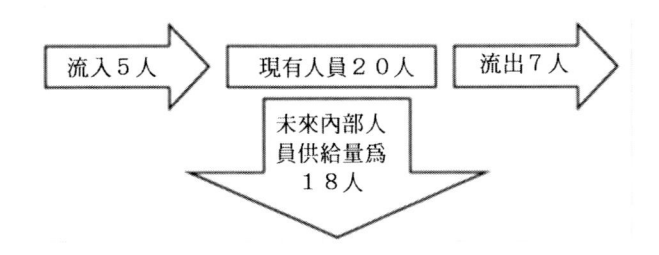

```
流入5人 → 現有人員20人 → 流出7人
            ↓
        未來內部人
        員供給量為
          18人
```

圖4－2　某一職位層次的內部人力資源供給圖

未來的供給量＝現有人員數量＋流入人員數量－流出人員數量

對每一個層次的職位來說，人員的流入包括上級職位降級、平行調入和下級職位晉升；流出的原因主要有向上級職位晉升、向下級職位降級、平行調出和離職等。

把所有層次的職位分析完成後，將它們合併在一張圖中，就可以得出組織未來各個層次職位的內部供給量以及總供給量，如圖 4-3。

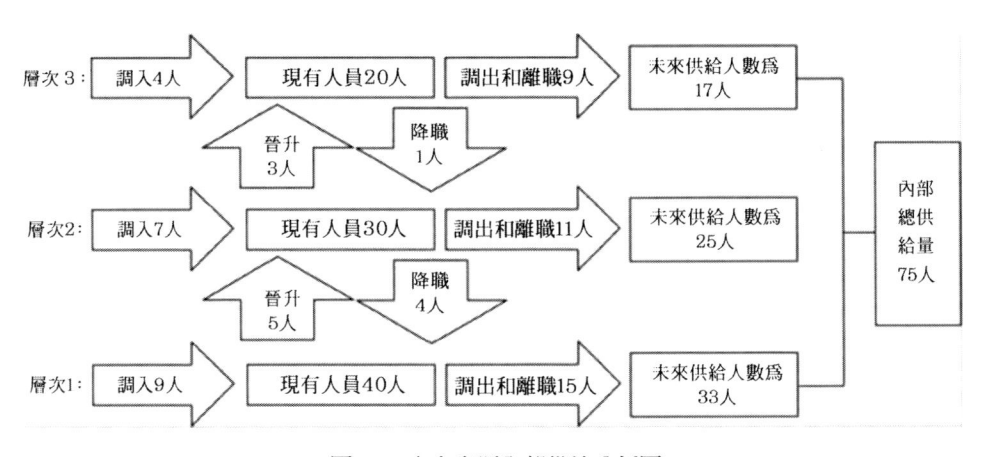

```
層次3： 調入4人 → 現有人員20人 → 調出和離職9人 → 未來供給人數為17人
              晉升3人  降職1人
層次2： 調入7人 → 現有人員30人 → 調出和離職11人 → 未來供給人數為25人     內部總供給量75人
              晉升5人  降職4人
層次1： 調入9人 → 現有人員40人 → 調出和離職15人 → 未來供給人數為33人
```

圖4-3　人力資源內部供給分析圖

4．馬爾科夫模型

馬爾科夫模型是人力資源供給預測中常用的定量分析方法。隨著時間的推移，組織內部員工會在組織內外進行流動和轉移，馬爾科夫模型假設組織內部員工流動模式和流動比率會在未來大致保持一致。所以運用此方法，首

人力資源管理
第四章 人力資源規劃

先收集前幾個時期的數據,然後求出平均值,接著用得出的數據代表每一類職位中人員變動的頻率,最後用來推測未來人力資源變動情況。其公式為:

$$N_i(t) = \sum_{j=1}^{k} n_i(t-1) \cdot P_{ij} + r_i(t)$$

其中,Ni(t)——t 時刻 i 類的人數;

Pij——從 j 類向 i 類轉移的轉移率;

ri(t)——在時間(t－1,t)內 i 類所補充的人數;

K——工作分類數。

例:4-6

某家電連鎖銷售公司 2010～2013 年各類人員的變動情況如表 4-2 所示。年初商場總經理有 20 人,總經理助理有 40 人,部門經理有 120 人,銷售人員有 600 人。表 4-4 中數據表明,在任何一年裡,有 80%的總經理仍留在原職位,20%的人離職;有 70%的總經理助理仍在原職,10%的總經理助理晉升為總經理,20%離職;有 80%的部門經理仍在原職,5%的部門經理升為總經理助理,10%外流,5%降職為銷售員;有 60%的銷售人員仍在原職,2%晉升為部門經理,38%另謀他職。用這些歷史數據來代表當前每類人員的轉移率(表 4-2),可以推算下一年度人員變動情況。將每一類人員的初始數量與該類人員的轉移率相乘,然後再縱向相加,就可以得到下一年度各類人員的內部供給量,如表 4-3。

表4-2 某家電連鎖銷售公司內部轉移率(%)

初始人數(人)	人員類型	總經理	總經理助理	部門經理	銷售人員	離職
20	總經理	0.8				0.2
40	總經理助理	0.1	0.7			0.2
120	部門經理		0.05	0.8	0.05	0.1
600	銷售人員			0.02	0.6	0.38

表4-3 用馬爾科夫模型預測某家電連鎖銷售公司內部人員供給

人員類型	總經理	總經理助理	部門經理	銷售人員	離職
總經理	16				4
總經理助理	4	28			8
部門經理		6	96	6	12
銷售人員			12	360	228
合計	20	34	108	366	252

從表4-3中，可以看出，該公司下一年度內部人力資源供給情況為：總經理人數和上年度相同（20人），總經理助理將會減少6人，部門經理減少12人，銷售人員減少234人。這些數據顯示，要滿足需求，可能要向外部門招聘總經理助理、部門經理和銷售人員，或者把更多的部門經理提升為總經理助理，或採取其他培訓策略。

除了以上介紹的人力資源供給預測方法，還有時間序列法、線性規劃法，這裡不再一一介紹。

三、外部人力資源供給預測

招聘、錄用新員工是組織實現策略發展目標必不可少的環節。無論是由於組織勞動力自然減少，還是因為購入新的生產線，或者組織革新需要引進專業人才等，都需要在外部勞動力市場招聘員工，所以組織需要進行外部人力資源供給預測。

人力資源管理
第四章 人力資源規劃

分析外部人力資源供給，主要考慮社會人口數量、結構、社會文化教育、經濟技術以及組織所在區域的以上外界影響因素。重點瞭解組織外部人力資源狀況所提供的機會和造成的威脅，包括以下因素。

（1）本地區人口總量與人力資源率。當地的人口總量越大，人力資源率越高，提供的人力資源就越充裕。

（2）本地區人力資源的總體構成。它決定了在年齡、性別、教育、經驗以及技能等類別上能提供的人力資源數量與質量。通常情況下受教育水準越高，經驗越豐富，提供的人力資源質量越好。

（3）本地區經濟發展水準。當地經濟發展水準越高，對外地勞動力的吸引力就越大，意味著當地的勞動力供給就越充分。

（4）本地區的教育水準。主要是指政府及組織對勞動力的再教育與培訓投入。它對人力資源供給的質量有較大的影響。

（5）本地區同行業勞動力平均價格以及當地的物價指數等會影響勞動力供給。

（6）本地區勞動力的擇業心態、模式以及工作價值觀也會影響勞動力供給。比如在荷蘭，當地勞動者在職業生涯中大多傾向於在一個地區工作到退休，不習慣從一個地點轉移到另一個地點。相比較而言，他們更關心的是工作地點，而不是職業生涯發展。

（7）本地區地理位置對外地人力資源的吸引力。通常，地理位置便利，離家近，交通發達的地方對外地人力資源吸引力較大。

（8）本地區同行業對勞動力的需求。在中國沿海地區，各種加工廠、製造廠林立，對生產車間一線工人的需求量比較大。這也會對組織人力資源的供給產生影響。

第四節　人力資源規劃的編制

在完成人力資源需求與供給的預測之後，組織就可以編制人力資源規劃了。編制人力資源規劃的目的是要實現人力資源供需平衡，包括數量、質量以及結構上的平衡。

一、人力資源供需的平衡

組織在進行人力資源需求與供給比較的時候，通常有以下幾種情況。

1．總量平衡，結構不匹配

這種情況主要是指人力資源需求與供給在總數量上的平衡，但是在具體的結構上不匹配。它是組織當中的常見現象，在組織穩定發展狀態中，尤為普遍。出現這種情況，可採取以下措施。

（1）對內部人員進行有針對性的培訓，使他們能夠承擔空缺職位的工作任務；

（2）對內部人員進行重新配置，包括職位調動、晉升、降職等，來彌補空缺職位；

（3）對部分人員進行置換，釋放部分不需要的人員，另行補充組織需要的人員，以滿足組織人力資源結構需求。

2．供給大於需求

當出現供給大於需求時，可採取以下措施。

（1）永久性地裁員或辭退員工。這種方法比較直接，但是也給社會帶來巨大的衝擊力，容易引發社會動盪及不安，同時也會受到政府的限制；

（2）組織擴大規模，或開闢新的增長點，以增加對人力資源的需求；

（3）工作分享。這是國外企業常用的一種方法。包括工作職位分享、時間購買計劃、縮短法定工作時間、過渡性退休和彈性工作制等形式；

（4）凍結招聘，停止從外部招聘人員，讓組織自然減員來減少供給；

（5）對富餘員工進行重新培訓，適當儲備人才，為未來發展做好準備；

（6）鼓勵員工提前退休，給接近退休年齡的員工以優惠政策，讓他們提前離開組織；

（7）減薪。

3．供給小於需求

當出現供小於求的情況，可採取以下措施。

（1）從組織外部聘用臨時或全職員工，返聘退休人員，根據組織自身情況來定，如果需求是長期的，就要僱傭全職員工；如果需求是短期的，就僱傭臨時或兼職員工；

（2）延長工作時間，讓員工加班；

（3）將組織部分工作任務承包給外部機構；

（4）降低員工離職率，減少員工的流失；

（5）改進技術，進行技能培訓，調整工作方法，提高生產效率；

（6）對員工進行培訓，增強內部調配，提高職位供給。

4．供需完全平衡

供需完全平衡說明人力資源需求與供給在數量、質量以及結構上都基本相等。這是一種比較理想的結果，但在現實中這種情況幾乎不可能發生。對於組織來說，更多的是出現前面三種情況，這就要求組織針對具體情況採取相應的措施，以確保供需的平衡。

由於組織的供需不平衡，不可能是單純的供給大於需求或者是供給小於需求，有時候兩者會交織一起出現。某些部門或某些職位供給大於需求，還有個別部門或職位供給小於需求。例如關鍵核心技術的職位供給小於需求，普通職位供給大於需求。因此組織在選擇人力資源平衡措施的時候，應當從實際出發，綜合運用上述方法，使人力資源供給與需求在數量、質量以及結構上都平衡。

第四節　人力資源規劃的編制

上述不同的供需平衡方法在具體實施過程中具有不同的效果，有的見效快，但負面影響較大；有的見效慢，但是負面作用較小。表 4-4 對這些方法的效果進行了比較。

表4-4 供需平衡方法的比較

	方法	速度	員工受傷害程度
供給大於需求	裁員	快	高
	減薪	快	高
	工作分享	快	中等
	退休	慢	低
	自然減員	慢	低
	再培訓	慢	低
	方法	速度	可以撤回的程度
供給小於需求	臨時雇用	快	高
	加班	快	高
	外包	快	高
	培訓後換崗	慢	高
	減少流動數量	慢	中等
	外部雇用新人	慢	低
	技術創新	慢	低

二、編制人力資源規劃的步驟

具體來說，編制人力資源規劃主要包括以下幾個步驟。

1．明確組織策略目標

這是編制人力資源規劃的前提條件。不同的策略計劃，不同的產品組合、生產規模、資金狀況以及不同的市場情況等對組織人員有著不同的要求。這些要求包括數量、質量以及結構方面的要求。

2．分析組織的運營環境

組織所面臨的經濟、法律、政治環境，組織所在行業的發展態勢、前景，外部勞動力市場結構、勞動力擇業心理等都會對組織人力資源供需構成影響。

人力資源管理
第四章 人力資源規劃

人力資源規劃要求根據組織的運營環境,對人力資源進行統籌安排,為組織發展提供充足有效的人力資源保障。

3．調查分析組織現在的人力資源狀況

組織現有人力資源狀況是進行人力資源規劃的基礎,也是人力資源規劃最重要的一部分。主要調查分析的內容包括現有員工的數量、質量,每個職務的員工數量分布,人力資源的利用情況等。

4．預測人力資源需求。

根據組織策略發展目標以其內外部條件,對需求的人力資源數量、質量以及結構進行預測。

5．預測人力資源供給

分析組織人員流動政策、人員獲取途徑、獲取實施計劃等,預測從組織外部以及內部,分別能獲取的人力資源供給數量、質量及結構。

6．制訂基礎性人力資源計劃和專項計劃

這是人力資源規劃中比較細緻的工作。透過以上步驟的進行,可以獲知人力資源的淨需求,這是整個人力資源規劃工作成果的表現階段。要求對組織人力資源管理方面的各項具體要求、目標、措施及步驟等做出規劃,以便有關部門能夠遵照執行。

7．審查評估人力資源規劃

為了確保人力資源規劃的有效性和科學性,在規劃制訂完成後,有必要組織相關管理者、專家對其進行審查評估。

8．人力資源規劃回饋

進行人力資源規劃回饋,可以幫助我們發現規劃中的不足,可對其實施修正。同時也為將來再次制訂人力資源規劃提供參考和建議。

三、人力資源規劃

人力資源規劃主要包括兩個方面：基礎性人力資源計劃（也叫做人力資源總規劃）、人力資源專項計劃（也叫做業務性人力資源計劃）。

1．基礎性人力資源計劃

基礎性人力資源計劃包括人力資源總體規劃目標、人力資源各項政策、人力資源供需預測以及人力資源淨需求等內容。編制基礎性人力資源計劃通常按照部門編制淨需求，或者是按照職業類別編制淨需求。按照部門編制的人力資源淨需求，可以清晰地體現組織未來人力資源規劃情況；按照職業類別編制的人力資源淨需求，主要為後續的專項計劃提供支持。按照部門類別編制的人力資源淨需求示例見表 4-5，按照職位類別編制的人力資源淨需求示例見表 4-6。

表4-5 按部門類別編制的人力資源淨需求

		第一年	第二年	第三年
需求	1.年初人力資源需求量	220	260	280
	2.預測年內需求增加量	10	-5	7
	3.年末總需求量	230	255	287
內部供給	4.年初擁有人數	220	260	280
	5.招聘人數	5	10	10
	6.人員損耗	19	18	15
	其中：			
	退休	5	6	7
	調出	12	10	6
	辭職	2	2	2
	辭退	-	-	-
	其他	-	-	-
	7.年底擁有人數	206	252	275
淨需求	8.淨需求	-24	-3	-12

表4-6 按職位類別編制的人力資源淨需求

| 按職務分類的工作 | 現有人員 | 需求人員 | 餘缺 | 預期流失人員 ||||||| 淨需求 |
				晉升	退休	調出	辭職	辭退	其他	合計	
1.商場經理											
2.經理助理											
3.部門經理											
……											
合計											

2．人力資源專項計劃

（1）招聘計劃

為了實現組織的策略發展目標，需要獲取組織需要的人力資源，所以必須擬訂良好的招聘計劃，並予以實施。招聘計劃主要內容包括預測需要人員的數量、類別以及時間；確定招聘範圍（通常招聘職位較高，可適當放寬招聘的地區範圍）；確定招聘途徑；撰寫甄選程序及方法；確定錄用條件；成立招聘小組等。

（2）培訓計劃

培訓計劃要從組織的人力資源規劃和開發的角度出發，滿足組織及員工雙方的要求，結合組織資源條件及員工基礎，確定培訓目標，選擇培訓方式及內容。通常培訓計劃的內容包括所需培訓員工的人數、內容、時間、地點；培訓方式及費用等。

（3）晉升計劃

晉升計劃主要是指確定現有員工是否能晉升，或者是經過培訓之後，能否符合晉升條件。包括組織內部的晉升管道及模式，對員工士氣的激勵效果等。

(4) 裁員計劃

裁員計劃內容包括是否有裁員的必要，能否透過培訓避免裁員，裁減的對象、數量、時間及地點，裁員後的補償等。

(5) 人力資源成本計劃

人力資源成本計劃的內容包括人力資源的成本以及人力資源管理費用的預算等。

本章小結

人力資源規劃是人力資源管理系統的基礎環節，人力資源規劃是組織發展策略的重要組成部分，是人力資源管理各項工作的起點與依據。有效的人力資源規劃可以預防組織臃腫，降低經營成本，優化人力資源的配置。它是根據組織策略發展目標以及內外部環境的因素，預測組織在未來環境中對人力資源供給與需求狀況，制訂相應的人力資源獲取、利用、保持和開發策略，確保組織在發展過程中人員的供需平衡，滿足組織對人力資源在數量與質量上的需求。現代社會發展迅速，人才競爭激勵，組織的人力資源供需關係也在不斷變化。要求組織不斷地對內外部環境變化進行預測，及時制訂計劃，採取相應的措施進行應對。

本章介紹人力資源規劃的內涵與功能，人力資源規劃包含調查準備階段、供需預測階段、編制實施階段以及評估回饋階段。重點介紹了人力資源需求預測的方法包括經驗預測法、德爾菲法、腦力激盪法、趨勢預測法、一元線性回歸法、比率分析法、勞動定額法以及電腦模擬法等；人力資源供給預測方法包括人員替代法、技能清單法、人力資源「水池」模型以及馬爾科夫模型等。最後介紹了保持人力資源供需平衡的方法、基礎性人力資源計劃與人力資源專項計劃的編制，以及編制人力資源規劃的步驟：明確組織策略目標；分析組織的運營環境；調查分析組織現在的人力資源狀況；預測人力資源需求；預測人力資源供給；制訂基礎性人力資源計劃和專項計劃；審查評估人力資源規劃；人力資源規劃回饋。

人力資源管理
第四章 人力資源規劃

關鍵術語

人力資源規劃　　需求預測　　供給預測　　經驗預測法

德爾菲法　　腦力激盪法 趨勢預測法　　一元線性回歸法

比率分析法　　勞動定額法 人員替代法　　技能清單法

人力資源「水池」模型　馬爾科夫模型　基礎性人力資源規劃　專項人力資源規劃

討論題

1．人力資源規劃的內涵是什麼？它有哪些功能？

2．人力資源規劃有哪幾個階段？

3．人力資源規劃與組織發展策略的關係是什麼？

4．預測人力資源供給與需求的主要方法有哪些？

5．解決人力資源供需不平衡的措施方法有哪些？

6．如何確保人力資源規劃的有效執行？

案例

白助理的難題

白某 3 天前才調到人力資源部當助理，他進入這家專門從事垃圾再生的企業已經有 3 年了。白某面對桌上那一大堆文件、報表，有點暈頭轉向：「我哪知道要我做的是這種事！」原來副總經理直接委派他在 10 天內擬出一份本公司未來 5 年的人力資源規劃。

其實白某已經把這任務仔細考慮過好幾遍了。他覺得要編制好這計劃，必須考慮下列各項關鍵因素。

首先是本公司現狀。公司共有生產與維修工人 825 人，行政和文秘性職員 143 人，基層與中層管理幹部 79 人，工程技術人員 38 人，銷售人員 23 人。

其次，據統計，近五年來員工的平均離職率為 4%，沒理由預計會有什麼改變。不過，不同類的員工的離職率並不一樣，生產工人離職率高達 8%，而技術和管理幹部只有 3%。

再者，按照既定的擴產計劃，行政和文秘性職員和銷售人員要新增 10% 到 15%，工程技術人員要增加 5% ～ 6%，中、基層幹部不增也不減，而生產與維修的工人要增加 5%。

有一點特殊情況要考慮：最近本地政府頒發一項政策，要求當地企業招收新員工時，要優先照顧婦女和領失業救濟金員工。其公司一直未曾有意地排斥婦女或領失業救濟金員工，只要他們來申請，就會按同一種標準進行選拔，並無歧視，但也未予以特殊照顧。如今的事實卻是，幾乎全部銷售人員都是男的，只有一位女銷售員；中、基層管理幹部除兩人是婦女外，其餘也都是男的；工程師裡只有三個是婦女；工人中約有 11% 是婦女或領失業救濟金員工，而且都集中在最底層的勞動職位上。

白助理還有七天就得交出計劃，其中包括各類對幹部與領失業救濟金人員的政策。此外，綠色化工公司剛開發出幾種有吸引力的新產品，所以預計公司銷售額五年內會翻一番，他還得提出一項應變計劃，以應付這種快速增長。

案例討論題

1．白助理在編制計劃時要考慮哪些情況和因素？

2．他該制訂一項什麼樣的招工方案？

3．在預測公司人力資源需求時，他能採用哪些方法和技術？

人力資源管理

第五章 職位分析

第五章 職位分析

學習目標

●瞭解職位分析的基本概念與內容；

●理解職位分析的原則；

●瞭解職位分析的意義；

●明確職位分析的相關程序；

●掌握職位分析的方法，學會在實際分析中選擇適當的分析方法；

●瞭解職位分析的結果運用。

知識結構

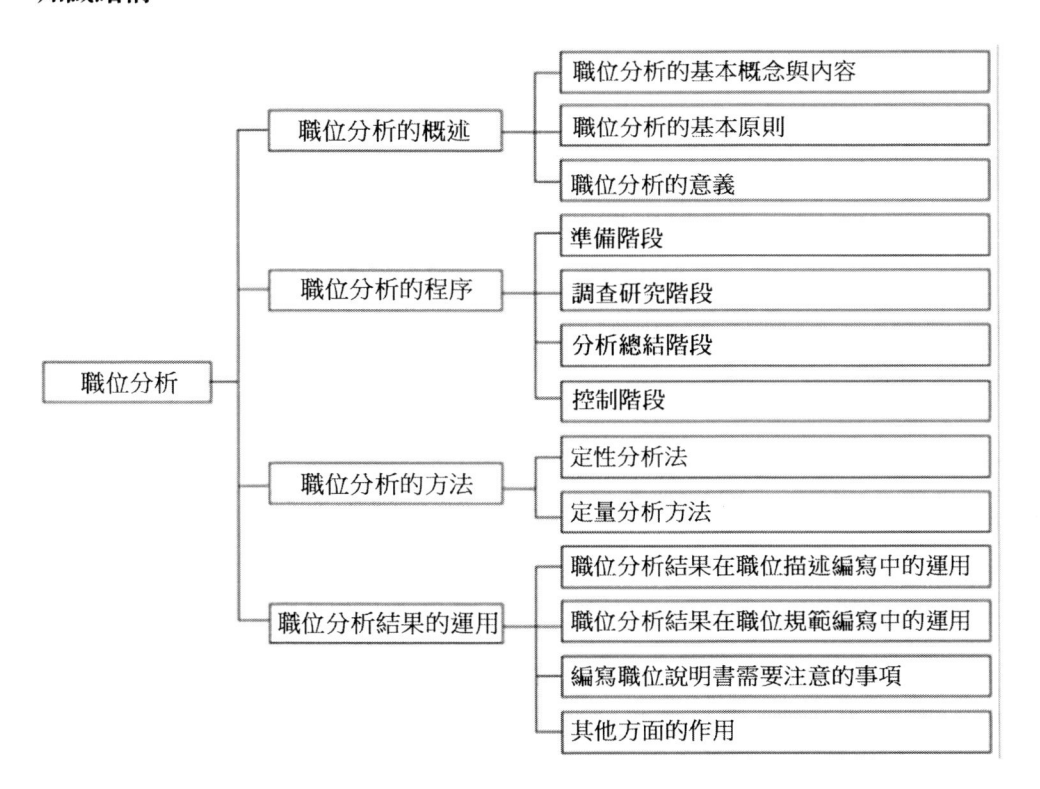

職位分析
- 職位分析的概述
  - 職位分析的基本概念與內容
  - 職位分析的基本原則
  - 職位分析的意義
- 職位分析的程序
  - 準備階段
  - 調查研究階段
  - 分析總結階段
  - 控制階段
- 職位分析的方法
  - 定性分析法
  - 定量分析方法
- 職位分析結果的運用
  - 職位分析結果在職位描述編寫中的運用
  - 職位分析結果在職位規範編寫中的運用
  - 編寫職位說明書需要注意的事項
  - 其他方面的作用

人力資源管理
第五章 職位分析

案例導入

　　萬家公司是一家大型的家用電器集團公司。由於近年來公司發展過於迅速，人員也飛速增長，因此許多問題也逐漸暴露出來。表現比較突出的問題就是職位職責不清，有的事情沒有人管，有的事情大家都在管，但又發生推諉扯皮的現象。現在公司中使用的職位職責說明已經是幾年前的版本了，可實際情況卻已經發生了很大變化，因此根本無法造成指導工作的作用。由於沒有清晰的職位職責，各個職位上的用人標準也比較模糊。這樣，人員的招聘選拔、提升方法就全憑領導的主觀意見了；公司的薪酬激勵體系也無法與職位的價值相對等。員工在這些方面意見很大，士氣也有所下降。最近，公司進行了一系列重組工作，年輕有為的新的高層團隊也開始發揮作用，他們看到公司目前面臨的問題，決定請專業的諮詢顧問進行一次系統的人力資源管理診斷和設計工作。由於職位分析是各項人力資源管理工作的基礎，因此專家建議首先從職位分析入手。透過職位分析和工作分析後，公司設計了一套新的、貼近實際的職位說明書，職位職責不清和用人標準模糊的問題得到了很大程度上的改善，公司的效益也有明顯的提高。

　　因此，以人力資源管理為核心的現代管理模式推動著現代管理的不斷創新與發展。要真正發揮人力資源的最大功效，首先需要做好職位分析這一基礎性工作，運用好職位分析這一深化人事改革的法寶，才能為現代管理提供根本性保障，為組織實現目標，收穫績效提供基礎，以實現人盡其才，事得其人，人事相宜。

第一節　職位分析的概述

一、職位分析的基本概念與內容

　　加里·德斯勒認為職位分析是確定職位職責與任職人員特徵的程序。

　　鄭海航、吳冬梅認為，職位分析又稱工作職位分析、工作分析、職務分析。它是指對企業各類職位的性質、任務、職責、勞動條件和環境，以及員

工承擔本職位任務應具備的資格條件所進行的系統分析和研究,並制訂出職位規範、工作說明書等人事文件的過程。

朱勇國認為所謂職位分析,就是透過系統分析的方法來確定工作的職責,以及所需要的知識和技能的過程。

付亞和、孫健敏認為職位分析是全面瞭解工作並提取有關工作全面訊息的基礎性管理活動。

王蘊提出,職位分析也稱職務分析和工作分析,透過可利用的各種方法對涉及某一工作職位的各方面屬性進行測量、分析、評價,以充分掌握該職位的工作性質、業務流程,以此為企業提供甄選合適員工的標準及經濟高效的設計流程,並制訂出工作說明書等職位規範的活動過程。其包括職位工作目標、職位職責、職位權限、工作量、工作複雜程度、環境等相關方面。

因此,職位分析是透過一系列科學的方法確定工作的性質、結構、要求等基本因素的活動,即對各類職位的性質、職責權限、關係、勞動條件和環境,以及員工承擔本職位任務的資格條件所進行的系統研究,並制訂職位描述、職位規範等文件的活動過程。

職位的內涵,即確定職位的名稱、地點、任務、權責、工作對象、勞動資料、工作環境、本職位與相關職位之間的關係和制約方式等。職位分析要對職位職務進行分析,內容一般包括職位名稱、所屬部門、工作目標、工作方法和程序、職位描述和規範的內容等,以達到資源有效利用、才盡其職。還要分析職位對員工的要求,即要求在員工作的員工應具備諸如知識水準、工作經驗、道德標準、身體狀況等資格條件,以達到適才適職,人盡其才。再將職位描述和職位規範綜合編製成職位說明書等文件。還需要對職位環境進行分析,職位環境包括自然、社會環境,應利用好環境開展職位工作。

可見職位分析從職務本身、人員配備和環境等方面為企業提供了甄選合適人員的標準以及經濟高效的設計流程等,最終使企業達到人力資源和物力資源的有效利用。

職位分析的內容就是要明確「6W1H」提出的問題,即:

(1) 做什麼（What）：指所從事的工作活動，這項職務具體要完成的任務。

(2) 為什麼（Why）：任職者的工作目的，也就是這項工作在整個組織中的作用。

(3) 用誰（Who）：指對從事某項工作的人的要求，任職者需要具備哪些知識、技能，有哪些方面的經驗等。

(4) 何時（When）：表示從事各項工作活動的具體時間安排、節假日規定、是否需要加班等。

(5) 在哪裡（Where）：表示該職位的工作地點，從事工作活動的環境條件。

(6) 為誰（for Whom）：指在工作中與哪些人發生關係，發生什麼樣的關係。

(7) 如何做（How）：指任職者需要從事哪些工作，完成的具體任務，獲得的預期結果。一個好的組織機構對一個組織來說固然很重要，但安排適當的員工做適合的職位工作更為重要。如果一個組織在組織機構上很完美，但員工能力缺乏，那就很難把工作做好。因為「人」固然是組織中最重要的資源，但其所以重要，是因為他能完成工作或任務。一個不能完成職位工作的人，對組織來說是沒有任何意義的，如同一臺不能運轉的機器一樣。所以，從另一個角度來說，人力資源管理的目標不是人，而是人的職位工作。

二、職位分析的基本原則

1．系統客觀性

對具體職位的分析一定要從系統的角度入手，一個工作職位不可能孤立地存在，必然要和其他職位相互配合、協調才能完成目標。所以在進行職位分析時，我們必須從整體的角度進行分析，切忌割裂職位之間的關係。分析的過程中，還應該遵循客觀情況，以事實為基準，實事求是地進行分析，不可憑直覺主觀判斷得出與實際不符的結果。

2・目的明確性

職位分析應該有明確的目的,根據目的的不同,運用不同的方法有重點地進行分析。例如,職位分析是為了招聘員工,則應該側重對職位資格的分析,讓應聘者能夠依據結果選擇合適的職位。如果是為了相關獎酬,則應注重分析工作績效的評估、成果的評定等。如果不確定具體明確的目標,只是泛泛分析,則不能有效地發揮職位分析的作用。

3・協調參與性

職位分析不應只是分析人員的工作,高層管理者以及被調查的員工都應該參與其中,積極協調,共同完成相關職位的分析工作。各級管理人員從宏觀上制訂相應目標,給予一定的重視。人力資源部的相關分析人員積極開展相關分析調查工作,由於每項工作都與不同的工作人員有關,所以被調查職位的工作人員應該積極配合,協助分析人員的工作。

4・科學實用性

職位分析要遵循科學的原則,抓住工作的本質特性,在科學原則的指導下進行分析,並運用科學的分析方法,以保證分析結果的準確科學性;職位分析的結果要實用,能夠被運用於日常管理的各個方面,而不能只作為一種形式上的程序。

5・簡潔規範性

職位訊息描述要標準規範,標準規範是正式組織的一種體現,只有標準規範的分析才能保證運行中的嚴格實行,明確落實相關職責規範。職位說明書編寫要簡潔、易懂,用詞準確,便於員工理解、執行。晦澀難懂的職位分析不僅體現出分析人員的低水準,也不能使其有效指導員工的具體工作。

6・動態調整性

職位分析不能是一成不變的,應該隨著環境的變化做相應的調整。時代在發展,環境發生著劇變,組織要想適應大環境,更好地發展,必須不斷調整自身策略,做出改變,才能不被時代的步伐所淘汰。建立職位分析動態管

理機制，根據目標的變化，工作內容的變化，不斷進行相應的調整，以實現組織的持續優化、動態控制、管理有效。

三、職位分析的意義

職位分析能夠為企業內部職位規劃、招聘人員、培訓員工、績效考核等各方面提供重要的參考依據與標準，幫助企業更好地明確策略目標，合理設計組織結構，規劃產業流程，有助於企業提升整體效能，不斷取得新業績。從外部來講，職位分析可以提升企業市場競爭力，有效應對外界環境的不斷變化，把握時機，不斷擴大影響，擴充實力。

1．落實職位職責，明確職位規劃

透過職位分析，可以詳細瞭解某個職務的工作內容、工作職責，職位分析的結果說明書對工作內容和工作人員做了詳盡的規定，有助於把企業的各項工作和任務分配到基層，落實每個職位的具體職責，避免職責重疊，工作交叉，工作不協調，做到人與事、人與人之間的協調，達到目標、人、事的具體結合，使得人力資源規劃趨向合理與科學。

2．合理招聘與甄選人員

透過對具體職務的分析，企業人力資源部在選人用人方面有了客觀的依據，制訂了工作人員所必需的任職資格，如學歷、年齡、技能等其他要求。職位分析為招聘時選擇考核方式、設計考核內容、確定錄用標準提供依據，保證選拔人員的質量。這項工作有利於企業招聘和配置符合職位質量要求的合格人才，使人力資源管理中「人盡其才、職得其人、職能匹配」的基本原則得以實現，以此避免人力資源浪費，同時能提高生產效率。

3．培訓與開發體系建設

為考核提供合理的標準。根據職位要求和員工的實際情況，把握員工自身能力與工作職務要求之間的差距，確定培訓方案、課程內容、所需時間和受訓人員名單，評估培訓效果的標準等。職位分析對每個職位的工作內容和任職資格都給出了明確的規定，公司可以據此對新上任的員工進行培訓，從

知識、技能、心理素質方面進行培訓，使員工在培訓中學到的知識技能與以後的工作實績相一致，以符合相應職位的需求，並借此開放員工的思維及工作能力，使其得到全方位的提升，更具競爭力。

4・績效考核與薪酬管理

職位分析給每一職務需要完成的任務、達到的目標給出了明確的規定，使得在最後對員工的考評中有據可依。職務分析可以為不同類型的職務確定合理的待遇，利用職務說明書，客觀地評價組織內不同職務工作繁簡程度、工作責任的大小、所需任職資格的高低，以及為組織做出貢獻的程度等。還可以確定各項職務的重要性以及對組織的價值，並以此對有重大貢獻的員工進行相應獎勵，激勵員工的工作熱情，達到科學評價員工工作實績的目的，同時保證客觀公平。

5・設計工作流程、組織結構

職位分析有助於我們發現問題，發現工作流程中有待提高的環節，及時改進、優化工作流程，激發員工的工作興趣，調動員工的積極性，提升工作效益和企業利益，使得組織整體運行更加順暢有效。職位分析也可以闡明各個職務的權責關係，方便組織理順結構，及時撤銷、合併或增加相應職位。

6・行業競爭的需要

組織在面臨競爭時想要生存下來，不被淘汰，持續發展，甚至發展得更好，就必須找準自身定位，在現有基礎上，不斷開拓創新，才有可能突出重圍，有所作為。職位分析能夠幫助企業從宏觀上找準自身定位，在嚴酷的環境中不斷反思自身，調整改變，以求在競爭中取勝。

7・應對環境的變化

當今市場變化迅速，產品更新換代速度快。如果不能跟上變化的速度，企業就可能面臨被市場淘汰的危險。因此，企業要能夠根據環境不斷調整自身，改變現狀，以有效適應變化，求得生存。職位分析能讓組織時刻思考，瞭解自身情況，不斷發展改善，滿足市場需求，在激流中不斷前進，不斷壯大。

第二節　職位分析的程序

　　職位分析是一項具有技術性的工作，會消耗一定的人力、物力與時間，因此在職位分析之前應該做好充足、周密的準備工作，規劃好分析流程，使得整個流程科學、合理，與企業人力資源管理活動相匹配。透過職位分析，要能夠瞭解各種工作的特點以及各種工作人員的要求，以便最後編寫出工作描述書、任職說明書。這些文件並不是相關工作人員憑空臆想出來的，而是需要領導者、人力資源部門共同分析商定，在實際中廣泛調查研究，透過層層步驟的實施，最後得出詳盡準確的結果。職位分析的過程就是對不同職位進行全方位評價的過程，一般分為四個階段：準備階段、調查研究階段、分析總結階段、控制階段。如圖 5-1。

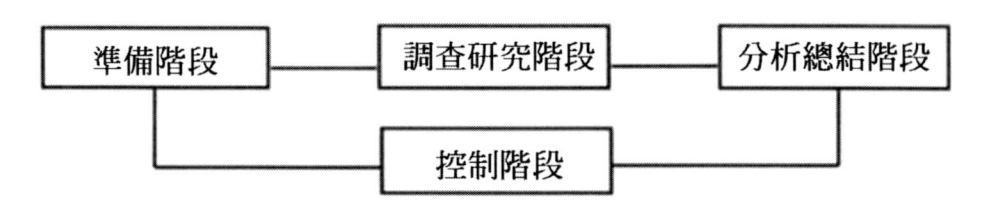

圖5-1 崗位分析流程圖

一、準備階段

　　準備階段旨在做好整個職位分析的事前工作，以保證整個分析過程能夠順利運行。準備階段需要建立調研小組，明確職位分析的目標意義，搜尋訊息，瞭解完備的情況，與相關部門人員建立良好的聯繫，為分析的實施奠定基礎。這一階段主要由以下幾步組成。

1．明確職位分析的總目標

　　分析人員在進行整個分析之前，必須確定職位分析的目的與意義，明確透過職位分析需要得到怎樣的結果、實現怎樣的目標。在此基礎上，分析人員才能有效收集相關訊息，正確確定分析的對象、範圍、內容，選擇合適的分析方法，並根據總目標對全公司的現狀和各部門各職位進行初步瞭解，掌

握基礎數據與資料。正是由於職位分析所要達到的目標不同,其分析的對象、內容、方法也有所差異。有的職位分析是為了瞭解職位職責,則其分析內容應該側重於職位的內容、任務、需要承擔的責任等。有的職位分析是為了招聘員工,則其內容需要側重於該職位所需要人員的素質、知識、能力等任職資格的說明。正是因為分析的目標不同,需要我們首先確定分析的目的,才能進行接下來的流程。

2・建立專項工作小組

由專業人員組成專項工作分析小組,負責職位訊息的收集、整理、分析,規劃整個分析方案及流程,最後編制職位概述、職位描述書、任職說明書以及制訂相關工作人員的職位培訓計劃等。專項工作小組的組建非常重要,能夠保證整個分析流程有效地進行,保證分析結果的科學合理以及準確性。專項工作小組應由具備工作分析專長的專家組成,專家不僅應具備職位分析的專業知識技能,還應該對企業的整體結構、層級劃分、部門組成、職務種類等有明確的概念。專項工作小組的組長應該由某位有一定權威的領導人員擔任,以此為整個分析流程能夠順利開展提供制度上的保障。專家可以來自企業人力資源管理部門或其他部門,也可以從外部聘請。內部人員在公司各方面熟悉程度上占有一定的優勢,而外部人員可以更為公平、更為專業。專家的數量可以根據分析的工作量和企業的實際情況決定。

3・規劃職位分析的具體方案

專項小組全體成員應該根據設定的目標開始規劃職位分析的具體方案。由於職位分析的進行需要調用大量的資源,花費較長的時間,還需要各部門人員的配合,為了此複雜且系統性的工作能夠順利開展,取得應有的效果,設計的方案非常重要,職位分析的開展流程在正常情況下也都應該按照規劃的方案進行。規劃方案應該將整個分析過程分為幾個便於操作的階段。方案需明確,每一階段的具體內容,需要達到的目標,每一階段的期限,具體的負責人員。還應為每位成員安排具體的工作,保障任務落實,權責分配到位。此外,分析人員為使研究工作迅速有效,還應制訂一個職位調查方案。職位調查方案是工作分析人員進行工作訊息收集的依據,所有的工作分析人員都

應該遵照職位調查方案所規定的內容，在規定的時間內完成相關工作訊息的收集任務。

4．選擇訊息來源與分析方法

在訊息的來源方面，工作人員既需要利用公司現有的訊息，也需要深入調查研究獲取與職位相關的實際訊息。在實地調研中，如果發現實際中的情況與已有資料不匹配，應再次確認後對背景資料進行修正。收集訊息時需要注意，由於不同層次的人員提供的訊息有差異，應該站在不同的角度分析，做到公平公正，不應該由於主觀的偏見導致結果存在偏見。在借鑑已有資料時，應結合企業實際情況，不可照抄，應該在對企業實際進行研究調查的基礎上批判地繼承。要求任職人員就調查項目如實填寫或回答，訊息要齊全、準確，不能殘缺、模糊，當採用某一調查方法不能將工作訊息收集齊全時，應及時採用其他方法進行補充。

職位分析的方法有很多種，大體上可分為定性分析方法和定量分析方法。具體包括觀察法、訪談法、調查問卷法、關鍵事件法、工作日誌法、職位分析問卷法、管理職位描述問卷分析法。對於分析過程中所用方法的選擇，可以根據實際需要調研的情況和方法的不同有側重地選用一種方法或多種方法。

二、調查研究階段

前期準備工作就緒，專項小組便可以進入實際調研階段。此階段需要小組成員按照所制訂的規劃，選擇恰當的方法具體予以實施。不同的方法有著不同的實施途徑。如果主要採用觀察法，分析人員此階段需要選擇合適的觀察對象，與被觀察人員事先溝通熟悉，在合適的時間對觀察人員所進行的工作進行觀察，並做好記錄。在觀察的過程中可以配以錄像或錄音，使獲得的訊息更完備。如果採用訪談法，應首先確定好訪談人員，準備好需要瞭解的相關問題，與被訪談人員約好時間地點，實地進行訪談，透過這種面對面的交流，可以深入有效地瞭解任職人員工作的具體內容、工作動機、工作環境、工作滿意度等訊息。訪談可以是一對一的，也可以集體進行。

在調查階段工作人員會收集到各種各樣來自各方的訊息，工作人員需要對這些訊息進行篩選、核對、再確認，以保證訊息的真實性、有效性，即確保訊息的信度和效度。

三、分析總結階段

此階段主要是對調查研究階段所收集的訊息進行分類、整理、分析和整合，使之成為書面文字，為編寫規範的職位概述說明、任職說明等做準備。分析總結主要從以下幾方面進行。

1．工作職位分析

工作職位的命名首先應準確、標準化，符合基本的職位名稱規範。其次，應易於理解，能概括出該工作的主要職責，使得一般公眾都能一眼看出該職位的特性。最後還應儘量追求藝術性，富有親和感，讓人易於接受。

2．工作內容的分析

工作內容分析是職位分析的核心重點，進行內容分析時，需要明確工作性質，是體力勞動還是腦力勞動，是領導工作還是非領導工作，是否以財產為對象等。明確工作的具體職責：需要完成什麼樣的任務，達成怎樣的工作目標，需要承擔什麼責任和能夠行使哪些權力。職位的人際關係，包括與外部有工作聯繫人員的關係，內部與上級領導的關係、同事之間的關係以及和下屬之間的關係等。工作時間包括平時的工作時長、節假日時間、出差頻率等。工作量分析是指工作是否會給員工帶來巨大壓力，是否會嚴重影響員工的體力、腦力消耗，工作效率等。

3．工作環境的分析

對職位任職中工作地點環境的分析，既包括公司所處的大環境、地理位置、發展情況、交通狀況等，也包括與員工自身相關的辦公條件，通信工具，所接觸的公司內部的照明與色彩、噪聲、溫度、濕度、綠化、安全性等。工作環境對員工的工作有很大的影響，對環境的界定也有專業的技術方法，需要按規範進行。

4・任職者資格的分析

由於現代企業的工作越來越追求有效利用人才，達到人盡其才、人員與職務相匹配，所以對職位任職者的資格分析就非常重要。根據職位要求來規定任職者的學歷、工作經驗、專業知識技能、相關能力等，來選擇合適的人員，避免大材小用、小材大用，以便達到員工與職位的最佳匹配。

小組成員可以採用不同的方式對所收集到的訊息進行整理和文字描述，對所獲得的訊息經過歸納整理後，可以直接以文字的方式加以表述概括，如列舉職位的名稱，闡述職位內容、辦公環境、薪酬待遇等；圖表分析，透過工作列表，把工作任務、活動分列排序，根據其發生次數和時間進行填寫，最後綜合結果；或者透過流程圖的形式，展示出某個工作在一段時間內的發展情況。圖表的方式能夠更為直觀形象地展示出具體職位的相關訊息。如果訊息量大，彼此之間有關聯，還可以選擇統計的相關方法進行分析。

職位說明書要定期進行評審，看看是否符合實際的工作變化，同時要讓員工參與工作分析的每個過程，一起探討每個階段的結果，共同分析原因，遇到需要調整的地方，也要員工加入調整工作。只有親身體驗才能加強員工對工作分析的充分認識和認同，從而使職位說明書在實踐中能夠有效實施。

四、控制階段

控制貫穿於流程分析的整個過程中，對員工的活動進行監督，透過及時的回饋，判定組織是否朝著既定的目標發展，並在必要的時候進行矯正。由於環境的變化和工作本身的變化，需要我們時刻注意控制，根據變化調整工作分析的人員結構、內容安排等，以避免得出的結果偏離實際，造成資源的浪費、目標的出錯。因此，工作分析應隨時根據實際情況的變化進行改進。最後得出的結果也需要在實際中進行檢驗，透過回饋修改其中不合適的地方，最後得到定稿。

在準備階段，控制活動主要表現在計劃的設定與相關事前準備需要和組織所處的環境、組織文化保持一致，明確職位分析最終要達到的目標，根據公司、人員的情況制訂相應的流程規劃，在公司內部或外部聘請專家組建專

項工作分析組，確定訊息來源，選擇分析方法，可以先進行預調查，根據實際情況調整規劃，以保證分析的順利進行。

在調查研究階段，小組成員首先需要確定被調查人員的名單和具體訊息，與被調查員工保持良好的關係，並按計劃實施調查，並及時根據領導者與員工的回饋進行調整，記錄收集完備翔實的訊息，為後面的分析做準備。

在分析總結階段，控制主要體現在保證訊息的準確有效，透過對訊息的分類、彙總、篩選，保留有效的訊息，保證結果的正確性。

第三節　職位分析的方法

不同的企業具有不同的發展策略和組織結構，職位分析的側重點也會不一樣。企業應該結合經營環境、發展策略和實際情況選擇科學的工作分析方法。工作分析方法一般可分為定性分析方法和定量分析方法兩大類。工作分析的方法有很多，但是沒有一種是絕對正確的方法，每一種方法都有其優缺點，職位分析的目的和用途決定了職位分析的內容。如果方法選擇不當，就不可能收集到可靠、準確和全面的資料。

一、定性分析法

1．觀察法

觀察法即在不影響被觀察人員正常工作的情況下，透過觀察工作的實施過程，記錄與工作相關的工作內容、方法、步驟、環境等訊息，最後透過核對，將取得的訊息歸納整理為能供企業參考的結果的過程。利用觀察法進行分析時，要力求觀察的高效化，根據分析的目的和企業現有的條件，事先瞭解情況，確定觀察對象、觀察位置、觀察內容、觀察所需要的調查記錄單等，以保證觀察的有效進行。它可以系統地收集一種工作的任務、責任和環境方面的訊息。

在觀察過程中，分析人員應攜帶事前收集的相關資料，如已有的工作介紹、員工手冊、工作指南等，以便參考。分析人員在觀察時，應集中注意員工在做什麼、怎麼做、進度怎樣、為什麼要做、是否熟悉工作等。觀察人員

還應該記錄下自己對所觀察內容的一些感想。分析人員應該對做相同工作的工作者再觀察，以確保工作內容的準確，避免因單個工作者由於自身的習慣對工作產生的偏差。

（1）應用觀察法進行職位分析時，應該注意的事項有以下幾點。

①不能對被觀察的人員產生影響，不要過多引起被觀察者的注意，這樣能讓被觀察者正常工作，可以保證觀察記錄的正確性。

②觀察者觀察的對象所做的工作應該富有代表性，是很多員工都需要按這樣的流程做的工作，而不是一些適用對象少、內容不符合正常情況的工作。

③觀察時思考的問題應該簡單而有重點，記錄時要注意詳略得當，不必把觀察到的訊息全部記錄下來。

④觀察的工作應該簡單明瞭且容易理解，在一定時間內，工作內容、程序、人員不會發生明顯的變化。

⑤觀察前應該有細緻的規劃，並製作好觀察提綱與觀察記錄表。但是，面談法要求訪問者具有專門的面談溝通技巧，否則就會導致獲取訊息的失真。

（2）觀察法的優點與缺點

觀察法的優點表現在觀察者可以瞭解廣泛的訊息，全方位記錄工作的內容、工作中的行為方式、工作人員的精神狀態等，運用觀察法收集的資料是直接觀察而得，多為一手資料，排除了主觀因素的影響，使得訊息的真實性、客觀性有保證。例如，對銀行工作人員規定顧客存款一項服務從登記、核對到結束服務總過程不得超過兩分鐘，就是對銀行工作人員進行「時間和動作」觀察的結果。透過觀察分析而提出的這一服務規範和要求，大大提高了銀行工作人員的工作效率，縮短了顧客等待的時間，提高了工作量和銀行的信用，就會使銀行企業有更大的吸引力。

觀察法只能觀察到任職者行為中外顯的部分，對於其內在的心理反應和思維活動卻無法一一準確地觀察到。其缺點在於不適用於週期較長、非標準化、腦力勞動要求比較高，任務和工作地點經常發生變化，需要處理緊急事

件的工作。有些工作對工作者的思維要求較高，且需要有創新能力，能隨機應變，如律師、大學教授、警察等，這些工作就不適合用觀察法。在觀察中，被觀察者可能由於其他原因與平時表現不一致，導致收集的訊息出現誤差。觀察者可能由於分析人員的觀察而產生緊張焦灼等情緒，表現出與平日不同的狀態，從而影響觀察資料的可信度。還有的被調查者可能會把分析人員對他們進行的觀察當成一種考核，以為會和薪酬獎勵掛鉤，於是便加倍表現，展示出與平時不一樣的狀態，這也會對分析人員的記錄產生誤差影響。總的來說，由於觀察需要長時間進行，工作量比較大，會消耗一定的人力、物力，所以需要分析小組的成員有較專業的技術，並且有足夠的耐心，能夠持續進行觀察，儘量分析得到有效的數據。

直接觀察法的提綱如表 5-1。

表5-1 直接觀察法的提綱

被觀察者姓名		日期	
觀察者姓名		觀察時間	
工作類型		工作部門	
觀察內容			

1. 什麼時候開始正式工作
2. 上午工作多長時間
3. 上午休息幾次
4. 第一次休息時間
5. 第二次休息時間
6. 上午完成產品多少件
7. 平時完成一件產品的時間
8. 與同事交談幾次
9. 每次交談的時間
10. 室內溫度是攝氏幾度
11. 抽了幾支菸
12. 喝了幾杯水
13. 什麼時候開始午休
14. 出了多少件瑕疵品
15. 噪音發生的分貝是多少

2．訪談法

分析者透過與任職者之間面對面地交流與工作各方面相關的內容以獲得工作訊息來達到職位分析的目的的方法，稱為訪談法。訪談法是目前職位分析過程中發展較為成熟、運用較為廣泛的一種方法，是人力資源管理中收集訊息的一個重要途徑，這種方法特別適用於一些不易觀察、週期較長、用腦較多的工作，如飛行員、外科醫生、設計師、科學研究人員等工作。在對這些工作進行職位分析時，透過面談來瞭解工作的內容、方式、技能等，可以較為清楚地瞭解到所需要的訊息。分析者在訪談的過程中，不應機械地根據

事先準備的問題對任職人員進行提問,並機械地記錄,而應該主動地引導提問,並根據回答在不偏離主題的情況下提問接下來的問題。

(1) 訪談的實施階段

在訪談前,應事先聯繫即將訪談部門的主管,說明訪談意圖,以求獲得主管人員的支持,並與對方建立良好的合作關係,取得對方信任,使得訪談能夠順利進行。在聯繫主管的過程中,也可以加深對該部門的歷史背景、現在情況以及未來發展的瞭解,著重把握企業的組織結構、運營情況、策略目標等,也可以根據部門主管的推薦選擇進行單獨訪談的員工。

訪談過程中,以事先草擬好的訪談提綱(如表 5-2)為藍本,保證提問能夠收集到自己想要的訊息,但也不能完全照搬提綱,可以根據訪談進行中的實際情況不斷調整問題,完善提綱。當被訪談者出現緊張、焦慮的狀態時,應該先透過其他方式與被訪談者建立良好的關係,使其放鬆心情,投入到訪談中來。可以透過向對方闡明訪談的目的,對於其有什麼益處等來獲得對方的理解與支持,使其投入訪談中。在對方做相關闡述時,一定要仔細聆聽,做好記錄,從被訪談者的敘述中捕捉有效的訊息,記錄要點,不用詳細記錄每一句話,不確定或有遺漏的地方可以再次詢問對方,不能根據自己的聯想補充,以防訊息的失真。對重要訊息可以最後重複確認,以檢驗訊息。在最後訪談結束時,要對被訪談者進行感謝,並為以後的工作打下基礎。

訪談結束完畢後,應及時整理訪談記錄,篩選出重要、有價值的訊息。在整理的過程中,要注意訊息的真實性與客觀性,對於不確定的記錄要給予註明,方便日後再找時間向相關人員確認,訪談紀要應包括訪談的對象、目的、時間、地點等;被訪談者的基本背景、工作情況、對工作的認知等;訪談的氛圍、環境等。要注意訪談者的情緒狀況與基本態度,不能只關注其闡述的內容。對於對方想要解決的問題,應在事後及時給予回應,保證訪談是真正為瞭解決員工實際中存在的問題,而不是單純地追求形式。在基本訊息整理好以後,專項分析小組的各成員可以聚集起來,就訪談結果進行分享討論,求同存異,再次確認訊息的準確性。對於訪談中出現的狀況及需要注意

的問題也都可以討論經驗收穫，並對下一步的分析計劃進行調整。最後羅列出大家普遍存在的問題，匯報給上司，統一解決。

(2) 訪談的注意事項

①訪談前應保證已收集到充足的訊息，並根據訪談目的制訂詳細的訪談提綱，列舉出需要提出的問題，注意問題與目標之間的聯繫，在每個問題後留出足夠的記錄空間。

②尊重訪談者。約定訪談時間地點時注意遵循訪談者的意見，訪談最好提前到達，訪談切忌超時。

③訪問者應該根據實際的社會背景提問，提出的問題不能超過對方的認知範圍，被訪問者應該勝任所提出的問題。

④提問時應該保持中立的立場，不能夾帶個人情感，在與對方有不同意見時不能顯現出來，更不能與對方爭論，應使被訪問者根據實際情況回答。

⑤要盡快與被訪問者建立起良好的關係，主動溝通，真誠相待，詢問對方的姓名，瞭解對方的興趣愛好，將訪談的目的、涉及的內容及時告知對方，獲得信任與支持。

⑥訪談中要保持注意力集中，在語言交流的同時可以透過眼神交流，及時給予對方回應，保持微笑，使被訪談者有交談的意願，營造良好的訪談氛圍。

⑦在訪談結束後，應該對所記錄的訊息進行檢驗與核實，可以和工作人員與主管人員一起進行。

(3) 訪談法的優點與缺點

訪談法的優點表現為訪談法應用廣泛，對於各類職位的分析都可以選用訪談法，操作起來相對比較簡單，透過與任職者面對面的交流溝通，可以瞭解在其他情況下不易獲知的訊息，並能在較短的時間內獲取訊息。由於是當面溝通，可控性強，不同的情況下分析人員可以採取相應的措施及時解決，

加以引導，使得訪談順利進行。為組織提供了一個向大家解釋職位分析的必要性及其功能的良好機會，也促進員工對工作進行系統思考、反思、總結。

缺點在於被訪談者容易將自身利益與訪談結果聯繫起來，認為是對自己工作的一種評估，於是潛意識誇大自己工作的重要性與付出的努力，導致分析人員結果的偏差。分析人員受自身經歷的影響可能對某一職位的性質產生錯誤理解。訪談人員理解的問題可能和分析人員所想的不一樣，也會導致結果的失誤，加強分析人員的口頭表達能力在一定程度上可以減小這種失誤。由於訪談常常需要耗費半天及以上的時間，可能對員工的本身工作產生一定影響，在某些情況下還可能影響到企業的效率。有些被訪者為了推脫責任，故意遺漏某些職責。

表5-2 訪談法問題設計參考

訪談法問題設計參考
1.你的上下級分別是誰？
2.你是否接觸企業財務？在預算上所負的責任是什麼？
3.你的主要職責是什麼？
4.你的工作時間大部分做什麼？
5.誰給你分配工作？完成的工作送到哪裡或送給誰？
6.你在工作中最具挑戰性的是什麼？
7.工作之前必須完成哪些準備工作？
8.你要怎樣提高產品或服務的品質？
9.你覺得有哪些工作是重要的或不重要的？
10.工作過程可以怎樣加以改善？
11.你必須遵循什麼原則、規定等以達成你的職責？
12.你和公司內或公司外哪些人有接觸？
13.你的接班人在知識和經驗上必須具備哪些資格才能完全地勝任你現有的工作？
14.你覺得你現在的職位是無可替代的嗎？

3・問卷調查法

問卷調查法是透過向大量工作人員發放事先設計好的涉及職位分析等方面內容的調查問卷，回收後進行分析，從而得出相關結果的一種方法。問卷

調查法在實際操作中比較容易，可以同時對大量員工進行調查，回收後由專業人員進行分析，得出定量而不只是定性的結果。

(1) 問卷法的實施步驟

問卷調查法的首要關鍵是根據職位分析的目的設計相應的問卷，需要在有充足訊息的情況下進行設計，將問卷分版塊，對具體內容分維度，設計各問題所占的權重。並進一步設計提問的方式，答案的形式，使得最終的結果具有可操作性。

(2) 問卷調查法的注意事項

①在設計問卷時，設計者需要選擇合適的問題形式，根據所收集到的訊息適當用一些陳述性語句來總結被調查者可能有的態度，然後設計成贊同或不贊同的答題形式，可以使被調查者更願意填寫。

②提問可分為開放式問題和封閉式問題，封閉問卷的結構應該遵循兩條結構要求。首先，答案的分類應該窮盡所有的可能性，也就是應該包括所有可能的回答。其次，答案的分類必須是互斥的。

③問卷中問題的闡釋應儘量做到清晰。由於沒有分析人員的解釋，被調查者只能在字面意思上根據自己的理解做出選擇，所以清楚地表述問題，使問題呈現出一般化的特徵，能夠有助於被調查者的理解。在問題的措辭中還應避免帶有傾向性的問題和詞語，以免誤導工作人員對問題的回答。

④設計的問題要使受訪者能夠勝任回答，如果工作人員對於問題所涉及的訊息根本不瞭解，就不可能做出正確的選擇。設計的問題要使被調查者願意回答，願意參與到填寫問卷的過程中來，而不是被動地接受調查。

⑤設計的問題應越短越好，儘量清晰明了，不用花太多時間去閱讀題目，這樣能使受訪者更願意回答。

⑥正式下發問卷之前，應選擇局部職位填寫問卷初稿以測試問卷的效果，針對測試中的問題及時修訂和完善。問捲發放完畢後，要及時回收，以免出現遺漏的情況，對於不符合要求的問卷，如填寫不完全，有明顯亂填痕跡的，

在分析中要捨棄。最後再逐一輸入數據，分析數據的信度與效度，進行最終的結果分析。

(3) 問卷調查法的優點與缺點

問卷調查法的優點是費用低，速度較快，可以同時對很多工作人員進行調查，不用像訪談者一樣需要耗費大量時間針對專項人員進行調查，同時可以收集到較多的訊息。問卷可以在中午休息時間或其他時間進行填寫，不會耽誤太多工作時間，影響整體工作進度。問卷分析可以使得樣本量很大，適用於工作人員很多的職務。回收後的問卷可以運用專業的方法進行定量分析，使結果更為準確並且具有說服力。

缺點在於問卷的設計對分析人員的要求很高。問卷是否能充分反映想要獲取的訊息，問卷的設計是一個很重要的環節，這直接關係到問卷調查的成敗，所以要求分析人員在具備充足訊息的前提下，根據職位分析的目標與企業的實際情況設計一份科學合理的問卷。表5-3是一個一般工作分析問卷，由於問題有限，所以不易深入瞭解對方的工作動機、心理狀態等精神層面內容。整個問卷填寫過程由於沒有分析人員在一旁進行解釋，被調查者只能根據自己的理解填寫，所以整體的可控性較差。

表5-3 一般工作分析問卷

1	職務名稱	
2	比較適合此職務的性別	A.男性　　B.女性　　C.男女均可
3	最適合任此職的年齡	A.20歲　B.21~30歲　C.31~40歲　D.41~50歲　E.50歲以上
4	能勝任此職的文化程度	A.初中　B.高中　C.大專　D.本科　E.研究生
5	此職的工作地點	A.本地市區　B.本地郊區　C.外地市區　D.外地郊區　E.其他
6	此職的主要工作在(57%以上)	A.本地市區　B.本地郊區　C.外地市區　D.外地郊區　E.其他
7	任此職的智力一般在	A.90分以上　B.70~89分　C.30~69分　D.10~29分　E.9分及以下
8	此職的工作訊息主要來源是 A.書面材料(文件、報告、書刊雜誌、各種材料等) B.數字資料(包括各種數據、圖表) C.圖片材料(設計草圖、照片、X照片、地圖等) D.模型裝置(模型、模式、模板等) E.視覺顯示(數學顯示、信號燈、儀器等) F.測量裝置(氣壓表、氣溫表等) G.人員(消費者、客戶、顧客等)	

4・關鍵事件法

關鍵事件法相較於前幾種方法，應用不是特別的廣泛。在工作分析中，關鍵事件是指導致工作成功或失敗的關鍵行為特徵或事件。此分析方法主要透過認定員工行為中與職務有關的行為，並記錄其中最關鍵、最重要的部分來進行分析，最後評定其結果。首先從各方面收集一系列有關職務行為的事件，然後選擇「很好」或「很不好」的職務績效，對其進行描述。描述的內容包括：

①導致事件發生的原因和背景；

②員工特別有效或多餘的行為；

③關鍵行為的後果；

④員工自己能否支配或控制上述後果。

關鍵事件法在收集大量關鍵事件以後，對它們做出分類，並總結出職務的關鍵特徵和行為要求。既能獲取職務的靜態訊息，也能獲取職務的動態訊

息。關鍵事件法的特殊性表現在它是基於特定的關鍵行為與任務訊息對具體工作活動進行描述的一種方法，而不是對工作進行完整的描述，該方法無法完整描述工作職責、工作任務、工作背景和最低任職資格等情況。因此，在工作分析中，關鍵事件法常常需結合其他方法一起使用。

關鍵事件法的優點在於：能直接對工作中的具體活動進行描述，能夠揭示工作進程中的動態訊息，有助於規範員工的行為，明確任務要求。它特別適用於績效評估行為的觀察與測定，由於是在行為進行時觀察與測量，所以描述職務行為時，建立標準將更加準確；由於所收集的都是典型實例，包括正面的與負面的，因此，將其用於工作描述，對防範職務事故、提高工作效率具有重要作用。

其缺點是比較費事，需要大量時間去收集資料，並加以整理與概括。關鍵事件法對工作績效的考察多取決於有效或無效的具有代表性的事件，遺漏了一般行為或其他方面，因此不能體現工作績效的平均水準。由於該方法難以涉及中等績效員的評估，因此全面的職位分析工作就不能完成。對於「關鍵事件」的認定，容易受分析人員自身的主觀影響。

運用該方法的注意事項在於調查的期限不宜過短，時間過短，收集的結果可能只是一些偶然現象。並且收集的關鍵事件的數目應該足夠多，事件數目太小不具有代表性，不能說明問題。正反兩方面的事件都要兼顧，不能偏頗一方。

關鍵事件法的操作步驟如表 5-4 所示。

表5-4 關鍵事件法的操作步驟

步驟	內容描述
1	要求對某工作十分熟悉的人向工作人員描述最近6~12個月中最能代表有效和無效工作行為的關鍵工作事件
2	讓任職者寫下5件在該工作中最擅長的事件或描述一個在該工作中表現最出色的人的工作行為
3	讓任職者描述這些事件或行為的起因、行為後果以及是否在他的控制之下等訊息
4	在發生次數多少、重要性和操作需要的能力範圍三個方面評定每一個關鍵事件
5	按性質劃分關鍵事件，然後由3~4名任職者任意歸類，再由工作分析員綜合；命名並定義
6	讓另外3名任職者對工作分析員的歸類進行檢核：定義是否簡明、事件歸類是否清晰準確
7	創建關鍵事件類目與頻率表

5．工作日誌法

工作日誌法，也稱工作日記法，就是讓任職者按照時間順序以工作日誌或工作筆記的形式將其日常工作中從事的每一項活動記錄下來，再經過整理歸納，從而得出該職位所需訊息，以達到職位分析目的的一種分析方法，如表5-5。工作日誌法主要適用於收集有關工作職責、工作內容、工作關係以及勞動強度等方面的原始工作訊息，為其他工作分析方法提供訊息支持，特別是在缺乏工作文獻時，工作日誌法的優勢顯得尤為突出。

其優點在於收集的訊息可靠性高，適用於確定有關工作職責、工作內容、工作關係、勞動強度等方面的訊息，所需費用小；能在較長時間內記錄和收集工作的相關訊息，如果員工認真配合，真實填寫，能收集到較為全面的工作訊息，不容易遺漏工作細節。

缺點是該方法將注意力過多地放在工作過程而不是結果上，對於績效考核結果不方便確定。要求工作人員對自己的工作有清晰的概念，使用範圍小，會因填寫人員自身因素「編造」一些內容或漏掉一些關鍵訊息，從而影響分析結果。若由第三人進行填寫，則人力投入量過大，不適合處理太多的職務，存在誤差，需要對結果進行必要的檢查。在一定程度上會影響員工的正常工作，並且適用的工作範圍有限，不適用於技術要求高的專業性工作。最後的訊息處理量大，整理工作較為煩瑣。

二、定量分析方法

1・職位分析問卷法（Position Analysis Questionnaire，PAQ）

該方法是一種結構化、定量化、適用性很強的職位分析方法，它是1972年由普渡大學教授麥考密克（E・J・McCormicK）、詹納雷特（P・R・Jeanneret）和米查姆（R・C・Mecham）設計開發的。該方法可以被用來分析許多種不同類型的工作，需要分析人員對被分析的職位相當瞭解。PAQ法包含194個要素，其中有187項工作因素和7項與薪酬有關的因素。所有的項目被劃分為六個類別：

第一類是訊息輸入，即員工在工作時所使用的訊息的來源及獲得的方法；

第二類是思考過程，即員工工作中的心理過程，包含如何判斷、處理、決策訊息等問題；

第三類是工作輸出，識別工作的「產出」，工作需要哪些活動和使用哪些機器設備；

第四類是人際關係，在工作中與相關人員發生的關係，如領導、同事、下屬、顧客等；

第五類是工作環境，包含進行工作時所處的自然與社會環境；

第六類是其他特徵，即與工作相關的其他條件、情況等。

PAQ法從六個方面（如表5-6）對工作進行評分（以6分為滿分）：訊息使用度，是否充分利用可以獲取的相關訊息；耗費時間，完成一項任務所耗費的時間是否與其價值相匹配；適用性，工作是否有意義，有沒有適用性；對工作的重要程度，即平日完成的基本事務是否有助於工作目標的達成，對工作是否重要；發生的可能性，是否經常發生；特殊性，工作具不具備特殊性。

人力資源管理
第五章 職位分析

表5-5 工作日誌表

姓名		職位		所屬部門	
直接上級					
填寫日期	自 年 月 日至 年 月 日					
說明	1.每天工作開始前將工作日誌放在手邊，按工作活動發生的順序及時填寫，切勿在一天結束後一併填寫。2.要嚴格按照表格要求填寫，不要遺漏任何細小的工作活動。3.請你提供真實的訊息，以免損害你的利益。4.請你注意保管，防止遺失。				
日期		工作開始時間		工作結束時間	
序號	工作活動名稱	工作活動內容	工作活動結果	時間消耗	備註
1	複印	文件	40頁	5分鐘	存檔
2	起草公文	代理委託書	1200字	1小時	報上級
3	參加會議	上級布置任務	1次	30分鐘	參與
4	請示	貸款數額	1次	20分鐘	報批
5	……	……	……	……	……

　　PAQ法的優點在於同時考慮了員工和工作兩個變量，更為全面，並將各工作所需要的基礎技能與基礎行為以標準化的方式羅列出來，從而為人事調查、薪酬標準制訂等提供了依據。PAQ法一般可以從5個維度加以評定，為工作劃分等級，可以以它的標準來進行工作評估和人員考評。該方法還具有一定的普適性，適合於很多的職位分析，並能得出相對合理準確的分析結果。

　　其缺點在於可讀性不強，對問卷的填寫人員有一定的要求，不是任何工作人員都可以填寫的，要求是受過專業培訓、具備一定的知識文化水準的分析人員才能夠理解其中的項目，這使得填寫範圍受到限制。由於通用化、標準化的格式，導致分析在一定程度上的抽象化、趨同性、模糊化，不能分析實際中一些特定的、具體的任務活動。另外，該方法需要的時間成本較高，操作起來較煩瑣。

第三節 職位分析的方法

表5-6 職位分析問卷示例

使用程度	0：使用　1：很少　2：偶爾　3：中等　4：比較經常　5：常常
資料投入	
工作資料來源	請根據任職者使用程度來審核下列項目中各種來源的資料
工作資料的可見來源	

1. __4__ 書面資料：書籍、報告、文章、說明書等
2. __2__ 計量性資料：與數量有關的資料，如圖表、表格、清單等
3. __1__ 圖畫性資料：圖形、設計圖、X光片、描圖等
4. __1__ 模型及相關器具：如模板、鋼板、模型等
5. __2__ 可見陳列物：計量表、速度計、鐘錶、畫線工具等
6. __5__ 測量器具：尺、天秤、溫度計、量杯等
7. __4__ 機械器具：工具、機械、設備等
8. __3__ 使用中的物料：工作中、修理中和使用中的零件、材料和物體等
9. __4__ 尚未使用的物料：未經處理的零件、材料和物體等
10. __3__ 大自然特色：風景、田野、地質樣品、植物等
11. __2__ 人為環境特色：建築物、水庫、公路等，經過觀察或檢查可以成為工具資料的來源

2．功能性職務分析法（Functional Job Analysis，FJA）

FJA法是一種以工作分析為中心的分析方法，是美國培訓與職務服務中心的研究結果。它以員工所需要發揮的功能與應盡的職責為核心，列出需要加以收集與分析的訊息類別，規定了職務分析的內容。該方法所依據的理論是所有工作都涉及工作執行者與訊息、人、事三項要素發生關係時的工作行為，可以反映工作的特徵、工作的目的和人員的職能，可以據此對各項工作進行評估。按照該方法，職位分析應包括工作特點分析與工作者特點分析。工作特點包括工作者的職能，工作的種類及材料、產品、知識範疇三大類。工作者的職能是指工作者在工作過程中，與訊息、人、事打交道的過程。每一要素所包含的各種基本活動可以按複雜程度分為不同的等級。數值越小，代表的等級越高；數值越大，代表的等級越低，如表5-7所示。

表5-7 功能性職務分析法中所使用的工作執行者的基本職能

基本活動	訊息	人	事
	0綜合	0指導	0創造
	1.調整	1.談判	1.精密加工
	2.分析	2.教育	2.操作、控制
	3.匯編	3.監督	3.駕駛、操作
	4.加工	4.轉換	4.處理
	5.複製	5.勸解	5.照料
	6.比較	6.交談-示意	6.反饋-回饋
		7.服務	7.掌握
		8.接受指示、幫助	

運用此方法對訊息、人、事三個方面的各項因素進行評分時，可以透過觀察其具體行為，判定其所屬類別，然後進行評分。根據規則，「0」代表最高分，「6」「7」「8」則是較低分。採用該方法時，各項因素都會得出具體數值，據此可以決定最終的薪酬待遇。

該方法的優點是對工作內容進行了非常詳細的描述，包含與工作有關的各個方面，對培訓的績效評估很有用。

缺點在於FJA法對每項任務要求做詳細分析，因而撰寫起來需要花費大量人力物力。同時功能性職務分析方法不記錄有關的工作背景，對於員工所必備條件的描述也並不理想。

3．管理職位描述問卷法（Management Position Description Questionnaire，MPDQ）

MPDQ法是專門針對管理者設計的，由管理者填寫，是指利用工作清單專門針對管理職位分析而設計的一種工作分析方法，該方法是托諾（W．W．Tornow）和平托（P．R．Pinto）於1976年設計的，其內容涉及管理者的特徵、職能權限、責任、心理精神狀態等。

該分析方法包含208個與管理人員工作密切相關的因素，這208個因素可以歸為13個基本因素。

(1) 產品、市場和財務策略計劃指的是結合實際情況思考並制訂相關計劃以實現企業核心業務的長期增長和公司穩定發展的目標。

(2) 與內部其他部門以及其他組織單位和工人之間的協調指的是管理人員對自己沒有直接控制權的員工個人和團隊活動的協調。

(3) 內部工作控制指的是檢查與調控公司的財務、人事以及其他有關資源。

(4) 產品和服務責任指控制產品的質量和服務的技術，以保證生產的及時性、生產質量的可靠性、服務的滿意性。

(5) 公眾和顧客關係指透過與顧客接觸的辦法來維護和樹立公司在用戶和公眾中間的良好形象與名譽。

(6) 諮詢指導指能夠發揮自己的專業技術水準解決企業運營中出現的特殊問題。

(7) 行為自主性指在沒有監督的情況下自覺開展工作活動。

(8) 財務計劃的批準指批準企業大額的財務流動。

(9) 職能服務指提供諸如尋找事實和為上級保持紀錄這樣的服務的僱員工作。

(10) 監督指透過與下屬員工面對面地交流來制訂計劃、組織和控制這些人。

(11) 複雜性及壓力指能夠承受住巨大的壓力，保持工作，在規定時間內完成被要求的任務。

(12) 高級財務職責指制訂對公司績效構成直接影響的大規模的財務投資決策和其他財務決策。

(13) 廣泛的人力資源責任指從事對企業中人力資源管理和影響員工的其他政策具有重大責任的活動。

MPDQ法的優點在於能夠對管理者這一每一組織都需要的職位進行深入透徹的分析，可以透過定量法得出較為準確的結果。它可以顯示出管理者自己的風格，而不是簡單地適應工作，並且能夠彌補PAQ法難以對管理職位進行分析這一不足。

該方法的缺點是被調查人員的範圍有很大的侷限性，只能對管理工作者進行調查而不適用於其他的工作，管理工作者的工作具有非程序化的特點，具有很強的靈活性，會隨著環境的變化而發生變化，長期考察和訪談的方式能夠取得較為有效的結果，而MPDQ法已有固定的方式，受到分析技術的限制，不夠具體、耗時較長、工作效率較低。

第四節　職位分析結果的運用

人力資源管理和開發的目的是透過對人力資源的合理配置和使用，使組織充分利用員工的工作能力，產生最優組合績效，在組織發展的同時，使員工不斷提高自身知識、技能和能力，實現組織和員工個人雙贏的目標。而職位分析是人力資源管理的基礎工具，它為人力資源管理的其他環節提供了各種所需的基本資料。從職位設計到人員招聘，從員工培訓到績效管理以及薪酬管理，從企業人力資源的全面開發和使用到企業核心能力的培養和組織策略實踐，無一不需要以職位分析作為實際運作的客觀基礎。職位分析的結果在人力資源管理各項活動中發揮著不可或缺的作用，其結果集中體現在職位描述書、職位規範書和其他幾個方面。

一、職位分析結果在職位描述編寫中的運用

雷蒙德·A·諾伊提出，職位描述書是一項工作所包含的任務、責任和職責的清單，旨在說明與職務有關的相關內容，包括職務本身、職位名稱、職務概要、工作流程、工作關係、工作環境及設備等。

職務本身：職務本身涉及職務的相關方面內容，包括職務名稱、所屬部門、職務等級等基本訊息和工作範圍、工作設備、工作流程、人際溝通等活動與程序。

第四節　職位分析結果的運用

職位名稱：職位名稱是職位分析中最基礎的部分，命名恰當與否，不僅對職位的設置有影響，而且可能影響求職者的工作期望和工作態度。職務名稱不能簡單隨機地確定，應該遵循合法化的原則，可以按照《職務分析大詞典》及國家的相關規定。職務名稱確定後，還應確定職務編號，該職務所屬的部門、職務等級、相關人員、直接領導人等相關訊息。

職務概要：職務概要是指應明確該職位的基本訊息和需要承擔的職責，包括工作概要和工作職務。工作概要是職務工作說明書中最基本的組成部分，是對該職位涉及的日常工作與相關工作的基本描述，包括工作任務、工作對象、工作範圍、工作場所等相關內容。工作職務則是關於該職位需要承擔的職務與責任的說明：一是透過行為分析，描述這一職務做什麼，是一種實然性的規定；二是透過任務分析，確定組織設立這一職務的原因及具體要求，是一種規範性的界定。還需特別明確職位責任，強調每一職位對於公司整體運行的相關作用，以保障人盡其責。

工作流程：工作流程包括職位所涉及的具體工作步驟、履行每一步的方式、所需要用到的資源、涉及的相關部門、與相關人員的關係、相應的權力等，使實際工作能夠大體上按照基本的規章程序運行，可以保障效率，提高效益，實現資源利用的最大化。

工作關係：工作關係包括兩部分：

一是該工作職位在組織中的位置，與上級領導、下屬和同級各部門人員之間的關係；

二是任職者與組織外其他人之間所發生的聯繫。

前者是工作描述必需的核心內容，後者可以根據組織需要選擇是否列出。

工作環境及設備：工作環境是指工作場所的溫度、光線、濕度、噪音、安全條件、地理位置、室內室外等；工作設備包括工作中用到的所有機器、設備以及輔助性工具等。工作的安全環境，即從事本職位工作的工作者所處工作環境的工作危險性、勞動安全、衛生條件、易患的職業病、患病率及危害程度；工作的社會環境，包括工作群體的人數、完成工作要求的人際效應

的數量、各部門之間的關係、工作地點外的文化設施、社會風俗習慣等。「人事員」工作描述說明書如表 5-8 所示。

表5-8 「人事管理員」工作描述說明書

職務名稱	人事管理員
所屬部門	人力資源部
直接上級職務	人事主管
職務代碼	XH-HR-O11(可以根據自己公司的情況而定)
工資等級	5~7(可根據自己公司的情況而定)
工作目的	負責處理公司人事管理事項
工作職責	①人事資料登記與整理；②人事資料統計；③員工請假、考勤管理；④辦理勞動保險以及員工福利事項
衡量標準	①人力資源資料的完整性；②其他員工的回饋意見
工作難點	資料的及時更新
職業規劃	人事主管

二、職位分析結果在職位規範編寫中的運用

　　職位規範書關注從事這項工作的人所具備的素質。它是指從事某項工作的人所必須具備的知識、技術、能力和其他特點。職位描述是闡釋與具體職務相關的訊息，圍繞職位本身開展，不僅為公司提供與職位有關的各種訊息，保障公司各項工作職務的合理配置以及整體的有效運作，也為求職者提供了應聘相關職務的依據，求職者透過職務說明可以依據自己的需求選擇相應的職位。職位規範則是應聘者自身需要達到的要求，只有當自身素質能力與職位的需要相匹配時，才能最大限度發揮員工的主觀能動性，達到人盡其才，實現效用最大化。

　　能力：完成某一工作具體任務或要實現某個目標所需具備的基本素質，是工作人員自身能力與職務要求相結合的產物。

　　解決問題的能力：不同的職位有相應的職位能力要求，但有一點是相同的，即解決問題的能力，每一職位都有其所需要達到的目標、完成的任務。這些任務就是時刻解決問題。除了常規工作，由於環境的變化，工作中也會

遇到一些突發狀況，擁有隨機應變的能力能讓員工有效應對危機，解決突發狀況。

人際交往的能力：每一個職位在很多時候都與組織中的其他職位有著各種各樣的交集，在職人員需要與領導上司、部門同事以及工作環境中的各種相關人員有接觸，擁有良好的人際交往能力，有利於運用最少的資源順利完成工作。

學習創新能力：組織逐漸向學習型組織發展。按照彼得·聖吉提出的創建學習型組織，組織可以透過建立共同願景、團隊學習、改善心智模式、自我超越、系統思考五種方式，以不斷適應變化，提高組織績效，提高組織的生命力。組織中的成員自身需要不斷學習和創新，透過新的思想、新的方案和新的行動為組織不斷增添活力，促進組織不斷向前發展。

心理能力：心理能力即從事心理活動所需要的能力。不同的工作要求員工運用不同的心理能力。心理能力包括七個維度，即算術運算能力、言語理解能力、知覺速度、歸納推理能力、演繹推理能力、空間視知覺能力和記憶能力。

智力：指人認識、理解客觀事物並運用知識、經驗等解決問題的能力。

基本素質：基本素質是對工作人員自身品德的基本要求，要求員工思想上誠實守信，遵守基本章程與規範；工作中積極主動，愛職敬業；與同事友好相處時能共同創造和諧工作環境。

相關素質：相關素質要求員工有自主性、敏感性、判斷力等方面的智力。自主性即員工有自己的想法，不僅按公司基本章程工作，對自身職位所涉及的相關內容有自己的見解，清楚自己應該怎樣透過自身能力將工作完成好，在工作中獨立地分析、決策、解決問題。敏感性要求員工有敏銳的嗅覺，一方面要能夠感知時代大環境的變化，並順應趨勢，使得工作與新形勢接軌；另一方面也要能把捕捉到的訊息及時處理，最大限度發揮訊息的效益。判斷力指員工在工作中對訊息、工作、相關人員的判斷力。面對紛繁複雜的工作

與工作環境,員工需要迅速地做出反應,篩選訊息,決策工作主次,預測未來,有效應對變化,這些都要求員工有判斷力,果斷抉擇,有所作為。

專業知識:一般的工作可以大致分為兩類,即專業性很強的工作和對專業要求不高的工作。專業性很強的工作包括訊息技術、電氣工程、機械製造、農業生產等,需要工作人員自身素質過硬,在相關專業領域有所造詣,才能利用這些專業知識完成好工作。對於專業性要求不高的工作,如行政人員、文員等,則不需要員工掌握太多的專業知識,如表5-9秘書任職資格說明書。

表5-9 祕書任職資格說明書

職務名稱	祕書
隸屬	經理
教育程度	大學畢業或同等學力
專業訓練	至少半年的祕書實踐訓練,包括打字及速記訓練
技巧	雙手及手指的正常活動足以勝任電動打字機的操作。每分鐘打字數不少於40字
適應能力	必須能適應經常工作的變化。例如打字、草擬文件、接待、訪客、翻閱檔案等工作
判斷能力	有足夠能力判斷訪客的重要性、事情的輕重緩急,並決定是否立即呈報上司或延緩為之
儀表談吐	必須儀表端正、談吐文雅

三、編寫職位說明書需要注意的事項

1・獲得最高領導層的支持

高層管理者需要對職位分析和職位說明書編寫的意義認同並支持。獲得管理者的支持,有助於職位分析工作的順利進行,為職位說明書的編寫提供物質資源保障。

2・員工的參與與配合

職位分析主要是分析與職位有關的各種內容,與任職者密切相關。要獲得真實準確的訊息,需要工作人員的積極參與與配合,他們要能夠瞭解並支持職位分析的意義,不僅在整個過程中參與配合,在職位說明書編寫好以後也要在實際中按照編寫內容執行。

3・責、權相符

在編制職位說明書時，要充分考慮各職位責、權一致的問題。也就是說，某個職位在負有一定職責的同時，也應當享有與其相應的權利，切不可規定的責任非常重，而所享有的權利卻很小。這樣勢必影響工作的順利開展，也會挫傷員工的積極性。也要注意各個職位的職責應該與公司整體的目標相一致，與本部門或單位的職能相一致。

4・職位說明書應該清楚明確、具體並簡單

在界定與職位有關的內容，描述職位的職責、目的、責任權限、知識技能的要求時，應該儘量採用簡明易懂的詞語，文字措辭方式保持一致，敘述簡潔清晰，使員工能夠理解並遵循職位說明書中所提出的內容，將其落到實處。

5・建立彈性機制

人力資源部門必須根據組織結構的變化與外界環境的變化及時修訂職位說明書，如果內部與外界的環境發生了變化，而職位說明書仍舊不變，則只會淪為形式主義，不能發揮其真正的作用。還可能導致工作出現錯誤，工作效率降低。所以應建立動態的彈性機制，隨時對說明書進行調整，保證其真正發揮作用，為員工實際工作提供有效的指導。

四、其他方面的作用

1・為人力資源規劃提供相應的依據

一個組織在發展過程中必然會遇到來自組織內部與外部的變化。為了適應這些變化，更好地發展，就必須透過有組織、有計劃的人力資源規劃來預測組織在某一時點上所需要的人員數量、種類和要求，以及組織在該時點上能從內部得到的人力資源供給，從而滿足組織對人力資源的需求。在人力資源規劃過程中，職位分析可以幫助組織獲得所需要的關於各項工作對人員數量和質量的要求。

2．為員工招聘提供有效的訊息

組織在進行員工招聘時需要對擬招聘職位的職責和內容進行準確界定，也需要明確任職資格和要求，這樣才能準確及時地招募到合格的人才以滿足組織發展的需求。職位分析透過明確職位的任職資格條件可以為組織盡快吸引合格的應聘者、降低招聘成本提供客觀依據。

3．明確工作人員的工作職責和目標

職位分析能夠讓各員工清楚地瞭解工作職位的職責範圍和需要完成的任務。透過對工作方法、工作流程的說明，對完成職位工作需要接觸的人員以及接觸的目的、頻率進行界定，能幫助員工（特別是新任職的員工）對工作形成全面的瞭解，包括工作的目的、任務及需要處理的日常事務和各項工作應達到的結果等。

4．為降低培訓成本、提高培訓效率提供前提

低成本、高效率的員工培訓要求培訓的內容、方法與員工工作任務的內容及職位所需要的工作能力和操作技能密切相關。職位分析透過明確組織中各類工作職位的任務、職責及職位所需要的相關技能與專業知識，為組織進行準確的培訓需求分析提供了訊息依據，是提高培訓效率必不可少的一個環節。

5．明確組織中各層級、各部門間的關係

把職位業務調查分析的結果在職位分層設置中作為客觀的決策依據，根據職位職責的大小，職位職責的重要程度，以及透過職位分析確定的部門業務流程中的位置，來確定職位層次的多少與高低。將組織目標分解為各部門的目標，將各部門的目標分解為各個工作職位的工作目標，以落實相關責任。明確各職位所對應的上下級關係，與其他有業務往來部門的聯繫以及與企業外部環境中相關單位的關係，能使各個職位的工作都在相應管理人員的指導下進行，可以提高工作效率，加強管理的層次性和有效性。

6．明確工作職位在組織中的相對價值以保證薪酬的內部公平性

薪酬能夠對員工的工作造成有效的激勵作用。薪酬的內部公平性是透過員工所在的職位與其他工作職位所承擔的工作和所需要的投入進行比較而確定的。透過職位分析，能從工作重要性、貢獻率、所需專業知識、技能等幾個方面對工作職位的相對價值進行界定，確定工作職位在組織中的相對價值，使組織的薪酬水準有明確的、可解釋的基礎，有助於保證薪酬的內部公平性。

本章小結

職位分析，又稱工作分析。其主體是職位分析者，客體是工作職位，對象是職位工作內容、工作職責、工作技能、工作職權、工作環境等。其最終結果是要為編制職位說明書提供依據，職位說明書包含職位描述和職位規範，前者是對職位責任與權利的要求，後者是對任職人員能力與素質的要求。職位分析需要遵循系統客觀性、目的明確性、協調參與性、科學實用性、簡潔規範性、動態調整性這些基本原則，以保證分析的準確高效。

職位分析能夠有助於落實職位職責，明確職位規劃；合理招聘與甄選員工；建設培訓與開發體系；績效考核與薪酬管理；設計工作流程，組織結構；還有利於企業在相關行業競爭中取勝，有效應對外界環境的變化。職位分析的程序包括準備階段、調查研究階段、分析總結階段和整個過程中的控制階段。職位分析需要依據科學的方法，主要分為定性分析法和定量分析法，定性分析法包括觀察法、訪談法、問卷調查法、關鍵事件法、工作日誌法等，定量分析法包括職位分析問卷法、功能性職務分析法和管理職位描述問卷法。需要依據實際中職位的特點與分析方法的優缺點進行選擇，也可以多種方法一起使用，以確保分析結果的真實準確性。職位分析的結果主要用於編寫職位描述和職位規範，職位描述主要說明與職務相關的內容，具體包括職務本身、職位名稱、職務概要、工作流程、工作關係、工作環境及設備等。職位規範主要說明對於任職人員資歷的相關要求，包括能力與智力，能力主要包含解決問題的能力、人際交往的能力、學習創新能力、心理能力。智力包括求職者的基本素質、相關素質、專業知識等。

人力資源管理

第五章 職位分析

關鍵術語

職位分析　　　職位說明書　　　職位描述　　　職位規範

觀察法　　　　訪談法　　　　　問卷調查法　　關鍵事件法

工作日誌法　　PAQ 法　　　　 MPDQ 法　　　 FJA 法

討論題

1．職位分析是什麼？包含哪些內容？

2．職位分析的原則是什麼？

3．職位分析有什麼意義與作用？

4．職位分析的流程是什麼？

5．職位分析可以運用哪些方法？它們的優缺點分別是什麼？

6．職位描述與任職規範說明書包含哪些內容？

7．職位分析在實際中有什麼作用？

案例

美國加州大學的學者做了一個實驗：把六隻猴子分別關在三間空房子裡，每間兩隻，房子裡分別放著一定數量的食物，但放的位置高度不一樣。第一間房子的食物就放在地上，第二間房子的食物分別從易到難懸掛在不同高度的適當位置上，第三間房子的食物懸掛在房頂。

一些天後，他們發現第一間房子的猴子一死一傷，傷的缺了耳朵斷了腿，奄奄一息，第三間房子的猴子也死了。只有第二間房子的猴子活得好好的。

究其原因，第一間房子的兩隻猴子一進房間就看到了地上的食物，於是，為了爭奪唾手可得的食物而大動干戈，結果傷的傷，死的死。第三間房子的猴子雖然做了努力，但因食物太高，難度過大，搆不著，被活活餓死了。只有第二間房子的兩隻猴子先是各自憑著自己的本能蹦跳取食，最後，隨著懸掛食物高度的增加，難度增大，兩隻猴子只有協作才能取得食物，於是，一

隻猴子托起另一隻猴子跳起取食。這樣，這兩隻猴子每天都能取得足夠的食物，很好地活了下來。

案例討論題

1．從上面的案例中，你獲得了哪些啟示？

2．本案例雖然是猴子取食的實驗，但在一定程度上也說明了人才與職位的關係。從這個角度講，工作分析應注意什麼？

人力資源管理
第六章 招聘管理

第六章 招聘管理

學習目標

- ●掌握招聘的概念與意義；
- ●瞭解招聘的原則；
- ●熟悉招聘的一般流程；
- ●掌握各種招聘方式與方法，並能夠區分其利弊。

知識結構

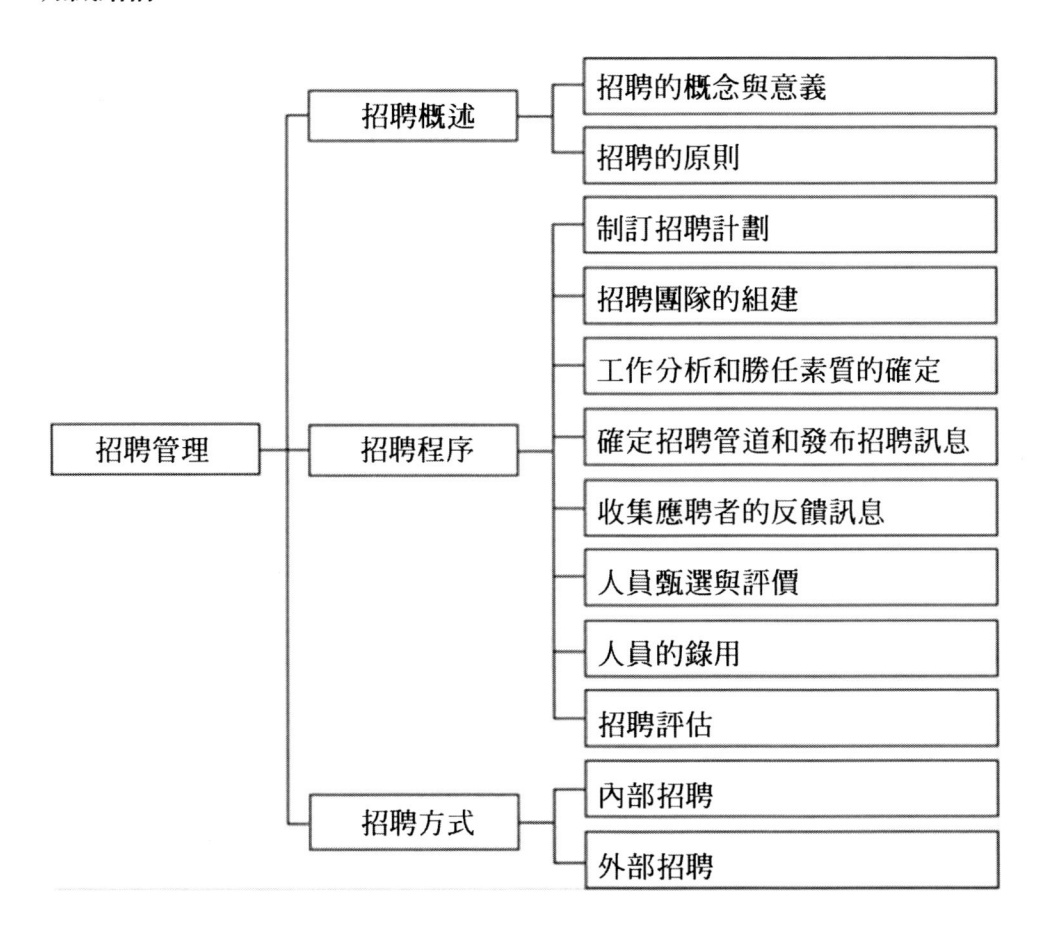

```
                              ┌─ 招聘的概念與意義
                ┌─ 招聘概述 ──┤
                │             └─ 招聘的原則
                │
                │             ┌─ 制訂招聘計劃
                │             ├─ 招聘團隊的組建
                │             ├─ 工作分析和勝任素質的確定
                │             ├─ 確定招聘管道和發布招聘訊息
  招聘管理 ─────┤─ 招聘程序 ──┤─ 收集應聘者的反饋訊息
                │             ├─ 人員甄選與評價
                │             ├─ 人員的錄用
                │             └─ 招聘評估
                │
                │             ┌─ 內部招聘
                └─ 招聘方式 ──┤
                              └─ 外部招聘
```

人力資源管理
第六章 招聘管理

案例導入

　　知名新創公司的人才招聘——選聘一流人才

　　新創公司公司的最大特點就是高速發展。高速發展的公司面臨的首要問題就是人力資源的擴張，人力資源短缺往往是限制業務拓展的主要障礙之一。比如市場市佔率更多更大時，由於人手問題而無暇顧及一些客戶就可能造成客戶的流失。因此，某知名新創公司一直非常重視招聘，並提出了「以一流的標準選聘和培訓員工」的理念。什麼是一流人才？對此，知名新創公司的定位是「在某一個專業領域裡的前5%」，這群人是一流人才。

　　隨著招聘的累積，知名新創公司目前有1萬多名員工，全球面試人員就超過10萬人，搜索的簡歷在30萬份到50萬份。談到花費這麼多的精力與時間選聘員工時，公司人力資源中心主任肯定地說，這很值得！員工選聘就是從一組求職者中挑選最適合特定職位要求的人的過程，而企業招聘工作對選擇過程的質量影響很大，如果符合條件的申請人很少，組織可能不得不僱用條件不是十分理想的人，企業就不得不加強培訓工作，這增加了隱性成本。而且高能力員工和低能力員工之間生產效率比估計高達3：1。因此，選擇一流人才可以獲得很大的益處。只要這些一流的人才還列在企業的工資單上，這種益處就會不斷延續下去。

　　公司的面試非常嚴格，從技術能力和素質考核兩個方面進行考察，被面試者須透過6～7關，每一關極其嚴格，實行一票否決制，而且知名新創公司的面試官都是經過專業培訓的。知名新創公司的要求很簡單：招聘到的人才既是優秀的人才，也是符合公司文化原則的人才。因此，作為人力資源管理工作起點的招聘管理，是實現組織策略持續發展的關鍵環節。

第一節　招聘概述

一、招聘的概念與意義

1．招聘的概念

招聘是指組織基於生存和發展的需要，根據組織人力資源規劃和工作分析的數量與質量要求，採用一定的方法吸納或尋找具備任職資格和條件的求職者，並採取科學有效的選拔方法，篩選出適宜人員並予以聘用的過程。

招聘主要包括兩方面內容：第一，嚮應聘人說明招聘職位承擔的「工作是什麼」；第二，選擇「什麼人適合某一職位的工作」。

在招聘前，要做好兩個基礎性工作：一是人力資源規劃——它是對組織需求和供應進行分析與預測的過程，它決定了待招聘的職位與部門、數量、時限、類型等因素；二是工作分析——它是針對組織中各職位的職責、任職要求進行的分析，它為錄用提供主要的參考依據，同時也為應聘者提供關於該工作的詳細訊息，如工作要求、職位職責、任務目標、任職資格與條件、工作待遇、工作環境等。

2．招聘的意義

招聘是人力資源管理的基礎和關鍵環節之一，它直接關係到組織各級、各類人員的質量及各項工作的順利開展。因此，在人力資源管理中，組織對員工的招聘與甄選應給予高度重視，其意義主要體現在以下幾個方面。

（1）確保組織發展所必需的高質量人力資源

組織根據人力資源規劃和工作分析的數量與質量需要，從外部吸收適宜的人力資源，為組織補充新鮮力量，一方面能夠彌補組織內部人力資源供給不足的問題；另一方面，經過選擇的高素質的新員工，透過培訓可能成為優秀員工，可以提高整個部門乃至組織的工作績效，進而提高組織的核心競爭力。

(2) 招聘有利於降低員工的流動率

員工流動受很多因素的影響，其中招聘就是一個極其重要的影響因素。有效的招聘能夠促進員工的合理流動，激發員工的積極性、主動性與創造性。員工在招聘過程中獲得的訊息真實與否，會影響到應聘者入職後的工作狀況。如果組織在應聘過程中傳遞的訊息與組織發展現實不相符合，員工入職瞭解實際情況後會產生對組織的不信任感或失落感，從而降低工作熱情，最終可能導致員工較高的流動性。相反，如果組織從招聘伊始充分重視、精心準備，就會在第一時間增強應聘者對組織的良好印象，激發起工作熱情，為降低員工流動率奠定堅實的基礎。

(3) 招聘有助於塑造和推廣組織形象

招聘實質上是組織內的招募者與外部的求職者互動的過程，在這個雙向溝通的過程中，組織招募與選錄工作中的每個具體環節，如空缺職位的說明、書面材料的製作與發放、面試過程、招聘流程和結果的透明性和公開度等都可能作為求職者評價組織形象的重要依據。此外，組織採用形式多樣的招聘方式如電視、報紙、廣播和網絡等開展人力資源獲取活動，也在一定程度上宣傳和推廣了組織形象。因此，招聘不僅可以獲得合適的人才，而且有助於塑造和推廣組織形象。

(4) 招聘工作的質量影響組織人事管理的費用

招聘涉及招募、甄選、錄用和評估等一系列過程，需要耗費大量的人力、財力、物力資源。高質量地開展這些活動不僅使招聘工作更加經濟有效，而且，由於錄用人員質量高，能夠快速適應工作，也能為組織降低相關的培訓和開發的支出。

二、招聘的原則

招聘活動對組織管理具有重要的策略意義，與此同時招聘工作又面臨許多挑戰，為了最大限度保障招聘的策略功效，應對來自各方面的挑戰，有效的招聘活動必須遵循以下原則。

1．雙向選擇、公開公平競爭的原則

根據勞動力市場規律，雙向選擇是指組織可以按照自己的願望自主地選擇自己所需要的員工，而勞動者也可以按照自己的條件與要求自由地選擇組織。雙向選擇原則一方面可以使組織不斷地完善自身形象，增強自身的吸引力；另一方面可以使勞動者為了在招聘中獲取理想的職業，從而努力提高自身的素質與技能。公平公開競爭原則強調組織在招聘過程中必須遵守國家有關方面的法令、法規和政策，公開展示招聘訊息、招聘方法，將招聘工作置於公眾監督之下；在人員招聘過程中，要努力做到公平公正，對所有應聘者一視同仁，以嚴格的標準、科學的方法，對候選人進行擇優選聘、優勝劣汰，同時，給予社會各種人才一個公平競爭的機會，充分挖掘全社會的人力資源。

2．能力職位匹配原則

有效的招聘活動應當符合「職得其才，才適其用」原則，也就是要做到能力與職位的匹配，讓最適合的人在最恰當的時間位於最合適的位置，注意避免「低才高就」或者「高才低就」的現象。招聘過程中堅持根據職位任職要求，確定關鍵勝任力模型，並以此作為衡量人才匹配度的尺度，保證招聘工作的有效性。

3．全面原則

全面原則指的是對應聘者從品德、知識、能力、智力、心理、過去工作的經驗和成績進行全面考試、考核和考察。因為一個人能否勝任某項工作或者發展前途如何，是由多方面因素決定的，其中非智力因素對其將來的作為起著決定性作用。

4．效率優先原則

效率優先原則是指儘可能以最低的招聘費用，錄用到高素質、適合組織需要的人員。效率優先原則表現在，在招聘過程中，根據不同的招聘要求，靈活地選用不同的招聘形式，在保證所聘員工素質要求的情況下，儘可能降低招聘成本。一般而言，招聘成本包括：

人力資源管理
第六章 招聘管理

一是招聘的直接成本,如招聘過程中的廣告費、招聘人員的工資和差旅費、考核費、辦公費及聘請專家等費用;

二是重置成本,即因招聘不慎,重新招聘時所花費的費用;

三是機會成本,即因人員離職及新員工尚未完全勝任工作造成的費用。

第二節　招聘程序

招聘程序是指從出現職位空缺到候選人正式進入組織工作的整個流程。一個組織要想謀求持續發展,必須對所需人才的招聘活動制訂一定的程序步驟並選用適當的方法,才能實現「事得其人」「人盡其才」,而不是憑感覺來招聘人員。

人力資源招聘需要解決招聘主體、招聘策略、招聘管道、招聘過程的組織等問題。招聘工作一般流程包括人力資源需求預測與工作分析、招聘計劃制訂、招聘計劃審批、發布招聘訊息、應聘者回饋訊息、預審及發面試通知、面試、體檢、甄選、試用、正式錄用及評估等階段,如圖 6-1。

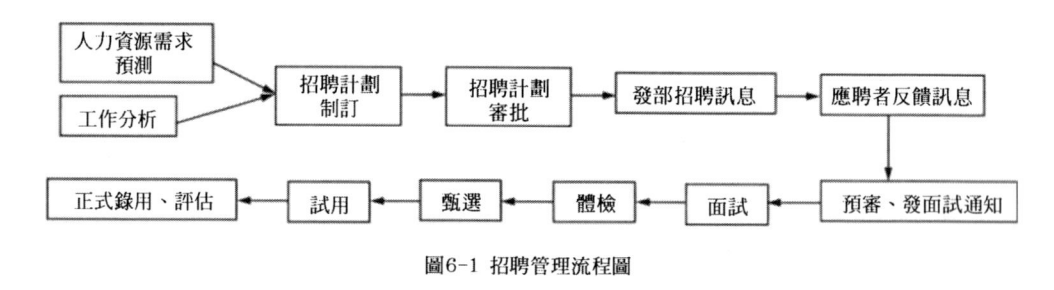

圖6-1 招聘管理流程圖

總體來說,招聘大致分為四個階段

第一階段是人員招募階段,它是招聘工作的起始點,是組織為了吸引更多更好的候選人來應聘而進行的若干活動,它主要包括制訂招聘計劃、發布招聘訊息、應聘者訊息的收集和分析等;

第二階段，測試與選拔，它是組織從「人—事」和「人—組織」兩個方面出發，從招聘得來的人員訊息中，挑選出最合適的人來擔當某一職位，它包括預審、面試、甄選等環節；

第三階段，則是人員錄用環節，主要涉及員工的手續辦理和合約簽訂以及試用、正式錄用等；

第四階段，招聘評估，這是對招聘活動的效益與錄用人員質量的評估。

需要說明的是，在這四個環節前，招聘有兩個前提。

第一個前提是人力資源規劃，即從人力資源規劃中得到的人力資源需求預測，這份預測決定了預計要招聘的職位與部門、數量、時限、類型等因素。它包括本機構的人力計劃和各部門人員需求的申請。

第二個前提是工作描述與工作說明書，它們為錄用提供了主要的參考依據，同時，也為應聘執行和錄用標準提供了關於該工作的詳細訊息。這兩個前提是招聘計劃的主要依據。

一、制訂招聘計劃

招聘計劃的主要內容包括需要招聘的職務名稱、人數、任職資格要求等；招聘組織構成，如招聘小組成員的姓名、職務、職責等；招聘策略（範圍、管道、時機與政策）；招聘宣傳的方式與時機；招聘流程；應聘者考核方案（考核方式、地點、時間、主持者和題目設計者等）、招聘工作時間表；招聘費用預算；招聘廣告樣稿；新員工到職時間等。

在制訂招聘計劃時，要注意招聘政策對應聘者的吸引力，在經濟待遇、學習機會、工作環境、福利或晉升和職業發展的機會等方面，至少要有一方面能讓應聘者心動，才有可能招聘到組織希望的人才。

二、招聘團隊的組建

招聘失敗將產生高額的替換成本，為保證招聘工作的有效性，招聘人員的勝任度是必須特別關注的。需要說明的是，在招聘過程中，傳統的人事管

理與現代人力資源管理的工作職責是不同的。在過去，員工招聘的決策與實施完全由人事部門負責，用人部門的職責僅僅是負責接受及安排人事部門所招聘的人員，完全處於被動的地位。而在現代人力資源管理中，起決定作用的是用人部門，它直接參與整個招聘過程，並在其中擁有計劃、初選、面試、錄用、人員安置與績效評估等決策權，完全處於主動的地位。人力資源部門在招聘過程中只起組織與服務的功能。

三、工作分析和勝任素質的確定

組織內不同的部門、不同的職級、不同的工種及不同的工作環境等，即使是相同的工作職位，也會因客觀條件的變化，產生不同的工作範圍、表現水準及產出標準。因此，為使招聘工作體現「職能匹配」「人職匹配」，進行工作分析是一道重要的程序。傳統意義的工作分析主要是確定空缺職位所包含的一系列特定任務、職責和責任，它能使員工瞭解這個職位期待他們去做什麼。

而現代意義上的工作分析則有兩個主要目的：

一是確定工作職位所需要的主要才能或勝任特徵，為擬定人員招聘條件提供依據；

二是為整個篩選工作科學、有序地進行提供依據。在進行工作分析時，還應注意儘量忘記目前承擔這份工作的人的特點，而真正從工作的客觀實際出發。在工作分析和組織價值導向的分析基礎上，有必要建立職位勝任素質模型，確定關鍵勝任力，為以後的人員遴選確立標準。

四、確定招聘管道和發布招聘訊息

招募，是招聘的一個重要環節，也是招聘活動中的第一個環節，其主要目的是吸引社會上更多的人來應聘，使組織有更大的人員選擇餘地，更做到精挑細選，避免出現應聘人數過少而出現降低錄用標準或隨意盲目挑選的現象。同時也可以讓應聘者更好地瞭解組織，減少因盲目加入組織之後又離職

的可能性。有效的招募工作可以提高招聘質量，減少組織和個人的損失。招募工作主要包括招聘計劃的制訂、招聘訊息的發布、應聘者提出申請等。

招聘計劃是用人部門根據部門發展要求，根據人力資源規劃的人力需求、工作說明的具體要求，對招聘職位、人員數量、時間限制等因素做出詳細的計劃。招聘計劃應由用人部門制訂，然後由人力資源部門對它進行覆核，尤其是對人員需求量、費用等項目進行嚴格複查，簽署意見後交上級主管領導審批。編制招聘計劃的過程，包括調研分析、預測和決策三個步驟。

就具體程序而言，招募工作開始於正式簽發「人員需求報告單」或「人員需求表」。人員需求報告單是具體體現人員規劃所確定的人員需求及空缺職位的工作性質、任務、任職資格和指導人員招聘工作的文件，它由組織的有關業務部門與人力資源部門共同簽發，或是由組織的高層領導簽發，由人力資源管理部門具體執行。

在招聘計劃獲得批準之後，需要選擇合適的方法來獲得職位候選人。根據職位的不同、職位空缺的數量、需要補充空缺的時間限制等因素綜合考慮，選擇最有效且成本合理的招聘管道。招聘管道通常分為內部招聘和外部招聘兩種。內部招聘是在組織內部公開招聘，包括內部人員推薦人選、員工晉升或職位輪換補充空缺等方法；外部招聘主要包括在報紙、招聘網站上發布招聘廣告，參加社會招聘、校園招聘等方式。

五、收集應聘者的回饋訊息

招聘訊息發布出去之後，有關應聘者即向招聘單位提出應聘申請，一般透過寄送信函或發送電子信函或填寫應聘申請表的形式向招聘單位提出申請。此時，應聘者應該提供以下個人資料。

（1）應聘申請表（函），且必須說明所應聘的職位；

（2）個人簡歷，簡歷需說明學歷、工作經驗、技能、成果、個人品格等訊息；

（3）各種學歷、技能、成果（包括獲得獎勵）的證明（複印件）；

(4) 身分證（複印件）。

個人資料和應聘申請表要求詳盡真實，人力資源部門將在招聘工作的後續環節予以核實。

六、人員甄選與評價

甄選階段是對招募階段獲取的應聘者進行甄別和甄選的過程。這一階段結合準備階段對招聘職位要求的分析，建立不同工作職位的甄選評價體系，確定對於不同職位的不同要求所採用的甄選方式的組合，諸如常用的筆試、心理測驗、面試、評價中心技術等方法，確定甄選的實施計劃、甄選試題的內容與形式，培訓考官，明確測評流程和測評標準，進行各類測評的現場組織，通知應聘者參加甄選，最後透過初步選拔、面試、深度甄選的具體實施，對每個應聘者的個性特點、能力傾向、知識經驗的綜合素質做出評估。

甄選階段的工作目標是科學分析應聘者的綜合素質，運用性價比最高的測評技術，有效地識別和評估應聘者，為最後的錄用決策提供豐富的訊息。

七、人員的錄用

錄用階段是組織對甄選階段應聘者的測評結果進行分析、錄用的過程。經過測試與甄選等，組織將確定錄用人員名單，並對決定錄用的求職者發出正式通知，對不予錄用的求職者也要致函表示歉意。這一階段依據錄用的制度和規則，對應聘者做出最後的錄用決定，並結合職位以及應聘者的情況確定薪酬，同時對錄用者進行背景調查和體檢，確定其背景資料的真實性和身體條件符合職位要求，並簽訂勞動合約，安排錄用者履行一系列的入職手續，進行入職適應性培訓，使其熟悉組織文化、政策規定、工作程序並具備一定的業務水準，再經過一定時間的試用期考察，聽取各方面的意見回饋，結合其試用期考核的要求，符合各項要求的應聘者最終實現正式錄用。

人員錄用過程主要包括辦理錄用手續、合約的簽訂、員工的試用、正式錄用。

組織招聘員工，首先應向當地人事行政主管部門辦理錄用手續，證明錄用員工具有合法性，受到國家相關部門的承認，並且使招聘工作接受人事部門的業務監督。員工進入組織前，要與組織簽訂勞動合約。首先簽訂的應是試用合約。員工試用合約是員工與組織雙方的約束與保障，是對甄選和聘用成果的法律保證。員工進入組織後，組織要為其安排合適的職位。一般來說，員工的職位均是按照招聘的要求和應聘者的應聘意願來安排的。人員安排即人員試用的開始。試用是對員工的能力與潛力、個人品質與心理素質的進一步考核。

員工的正式錄用是指試用期滿，且試用合格的員工正式成為該組織的成員的過程。員工能否被正式錄用關鍵在於試用部門對其考核結果如何，組織對試用員工應持公平、擇優的原則錄用。正式錄用過程中用人部門與人力資源部門應完成以下主要工作：員工試用期的考核鑒定、根據考核情況進行正式錄用決策、與員工簽訂正式的僱傭合約、給員工提供相應的待遇、制訂員工進一步發展計劃、為員工提供必要的幫助與諮詢等。

八、招聘評估

招聘評估階段是對招聘活動進行評估和審核的階段，是招聘流程中一個必不可少的總結回顧的環節。招聘評估有利於今後為組織節省開支；有利於找出各招聘環節中的薄弱之處，改進招聘工作；有利於招聘方法的改進，同時又給員工培訓、績效評估提供了必要的訊息，能進一步提高招聘工作的質量。這一階段主要運用各種方法評價招聘活動是否在合適的預算範圍內、在合適的時間要求下招聘到了適合組織招聘職位的人員，透過一些相關的指標來衡量本次招聘工作的有效性。招聘評估包括：招聘結果的成效評估，如成本與效益評估，錄用員工數量與質量的評估，以及招聘方法的成效評估，如信度與效度評估。

第三節　招聘方式

　　獲取足夠的、合格的人力資源是任何組織人力資源管理的職責。對於組織來說，員工的招聘途徑主要來自兩個方面：內部招聘和外部招聘。招聘職位的不同、人力需求數量與人員要求的不同、新員工到位時間和招聘費用的限制，決定了招聘對象的來源與範圍，決定了招聘訊息發布的方式、時間和範圍，因而也決定了招聘形式與方法的不同。在招募工作開始之前，要根據需補充人員的業務類型、職位複雜度、招募方法本身的適用性等情況，對招募方法與管道做出正確的策略選擇。

一、內部招聘

1．內部招聘的制度基礎

　　公平公正的內部招聘建立在職位公告制度、內部晉升制度、職位輪換制度和員工素質評價制度的基礎上。

（1）職位公告制度

　　職位公告制度是透過發布職位公告的途徑，將組織內空缺職位、工作職責、對員工素質的要求以及申請程序公告於眾，為組織中所有符合條件的員工提供平等競爭機會的制度。但是，職位公告制度不能滿足管理者想由自己挑選管理候選人或接班人的願望。有些組織便利用「人事記錄」或計算機管理系統來發現和審查候選人。這些記錄可以顯示，哪些人的現任職位低於其教育或技能水準，哪些人有進一步接受培訓的潛力，哪些人已經具備了從事現有空缺職位的背景要求。

（2）內部晉升制度

　　內部晉升制度是增強員工敬業精神和忠誠度的重要途徑。晉升制度要解釋以什麼作為晉升的依據、如何衡量候選人的素質和能力、晉升過程正規化還是非正規化。以能力為晉升依據是組織提拔員工的一個趨勢，但員工的績效不僅取決於能力，還受經驗的制約。用候選人過去的績效衡量其素質和能力有一定的風險，過去的績效只能說明他的素質和能力適應原職位要求，而

不能說明一定適應未來職位的要求。組織必須制訂一些有效的程序來預測候選人未來的工作績效。為晉升設置一套正規的程序，能夠保證在出現空缺職位時，組織內所有的合格候選人都會被考慮到。而且在員工心目中，晉升變成了與工作績效緊密相連的獎勵，具有非常大的激勵作用。

（3）職位輪換制度

職位輪換對於員工而言，有利於豐富工作內容，從事更符合自己興趣的工作，能擴展知識面和社會接觸面，能夠為個人提供在工作時間、工作地點等方面的便利。對於組織而言，職位輪換有利於讓員工待在更適合的職位上，提供從人員富餘部門向人員短缺部門調動勞動力的便利，有利於全方位培養人才。

（4）員工素質評價制度

為了公平公正地對員工做出評價，素質評價應該貫穿員工整個工作過程，涵蓋日常工作考核、業務晉級考核、績效考核、年度評價等環節，每次考核都應該形成書面評價材料。每年度結束，將考核情況要點輸入計算機系統或載入人事記錄。當員工競爭空缺職位時，組織綜合考慮員工歷年的考核評價結論和針對該職位競聘考核結論，確定最後合適的任職人選。員工素質評價制度，可以幫助組織將那些行為和績效都保持一貫優秀的員工選拔上來，避免招聘風險和鼓勵員工持續地努力。

（5）內部招聘的工作流程

根據職位和人員需求清單，發布工作公告；接受員工申請，進行初步篩選，將不符合職位任職資格的申請人篩選出去；選拔測試，可視具體情況確定測試的程序和方式；總結測試結果，擬訂準任職者，報主管部門審批。如果是管理職位，將準任職者的名單和情況與擬任職位的職級上級交換意見，取得認可後，將任職者名單及基本情況進行公示，公示期內如果員工有不同意見或看法，可向人力資源部門提出。公示期內若無異議，則通知任職者辦理原職位的卸任和新職位上任的手續與交接。

2．內部招聘的方式

內部招聘的實施方式主要有內部晉升或職位輪換、內部競聘、臨時人員轉正、內部員工推薦等。

（1）內部晉升或職位輪換

內部晉升或職位輪換是建立在系統有序的基礎上對內部職位空缺進行補充的辦法。運用這種方法時，首先要建立一套完善的職位體系，明確不同職位的關鍵職責、勝任素質、職位級別等在晉升和職位輪換中的運作依據；其次需要建立員工的職業生涯管理體系，對員工的績效狀況、工作能力進行評估並建立相應的檔案，根據組織中員工的發展願望和發展可能性進行職位的晉升和有序輪換，使有潛力的員工得到相應的發展。

（2）內部競聘

透過內部公告的形式在內部組織公開招聘，符合條件的員工可以根據自己意願自由競爭應聘入職。內部競聘中需要接受選拔評價程序，只有經過選拔評價符合任職資格的人員才能予以錄用，這樣可以保證內部招聘的質量。另外，參加內部競聘的員工須徵得原上級的同意，且一旦應聘成功，應給予一定的時間進行工作交接。對內部競聘的員工的條件也有一定的界定，如應在現有的職位上工作滿一定時限、績效評定的結果應該滿足一定的標準等。總之，應完善內部競聘的制度管理。目前中國不少公共部門在人事管理制度改革中，嘗試實施中層幹部以及一般管理職位人員的定期競聘入職制度。競聘入職是內部獲取人才的主要方法，也是當前形勢下的一種創新型做法。

（3）臨時人員轉正

由於編制所限或者組織結構整合需要等原因，不少組織為了完成一些臨時性的工作任務，會在核心員工或正式員工之外僱傭一些臨時性員工或派遣員工。當人力資源派遣成為一種發展趨勢、派遣員工或臨時性員工組織逐漸擴大的時候，組織應該特別重視這部分人力資源的價值。因此，當正式職位出現空缺，而臨時性員工的能力和資格又符合所需職位的任職資格要求時，可以採用臨時人員轉正的方式，既可以填補空缺，滿足組織用人需求，又能

激勵臨時員工的工作積極性。當然，臨時人員的僱傭和轉正都要注意各項手續的辦理應符合中國人事管理的各項法規政策。

（4）內部員工推薦

員工推薦可用於內部招聘，也可用於外部招聘。它是由本組織員工根據組織的需要推薦其熟悉的合適人員，供用人部門和人力資源部門進行選擇和招聘。員工推薦的好處表現在：第一，推薦人對被推薦人的背景及個人情況比較瞭解，甚至有過某種合作關係，具備了一定的團隊合作基礎；第二，因為彼此認識所以很少需要做資歷調查；第三，因為對被推薦人的情況已有瞭解，所以，新來者可以較快地進入角色，縮短啟動和開始發揮作用的時間。

3．內部招聘的優點

（1）有利於鼓舞員工士氣

隨著經濟社會的發展和進步，人們的需求已逐步從對貨幣報酬的狂熱轉移到追求一些非貨幣報酬上來。在非貨幣報酬中，有工作本身的報酬（包括工作的挑戰性、先進性、趣味性等）和工作環境的報酬（包括組織的發展前景、個人的發展空間、有能力而公平的領導、健康舒適的工作環境、融洽的人際關係等），其中人們最關心的是個人發展空間和工作的挑戰性。內部提升制度給每個人帶來希望。每個員工都知道，只要在工作中不斷提高能力、豐富知識，就有可能被分配擔任更重要的工作，這種職業生涯中的個人發展對每個人都是非常重要的。組織一旦啟動內部招聘，員工就會感受到組織真正給自己提供了發展空間，就存在著晉升的可能以及積極推銷自己、提升自己以引起組織注意和信任的希望。

（2）迅速適應新工作

員工能力的有效發揮主要取決於他們與組織文化的融合程度和對組織本身及其運行機制的瞭解程度。「任職」和「入職」是招聘工作中不可忽視的兩個方面，既要保證有合適的人實實在在地「入職」，還要保證他能迅速地進入角色，即「入職」。組織內成員對組織的現狀比較瞭解，熟悉組織的工作環境和工作流程，熟悉組織的領導和同事，瞭解並認可組織文化、核心價

值觀等，相較於外部聘用的員工，其適應期要短很多，他們能迅速地適應新工作。

(3) 保持組織內部的穩定性

新員工和老員工、新員工和組織，碰撞最多的是組織文化和組織核心價值觀，當然也包括一些非主流方向的碰撞，其影響主要體現在兩個方面：

一是促進組織的思考和發展；

二是擾亂組織的日常秩序和正常運作，可能出現不穩定的狀況。

而內部獲取使組織在補充優質人力資源到重要職位和合適職位時，不會出現任何不穩定因素，保持了組織內部的穩定性。

(4) 降低了招聘成本

從內部招聘節約了外部招聘所需的大量廣告費、招聘人員的人工費以及招聘機構的代理費、招聘測試費、體格檢查費等直接開支。同時還節約了新員工的入職培訓費和其熟悉組織的花費等間接開支，使人才獲取的費用降低到最小值，可見內部招聘的突出優勢是降低了招聘成本。

(5) 有利於充分利用內部資源

內部招聘使組織對人才的使用在動態組合中得到鍛鍊和成長。在組織內部，員工的使用不是一次性的結果，而應該根據組織的需要和個人的成長不斷地進行動態組合。在這個過程中，工作變動使員工在不同的職位上得到鍛鍊，而競爭的壓力促使員工重視自身知識的豐富和能力的加強，最終使組織的整體人才素質得到提高。

4．內部招聘的缺點

內部招聘具有的優點很多，同時也有不可忽視的缺點。只有在招聘過程中儘量避免這些缺點，才能做到有的放矢，把其對組織的負面影響降到最小。

（1）容易形成組織內部的板塊結構

人員流動少以及內部晉升的途徑和方法均容易形成組織內部人員的幫派和板塊結構，既可能有因襲的重負，如同學、師兄弟、同班組等；也可能有利益群體的形成。當內部晉升管道暢通時，非正式組織推舉自己小圈子的人員就成為一種必然。

（2）可能引發企業高層領導的不團結因素

用人的分歧歷來是組織領導各種可能分歧中最容易引起斷裂的分歧，因為這涉及權力的分配，涉及個人核心團隊的組成和個人威信的樹立。因此，當出現用人分歧時，高層領導原本存在的不團結因素會更加明顯化，而這種狀況的產生是內部人員獲取過程中最大的損傷。

（3）缺少思想碰撞的火花，影響組織的活力和競爭力

透過內部晉升，被晉升的人和組織群體原本是和諧的，觀念、文化、價值觀彼此認同。因此，「新官上任三把火」的狀態鮮有存在，組織不會因為這種人事變更產生思想碰撞，也不會由於這種碰撞出現的不平衡而引發深層思考和繼續碰撞，組織在這一過程中無疑明顯缺乏活力。

（4）徇私舞弊的現象難以避免

由於彼此的熟悉和瞭解，當一個嶄新的機會來臨時，不可避免地會出現託人情、找關係的現象，這種找關係的結果就是徇私情、走後門、官官相護或出現利益聯盟。

（5）近親繁殖影響企業的後續發展

由於組織成員習慣了組織內部的一些既定的做法，不易帶來新的觀念，而不斷創新則是組織生存與發展不可或缺的因素。內部晉升容易出現近親繁殖，這可能會給組織的後續發展帶來不良影響，不利於組織的可持續發展。

二、外部招聘

在組織中，內部招聘是經常發生的，它有不少優點，但它明顯的缺點是人員選擇面狹小，往往不能滿足組織發展的需要，尤其是組織處於成長初期或快速發展時期，或是需要特殊人才（如高級技術人員、高級管理）時，僅僅依靠挖掘內部人才資源顯然是不夠的，必須借助組織外的勞動力市場，採用外部招聘的方式來獲得所需的人員。另外，從外部招聘的人員有可能會給組織帶來新的思想。一般來說，在下面幾種情況下，組織必須從外部招聘新員工：填補最基層的職位空缺；獲取某項現有工作人員不具備的技術；獲取與現有工作人員不同知識背景的新工作人員，為組織提供新觀點。

1・外部招聘的含義

外部招聘是根據一定的標準和程序，從組織外部尋找員工可能的來源並吸引他們到組織應聘的過程。雖然內部招聘的好處很多，但是組織過分依賴內部招聘也是一種失誤，相較而言，外部招聘的選擇範圍更廣、招聘收益可能更大，而且外部招聘可以彌補內部招聘的缺點。

2・外部招聘的方式

外部招聘的來源和方式主要有以下幾種。

（1）廣告啟事

發布招聘廣告是外部招聘最為普遍的招聘方法。它透過各種傳播媒介向社會傳播招聘訊息，刊登招聘廣告的媒體形式取決於勞動力需求的層次及迫切性的大小。廣告的載體有：報紙、雜誌、廣播、電視及其他印刷品，如海報、招貼、傳單等。這一方式的優點在於：訊息傳播範圍廣，能吸引較多的應聘者，備選率高。同時，精心選擇製作的招聘廣告，一方面可以更好地吸引應聘者的注意力，使應聘者對組織情況有了第一認識，減少盲目招聘；另一方面，招聘廣告因此也成了一種很好的公關宣傳。廣告招聘的不足在於招聘來源的不確定性以及廣告費用高的問題。正確的招聘廣告一般寫成招聘啟事的樣式，它應包括這樣一些內容：組織的基本情況；政府勞動部門的審批情況；招聘的職位、數量與基本條件；招聘的範圍；薪資與待遇；報名的時間、地點、

方式及所需的資料；其他有關注意事項。廣告用語應力求在吸引更多人關注的同時，做到內容準確、詳細、條件清楚。值得一提的是，隨著計算機通信技術的發展和勞動力市場發展的需要，近年來透過訊息網絡進行招聘、求職的方式逐漸普及，因為這種方式速度快、傳播範圍廣、費用低、供需雙方選擇餘地大，不受時間、地域的限制，所以已經為越來越多的組織和個人所採用，招聘單位、求職者、中介機構等都透過高速訊息網絡來達到自己的目的。

（2）校園招聘

學校是人才資源的重要基地，每年學校有幾百萬的學生走出校門進入社會，校園招聘當然是組織獲得潛在管理人員以及專業員工和技術員工的一種重要途徑。一些有眼光的組織為了不斷從學校獲得所需人才，在學校設立獎學金，與學校進行長期的橫向的聯繫。有的還為學校提供實習場所和暑假僱傭機會，以達到試用觀察的目的，同時學生也因此累積了一定的工作經驗。對學校畢業生招聘的最常用辦法就是一年一度的人才供需見面會，集中時間、集中場地，供需直接見面，雙向選擇。除此之外，也可以由組織派專人攜帶組織簡介的書面或影片資料前往學校，將組織現況、福利待遇、未來展望以及種種優厚的就業條件嚮應屆畢業生介紹，以激發其應聘的興趣。有的組織則透過定向培養、委託培養等方式直接從學校獲得所需人才。

（3）職業介紹機構

根據人才流動的需求產生了各種職業介紹機構，如人才交流中心、人才市場、職業介紹所、勞動力就業服務中心、獵頭公司等中介機構。這些機構既為組織服務，也為求職者服務。借助於這些機構，組織與求職者都可以獲得大量的相關訊息，同時也可以傳播各自的訊息，滿足各自的需求。這些機構透過定期或不定期地舉辦各種人才交流會，吸引供需雙方直接見面洽談，增進彼此瞭解，增加招聘與就業的機率。

（4）其他來源

其他來源包括熟人、名人、同業推薦；關係企業調用；職業團體求才；同業流動；特色招聘（如電話熱線、接待日等）等。

3．外部招聘的優點

外部招聘的優點體現在以下幾個方面。

（1）能夠為組織帶來活力

組織引進一個人，這個人必然會風風火火地進入組織，因為多數應聘者是想有作為、有大為，才會積極參與應聘的，他們必然給組織帶來新的觀念、新的訊息、新的思想方法、新的文化和價值觀，甚至新的人群和新的社會關係。這種引進，必然給組織帶來思想碰撞，帶來新的活力。來自外部的候選人可以為組織帶來新的管理方法和經驗，新的觀念和新的技術，有益於增強組織的活力。他們沒有太多框架的束縛，工作起來可以放開手腳，從而給組織帶來較多的創新機會。

（2）加快策略性人力資源目標的實現

策略性人力資源的目標是緊扣組織策略目標而設定的，具有策略性、前瞻性、科學性和系統性，因此，選人的標準就必須符合策略性要求，高層次的人才、高新技術人才、管理人才、稀缺人才等，都要有計劃、分階段地引入，包括成本核算、職位匹配、能力培養、職業規劃等均需要有計劃並在一個大系統中運行。

（3）被聘幹部具有「外來優勢」

所謂「外來優勢」主要是指被聘幹部沒有「歷史包袱」，組織內部成員只知道他目前的工作能力和實績，而對其歷史特別是職業生涯中的失敗知之甚少。因此，如果他確有工作能力，那麼他就可以迅速開展工作。相反，如果從內部提升，部下可能對新上司在成長過程中的失敗有著非常深刻的印象，從而可能影響新上司大膽地放手工作。

（4）有利於緩和與平息內部競爭者之間的緊張關係

組織中空缺的管理職位可能有好幾個內部競爭者希望得到，每個人都希望有晉升的機會，如果員工發現自己的同事，特別是原來與自己處於同一層次、具有同等能力的同事提升而自己沒有提升時，就可能產生不滿情緒，懈

怠工作，不服從管理，甚至拆臺。從外部招聘可能使這些競爭者得到某種心理上的平衡，從而有利於緩和他們之間的緊張關係。

（5）大大節省培訓費用

「按圖索驥」使組織能獲得高素質人才，他們符合組織所要求的學力和經歷，這樣，組織節省了部分培訓費用。外部獲取是「拿來主義」，不僅節省了培訓費用，而且節省了培訓時間，也節省了學歷教育所付的費用，更重要的是節省了為獲得經驗所交的「過失費用」，這種社會學校的「學費」往往比學校學歷教育所付的費用更加昂貴。

4．外部招聘的缺點

外部招聘的缺點體現在以下幾個方面。

（1）人才獲取的成本高

招聘高層次人才，所需的人才少，招聘的覆蓋區域卻很寬，有時候甚至覆蓋全國；招聘人才層次低，所需人才多，招聘的覆蓋區域卻相對較小，有時甚至在一個縣區或者一個地區即可。但是無論是招聘高層次人才，還是中、低層次人才，均須支付相當高的招聘費用，包括招聘人員的費用、廣告費、測試費、專家顧問費等。

（2）可能選錯人

由於不瞭解應聘者的實際情況，不容易對應聘者做出客觀評價，組織有時會很失望。究竟是從內部提升，還是從外部招聘，要根據具體情況來確定。一般來說，當組織內有能夠勝任空缺職位的人時，應先從內部提升；當空缺的職位不是很重要且組織有一個持續發展的既定策略時，應當考慮從內部提升。然而，當組織急需一個關鍵性的主管人員來對其原定的策略進行重大修改，而組織內又沒有能夠勝任這一重大職務的人員時，就要從外部招聘。在實際工作中，通常採用的往往是內部提升和外部招聘相結合的途徑，將從外部招聘的人員先放在較低的職位上，然後根據其表現再進行提升。雖然招聘的過程經過層層把關，又因為有專家顧問的參與，選才的準確度大大提高，但仍無法排除選錯人的風險。選錯人不僅浪費了人力、財力、物力，而且影

響了組織的正常運作，這些被耽誤的時間可能會直接導致組織錯過發展的良機。

（3）文化的融合需要時間

引入的人才會帶來新觀念、新思想、新訊息，同時也會帶來對現有組織文化的挑戰和思考。文化和價值觀的融合需要時間，彼此的認同和相互吸引是事業成功的基礎，而融合的時間會部分地影響工作的進展。

（4）工作的熟悉以及與周邊工作關係的密切配合也需要時間

新引入人才的入職是一件不容易立刻辦到的事情，對本員工作的熟悉，對組織工作流程的熟悉，對與之配合的工作部門的熟悉，對領導、下屬、平級同僚的工作配合均需要時間，對組織外界相關工作部門的熟悉並建立良好關係，這些也同樣需要時間，這種時間成本的投入也是必須考慮的不利因素。

（5）可能打擊現有員工的工作積極性

當組織由於某種原因出現幹部需求，組織內部的員工就會渴求獲得這種機會，如果每當出現這種機會時，組織就從外部招聘合適的人員來補充，就必然會使內部員工失望，這種感覺會逐步產生對現有職業的不安全感。員工的不安全感必然導致工作熱情的下降，員工組織的穩定性將受到挑戰。

本章小結

招聘是指組織基於生存和發展的需要，根據組織人力資源規劃和工作分析的數量與質量要求，採用一定的方法吸納或尋找具備任職資格和條件的求職者，並採取科學有效的選拔方法，篩選出適宜人員並予以聘用的過程。

組織的招聘工作不僅要遵循一定的原則，即雙向選擇、公平公正競爭、能職匹配、效率優先原則等，還要遵循一定的程序，即招聘計劃制訂、招聘計劃審批、發布招聘訊息、預審及發面試通知、面試、甄選、試用、錄用及評估等。

招聘的方式有內部招聘和外部招聘兩種，組織在招聘時應根據自身所處情況，選擇合適的招聘途徑。

關鍵術語

招聘	招聘評估	內部招聘	內部晉升
職位輪換	內部競聘	臨時人員轉正	員工推薦
外部招聘	廣告啟事	校園招聘	

討論題

1．什麼是招聘？它有什麼意義？
2．招聘管道有哪些類型？應如何選擇？
3．招聘工作應當怎樣進行？
4．內部招聘和外部招聘各有何利弊？組織應如何運用這兩種途徑？

案例

　　某精密機械有限公司最近幾年在物色中層管理幹部中遇到了一些兩難的困境。該公司主要製造、銷售高精度自動車床，目前重組成六個半自動製造部門。高級管理層相信這些部門經理有必要瞭解生產線和生產過程，因為許多管理決策需要在此基礎上做出。傳統上，公司一直嚴格地從內部提升中層管理人員。但後來發現這些從基層提拔而來的中層管理人員缺乏相應的適應他們新職責的知識和技能。這樣，公司決定從外部招募，尤其是那些工商管理專業畢業的優等生。透過一個職業招募機構，公司得到了許多有良好工商管理專業訓練的畢業生作為候選人，從中錄用了一些，先安排在基層管理職位，以備經過一定階段的鍛鍊以後提升為中層管理人員。但兩年之中，所有的這些人都離開了該公司。公司又只好回到以前的政策，從內部提拔，但又碰到了與過去同樣的素質欠佳的老問題。不久就有幾個重要職位的中層管理人員面臨退休，公司亟須稱職的後繼者來填補職位空缺。面對這一問題，公司想請有關諮詢專家來出些主意。

人力資源管理
第六章 招聘管理

案例討論題

1．你認為造成此公司招募中層管理人員困難的原因是什麼？

2．從公司內部提升基層管理人員任中層管理職位和從外部招聘專業對口的大學應屆畢業生，各有何利弊？

3．如果你是諮詢專家，你會給公司提出什麼建議？

第七章 錄用測評

學習目標

- ●理解並重點掌握人員錄用的原則和基本程序；
- ●理解並重點掌握員工測評的意義和程序；
- ●理解並重點掌握人員測評的特點、標準體系和類型；
- ●理解並重點掌握員工測評的方法和工具。

知識結構

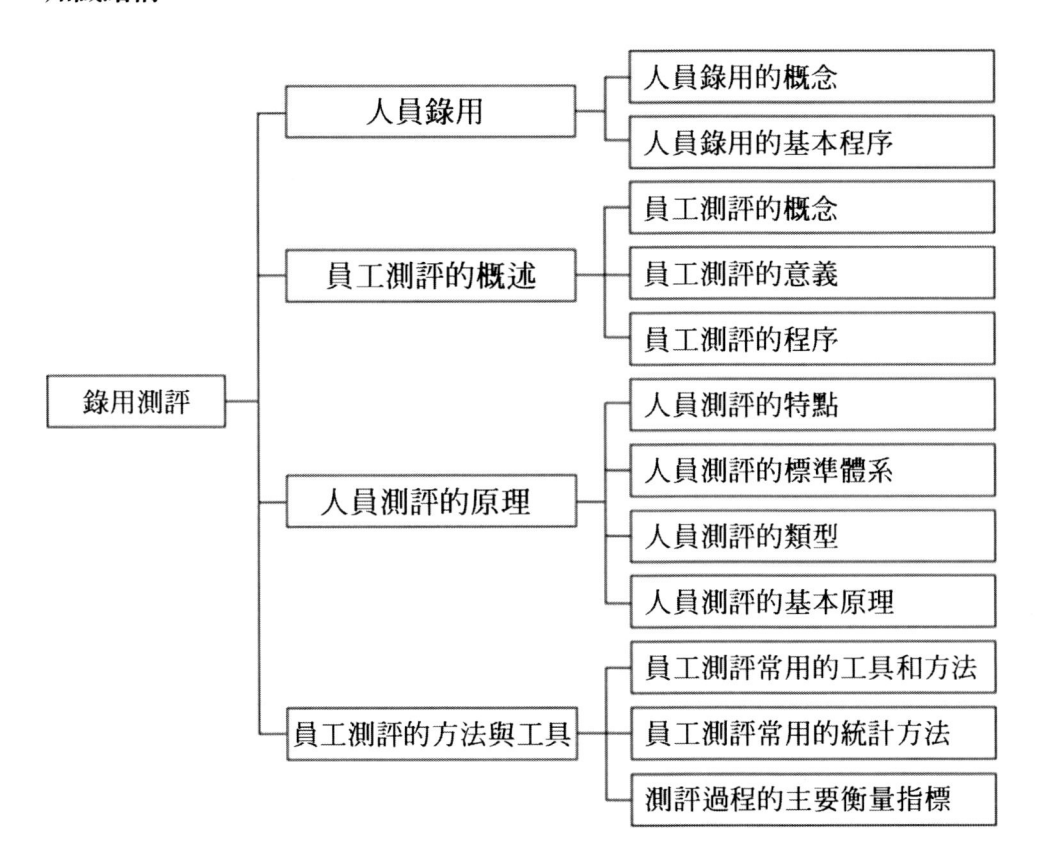

```
                    ┌── 人員錄用 ──┬── 人員錄用的概念
                    │              └── 人員錄用的基本程序
                    │
                    │                  ┌── 員工測評的概念
                    ├── 員工測評的概述 ─┼── 員工測評的意義
                    │                  └── 員工測評的程序
錄用測評 ───────────┤
                    │                  ┌── 人員測評的特點
                    ├── 人員測評的原理 ─┼── 人員測評的標準體系
                    │                  ├── 人員測評的類型
                    │                  └── 人員測評的基本原理
                    │
                    │                      ┌── 員工測評常用的工具和方法
                    └── 員工測評的方法與工具 ┼── 員工測評常用的統計方法
                                           └── 測評過程的主要衡量指標
```

人力資源管理
第七章 錄用測評

案例導入

《求賢令》——曹操

自古受命及中興之君，曷嘗不得賢人君子與之共治天下者乎？及其得賢也，曾不出閭巷，豈幸相遇哉？上之人求取之耳。今天下尚未定，此特求賢之急時也。

「孟公綽為趙、魏老則優，不可以為滕、薛大夫。」若必廉士而後可用，則齊桓其何以霸世！今天下得無有被褐懷玉而釣於渭濱者乎？又得無有盜嫂受金而未遇無知者乎？

二三子其佐我明揚仄陋，唯才是舉，吾得而用之。

透過對這篇材料的閱讀和理解，你認為曹操對人才錄用和評價的標準是什麼呢？

案例來源：《三國志·魏書·武帝紀》

第一節 人員錄用

一、人員錄用的概念

人員錄用也叫人員甄選，是指運用一定的工具和手段對已經招募到的求職者進行鑒別和考察，區分他們的人格特點與知識技能水準、預測他們未來的工作績效，從而最終挑選出企業所需要的、恰當的職位空缺填補者。

二、人員錄用的基本程序

1．體檢與資料核查

大多數職務的任職資格中要求任職者不僅要有健康的體魄，而且必須具備一定的運動能力，如氣力、握力、耐力、控制力、調整力、堅持力等。對體檢不合格或患有傳染性疾病的在職員工，公司有權按有關規定不予錄取或視狀況做（無償）辭退。因此，這裡所說的體檢不同於一般的身體健康檢查，還應包括身體運動能力的測試。

資料核實是對應聘者的教育狀況、工作經歷、個人品質、工作能力、個人興趣愛好或特長等情況進行調查。招收假學歷、假成績單、虛假的工作經歷與經驗、言過其實的工作能力、精心偽裝的個人品質與興趣特長都不符合招聘要求的員工，會嚴重妨礙人員選拔的公平性、公正性、準確性，不僅會大大挫傷員工的工作積極性，還會給組織帶來不必要的損失。

2·簽訂試用合約

試用合約是對被錄用人員與組織雙方的約束與保障，包括以下主要內容：試用的職位、期限、報酬與福利、試用期應接受的培訓、員工在試用期的工作績效目標與承擔的義務和責任、應享受的權利、轉正的條件、試用期組織解僱員工的條件與承擔的義務和責任、員工辭職的條件與義務、員工試用期被延長的條件等。

簽訂試用合約時，要遵守一系列基本原則。一是合法原則。在簽訂試用合約時，所訂立試用合約的行為不得與法律、行政法規相牴觸。二是公平原則。在試用合約簽訂過程及內容的確定上應當體現公平。三是平等自願原則。用人單位和勞動者簽訂試用合約要在法律地位上平等。四是協商一致原則。該原則指試用合約的內容或各項條款，在法律、法規允許的範圍內，由雙方當事人共同討論、協商，在雙方意思表達一致的情況下簽訂。五是誠實信用原則。該原則是指用人單位和勞動者在簽訂試用合約中，應當真實地提供相關訊息，互相如實陳述有關情況，不得以欺詐或誘騙的方式，使對方違背自己的真實意願而簽訂試用合約。

3·初步安排與試用

員工被錄用進入組織後，要為其安排合適的職位。一般說來，員工的職位均是按照招聘的要求和應聘者意願來進行安排的。人員安排即是試用的開始，試用是對員工的能力與潛力、個性品質與心理素質的進一步考核。

4·正式錄用

員工錄用根據選拔過程中面試的結果以及參考測試的得分，來確定最後人員的取捨。正式錄用即我們通常所稱的「轉正」，是指試用期滿，且試用

合格的非正式員工變成正式成員的過程。員工在試用期滿後能否被正式錄用，關鍵在於試用部門對員工在試用期間的工作能力與潛力、個性品質與心理素質的考核結果如何，組織對試用員工應堅持公平公正、擇優錄用的原則進行錄用。

正式錄用過程中用人部門與人力資源部門應完成以下主要工作：

（1）對員工在試用期間一系列表現的考核鑒定；

（2）根據考核情況進行正式錄用決策；

（3）與員工簽訂正式的僱用合約；

（4）給員工提供相應的待遇；

（5）制訂人力資源開發與培訓發展計劃；

（6）為員工提供必要的幫助與諮詢等。

正式錄用的合約一般應包括以下內容：

（1）當事人的姓名、性別、住址和法定社會身分等具體個人訊息；

（2）簽訂勞動合約的法律依據，勞動合約期限；

（3）工作內容，勞動保護和勞動條件；

（4）勞動報酬，勞動紀律，變更和解除勞動合約的條件與程序；

（5）違反勞動合約的責任與處置等。

第二節　員工測評的概述

一、員工測評的概念

員工測評（Employee Survey）是人力資源決策的主要訊息來源之一，透過科學的方法對員工的行為和內在素質進行分析和評價。員工測評是指企業對員工的性格、知識、綜合素質、工作能力、態度等方面進行測量和評價的過程。

二、員工測評的意義

1．員工測評是人力資源管理的起點

錄用一個不合適的員工來從事某項工作，那麼員工就很難適應企業環境並滿足職位要求，這樣不但影響企業人力資源開發的效益，而且會破壞團隊的和諧性，增加企業員工的離職率。因此，企業人力資源管理是從人員招聘這一首要環節開始的，怎樣提高招聘的成功率，提高培訓的產出效益，降低人員工作技能培訓的成本，是人力資源部門急需解決的實際問題。而員工測評是招聘環節中的質量檢測關。它透過對企業各類人員的素質測評，可以廣泛而系統地收集各種不同特徵的訊息，在充分占有材料的基礎上進行分析並做出判斷。因而，不管是在收集素質特徵訊息的過程中，還是在評價的時候，或是在對比職位要求素質標準進行決策的時候，測評者都要涉及企業文化、素質標準及人力資源管理與開發的方方面面。測評質量的好壞，對企業人力資源開發的效率與效果具有決定性影響；透過對企業招聘、轉正、晉升等各方面的人員測評，對企業人力資源管理的好壞及存在的問題，都可以一目瞭然，它可以讓企業的管理者發現並掌握人力資源開發的不足與問題，瞭解和掌握人力資源開發的進程，做到「心中有數」，為合理使用、培養、選拔人才提供可靠依據。

2．員工測評是人力資源科學配置的基礎

人力資源管理要做到事適其人、人盡其才、才盡其用、人事相配，最大程度地發揮人力資源的作用。但是，對於如何實現科學合理的配置，這是人力資源管理長期以來亟待解決的一個重要問題。沒有無用的人，只有放錯位置的人。只有清楚地瞭解每個職員能夠做什麼，以及喜歡做什麼，明確某個職位需要哪些知識技能基礎和要求從業者有什麼樣的精神文化素質，才能判定某個職員與某個職位的符合程度。透過對人員的測評，不僅可以瞭解其能力與職位要求的符合程度，同時可以瞭解其工作動機、性格氣質特點等與職位發展的匹配性，實現人與事的科學配置，從而避免這些人事配置中存在的問題。這樣才有助於人盡其才，才盡其用。在傳統的人事配置中，依靠的主要是配置者的經驗分析與主觀判斷，如果僅僅依據求職者的教育程度，這樣

的結果往往是事不合人、人不稱事、人事內耗，甚至有些人把人事配置作為送人情、拉關係、走後門和打擊報復的手段，造成任人唯親、任人唯權、任人唯利、任人唯錢，以致小才大用、專才偏用、歪才正用、埋才不用、大材小用的現象。然而透過員工測評這一形式和方法，才能真正實現用人選人制度的自動化與公開化，還能有助於杜絕人事配置中的不正之風。

3．員工測評是人力資源開發利用和優化管理的重要工具

人事選拔和員工發展是企業人力資源開發部門的重要職責。它包括三個方面的工作。

一是員工招聘，從大量的應聘人員中，選出認可企業文化和價值理念的、滿足職位各項要求的、具有發展潛力的新員工進入企業；

二是從本企業選拔優秀的員工進入管理職位；

三是對員工進行職業發展規劃和指導。

在管理人員選拔方面，從企業內部發現有管理潛質的人才，加以合理培養和利用，是建立管理團隊最經濟、最有效的手段，這也是世界各大跨國企業普遍採用的方法。企業內部選拔的管理者在對企業文化的認同、管理風格的匹配方面，對企業來講是一個寶貴的資源，有助於管理團隊成為團結、有凝聚力、有戰鬥力的集體。現代人才測評技術為科學選拔企業各級管理人員提供了系統化的有效方法。員工測評都是在對人員技能和素質的歷史行為表現的全面瞭解與概括的基礎上，來判斷員工職業素質的特徵和傾向。從而對員工的職業發展進行某種預測，並給予員工規劃指導，為企業全面地開發和選拔人才提供可靠及客觀的依據。這種預測的有效性取決於職業素質特徵的穩定性程度。透過員工測評，及時提供人力資源的變化訊息，明確人事配置的現狀及未來發展變化趨勢，因此在進行人力資源管理的近期與長期規劃工作時，可以做到縱觀全局，明確方向，並能區分優先次序，制訂切實可行的策略與方案。某些企業傳統的人事管理對人力資源基本上是一種物化式的「倉庫管理」。管理人員把每個職員物化為檔案袋，當作物質，像記錄設備的型號、性能、價格等資料那樣建立職員檔案。「活」的人力資源管理變成了「死

的檔案保管。人與人之間的差別只能從性別、年齡、職務、工種上看得出來，看不出素質上的差異。運用現代人才測評技術不僅可以幫助企業瞭解員工，而且可以使員工瞭解自己，能明確自己的長處和短處、優勢和缺陷，能明確員工素質與實際工作職位所擔負的責任以及今後期望要求之間的差距，從而使員工在實踐中儘量揚長避短，更好地實現自我發展。與此同時，員工測評使企業能夠制訂員工發展方向和培訓計劃，使每個員工都明確自己的發展道路，使企業可以根據每個員工的發展方向實施有針對性的培養計劃，為每個人制訂培訓目標和培養計劃提供可靠依據。這樣可以為企業用人所長、避人所短、取長補短、優化組合提供依據，並根據測評結果指導培訓開發人的潛能，系統全面地開展培訓工作。

4．員工測評是加強競爭能力的保障

21世紀是高科技競爭的時代。世界範圍內興起以微電子技術、通信網路技術、生物工程、光導纖維、航空工程、海洋工程以及新材料、新能源等開發應用為主體的新技術革命。它促使社會生產力的飛躍發展，在新技術革命的條件下，科學技術日益轉變為生產力，人的智力尤其是人在科技上的創造力日益成為生產力發展的最重要因素。這就使得企業在對待高科技人員的關係上發生了重大的越來越明顯的管理模式變化。僱員不再僅僅是僱員，他內在的智力資源可以轉化為企業所有者權益的一部分，企業將越來越多地利用合夥人的方式來管理僱員的工作，以實現企業自身的目標。而由於僱員智力資源的內在性，它將隨著僱員的人員流動而引起企業重要生產力的流動，企業的業務模式和競爭力的可變性增大，越來越多的企業為保持相對的穩定性和競爭力而給予員工股票期權。合夥人的管理模式特別關注員工的職業價值追求和企業的長遠發展目標是否一致。而員工測評不僅能對人的知識和智力進行定性和定量的測量和評價，同時能揭示人的性格特點和價值追求。

三、員工測評的程序

1．測評準備階段

測評準備階段的主要內容包括確定測評目標及原則、收集必要的訊息資料、成立測評項目小組、制訂測評方案。之所以會有測評準備階段，是因為這階段能夠確定受測者範圍，確定測評參考要素及參考標準。企業管理者們可以選擇相應的測評工具來重新組合測驗，確定施測人員以及常用的預算。

2．測評實施階段

測評實施階段的主要內容就是測評實施。這是標準化的指導語，要有具體的測試時間安排，要確定測試的環境是否合適以及施測人員的行為是否恰當等。

3．結果處理與分析階段

這一階段的主要內容包括測評結果計分、統計及解釋，測評結果的評價與分析。通常在測試工作之後，考官團隊還需要進行測評結果的處理與分析，統計出實施過程中所獲取的訊息資料，對應聘者的訊息進行備案並分析應聘者們是否適合應聘的職位。

4．測評結果應用階段

這一階段中的主要內容是對測評結果的應用並且還要跟蹤檢驗以及回饋訊息。經過層層的測評之後，考官團還要把測評的結果應用到企業實際中去，看應聘者們是否能入職該企業，能否為企業帶來利益。同時還要對被應聘入職的人進行檢查監督，看他們是否真的在企業中干實事，如表7-1

表7-1 員工測評程序

階段	內容	注意事項
測評準備階段	確定測評目標及原則	確定受用者範圍、常用預算
	收集必要的訊息資料	確定測評要素及參照標準
	成立測評項目小組	選擇相應的測評工具
	制訂測評方案	測驗組合、確定測驗人員
測評實施階段	測評實施	標準化的指導語、測評時間安排、測評環境、施測人員行為
結果處理與分析階段	測評結果計分、統計及解釋	
	測評結果的評價與分析	
測評結果應用階段	測評結果應用	跟蹤檢驗並回饋

第三節 人員測評的原理

一、人員測評的特點

人員測評是一種特殊的複雜的社會認知活動，其主體包括測評者和測評對象。由於人員測評的主體因素都是現實生活中的人，從這個角度來講，便決定了人員測評具有其不同於其他形式測評活動的較為獨特的差異

1．人員測評是心理測量，而不是物理測量

人才測評的內容既包括身體素質的測量，也包括心理素質的測量，但個體事業發展的成功主要取決於其心理素質，因此人員測評主要著眼於心理測量。美國心理學家特爾曼曾對800名男性成人進行測評，發現其中成就較大的20%與成就較小的20%兩組之間，最明顯的差異是他們在心理素質上的差異。成就較大組主要在進取心、意志力、興趣和堅持性方面，明顯高於成就較小組。心理測量測查的對象具有內在性、隱蔽性和無形性等特點。相對於物理測量，心理測量就複雜艱巨得多。

2.人員測評是抽樣測量,而不是具體測量

從統計學意義上而言,人員測評的對象是素質及績效,但素質及績效不是在某一孤立時空內抽象存在著的,而是表現或瀰漫於個體活動的全部時空中。總而言之,實施人員測評時,涉獵的範圍越廣,則收集的相關訊息越全,測評結果就越客觀。但在實際操作中,上述理想狀態不可能存在也不可能做到,那種企圖讓測評內容一應俱全,全面進行測評的想法在實踐中是行不通的,且也沒有必要。任何一項測評的主持者,只能本著「部分能夠反映總體」的原理,對測評要素進行抽樣,保證樣本的足夠多以及具有足夠的代表性,從樣本的測量結果來推斷全部待測評內容的特徵。

3.人員測評是相對測量,而不是絕對測量

任何測評從測評的實施者主觀願望來講,都力求儘量客觀地反映被測者素質的實際狀況。但正是由於人員測評具有主觀性,所以任何一項素質測評往往都會存在一定的誤差且測評工具有一定的侷限性。人員測評也處於一定的測不準狀態,即測評實施人員對被測者的鑒別評價不一定完全符合對象的實際情況,測評結果反映被測者素質的基本狀態,但與被測者真實素質又都有一定程度的偏離。這就是說在實際情況中人員測評其實具有一定的不準確性。隨著人類認識自身能力的提高及測評技術的發展,人員測評將逐步擺脫測不準的狀況,逼近測準的狀態。

4.人員測評是間接測量,而不是直接測量

這一特點是由人員測評對象——人的素質的特點決定的。人的素質具有抽象性和表現性。一方面,人的素質是個體實施社會行為的基本條件和潛在能力,是隱蔽在個體身上的客觀存在,是一種內在抽象的東西,是看不見、摸不著乃至說不清的。但從另一方面看,人的素質其實並不神秘,它總是透過人的行為表現出來,素質和行為之間存在一系列中介物,但可以透過個體的行為表現進行間接的推測和判斷。由此可見,人員測評是一種間接測量,而不是直接測量。

二、人員測評的標準體系

1．人員測評標準體系構成

測評標準體系設計可分為橫向結構和縱向結構兩個方面。橫向結構是指將需要測評的員工素質的要素進行分解，並列出相應的項目。縱向結構是指將每一項素質用規範化的行為特徵或表徵進行描述與規定，並按層次細分。

（1）測評標準體系的橫向結構

在測評標準體系的設計中，橫向結構可以概括為結構性要素、行為環境要素和工作績效要素三個方面。

第一，結構性要素是從靜態的角度來反映員工素質及其功能行為構成，它包括身體素質、心理素質。

第二，行為環境要素是從動態的角度來反映員工素質及其功能行為特性，主要是考察員工的實際工作表現及所處的環境條件。

第三，工作績效要素，是一個人的素質與能力水準的綜合表現，透過對工作績效要素的考察，可以對員工素質及其功能行為做出恰如其分的評價。

（2）測評標準體系的縱向結構

在測評標準體系中，一般根據測評的目的來規定測評內容，在測評內容下設置測評目標，測評目標下設測評指標。

第一，測評內容是指測評所指向的具體對象與範圍，它具有相對性。

第二，測評目標是對測評內容篩選綜合後的產物。有的測評目標是測評內容點的直接篩選結果，而有的則是測評內容的綜合。測評目標是素質測評中直接指向的內容點。

第三，測評指標是素質測評目標操作化的表現形式。

測評內容、測評目標與測評指標是測評標準體系的不同層次。測評內容是測評所指向的具體對象與範圍，測評目標是對測評內容的明確規定，測評指標則是對測評目標的具體分解。

2．測評標準體系的類型

測評標準體系分為效標參照性標準體系和常模參照性指標體系兩種類型。

效標參照性標準體系是依據測評內容與測評目的而形成的測評標準體系，一般是對測評對象內涵的直接描述或詮釋。例如，飛行員選拔標準來自對飛機駕駛工作本身的直接描述，這種選拔標準就是效標參照測評標準。

常模參照性指標體系是對測評客體外延的比較而形成的測評標準體系。效標參照性標準體系與測評客體本身無關，而常模參照性指標體系則與測評客體直接相關。公務員的選拔標準屬於常模參照性標準，這裡的選拔標準不是客觀的、絕對的，而是主觀的、相對的，是由參加選拔的所有候選人的「一般」水準決定的。高於「一般」水準的人被選拔，而低於「一般」水準的人被淘汰。

三、人員測評的類型

人員測評的類型按測評標準分為有無目標測評、常模參照性測評和效標參照性測評。有無目標測評，簡單地說，就是測評有沒有目標。常模參照性測評是以個人的測評成績與同一團體的平均測評成績或常模相互比較，從而確定其測評成績的適當等級的評價方法，它主要衡量個體在團體中的相對位置和名次。效標參照性測評是以具體體現目標的標準作業為依據，確定應聘人員是否達到標準以及達標的程度怎樣的一種測評方式，主要衡量應聘人員的實際水準，即掌握什麼以及能做什麼。

按測評技術與手段劃分為定性測評與定量測評。定量評價是採用數學的方法、收集和處理數據資料，對評價對象做出定量結果的價值判斷，如運用教育測量與統計的方法、模糊數學的方法等，對評價對象的特性用數值進行描述和判斷。

定量評價強調數量計算，以教育測量為基礎。它具有客觀化、標準化、精確化、量化、簡便化等鮮明的特徵，在一定程度上滿足了以選拔、甄別為主要目的的教育需求。但定量評價往往只關注可測量的品質與行為，凡事都

要求量化，強調共性、穩定性和統一性，過分依賴紙筆測驗形式，有些內容勉強量化後，只會浮於形式，並不能取得客觀有效的評價結果。它通常會忽略那些難以量化的重要品質與行為，忽視個性發展與多元標準，因而把豐富的個性心理發展和行為表現簡單化為抽象的分數表徵與數量計算。定性評價不採用數學的方法，而是根據評價者對評價對象平時的表現、狀態或文獻資料的觀察和分析，直接對評價對象做出定性結論的價值判斷，例如評出等級、寫出評語等。定性評價是利用專家的知識、經驗和判斷透過記名表決進行評審和比較的評標方法。定性評價強調觀察、分析、歸納與描述。但是定性評價會受到評價者主觀因素的影響，對評價者的要求較高。按測評主體分為自我測評、他人測評、個人測評、群體測評、上級測評、下級測評和同級測評。

自我測評和他人測評主要按評價行為的主體來分；個人測評和群體測評主要是從評價的範圍主體來分；上級測評、下級測評和同級測評是從評價主體的地位來分。在大多數企業中，以上級測評占主導地位。

按測評時間分為日常測評、期中測評、期末測評、定期與不定期測評。很多企業都採用的是期末測評，時間一般為一年，可以有效地節約成本，還可以取得良好的測評效果。

按測評結果表達方式分為分數測評、評語測評、等級測評以及符號測評。這很大程度上取決於測評過程中所採用的工具，每種工具適用的表達方式側重點不同。

按類型和目的分為可分為選拔性測評、配置性測評、開發性測評、診斷性測評和鑒定性測評。選拔性測評是以選拔優秀人才為目的的測評，測評原則上要求做到公平性、差異性、準確性、可比性。配置性測評的目的在於合理配置人員，它是針對所需配置的職位對任職者的素質要求而設計的測評方式。開發性測評以開發人員的素質為目的，其具有調查性，能幫助企業瞭解現有人力資源中，哪些是優質素質、短缺素質、顯性素質、潛在素質等。診斷性測評以瞭解人員素質現狀為目的，其測評內容可以從深度出發，也可以著力其廣度；測評過程一般從簡單到複雜，從現象到本質，診斷性測評的結果不公開，測評具有較強的測評性。鑒定性測評是以考核與驗證是否具備某

人力資源管理
第七章 錄用測評

種素質及所具備的程度為目的的測評,它可以為想要瞭解任職者或求職者素質結構水準的人提供成績或證明。此類測評註重被測者素質的現有差異以及價值和功能,要求能夠概括性地反映問題,同時測評結果必須具有較高的可信度和效度。如表 7-2。

表7-2 個性類型與勞動者類型

類型	勞動者	職業
現實型	1.願意使用工具從事操作性工作; 2.動手能力強,做事手腳靈活,動作協調; 3.不善言辭,不善交際。	主要是指各類工程技術工作,農業工作,通常需要一定體力,需要操作工具或機器。 主要職業:工程師、技術員;機械操作員、維修員、安裝工人、礦工、木工、電工、鞋匠等;司機、測繪員、描圖員、農民、牧民;漁民等。
探索型	1.抽象思維能力強,求知慾強,肯動腦,善思考; 2.喜歡獨立的和富有創造性的工作; 3.知識淵博,有學識才能,不善於領導他人。	主要是指科學研究和科學實驗工作。 主要職業:自然科學和社會科學方面的研究人員或專家;化學、冶金、電子、無線電、航空等方面的工程師或技術人員;飛機駕駛員、計算機操作人員等。
藝術型	1.喜歡以各種藝術形式的創作來表現自己的才能,實現自身的價值; 2.具有特殊藝術才能和個性; 3.樂於創造新穎的、與眾不同的藝術成果,渴望表現自己的個性。	主要是指各類藝術創作工作。 主要職業:音樂、舞蹈、戲劇等方面的演員,編導、教師;文學、藝術方面的評論員;廣播節目的主持人、編輯、作家;繪畫家、書法家、攝影家;藝術、家具、珠寶、房屋裝飾等行業的設計師等。
社會型	1.喜歡從事為他人服務和教育他人的工作; 2.喜歡參與解決人們共同關心的社會問題,渴望發揮自己的社會作用; 3.比較看中社會義務和社會道德。	主要是指各種直接為他人服務的工作,如醫療服務、教育服務、生活服務等。 主要職業:教師、保育員、行政人員、醫護人員、衣食住行服務行業的經理、管理人員和服務人員,福利人員等。

續表

類型	勞動者	職業
企業型	1.精力充沛，自信、善交際，具有領導才能； 2.喜歡競爭，肯冒風險； 3.喜歡權力、地位和物質財富。	主要是指那些組織與影響他人共同完成組織目標的工作。 主要職業：經理企業家、政府官員、商人、行業部門和單位的領導者、管理者等。
傳統型	1.喜歡按計劃辦事，喜歡接受他人指揮和領導，自己不謀領導職務； 2.不喜歡冒險和競爭； 3.工作踏實，忠誠可靠，遵守紀律。	主要是指各類與文件檔案、圖書資料、統計報表之類相關的各類科室工作。 主要職業：會計、出納、統計人員、打字員、辦公室人員、祕書和文書、圖書管理員；導遊、外貿職員、保管員、郵遞員、審計人員、人事職員等。

四、人員測評的基本原理

1．個體差異原理

人員測評的對象是人的素質。只有人的素質存在而且具有區別時，人員測評才具有現實的客觀基礎。事實上，不同的人所具有的性格、能力等方面特徵的側重點是不同的。著名心理學家約翰·霍蘭德的關於「人格—工作適應性」理論為人與工作的匹配關係提供了佐證。他把人的性格劃分為了六種類型。這六種不同性格的人在選擇職業上具有明顯差別。（具體區別見表7-2）

2．職位類別差異原理

不同類別的職位所承擔的工作內容、責任、難易程度及資格、要求等在客觀上是不盡相同的。

職位類別的差異對人員測評提出了客觀要求。職業與職位，客觀存在差異性，處理好二者之間的差異，協調好人職匹配能有效地提高工作績效。

3．測量與評定原理

測量與評定原理是針對測評的計量、方法及結果評價子系統而言的，它把測評作為一個過程，那麼測量和評定就成為同一事物中相對應的兩方面，為使兩者有機統一，必須控制和協調好測量和評定的所有因素，使行為選擇標準的制訂、數學模型的設置、超定量的描述、價值的確定、權衡的形式以

及結果的評價等各個相互因素之間建立起合理的程序和相對平衡的關係。測量是評定的基礎，評定是測量的繼續和深化。測量與評定原理具有三大特性：客觀性、互補性、回饋性。

4．定性與定量原理

人才測評透過對人的素質極點進行測量和評定，對各類人才的素質、智慧和績效進行計量和鑒別。定性與定量的有機統一、相互對應、缺一不可。定性是對人與事的本質屬性進行鑒別與確定，定量是透過數學形式來描述人員素質的特徵。

5．靜態與動態原理

靜態測評是採取統一的測評方式，在某一特定的時空範圍內對測評者的素質水準進行分析測評。靜態測評的優點在於便於對測評者進行橫向比較，可以看清被測評者之間的相互差異及是否達到了某種標準。但往往忽視了被評者的原有素質基礎以及可能的發展態勢。動態測評則是根據素質形成與發展的過程而不是結果進行的測評，是從前後的變化情況而不是當前所達到的標準進行的測評。動態測評有利於瞭解被測評者的實際水準，有利於指導、激發被測評者的進取精神。但缺點是不便於相互比較不同的被測評者的測評結果。靜態與動態相結合原理主要是指測評各類人員時，既要考察人們在一定穩定情況下的行為，又要考察在動態行為下的行為；既要保持測評手段和方法的穩定性，又要注意測評手段和方法的動態發展性。兩者的結合保證了測評的持續性和有效性。

6．模糊與精確原理

模糊是指由於概念外延的不明確性而引起的判斷上的不確定性，精確是指對事物判斷的精確性。兩者看似是矛盾的，但在實際運用的不同過程中，二者是相互協調的，不能把兩者拆分開。

第四節　員工測評的方法與工具

一、員工測評常用的工具和方法

員工測評的工具和方法具有多樣性，每種方法各有優缺點，在現實應用過程中，應該根據單位的具體情況，根據招聘職位的要求，根據才能需求側重點的不同來選擇相應的方法進行人員選拔。

1．申請表

填寫工作申請表是員工測評的常用工具，也是一種能夠快捷地從候選人那裡獲得關於他們正式訊息的良好手段，可以使用人單位瞭解到申請人的歷史資料，其中通常包括家庭情況教育、工作經歷以及個人愛好等訊息。一張填寫完整的表格可以幫助我們瞭解到四方面的情況：

第一，可以對一些客觀的問題加以判斷，例如瞭解申請人是否具備該工作所要求的教育經歷及工作經驗要求；

第二，可以對申請人過去的成長與進步情況加以分析評價；

第三，可以從申請人過去的工作記錄中瞭解到此人的工作穩定性如何；

第四，可以根據申請表中的資料判斷出哪些候選人會更適合該工作職位。

在實際工作中，大多數用人單位都把多種工作申請表結合起來使用。比如，對於技術或管理類職位的申請人員來說，一般要求他們較為詳細地回答與教育程度等有關的個人情況；而適用於工廠計時工人的申請表，則可能會集中於「曾經使用過的工具或設備」等諸如此類的問題。

2．標準化的紙筆測試

筆試是一種最古老而又最基本的測評方法。它是透過應聘者在試捲上筆答事先擬好的試題，然後根據解答的正確程度或成績進行測評的方法。標準化的紙筆測試最大的優點是時間少、效率高、一次性評價人數多、成績評定較客觀，考試材料可以保存以備待查，體現公平原則，再加上試卷內容覆蓋面廣、容量大，對基礎知識、技能和能力的測試信度和效度較高，所以很多

企業用這種方法來初步選拔人員。標準化紙筆測試的缺點是不能全面考察應聘者的工作態度、品德修養、組織能力、口頭表達能力和操作能力。因此，用人單位在組織筆試測試時應該和其他工具一併使用。

3．面試

面試是最常見的測評工具，面試可以使用人單位與應聘者直接見面，並透過對話、提問等溝通方式，使用人單位有機會對應聘者的性格和智力等做出判斷。在進行人員選拔的過程中，透過面試對應聘者的綜合素質進行較為全面的測評，已受到大多數用人單位的重視。一項研究表明，70％的美國企業在測評過程中使用了某種形式的面談技術或方法。面試是應聘者在主考人面前，用口述方式現場回答問題，主考人根據應聘者在面試過程中的行為表現及回答問題的正確程度來進行測評的一種方法。透過面試，可判斷出應聘者運用知識分析並解決問題的熟練程度，面對突發情況的應變能力以及語言的表達能力，並且透過應聘者在面試過程中的行為舉止，可以瞭解到應聘者的外表、氣質、風度、情緒的穩定性。此外，透過面試還可以核對應聘者所填個人材料的真實性，瞭解其品行。

（1）面試的基本步驟

面試前的準備階段。面試前，面試考官要事先確定需要面試的事項和範圍，寫好提綱，並且在面試前要詳細瞭解應聘者的資料，分析應聘者的性格、社會背景以及對工作的態度，是否有提升空間等。面試前的準備工作包括：確定面試的目的；慎重選擇面試考官；科學地設計面試問題；選擇恰當的面試類型；確定面試的時間和地點等。面試開始階段。面試應從簡單且重要的問題開始發問，如工作經歷、教育程度等，然後再自然而然過渡到其他問題，這樣可以在一定程度上消除應聘者的緊張感，而且能營造和諧的面試氣氛，有利於觀察應聘者的內外表現，全面客觀地瞭解應聘者。

正式面試階段。採用靈活的提問和多樣化的方式進行交流，進一步觀察和瞭解應聘者。此外，還應該察言觀色，密切注意應聘者的行為與反應，同時對所問的問題、問題間的變換、問話時機都要有恰當的把握，所提問題可根據簡歷或應聘申請表中發現的疑點，先易後難地提出，儘量創造和諧自然

的環境。在面試正式進行中，面試考官還應做一定的記錄，但要注意分寸，避免把精力花在次要的事情之上。如果發現應聘者對做記錄的做法感到十分敏感或不安時，應儘量少做記錄。

結束面試階段。在結束面試之前，在確定面試考官問完了所有預計的問題之後，應該給應聘者一個機會，詢問應聘者是否有問題要問，是否要加以補充或修正錯誤之處。不管錄用還是不錄用，均應在友好的氣氛中結束面試。如果面試考官在討論之後對某一對象是否錄用仍有分歧意見時，不必急於下結論，還可以安排第二次面試。同時，整理好面試記錄表，為錄用提供依據。

面試評價階段。面試結束後，應根據面試記錄表對應聘人員進行評估。評估可採用評語式評估，也可以採用評分式評估。評估式評估的特點是可對同一應聘者的不同側面進行深入的評價，能反映出每個應聘者的特徵，但缺點是應聘者之間不能進行橫向比較。評分式評估則是對不同應聘者相同的方面進行比較，其特點正好與評語式評估相反。用人單位應根據企業對人才的需求情況慎重選擇評估方式，把二者結合起來使用效果更佳。

(2) 面試的類型

面試是否能發揮最大的優勢，很大程度上取決於主考官本身的素質和對面試的掌控能力。面試的有效性取決於選擇合適的面試類型與恰當的面試方式。

①非結構化面試

在非結構面試中，主考官會提出探索性的、無限制的、發散性的問題，鼓勵應聘者暢所欲言。在非結構化面試中，考官要儘量避免使用影響應聘者談話的評語，從而使應聘者在最大限度自行決定討論的方向。

這種面試是主考官和應聘者之間的一種開放式、涉及範圍廣泛的談話，談話中允許應聘者自由發表意見而儘量不打斷。一般主考官的提問分為兩種類型：一是描述性的問題，如「談談你對上個工作的評價」之類的問題；二是預見性的問題，主考官提出一些假設性的問題，要求應聘者就這些問題做出回答。

非結構化面試給予應聘者較大的自由度,是一種隨意性較強的面試過程,它使應聘者的外表、姿態、情感和初步印像在考官面前暴露無遺,具有很大的靈活性,主考官可以深入詢問某一感興趣的話題,並不一定要遵循某種程序,而面試效果的好壞與主考官的經驗和技術水準密切相關。

②**結構化面試**

結構化面試也稱引導化面試,由一系列連續向申請某個職位的應聘者提出的與工作相關的問題構成。結構化面試降低了非結構化面試的不一致性和主觀性,從而提高了面試的客觀性。此外,由於所有申請某個職位的應聘者都是應試同樣的問題,因此可以保證對應聘者評價的客觀性和公正性。結構化面試根據對職位的分析,確定面試的測評要素,在每一個測評的維度上預先編制好面試題目並制訂相應的評分標準。面試時,把預先確定的標準化問題按一定的順序嚮應聘者提問。結構化面試增加了面試的可靠性與準確性。

結構化面試一般包括四類問題:一是情景問題,面試官提出一個假設的工作情景,以確定應聘者在這種情況下的反應;二是工作知識問題,探索應聘者是否具備與工作相關的知識,這些問題既可能與基本教育技能有關,也可能與複雜的科學或管理技能有關;三是工作樣本模擬問題,提供一種場景,在該場景中要求應聘者實際完成一項樣本任務;四是工作要求問題。這類問題旨在確定應聘者是否願意適應工作要求,例如,面試官可能會問應聘者是否願意服從公司的加班安排或遷往另一座城市。這種問題的性質是實踐工作的預演,並可能有助於求職者自我選擇。

一個設計良好的結構化面試包含了與工作相關的問題,每個問題的設計都有一定的測試目的。結構化面試時面試官一定注意不要草率地提出每個問題,否則結構化的優勢將大大被削弱。

③**情景面試**

情景面試是目前較受歡迎的一種面試方法之一,它是指在面試過程中,給應聘者提出一種假定情況,請他們做出相應的回答,是一種變形的結構化面試。它的面試題目主要由一系列假設的情景構成,透過評價應聘者在這些

情景下的反應情況，對應聘者的行為進行評價。簡而言之，它主要測試應聘者的各種實際操作能力，具有針對性、直接性、可信性、動態性、預測性的特點。

④行為描述面試

行為描述面試，又稱 BD 面試。這種以行為為基礎的面試事先給出一種既定的情況，要求應聘者舉出特定的例子來說明在他們過去的工作經歷中是如何處理此類問題的。這種面試方式側重於就某一種情況下員工的行為表現來提問。

行為描述面試特點：面試常在問題中使用類似英語的「最高級」。如「你認為最成功的策劃是什麼？」「工作中你最看重的是什麼？」BD 面試中使用的問題是從平時的工作實踐得來的，可以確定在特定的工作相關情形下，應聘者所做的事情。行為描述面試的提問側重於幹過什麼？過去的真實情況是什麼？「不要聽他說什麼，怎麼說。而要問他做過什麼，是怎麼做的？」主要考察其解決問題的思維能力。

行為描述面試是基於行為的連貫性發展起來的行為，是近年來的研究成果。它有兩個假設前提，一個假設前提是一個人過去的行為最能預示其未來的行為。正如一個經常因丟三落四而名聲不佳的人，開會時文件找不到，沒人會感到驚訝一樣，一個人的行為是具有連貫性的。作為面試考官，提出的問題應該讓面試者用其言行來回答，多問一些有關的行為問題，而不去問為什麼。透過瞭解應聘者工作經歷中的一些關鍵細節，來判斷應聘者的能力，而不要輕信應聘者簡歷表上的自我評價。

行為描述面試的另外一個假設前提是說與做是截然不同的兩碼事。與應聘者自稱「通常在做的」「老在做的」「能夠做的」「可能會做的」或者「應該做的」事情相比，過去實際所作所為的實例更加重要。行為描述面試要注意瞭解應聘者過去實際工作中的表現，而不是對未來表現的自說自話。

例如，一名應聘者說：「我常常指揮著大的工程項目」，與其聽他這麼說，不如讓應聘者指出某個工程項目的具體例子，詳細說明他所負的責任，比說明工程項目的效果更真實。

行為描述面試中考官要瞭解更全面的訊息。無數事實說明，一個人知道正確的答案並不意味著他一定能將其運用到工作中去。事實上，大多數情況是他們因為這樣那樣的原因不願意或者不可能做到這一點。最好的辦法就是取得他們過去所作所為的例證。問題在於不那麼善於言辭的應聘者雖然能夠提供有價值的過去行為的實例，但與能說會道卻只能做含糊的理論性回答、只說不做的應聘者相比，常常相形見絀。一般來說，面試官透過行為描述面試要瞭解兩方面的訊息：一是應聘者過去的工作經歷，判斷他選擇本單位發展的原因，預測他未來在本單位中發展所採取的行為模式；二是瞭解他對特定行為所採取的行為模式，並將其行為模式與空缺職位所期望的行為模式進行比較分析。

⑤系列面試

一些公司要求在做出錄用決定前，必須有幾個人分別對應聘者進行面試，稱為系列面試。每一位面試官從自己的角度面試應聘者，提不同的問題，並形成對應聘者的獨立評價意見。在系列面試中每位面試官依據標準評價對候選人進行評定，然後對每位面試官的評定結果進行綜合比較分析，最後做出錄用決策。

⑥小組面試

小組面試由一群主考官一起對候選人進行面試。小組面試強調每位主考官從不同角度提出問題，要求候選人回答。與系列面試的一對一面試相比，小組面試能獲得更深入、更有意義的回答，但同時也會給應聘者增加額外的壓力。

⑦壓力面試

壓力面試是面試官透過有意製造緊張氣氛，以此考察應聘者對工作上承受的壓力會做何反應。壓力面試的一般步驟包括以下幾個環節。

一是面試官帶有攻擊性地提出一系列生硬的、不禮貌的問題，故意使應聘者感到不舒服，給應聘者增加壓力，面試官則觀察其應變能力和抗壓能力。

二是面試官會針對某一事項提出一系列問題，並從中尋找應聘者在回答問題時的漏洞，並以此逼問，希望借此讓應聘者失去鎮定。

三是面試官設法使氣氛恢復到原來的平靜狀態，使對方恢復自信，繼續觀察對方的應變能力並確定應聘者對壓力的承受能力、在壓力面前的應變能力和人際關係能力。

使用壓力面試的面試官應當確信該職位需要應聘者有應付壓力的能力。當然，面試官本身還必須具備控制面試局面的技能，不要反被應聘者的過激言辭所激怒，使得整個面試過程失控。

⑧計算機輔助面試

隨著高科技的發展，計算機輔助面試已經被設計成類似電子遊戲的面試形式，十分簡便。應聘者一旦坐在電腦前，面對的是不斷滑動的畫面和模擬的情景，點擊已經設計好的問題，測試結果就出來了。情景面試和壓力測試都可以用計算機輔助。其最大的優點是節省應聘者的時間，效度較高，適合於初步測試。

（3）面試常見的錯誤與改進

面試是各類單位最常用的，也是必不可少的測試手段。但是，有時花費了大量時間和精力的面試過程，其效果並不令人十分滿意。無效的面試不僅浪費了有限的資金和時間，而且由於方式選擇不當，由此帶來的不良後果，其影響可能會更大。因此，一定要儘可能提高面試的有效性和可靠性。

在面試中常犯的錯誤有以下幾種。

①面試目的不明確。在進行面試前，面試官應考慮在有限的面試時間裡，要達到什麼目的？有必要嚮應聘者介紹應聘的公司嗎？面試的重點是否放在考察技能水準上？要不要先嚮應聘者介紹一下工作職位的真實情況？允許應

聘者在這段時間裡提問嗎？其他面試官會問些什麼問題呢？等等。這些都是很重要的問題，不要等到面試開始時才考慮這些問題。

②不清楚合格者應具備的條件。對任何一個職位來說，勝任工作的才能指的是工作成功所必需的相關知識、技能和能力、動力範疇。面試官若不清楚這些條件，問的問題就不能圍繞這些條件展開，面試就不能取得預期效果。

③偏見影響面試。每一個面試官，個人的偏愛和過去的經歷常常對面試有很大影響。如個人喜好、信仰、好惡等與工作無關的因素，會在一定程度上影響他正確地挑選應聘者。一般情況下，面試官更喜歡和自己相似的應聘者。

4．測試

測試是要透過各種直接或間接的方法和手段來測量應聘者是否具備工作所需的某種能力並推測其未來的工作績效。

（1）能力測試

能力測試分為認知能力測試、運動和身體能力測試與成就測試。

①認知能力測試。認知能力測試主要是測試應聘者的思維能力、想像力、記憶力、邏輯推理能力、分析能力、數學能力、空間關係能力及語言表達能力等。一般透過詞彙、相似、相反、算術計算、推理等類型的問題進行評價。在這種測試中獲得高分者，被認為具有較強的認知能力，善於找出問題的癥結，能取得優良的工作業績。但需注意的是某種特定的測試往往只對某些特定的工作有效。

國外公平就業機會法案對智力測試持反對意見，認為這種測驗中的一些問題與是否能成功地完成工作無關。智力測試著名的有奧蒂斯獨立管理能力測驗、韋斯曼人員分類測驗、韋克斯勒成人智力測驗等。

②運動和身體能力測試。運動測試測量一個人的力量、靈活性及協調性，包括手指靈活度、手的靈活度、手腕的運動速度、手臂的運動速度。身體能

力測試包括力量和耐力測試。運動和身體能力測試常用來衡量日常生產活動職位和某些辦公室工作職位。

③成就測試。成就測試是考察一個人已經擁有的能力，主要測試應聘者已經具備的成就。

(2) 心理測試

①個性和興趣測試

個性測試測量應聘者的個性特點及傾向。有些工作可能更適合具有某種個性特徵的人來承擔，而組建團隊則更需要考察團隊成員的個性特點。個性測試的效度比較低，而且目前個性測試工具繁多，難以選擇，測試結果依據主觀判斷和職業心理學家的分析。

個性測試工具大致可以分為兩類：一是自陳量表法（問卷測試法），二是投射法。兩種工具各有所長，結合起來使用效果更好。常用的個性自陳量表法有明尼蘇達多相人格問卷、卡特爾16種人格因素問卷、愛德華個性偏好量表、艾森克人格問卷、YG性格檢查、梅爾斯－布里吉斯類型指示器、加州人格量表、DISC個性測驗、大五人格理論及NEO人格問卷等。

興趣測試將求職者的個人興趣與那些在特定工作中成功的員工的興趣進行比較，希望從中判斷出一個人最感興趣並最可能從中得到滿足的工作是什麼。著名的興趣測試有斯特朗—坎貝爾興趣調查表。

職業興趣測試基於一種假設：一個人從事他感興趣的工作更可能獲得成功。這種測試主要用於職業生涯規劃，也用於員工甄選。著名的職業興趣測試有庫得職業興趣量表、愛德華個性偏好量表。

②投射測試

投射測試主要用於對人格、動機等內容的測量，它要求被測量者對一些模糊不清、結構不明確的刺激做出描述或反應，透過對這些反應的分析來判斷被試者的內在心理特點。投射法測驗的種類有很多，著名的有羅夏墨跡測驗、故事解釋測驗和主體統覺測驗。

投射測試法就是讓被測試者透過一定的媒介，建立起自己的想像世界，在無拘束的情境中，顯露出其個性特徵的一種測試方法。

投射測試法的最大優點在於主試者的意圖目的藏而不露，這樣創造了一個比較客觀的外界條件，使測試的結果比較真實、客觀，對心理活動的瞭解也比較深入。但其缺點是分析比較困難，需要有經過專門培訓的主試者。因此，在一般員工測評中運用投射測試比較少。它是一種針對高層次管理人員的測評方法。

③**行為模擬測試法**

行為模擬測試法是基於情景模擬的測試方法，是指在一種情境下，透過應聘者所表現出的與職位要求相關的行為方式，來判斷應聘者是否適合空缺職位的一種測評方法。行為模擬測試主要適用於管理人員和某些專業人員。行為模擬測試法的測試要素有以下幾個方面：管理技能、人際交往能力、認知能力、工作與職業動機，個性特徵和領導能力。

④**公文筐處理**

公文筐處理是人員評價中心最常用、最核心的技術。該測驗主要考察應聘者對各種各樣的文書問題的處理和反應能力，以及對他人的敏感性。它是在假定的情景下實施，一般讓應聘者扮演組織中某一重要角色（需要選拔的職位）。工作人員把事先準備好的資料交給應聘者、這些資料是該組織所發生的實際業務方面的訊息，包括財務、人事、市場訊息、政府的法令公文、客戶關係等方面的十幾份材料，要求在規定時間內對各種材料進行處理，做出決策，形成公文處理報告。透過應聘者在規定條件下的行為表現和書面報告，評估其計劃、組織、預測、決策和溝通等方面的能力。

總的來說，公文筐處理的流程可以分為操作和實施（準備、測評和評分）兩個階段，如圖 7-1。

第四節 員工測評的方法與工具

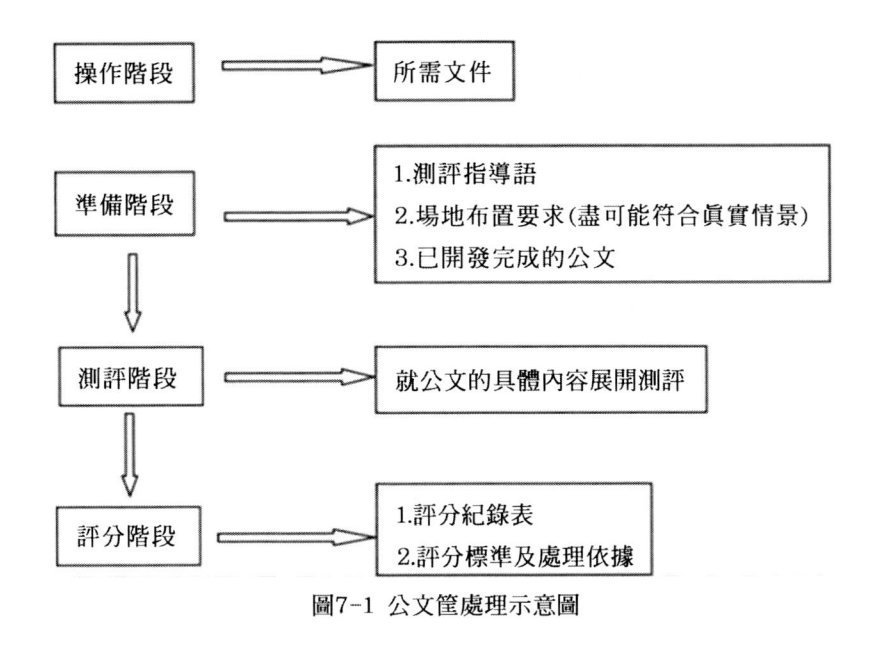

```
操作階段 ⟹ 所需文件

準備階段 ⟹ 1.測評指導語
          2.場地布置要求(盡可能符合真實情景)
          3.已開發完成的公文

測評階段 ⟹ 就公文的具體內容展開測評

評分階段 ⟹ 1.評分紀錄表
          2.評分標準及處理依據
```

圖7-1 公文筐處理示意圖

該測驗的優點在於非常適合對管理人員、行政人員進行評價；操作簡便，具有靈活性，可以根據需要設計問題；公文筐中的成績與實際工作表現有很大的相關性，對應聘者的未來工作績效有很好的預測能力；每個受試者在平等的條件和機會下接受測試；可以多維度評價客體。

該測驗的缺點在於費時較長，一般需 2～3 小時；工作人員準備公文筐的成本很高；評分主觀性強；應聘者單獨作答，很難看出他們與人交往的能力。

⑤無領導小組討論

無領導小組討論是指把一組應聘者（一般為 5～8 人）集中在一起，在既定背景下給定某一問題展開討論，事先不指定主持人，評價者在一旁觀察評價對象的行為表現，看誰會從中脫穎而出，成為自發的領導者。

無領導小組討論的目的主要是考察應聘者的組織協調能力、領導能力、人際交往能力與技巧、想像能力、對資料的利用能力、辯論說服能力以及語言的溝通能力等，同時也可以考察應聘者的自信心、進取心、責任感、靈活性以及團隊精神等個性方面的特點及風格。有關研究表明，無領導小組討論對於管理者集體領導技能的評價非常有效。

無領導小組討論的優點在於能夠充分暴露應聘者的真實特點；能依據應聘者的行為特徵來對其進行更加全面、合理的評價；能使其在相對無意識中展示自己多方面的特點；能在同一時間對競爭同一職位的應聘者的表現進行橫向比較；應用範圍廣。

在實施無領導小組討論時，需要注意的問題有準確界定測評的內容；確立統一的評定標準，評定的標準要具體，具有可操作性；適當控制小組的人數，一般以3～5人為佳；保持潔淨、明亮、輕鬆而不失測評氣氛的環境，就座以圓桌會議式為最佳方式，不要讓應聘者明顯感覺到自己處於被觀察、被評價的地位。

⑥角色扮演

角色扮演是一種比較複雜的測評方法，主要用於考察初級管理人員，它模擬一個管理場景，多個應聘者分別扮演一定的角色，模擬實際工作中的一系列活動。比如在某個管理決策活動中，有人扮演總經理，有人扮演銷售部經理，有人扮演技術部經理，大家一起分工合作。透過這種模擬，能夠有效地考察應聘者的溝通能力、實際工作能力、團隊合作能力、創造能力、組織協調能力等。

⑦管理遊戲

管理遊戲又稱管理競賽，是指幾組管理人員利用計算機來模擬真實的公司經營，並做出各自的決策來互相競爭的一種人力資源開發方法。它的主要對象是管理者。其優點是有利於幫助受訓者挖掘其解決問題的技能；有利於開發領導能力、培養合作及團隊精神；能夠突破實際工作情境中時間與空間的限制；具有趣味性，能使參與者馬上獲得客觀的回饋訊息，具有認知社會關係的功能，能幫助參與者對錯綜複雜的組織內部和各單位之間的相互關係有更加深刻的瞭解。其缺點是設計及實施費時費力，投入資金昂貴。同時，這種遊戲往往迫使決策者從一個既定的決策表中進行決策選擇，而在實際工作中，往往鼓勵管理人員開創富有新意的、具有革新精神的多種替代方案，操作不便，難以觀察。

⑧演講

演講是求職者按照給定的材料組織表達自己的觀點和理由的過程。通常，求職者拿到演講題目後稍做準備，然後進行 5～10 分鐘的正式演講，演講完後主考官還會針對演講內容進行提問。這種方法著重考察求職者思維的敏捷性和語言的組織表達能力，是一種成本較低的工具，但由於僅僅透過演講反映出個人特質具有一定的侷限，不能全面地考察應聘者，該方法往往和其他形式結合使用。

⑨工作抽樣法

將空缺職位或工作的幾個關鍵環節抽樣出來，讓應聘者在無指導的狀況下進行實際操作，以考察其實際工作能力和工作績效。科學的工作抽樣比其他測評方法都有效，因為這種方法所得到的訊息更直接、更真實，評價結果也更客觀、更公正。

利用工作樣本技術有以下好處：由於測量的是實際工作任務，可以最大限度地避免候選人提供虛假答案；工作樣本與工作的關聯度很高；工作樣本的內容（個體必須執行的實際任務）不探究應聘者的個性，不會侵犯應聘者的隱私；設計良好的工作樣本，其效度也很高。

⑩評價中心技術

評價中心技術是當代管理中識別有才能的管理者最有效的工具，它是透過把候選人置於相對隔離的一系列模擬工作情境中，以團隊作業的方式，並採用多種測評技術和方法，觀察和分析候選人在模擬的各種情境壓力下的心理、行為、表現以及工作績效，以測量候選人的管理技術、管理能力和潛能等的一個綜合、全面的測評系統。比較經典的評價中心技術包括文件筐測試、無領導小組討論、管理遊戲、角色扮演、案例分析、演講等。

評價中心技術具有綜合性、動態性、標準化、全面性、預測性、形象逼真性的特點，但該技術成本高，比較適合規模較大的組織。

二、員工測評常見的統計方法

測量結果的分析主要包括對測量結果的計分、統計、解釋和分析等方面，以下是員工測評常見的統計方法。

1．次數分布分析

次數分布分析是將原始材料的項目，按次數分布進行分組的統計方法。操作方法：把原始材料的項目按一定尺度劃分成許多間距，然後計算落在每個間距內的數據表。

2．集中趨勢分析

集中趨勢分析是指為了使人們對一組測評數據有一個概括的瞭解，需要用一個數來表示整組數據的集中情況。

3．離中趨勢分析

離中趨勢是指數列中各變量值之間的差距和離散程度。離勢小，平均數的代表性高；離勢大，平均數代表性低。

4．相關分析

相關分析用於揭示兩組變量（或幾組變量）之間的關係，一般用相關係數作為度量的具體指標。

相關係數的範圍從＋1經過0到－1，同樣數值的正相關與負相關表示同樣大小的相關，只是方向相反而已。相關係數的絕對值越大，說明兩組變量之間的關係越密切。

相關係數（r）為0時，兩組變量之間沒有關係；r＜0．3時，視為不相關；0．3≦r＜0．5時，視為低度相關；0．5≦r＜0．8時，視為中度相關；r≧0．8，視為高度相關；相關係數為1時，則表示正比或反比的關係。統計方法最常用的軟件是SPSS，這也是管理類學科經常採用的重要的軟件。

三、測評過程的主要衡量指標

判斷一個測評過程是否符合邏輯，具有科學性，可以透過誤差、信度、效度、常模等主要指標來衡量。測試者們必須熟悉測試過程中的這些主要衡量指標及其衡量指標的作用。

1．誤差

一個量的觀測值或計算值與其真值之間的差異，特指統計誤差，即一個量在測量、計算或觀察過程中由於某些錯誤或通常由於某些不可控制的因素的影響而造成的變化偏離標準值或規定值的數量。根據誤差產生的原因及性質可將誤差分為偶然誤差和系統誤差兩種。偶然誤差是指在相同條件下，對同一物理量進行多次測量，由於各種偶然因素，會出現測量值時而偏大、時而偏小的誤差現象，但是這些因素的影響一般是微小的，而且難以確定某個因素產生的具體影響的大小，因此偶然誤差難以找出原因加以排除。系統誤差是指由於儀器結構不完善、儀器未校準好、測量方法不正確等造成的誤差，其原因易尋找且能加以排除。

2．信度

信度主要是指測量結果的可靠性、一致性和穩定性，即測驗結果是否反映了被測者穩定的、一貫性的真實特徵。信度只受隨機誤差的影響，隨機誤差越大，信度越低，所以說信度是評價一項測驗是否可靠的一個指標。信度的高低通常用相關係數來表示，即用同一被試樣本所得的兩組資料的相關係數作為測量一致性的指標，這一指標被稱之為信度係數。它是真實分數標準與實得分數標準差之比的平方。

信度係數範圍包括以下幾種情況。

①一般的能力與成就測驗的信度係數在 0．90 以上。

②人格或興趣的測量信度係數通常在 0．80～0．85。

③當信度係數 r＜0．70 時，不宜將測量結果用於對個人或團體的評價。

④當信度係數 r＞0．70 時，可以將測量結果用於團體間的比較。

⑤當信度係數 r ＞ 0．85 時，可以將測量結果用於評價和對比個人的情況。

3．效度

效度是測量的有效性程度，即測量工具能準確測出其所要測量特質的程度，或者簡單地說是指一個測驗的準確性、有用性。效度是科學的測量工具所必須具備的最重要的條件。信度是效度的必要條件，效度要進一步解釋經驗水準的指標與理論概念的聯繫。對於僱員甄選的測試，效度通常是指正式測試結果與未來工作績效相關的程度，有效的測試結果可以準確地預測求職者未來的工作績效，兩者之間相關度越高，說明測試越有效。常見的效度有三種：內容效度、效標效度、構念效度。

在測驗中，內容效度和效標效度是測試效度的兩種主要方法。內容效度是指一項測試對工作內容的反映程度。一個測驗要具備較好的內容效度必須滿足兩個條件：一是要確定好內容範圍，並使測驗的全部項目全都在這範圍當中；二是測驗項目必須是已經界定好的內容範圍中的具有代表性的樣本。效標效度是透過預測因子與工作績效的相關關係來證明測試是否有效的一種效度類型。一般情況下，測試分數高的人在工作績效上的表現也較高，那麼就表明測驗是有效度的。

4．常模

常模是一種供比較的標準量數，由標準化樣本測試結果計算而來，即某一標準化樣本的平均數和標準差。它是心理測評用於比較和解釋測驗結果時的參照分數標準。那麼測驗的分數必須與某種標準進行比較，才能顯示出它所代表的意義。常模可分為組間常模和組內常模兩大類。組間常模有年級、年齡常模，反映不同群體在測驗上表現的差異。組內常模則是百分等級、標準分數、離差智商等常模。常模的構成要素為原始分數、導出分數，對常模團體的有關具體描述。

本章小結

　　錄用與測評作為錄用測評的兩大部分，是獨立的，但又是不可分割的。錄用測評是人力資源管理重要的，也是基礎的子系統。做好了錄用測評，才能保證整個人力資源系統的有效運行。本章主要講述了人員錄用的原則和基本程序，員工測評的概念、意義、程序以及人員測評的特點、標準體系和類型。重點講述了員工測評的工具與方法，這其中包括申請表、標準化的紙筆測試、面試和測試，每一種工具都有各自優勢。最後講述了員工測評常見的統計方法和測評過程的主要衡量指標，其中效度和信度是最常見的兩種指標。

關鍵術語

　　人員錄用　　　　員工測評　　　　面試　　　　壓力面試
　　情景面試　　　　行為描述面試　　結構化面試能力測試
　　心理測試　　　　行為模擬測試法　投射測試　　公文筐處理
　　工作抽樣法　　　管理遊戲角色扮演　評價中心技術
　　無領導小組討論　信度　　　　　　效度　　　　常模

討論題

1. 簡述錄用的原則和方式。

2. 簡述錄用的具體步驟以及說明錄用過程中應該注意的地方。

3. 試用霍蘭德模型來分析自己的性格及適合的工作。

4. 簡述人員測評的類型。

5. 比較幾種面試類型的優缺點。

6. 在瞭解人員測評工具的基礎上，分析每種工具適合的人群。

7. 什麼是信度和效度？二者有何區別？

8．舉例說明人員測評過程中需要注意的要點。

案例

某大型保健品公司（以下簡稱 R 公司）是一家集研製、生產、行銷於一體的現代生物和醫藥製品的高科技股份制企業，在國際保健品行業具有很高的知名度，是國內保健品行業首家上市公司。隨著業務的發展，R 公司希望在未來的時間裡抓住機遇，加快實現超常規發展，在產品系列化、產業多元化、經營規模化、市場國際化的基礎上，使 R 公司的品牌真正成為國內、國際知名的一流品牌。

一流的品牌必須要有一流的人才來支持。為了創建一流的品牌經營團隊，R 公司決定對其所有的 30 餘名品牌經理、市場經理和大區銷售經理進行全面的考核與評價，以此全面瞭解這三類人員的職位勝任能力和潛在素質。為了保證評價的科學性與公正性，R 公司希望透過專業的測評機構對這些營銷骨幹人員進行科學、公正的評估，並提供中立的、客觀的專業評估意見，為科學合理地配置這三類人才提供決策依據。

案例討論題

假如你是專業測評機構項目工作組的組長，請你對 R 公司的三類人員進行評估，寫出你的評估步驟，並給出你的評估意見。

第八章 員工培訓

學習目標

●掌握員工培訓的概念、基本形式與意義；

●瞭解員工培訓需求分析的流程、方法及培訓需求分析結果的應用；

●掌握員工培訓的主要方式及其選擇，並比較各主要方式的優缺點；

●掌握員工培訓效果評估的概念、內容與作用；

●瞭解員工培訓效果評估的模型與流程。

知識結構

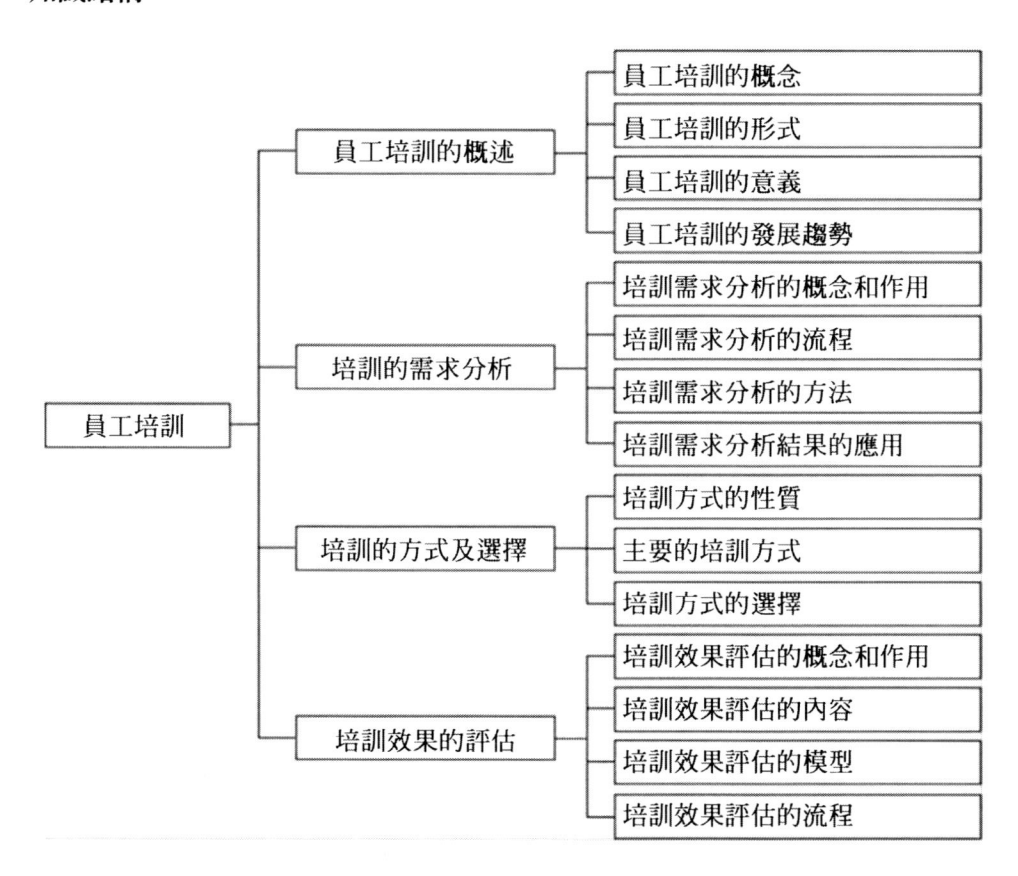

```
                                    ┌─ 員工培訓的概念
                    ┌─ 員工培訓的概述 ─┼─ 員工培訓的形式
                    │                ├─ 員工培訓的意義
                    │                └─ 員工培訓的發展趨勢
                    │
                    │                ┌─ 培訓需求分析的概念和作用
                    ├─ 培訓的需求分析 ─┼─ 培訓需求分析的流程
                    │                ├─ 培訓需求分析的方法
員工培訓 ────────────┤                └─ 培訓需求分析結果的應用
                    │
                    │                ┌─ 培訓方式的性質
                    ├─ 培訓的方式及選擇 ┼─ 主要的培訓方式
                    │                └─ 培訓方式的選擇
                    │
                    │                ┌─ 培訓效果評估的概念和作用
                    └─ 培訓效果的評估 ─┼─ 培訓效果評估的內容
                                     ├─ 培訓效果評估的模型
                                     └─ 培訓效果評估的流程
```

人力資源管理
第八章 員工培訓

案例導入

三一重工（下簡稱「三一」）是三一集團的核心企業。三一重工是全球工程機械製造商 50 強、全球最大的混凝土機械製造商、工程機械行業綜合效益和競爭力最強的企業。三一重工的培訓中心是三一集團下屬的三大培訓中心之一。從硬體來看，大型操場、宿舍樓、教學樓、獨立食堂一應俱全。對三一人來說，培訓是一件很平常的事，不僅新入公司的員工要參加培訓，就連研發人員、一線工人，甚至管理人員，每年、每個月都要參加很多培訓。據統計，三一的培訓中心每個月都會接待幾百位不同職位、不同培訓需求的員工。

培訓的重要性，直接凸顯在培訓投入上。三一重工人力資源部共有 49 名工作人員，其中負責培訓的人員就有 32 名，占比 65%，在同行業的其他公司中，這樣的配比極其少見。不僅如此，三一內部的培訓師全部由公司研發、製造、服務系統的優秀員工和高級技師組成。2011 年，三一重工的培訓開支達 1100 多萬元，如此大的投入均攤到每位三一重工員工身上，每年人均 5000 多元。

這種投入的回報也是長久的。經過短短 20 多年的發展，如今，三一重工已成為年銷售額超過 800 億人民幣（2011 年數據）的行業巨頭，這樣的速度不僅依賴於高速發展的中國市場，更依賴於在公司內部成長起來的優秀人才。這些人擁有對三一高度的忠誠、不削減的激情和遠大的理想。

「幫助員工成功」是三一集團的核心理念，也是打造三一人力資源僱主品牌的核心。透過培訓體系的建立和完善，及對培訓工作的大量投入和高度重視，三一構築了強大的人才儲備梯度，解決了企業高速成長中的人才瓶頸問題，同時也幫助一大批年輕員工獲得知識、提升技能。這也許是三一能迅速崛起成為中國工程機械行業龍頭的原因。

第一節　員工培訓的概述

當今全球經濟一體化的時代，是高新技術不斷更新換代的時代，是競爭日益激烈的時代。身處其中的企業要想緊跟時代發展的步伐，想要在激烈的競爭中獲得一席之地，就必須注重人力資源的作用，不斷開發人力資源的潛力。而培訓作為充分發揮人力資源優勢的一種重要手段，已得到越來越多的企業的重視和青睞。

一、員工培訓的概念

一般認為，員工培訓是指企業透過各種科學的方式促使員工具備完成現在或將來工作所需要的知識、技能，並改變他們的工作態度，以改善員工現有或將來職位上的工作業績，並最終實現企業整體績效提升的一種計劃性和連續性的活動。在實際工作中，員工培訓的內涵大致可分為廣義培訓和狹義培訓兩種，兩者具有不同的含義。

1・廣義培訓

廣義培訓是指為改進員工能力和素質所進行的一切努力。從一定意義上說，當發現員工有不足之處並採取改進措施時，其實就是在進行員工培訓。因此，廣義培訓是所有管理者的共同職責。一個管理者如果沒有員工培訓能力，就不可能有效地進行員工管理。

廣義培訓體現在生產經營業務之中，與日常管理密不可分。不管是安排工作任務、進行工作指導、提供工作訊息，還是進行員工選拔、考評、分配，都在傳遞著對員工的期望，引導員工按一定方式提高能力和選擇行為，因而也就是在進行培訓。強調日常管理所具有的培訓作用是強調管理工作的對象歸根結底是人，不能離開人的行為單純談管理工作業績。廣義培訓超出了人力資源管理的範圍，但也離不開人力資源部門的支持。

2・狹義培訓

狹義培訓是指為改進員工能力和素質所進行的專門努力。也就是說，狹義培訓的特點是不僅為提高員工素質與能力而採取措施，而且這種措施會與

日常業務分離開來，成為一種單獨的工作任務，撥出專門的時間、資金以及其他人力財力資源來保證培訓的完成。

狹義培訓具有極其重要的意義。從泰勒的科學管理開始，就重視狹義培訓的作用，主張透過專門培訓來改進員工的工作效率。現代企業的發展，尤其是知識經濟的到來，更是大大提高了狹義培訓的地位，使培訓工作有了塑造企業核心競爭力的策略地位。

二、員工培訓的形式

（1）按照培訓內容來劃分，可以將培訓分為基本技能培訓、專業知識培訓和工作態度培訓。基本技能培訓是指透過培訓使員工掌握從事職務工作必備的技能；專業知識培訓是指透過培訓使員工掌握完成本員工作所需要的業務知識；工作態度培訓是指透過培訓改善員工的工作態度，使員工和企業之間建立起互相信任的關係，使員工對企業更加忠誠。這三類培訓對員工個人和組織績效的改善都具有非常重要的意義，因此，在培訓中應予以足夠重視。

（2）按照培訓對象來劃分，可以將培訓分為基層員工培訓和管理人員培訓。基層員工培訓主要是培養員工積極的工作心態，掌握工作的基本技能和方法，提高勞動生產率。該培訓注重的是實用性。

管理人員培訓又分為基層管理人員培訓、中層管理人員培訓和高層管理人員培訓。基層管理人員的培訓內容應著重於管理工作的技能和技巧；中層管理人員培訓應注重發現、分析和解決問題的能力、控制協調能力和經營決策能力等；高層管理人員培訓的內容更傾向於觀念技能和統籌全局的能力。

（3）按照培訓目的來劃分，可將培訓分為過渡性教育培訓、知識更新培訓或轉職培訓、提高業務能力培訓和專業人才的培訓。過渡性教育培訓主要是指企業在錄用應屆畢業生後，幫助其完成由學習生活向職業生活過渡的教育培訓；知識更新培訓或轉職培訓是使員工掌握新的知識和技能以適應新職位要求的培訓；提高業務能力培訓主要是為了不斷提高員工的業務素質能力，最終達到提高企業生產效率的目的；專業人才培訓是以開發優秀員工使其在

企業中發揮特殊作用為目的而進行的培訓,包括專業技術人才的培訓和管理人才的培訓等。

(4) 按照培訓與工作關係來劃分,員工培訓的形式主要有在職培訓、職前培訓和脫產培訓。在職培訓是指不離開自己的工作職位,在工作進行的同時實施培訓;職前培訓主要是針對新進員工在上職前進行的培訓或企業內員工輪換到新工作職位前進行的培訓;脫產培訓是指員工暫時離開現在工作職位去接受培訓,更注重提高員工整體素質和滿足未來發展的需求。

三、員工培訓的意義

面對當今的知識經濟時代,技術更新的週期越來越短,知識結構、技術結構、管理結構等方面的變化越來越快,企業已經認識到在這個學習決定沉浮的時代裡,學習成為最重要的投資,未來企業的成敗取決於員工快速學習的能力。因此,想要提高企業的應變能力,就需要不斷提高人員素質,使企業及其成員能夠適應外界的變化,並為新的發展創造條件。對於員工在專業技能和分工協作方面要求越高的企業,培訓工作的地位也就越來越重要,培訓的意義也越來越大。具體而言,培訓有以下幾個方面的重要意義。

1・有助於提高員工的職業素養

員工培訓的直接目的就是提高員工的職業素質,使其更好地勝任現在的日常工作及未來的工作任務。有效的培訓能夠幫助員工提高他們的知識、技能,改變他們的態度,增進他們對組織策略、經營目標、規章制度、工作標準等的理解,從而促使員工職業素養的全面提高,有利於員工增強應對當前及未來工作變化的能力。

2・有助於滿足員工自身發展和實現自我價值的需要

每個員工都有一種追求自身發展的慾望,培訓幫助員工適應外界環境的需要,使員工有條件接受具有挑戰性的工作和任務,使企業的人才開發與企業成長產生互動,從而使其得到精神上的成就感,實現自我成長和自我價值。

3．有助於減少員工的流動率和流失率

當員工無法有效地完成自己的工作時，就會形成工作壓力，並在各方面表現出來，如對同事或領導態度很差、造成工作質量粗糙、損耗增加、忽視或得罪顧客，等等。成功的培訓能透過技能的提高，有效減少工作壓力並增加工作樂趣。員工一般喜歡他們正在學習和成長的工作職位。這樣，透過減少人員流動，也有助於降低勞動力和管理成本。

4．有助於增強企業競爭優勢

構築自己的競爭優勢，這是任何企業在激烈的競爭中謀求生存和發展的關鍵所在。在當今以知識經濟資源和訊息資源為重要依託的新時代，智力資本已成為獲取生產力、競爭力和經濟成就的關鍵因素。因此，企業必須透過不斷培訓和開發高素質的人才，以獲得競爭優勢。透過培訓，一方面可以使員工及時掌握新的知識、技術，確保企業擁有高素質的人才組織；另一方面也可以營造出鼓勵學習的良好氛圍，這有助於提高組織的學習能力，建設學習型組織，增強組織的競爭優勢。

5．有助於培育優秀的企業文化

實踐證明，良好的企業文化對員工有強大的凝聚、規範、導向和激勵作用，這些對企業來說有著非常重要的意義。因此，企業文化建設得到越來越多組織的青睞，進而成為員工培訓的重要內容。作為組織成員共有的一種價值觀和行為準則，企業文化必須得到全體員工的認可，這就需要組織不斷地向員工進行宣傳教育，而培訓就是其中非常有效的方法。

6．有助於企業適應時代的要求，迎接知識經濟時代的挑戰

當今世界，高速發展的科學技術對員工素質提出了更高的要求，即使是受過良好的高等教育或職業技術教育的員工，也同樣需要更新知識與技術，熟悉並提高自己的生產技能，參與複雜的勞動協作，掌握最新的理論、最先進的技術、最優秀的方法。

四、員工培訓的發展趨勢

隨著社會經濟和企業的發展，企業員工的工作要求發生了巨大的改變。因此，員工培訓需要隨著社會生產要求的變化而發展。當前員工培訓主要有以下六個發展趨勢。

1．培訓的職業化和專業化

隨著全球化進程的加快，企業面對的是更加激勵的國際競爭。培訓作為企業人力資源開發的重要手段，不僅注重新知識、新技術、新工藝、新思想、新規範的教育培訓，也注重人才潛力的開發，加強創造力開發和創造性思維以及員工人文素養和團隊精神的培訓。因此，為滿足培訓市場的需求，培訓將更加職業化和專業化，其針對性、時效性將越強，培訓分工也將日益精細。

2．培訓的全員化和終身化

如今培訓的對象範圍逐漸擴大到上至高層領導下至普通員工，透過全員性的員工培訓極大地提高了組織員工的整體素質水準，有效地推動了組織的發展。同時，管理者不僅有責任說明學習應符合策略目標，而且也有責任指導評估和加強被管理人員的學習。此外，單憑學校教育所獲得的知識和單次培訓所獲得的知識並不能迎接社會的挑戰，所以必須實行終身教育，不斷補充新知識、新技術、新理論。

3．員工培訓的多樣化

員工培訓的多樣化表現在培訓的範圍已從企業擴展到整個社會，形成學校、企業、社會三位一體的龐大且完整的員工培訓網。培訓的形式具有多樣化的特徵，有企業組織的培訓、有社會組織的業餘培訓、有大學為企業開辦的各類培訓班。此外，培訓方法也越來越多樣化，不僅有傳統的培訓方法，更有現代的高技術培訓方法。多種多樣的培訓方法使培訓內容變得豐富多彩，既加深了員工對培訓內容的理解和掌握，又更大地調動了員工的學習積極性和主動性。這種參與式培訓方法較以往的被動式培訓方法更為科學和有效，大大提高了培訓的質量。

4．新技術在培訓中的運用幅度加大

新媒體、互聯網和其他新技術在企業培訓中的運用將日益廣泛。先進的互聯網、衛星傳輸等教育技術，為企業培訓提供了更加優越的條件，現代企業培訓的手段也由傳統走向現代。互聯網使培訓方式發生革命性變化，它打破了時間和空間的限制，能夠快捷地滿足及時的和不同步的學習需求。而且，互聯網上豐富的學習資源能夠讓不同水準的學習者透過整合互聯網學習資源，實現學習目的，並且可以節省大量的時間和金錢，給培訓業帶來根本性的變革。

5．培訓更加重視成果的轉化和實效

培訓的最終目的是為企業的發展和利益服務，在當前和未來，培訓部門將更加關注兩個問題：一是要真正把所學到的知識、技能和態度運用到工作中；二是培訓要與個人或團隊的工作績效相聯繫。因此，培訓越來越要求培訓師和經理要確保把培訓與特定的業務目標、員工和團隊的績效緊密結合。

6．培訓加強了同外界的合作

企業培訓往往要求多、層次多、內容覆蓋面廣，有許多企業無法自身提供，於是培訓的社會化應運而生。中小企業由於自身實力和培訓資源的有限性，其培訓需求往往由社會性培訓機構來滿足，因而加強了與培訓機構和外部培訓人員的協作。這也導致企業員工培訓業必然向市場化、產業化方向發展。堅持以培訓推動市場開發，以市場促進培訓開展的原則，不斷強化自身特色，打造自身品牌，不斷增強培訓項目開發能力和市場營銷能力，及時發現需求，善於提供有效供給，已成為企業及其培訓機構努力的方向。

第二節　培訓的需求分析

目前，很多企業雖然已經意識到培訓的重要性，但由於種種原因，很多企業的培訓工作開展得還很不理想，培訓效果不明顯。其主要原因是對培訓需求分析工作的不得要領，使培訓需求分析工作沒有做好。因此，企業想要

有效開展培訓工作，就必須運用科學的方法進行培訓需求分析，確定培訓需求項目，從而提高培訓的有效性。

一、培訓需求分析的概念和作用

1．培訓需求分析的概念

培訓需求分析是指在規劃與設計培訓活動之前，由培訓部門、主管人員、工作人員等採用各種方法與技術，對各種組織及其成員的目標、知識、技能等方面進行系統地鑒別和分析，以確定是否需要培訓及培訓內容的一種活動或過程。它既是確定培訓目標、設計培訓規劃的前提，也是進行培訓評估的基礎，因此是培訓活動的首要環節。

需求產生於目前狀況與理想狀況之間存在的差距，這一差距就是「狀態缺口」。企業有培訓需要，也正是由於存在「缺口」。企業對員工的能力水準提出的要求就是「理想狀態」，而員工本人目前的實際水準即為「目前狀態」，兩者之間的差距就是「狀態缺口」。企業要努力減少這一「缺口」，就形成了培訓需求。

2．培訓需求分析的作用

（1）企業培訓的首要環節

培訓需求分析可以針對企業和員工現狀的不足進行分析，從而對症下藥。培訓的流程一般分為確定培訓需求、明確培訓目標、制訂培訓計劃、實施培訓計劃、培訓效果評估和培訓訊息的回饋。要使培訓效能提高，就必須首先進行培訓需求分析，以根據實際狀況確定培訓的相關事宜。因此，培訓需求分析是企業培訓的基礎。

（2）明確差距

培訓需求分析的基本目標就是確認差距，即確認員工應有狀況同現實狀況之間的差距。差距的確認一般包含三個環節：

一是必須對所需要的知識、能力、技能和素質進行分析；

二是必須對員工現有的知識、能力、技能和素質進行分析；

三是必須對理想或所需的知識、能力、技能和素質與現有的知識、能力、技能和素質之間的差距進行分析。

這三個環節應獨立有效地進行，以保證分析的有效性。

（3）決定培訓的價值與成本

有了科學的培訓需求分析，並找到了存在的問題，企業就能夠把成本因素考慮到培訓需求分析中去。企業對員工進行培訓之前，需要明確不進行培訓的損失與進行培訓的損失數額是多少。如果不培訓的損失大於培訓的成本，那麼培訓就是必需的、可行的。反之，則說明當前不需要進行培訓或培訓的條件不具備。

（4）有利於企業各方達成共識，獲得企業各方協助

大多數企業不會主動承擔起培訓員工的責任，同時企業的高層管理者在規劃培訓所需要的時間和資金時，對一些支持性的因素更感興趣。因此，培訓需求分析為員工和企業管理者提供了選擇適當指導方法與執行策略的大量訊息，這有利於促進企業各方達成共識，為獲得企業各方支持提供了條件。

二、培訓需求分析的流程

培訓需求分析的流程可分為以下五個步驟，如圖 8-1：

第二節　培訓的需求分析

```
培訓需求溝通
  ↓
培訓需求的收集與匯總
  ↓
培訓需求分類
  ↓
確定培訓需求的結果
  ↓
設計培訓內容、形式和方式
```

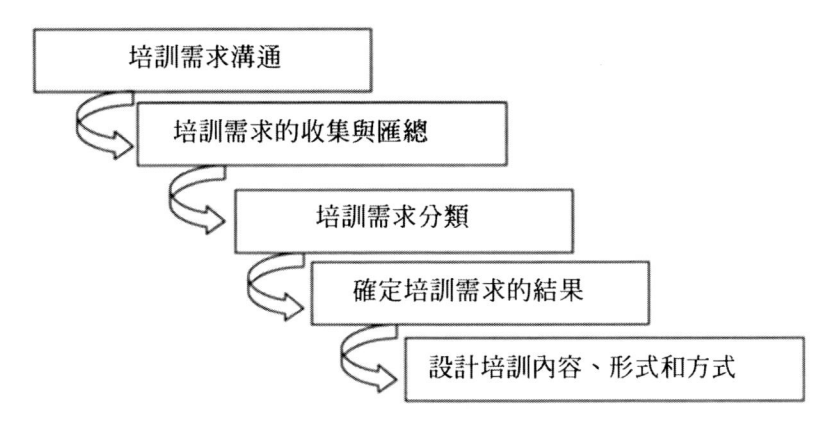

圖8-1　培訓需求分析的流程

1．培訓需求溝通

在進行培訓需求調查前，人力資源部門需要和各部門進行培訓需求分析的溝通。這既包括各部門經理與本部門員工就培訓需求問題的溝通，也包括人力資源部門與各部門經理的培訓溝通以及與高層管理人員的溝通。只有得到各部門的經理和員工以及公司高層管理人員的支持和配合，才能保證培訓需求分析的順利進行。

2．培訓需求的收集與彙總

在溝透過程中，人力資源部門需要透過訪談、問卷調查等方法收集各部門員工的培訓需求，然後對各部門經理進行訪談，從多個角度全面深入瞭解員工的培訓需求，確保培訓需求的可靠性，然後將培訓需求進行彙總。

3．培訓需求分類

員工的培訓需求經過分析後，基本上可以分為通用型培訓需求和專業型培訓需求。通用型培訓需求是指企業內各部門都需要的培訓需求，具有共同性，可以在這方面進行統一的培訓，以節省費用；專業型培訓需求是指員工因各部門的工作性質和工作方式不同而需要不同的知識和工作技能，從而產生特殊需求。專業型培訓需求並不是每個員工都需要的，僅需要給某些特定的員工進行專業培訓。

4 · 確定培訓需求的結果

透過調研得到各個部門、各個職位培訓需求的第一手資料後,經過整理,得出一份企業員工的培訓需求分析報告。接著,公司透過會議形式請各部門負責人對培訓需求分析報告進行確認,確保沒有出現數據遺失或出錯的情況。培訓需求分析報告在各部門負責人確認無誤後就可以作為培訓方案設計的依據。

5 · 設計培訓內容、形式和方式

當確定了各部門員工的培訓需求後,人力資源部門應根據員工實際的培訓需求制訂有針對性的具體培訓方案。制訂具體的培訓方案時要明確培訓的內容、形式和方法,從而加強培訓的針對性,提高培訓的效果。

三、培訓需求分析的方法

1 · 三要素分析法

三要素分析法是麥吉(McGehee)和塞耶(Thayer)於1961年提出的,他們認為培訓需求分析應該從組織分析、任務分析和人員分析三方面進行。

(1) 組織分析

組織分析主要是根據組織策略、組織目標、組織績效、組織資源、組織環境、組織文化、工作設計、招聘新員工、生產新產品等因素確定本組織對人力資源素質的要求。下面主要介紹組織目標分析、組織資源分析和組織策略分析。

①組織目標分析

企業的一切活動都是為達到組織目標而服務的,組織目標決定了培訓目標,培訓目標為組織目標服務。有什麼樣的組織目標就有什麼樣的培訓目標,組織目標與培訓目標具有內在的一致性。

②組織資源分析

培訓目標的實現需要得到資源的支持。企業內部的人力、財力和物力都是有限的。只有在瞭解企業內部的資源狀況後，才能進行合理有效的培訓安排。企業資源分析包括培訓經費、培訓時間、培訓地點以及與培訓相關的專業知識分析。

③組織策略分析

培訓最終是為組織目標的實現和策略經營而服務的。但是組織的策略會因經營環境的變化而變化，因此系統的培訓規劃要根據基於企業策略的人力資源規劃來制訂，培訓需求分析也要以不同的企業策略為依據。不同的經營策略會影響培訓實踐並產生不同的培訓需求，如表8-1。

表8-1 與企業經營策略相對應的培訓需求

企業策略	問題	培訓需求
穩定發展	喪失快速發展機會，管理僵化	風險意識、學習風氣、開放型思維
單一產品或服務	由於顧客偏好轉移、技術變革、政府政策變動、質量觀念改變、地域市場開拓能力變化、服務變化等造成產品市場需求下降	競爭觀念、營銷觀念、客戶技巧
同心多樣化	企業發展至一定規模時管理不力	協作精神、產品管理技術、柔性工作技能
縱向一體化	規模化成本高，行業退出成本高，管理複雜，新產品、新技術開發受牽制，生產過程中各階段的生產能力不平衡	全局觀念、協作精神、交易費用概念、專業技能、技術管理技能
複合多樣化	企業規模膨脹造成管理複雜化	協作精神、開放型思維、學習風氣、訊息管理技術、柔性工作技能
抽資轉向	溝通不力造成員工士氣下降	風險意識、全局意識、革新精神、柔性工作技能
調整	人員、財務等方面的大幅度調整措施引起流言和恐慌	團隊精神、風險意識、節支意識、積極態度和樂觀精神

（2）任務分析

任務分析主要是指透過運用各種方法收集某項工作的訊息，對某項工作進行詳細描述，明確該工作的核心內容以及從事該項工作的員工所需要具

備的素質和能力,從而達到最優績效。任務分析的流程包括三個步驟,如圖8-2。

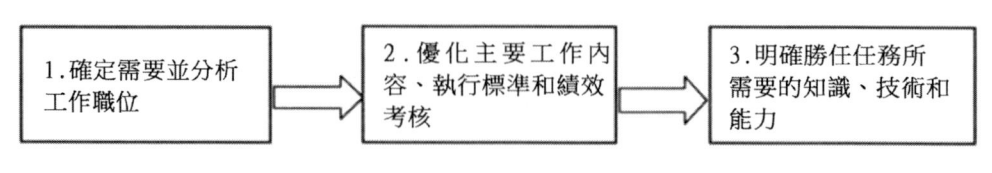

```
┌─────────────┐    ┌─────────────┐    ┌─────────────┐
│1.確定需要並分析│ ⇒ │2.優化主要工作內│ ⇒ │3.明確勝任任務所│
│  工作職位    │    │ 容、執行標準和績效│    │ 需要的知識、技術和│
│             │    │  考核        │    │  能力        │
└─────────────┘    └─────────────┘    └─────────────┘
```

圖8-2 任務分析的流程

(3) 人員分析

人員分析可以確定企業中哪些人員需要接受培訓以及需要什麼樣的培訓,主要透過分析員工目前工作績效水準和預期工作績效水準之間的差距來判斷是否需要接受培訓以及培訓的內容。人員分析首先要設定績效評價的指標和標準,然後將員工目前的工作績效與預先設定的目標進行比較,當績效水準下降或者低於標準時,說明需要進行培訓。分析完現有情況與完成任務要求之間的差距後,就需要鑑別培訓因素和非培訓因素的影響,從而確定誰需要培訓。

需要說明的是,組織分析、任務分析和人員分析這三者並不是按照規定的順序進行的,一般情況下會首先進行組織分析,再進行員工分析和任務分析,但這三者間的順序是可以針對企業不同策略和性質而自主調整的。

2．前瞻性培訓需求分析

前瞻性培訓需求分析模型由美國學者特裡·利普(Terry L·Leap)和米歇爾·克里諾(Michael D·Crino)提出,其精髓是將前瞻性思想運用在培訓需求分析中。該模型認為,即使在工作績效令人滿意的情況下,也有可能因為工作調動和工作晉升等原因而產生培訓需求。前瞻性培訓需求分析模型具有實用價值和策略意義。該模型能為培訓需求分析提供一個良好的框架,它以未來需求為基點,使培訓工作由被動變為主動,充分考慮企業的策略發展目標與個人職業發展的結合,以更大程度地開發和激勵員工。但是,值得注意的是,該模型雖然是建立在未來的基點上分析培訓需求,具有明顯的前瞻性,但是前瞻性可能會忽略企業的發展需求,加上預測時可能出現的失誤,

使得根據該模型分析出來的培訓需求出現不適應現有業務發展要求和與企業近期目標相脫節的情況。

前瞻性培訓需求分析模型與傳統分析方法不一樣，它首先確定未來令人滿意的工作績效，然後分析為達到未來工作績效所需要做的準備和面臨的變化，在此基礎上分析預期的工作技能要求，最終按照要求來確定培訓需求。

3．勝任力模型

勝任力模型是指承擔某一特定職位角色所應具備的勝任特徵的總和。從勝任力模型我們可以瞭解職位表現優異者所具有的特徵，清楚業績平平者和業績佼佼者之間在行為水準上所存在的差異，這對選拔、培訓、行為評價和回饋，甚至為今後的職業生涯發展提供了依據。

與傳統培訓需求不同的是，根據勝任力模型的培訓需求分析確立了統一的分析概念。它更加詳細地描述了員工工作所需的行為，分析員工現有的素質特徵。與此同時，該模型還發現了員工在工作中需要繼續學習和改進的行為，增強了培訓需求分析的可操作性和科學性。對於企業而言，都希望每個員工的績效和能力能夠和優秀員工的績效和能力一樣，因為這樣能更大程度地提高企業效益。以優秀員工為參照和標竿，是因為他們具備能夠成功完成自身職位職責的綜合素質。因此，就可以透過分析構成優秀員工勝任力的知識、技能、能力和特徵，找出具有普遍性的勝任力特質，有針對性地對普通員工進行培訓，促使其成為優秀員工，具有優秀員工所擁有的勝任力，提高員工的工作績效。

基於勝任力素質模型的培訓需求分析包括四個流程：建立企業能力體系，找出差距、確定標準，分析原因和制訂模型方案，如圖8-3。建立企業能力體系首先要制訂出企業的目標和策略計劃，然後再根據策略計劃分析每個工作職位所應具有的能力和素質來建立能力體系，最後從能力體系中提取出與職位要求相適應的勝任能力；找出差距、確定標準則是運用勝任力評估這一科學方法來測量員工在各項勝任力上存在的差距，從而改進績效，確定所需要培訓的勝任力特徵；分析原因也就是分析企業員工在實際工作中產生的績效和預期績效標準產生差距的原因；制訂模型方案是要根據需要提升的勝任

力來制訂培訓需求的內容，而且還要對培訓需求進行分類彙總，即區別共性與個性、長期與短期的不同需求等。

```
建立企業能力體系 → 找出差距、確定標準 → 分析原因 → 制訂模型方案
```

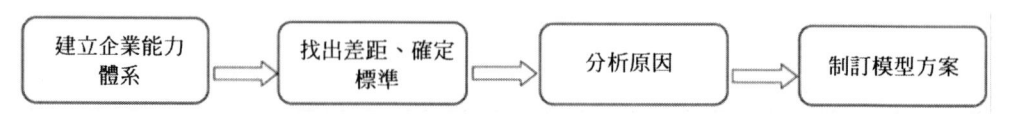

圖8-3 基於勝任力模型的培訓需求分析流程

四、培訓需求分析結果的應用

在現代企業人力資源管理中，培訓的作用越來越重要。培訓有很多環節和流程，各個部分互相聯繫，分析培訓需求是培訓的首要環節，而培訓需求分析結果也是重要環節，是其他培訓活動的前提和基礎。培訓需求分析結果可以應用到培訓的其他環節，培訓需求分析結果的有效運用可以使培訓工作達到事半功倍的效果。

1．企業對培訓需求分析結果的應用

（1）用於策劃企業年度培訓工作

企業對培訓需求的分析結果最基礎的用途是以此來對人才培訓工作進行策劃。因為進行培訓需求分析的目的就是為了找出員工現有績效水準和預期績效水準之間的差距，進而選擇有針對性的培訓方法來提升員工的能力，改進員工的績效水準。

（2）用於審核培訓項目的設計

實施培訓之前必須要設計出科學合理的培訓項目方案，而評判一個培訓項目設計方案是否具有科學性和操作性的重要依據就是要看培訓項目的設計是否符合培訓需求，其培訓項目方案是否是根據培訓需求分析的結果而設定的。

（3）用於評估培訓結果

培訓活動完成後，需要對培訓結果進行評估，要評判培訓結果是否達到了培訓的目標和要求，就要看員工的各項能力差距是否得到了有效彌補。而

且，衡量培訓效果可參照之前對員工培訓需求分析的結果，如果培訓結果滿足了培訓需求，說明培訓是達標的、有效的；否則就是不達標的，就需要對培訓工作進行修改和完善。

2．員工對培訓需求分析結果的應用

（1）用於指導能力提升的方向

企業員工由於自身知識能力的限制，可能不太清楚自己的缺陷在什麼地方，也不瞭解自己存在不足的原因，從而找不到比較明確的努力方向，也就無法有效提升自己的能力。培訓需求分析的結果能讓員工找到自身能力素質與企業要求之間的差距和原因並在此基礎上找到自己的努力方向。

（2）作為自我學習的參考

員工要想提升自己，在激烈的人才競爭者獲得一席之位，就得不斷學習。學習的途徑除了所在企業提供的培訓機會和平臺外，員工自己還需要自我學習，擁有良好的自我學習能力。培訓需求分析結果能讓員工清楚地瞭解自己知識、技能和能力等各方面的不足，為其指出需要提高的地方，從而為員工進行有效的自我學習提供一個參考，讓員工有針對性地自我學習和提升，避免學習的盲目性。

（3）作為檢驗培訓成果的標準

企業實施培訓結束後，不可避免地需要對員工的學習成果進行檢驗，看員工是否真正得到了能力的提升，是否更好地適應了職位對自己的要求。員工學習的需求是從能力測評與分析中得來的，檢驗員工的培訓成果也要參照對培訓需求分析的結果，因此，培訓需求分析可以作為檢驗培訓成果的標準之一。

第三節　培訓的方式及選擇

企業進行培訓工作的目的是透過培養高質量的員工組織來提高生產經營效益。為了在激烈的競爭中更好地發展，企業越來越重視對員工的培訓，滿意的培訓成果離不開高效且適應的培訓方式。隨著生產經營和教育技術的發

展，企業培訓方式如雨後春筍般出現，並廣泛地運用在不同的培訓對象和形式之中。

一、培訓方式的性質

培訓的方式就是在培訓過程中培訓師對培訓所採取的具體方法。培訓方式是因人而異的，必須要與公司的培訓需求以及個人的培訓需求相結合。培訓方式主要具有以下性質。

1．針對性

培訓方式不能過於寬泛和籠統，在決定培訓方式的過程中要分析培訓目標、培訓對象、培訓內容、培訓需求和培訓時間等各方面內容，找出培訓的側重點，選擇具體的、合適的培訓方式。如果培訓需求主要是知識和技能方面，那麼就可以選擇常見的講座法和視聽法等方式；如果培訓需求主要是能力方面的，那麼就可以選擇案例分析法、角色扮演法等方式。這樣就可以有針對性地對員工進行培訓，讓員工不同方面的知識、技能和能力得到提升。

2．多樣性

企業員工培訓的方式各式各樣，除了常用的傳統培訓方式外，現代的培訓方式也大量湧現出來。在眾多培訓方式中選擇出合適的，企業需要對種類繁多的培訓方式有最基本的瞭解，瞭解它們的適用對象、適用範圍、適用場景以及經費需求等，以此來判斷選擇哪種方式進行培訓。

3．靈活性

培訓方式並不是固定不變的，它具有一定的靈活性。企業可以根據特定的培訓需求和培訓目標，靈活地選擇培訓方式。在選擇了某個或某些培訓方式後，根據實際情況可以對其進行適當的調整，甚至在實施過程中出現了問題也可以對其進行修改。在運用培訓方法過程中，並非只單一運用其中一種方法，一般會結合不同的培訓方式形成一個培訓方式的組合。因此，培訓方法具有一定的靈活性，應當因地制宜、量體裁衣。

二、主要的培訓方式

培訓方式可以根據不同的標準劃分為不同的類型，我們按培訓載體的不同可以將培訓方式分為傳統培訓方式和新技術培訓方式。

1.傳統培訓方式

傳統培訓方式是指一般不需求借助新技術這一載體來傳遞訊息，而主要採取培訓師直接面對被培訓者的培訓方式。

（1）講授法

講授法就是指培訓師透過語言的表達，系統地將培訓內容傳授給學員，期望學員能記住特定知識和重要觀念。學員在這種培訓方式中被動地吸收知識，與培訓師之間的溝通是從上而下的單向溝通。講授法是一種最普遍、最基本的培訓方式，其主要優點表現在：在短時間內能向受訓者傳遞大量的系統知識，成本較低；易於安排整個講授的程序，成效高於單純的閱讀；對學員的數量沒有限制；具有較強的針對性；可以作為其他培訓方式的輔助手段。其主要缺點表現在：學員處於被動地吸收知識的地位，其積極性不高；培訓的環境容易影響培訓的效果；對培訓師的要求比較高；單向訊息傳遞，回饋效果差；一般只講授理論知識，無法提供實踐機會。因此，講授法適用於面向群體學員或進行理論知識的培訓。

（2）視聽法

視聽法是指利用幻燈片、電腦、錄音、錄像等試聽教材而進行的培訓。這種培訓方式是一種多感官參與的培訓方式，給學員的印象比單純的講授更為深刻。這種培訓方式適用於對學員的溝通技能、面談技能、客戶服務技能的培訓，還能用於詳細說明某一生產的步驟。其主要優點表現在：能調動人的多重感官，引起學員的興趣，提高學員的積極性；可以進行個性化的教學，能靈活調整培訓內容；視聽教材具有重播、慢放或快放的功能，可以讓學員根據自身的差異，安排自己的學習步調。

其主要缺點表現在：視聽設備和教材的成本較高，內容容易過時；學員處在消極的地位，缺乏對知識的回饋和強化；試題內容本身的缺陷容易影響培訓效果；學員容易受設備和場所的限制。

（3）導師制

導師制是指為學員有針對性地指定一名導師，導師將自己豐富的知識、技能、經驗傳授給學員，使學員能夠更好地適應職位上的要求。導師有培養和指導學員的責任和義務，能引導學員自主分析和解決問題。其主要優點表現在：導師對學員進行有針對性的指導，能做到因材施教，使學員更快適應工作要求；有利於實施人性化管理，激發員工的積極性，穩定員工組織；導師和學員之間關係的深入，有利於工作的協調和開展。其主要缺點表現在：導師的甄選難度大；導師素質容易影響培訓效果；導師的指導和傳授可能會有所保留；缺乏有效的評估與監督。

（4）情景模擬法

情景模擬法又稱仿真模擬法，是指把學員置於模擬的現實工作環境中，讓他們依據模擬的情境，利用實際使用的設備或模擬設備來分析和解決實際工作中可能存在的各種問題。情景模擬法可以讓學員在一種人造的、無風險的環境中看到自己所做決策的影響，有助於全面提高學員的職業素質，因而常常被用於傳授生產和加工技能以及管理和人才技能。其主要優點表現在：該方法複製了在實際工作中所使用的物理設備，不必擔心錯誤操作帶來的不良後果；能成功使學員經過模擬器進行簡單練習，增強信心；可以確保學員在培訓時的安全；不會造成真正人際關係的破裂。其主要缺點表現在：模擬器開發成本高昂，且需要及時更新；模擬的情況和現實情況始終會存在一定差距，模擬的決策不一定適用於現實情況；對培訓師的要求高，培訓師對各項技能的訓練必須熟悉。

（5）案例研究法

案例研究法也叫案例分析法。起源於美國哈佛大學的案例教學法，是指圍繞一定的培訓目的，將實際工作中出現的問題進行典型化處理，作為供學

員思考分析和決斷的案例，讓學員根據人、環境和要求對案例進行分析，提出解決問題的處理方式。該方法一般以討論的形式進行，適用於新進員工、管理者、經營幹部、後備人員等階層員工。案例研究法不是要教給學員正確的解決辦法，而是透過分析實際問題，培養學員分析和解決問題的能力。其主要優點表現在：整個過程需要學員高度參與，提高了參與性；透過對個案的學習和研究，能獲得管理方面的知識和原則，提高學員解決問題的能力；可以激發學員的靈感、打開思路，完善思維模式；是一種訊息雙向交流的培訓方式，有利於培養良好的人際關係，增強凝聚力。其主要缺點表現在：案例所提供的情景不是真實的情景，不可避免地存在失真性；案例的來源往往不能滿足培訓的需要；對案例的實用性要求很高；耗時較長，對學員和培訓者的要求都比較高。

（6）角色扮演法

角色扮演法是指設定一個接近真實情況的場景，規定參加者扮演某種角色，借助角色的演練來體驗該角色，模擬性地處理工作任務，從而提高解決該類問題的能力。在培訓過程中，學員可以不受限制地即興表演，直到培訓者要求終止這一任務；表演結束後，培訓者和所有學員都可以對表演予以評價。該方法常用於人際關係的培訓，也可以用於詢問、銷售技術、電話應對、業務會談等基本技能的學習與訓練。其主要優點表現在：學員的參與性強，人與人之間的直接交流比較充分，有助於培養良好的人際關係和提高學員的積極性；角色扮演讓學員有機會處理工作中可能出現的情況，提供難得的實踐機會；透過特定的模擬環境和主題有助於訓練基本技能，增強培訓的效果。其主要缺點表現在：角色扮演如果不成功，可能會挫傷學員的積極性；培訓效果的好壞主要取決於培訓師的水準，對培訓師有著很高的要求；培訓效果容易被學員的自我心理所影響。

（7）管理遊戲法

管理遊戲法又稱商業遊戲法，是指由兩個或多個參與者仿照商業競爭原則，透過相互競爭達到預期目的的培訓方法。它主要用於管理技能的開發，要求學員收集訊息，對問題進行分析並做出決策。管理遊戲法是從 MBA 案

例教學討論發展而來的，一般統稱為「做中學」，目的是讓學員走出辦公室，在相對集中的一段時間內參與管理遊戲，透過管理遊戲來培養受訓者的管理思維方式。其主要優點表現在：學員會積極參與遊戲，可以提高對學科學習的興趣；學員在培訓過程中會分成小組進行競爭，這需要隊員的團結合作才能取得好的結果，有助於培養學員的團隊精神和員工凝聚力；學員的思維能力和創造能力都能得到有效鍛鍊，解決實際問題的能力也將得到提升。其主要缺點表現在：從前期的遊戲選擇、道具準備、開始進行遊戲到最後的遊戲結果分析，都需要耗費比較長的時間和精力；設計遊戲和制訂規則的難度較大；對培訓師有著相當高的要求。

(8) 團隊培訓法

團隊培訓是透過協調在一起工作的不同個人，從而實現共同目標的培訓方法。團隊培訓的內容主要包括知識、態度和行為三個方面。團隊培訓的方法有很多，不僅可以利用講座或錄像向學員傳授相關的技能，還可以透過仿真模擬或角色扮演給學員實踐機會。它的方式有交叉培訓、協作培訓和團隊領導技能培訓。交叉培訓是指團隊隊員熟悉並實踐所有人的工作任務，以便在有團隊隊員離開後能有其他隊員繼續承擔其工作任務；協作培訓是指對團隊進行如何確保訊息共享和承擔決策責任的培訓，以實現團隊績效的最大化；團隊領導技能培訓是指團隊的管理者或輔助人員接受的培訓，包括培訓團隊管理者如何協調團隊內部的各項活動並解決團隊內部的衝突矛盾。其主要優點表現在：有利於協調團隊成員的關係，促進成員之間形成良好的合作氛圍，極大推動共同目標的實現；學員能做到發現和改正錯誤，協調相互間的關係及相互鼓舞士氣；學員具有較強的協調能力、團隊精神和處理危機的能力。其主要缺點表現在：組織培訓團隊的難度較大；對培訓者和學員的能力要求都比較高；對培訓公司要求的條件較高，一般只有大公司會採用。

2・新技術培訓方式

新技術培訓方式是隨著現代訊息技術和科學技術的發展而產生的，多媒體技術、遠程學習、專家系統和電子支持系統等這些新技術的應用使得數位化合作成為現實，降低了傳統培訓方法所消耗的成本，使培訓過程變得形象

化、動態化和靈活化。下面主要簡述三種新技術的培訓方法：計算機輔助培訓、網絡培訓和虛擬現實培訓。

（1）計算機輔助培訓

計算機輔助培訓是指將培訓材料傳輸到電腦終端，使學員能透過與計算機的互動學習來獲得知識、技能和能力提升的一種培訓方式。與傳統的講授培訓方法不同，計算機輔助培訓包括互動性錄像、光驅和其他的計算機驅動系統，這些特定的軟件系統被安裝在電腦上供學員學習，主要有計算機輔助指導和計算機管理指導兩種類型。計算機輔助指導系統可以為學員提供個性化的教育指導，如操練與實踐、情景模擬、指導等，學員可以根據自身情況調節學習速度。而計算機管理指導系統則是與計算機輔導系統相輔相成的，它可以透過計算機為考題打分，以確定培訓的水準。其主要優點表現在：該方法能使學員在自己選定的時間、空間裡進行學習；能提供有直接回饋的高級相互反應機制；能自動保存學員的培訓記錄，方便之後的培訓評估；計算機屏幕顯示訊息的方式具有多樣化特徵。其主要缺點表現在：如果預先設置的程序對培訓的要求和限制比較多，那麼該培訓方法就相對不靈活；要求學員擁有高度的自我約束能力，並且要做出承諾；由於培訓主要是由學員個人獨自完成的，容易使學員產生孤獨感；它不允許直接的個人強化，降低了培訓的動機；當需要昂貴的硬件時，付出的成本就會很高。

（2）網絡培訓

網絡培訓又稱為互聯網培訓，是指透過互聯網或者企業內部的局域網來傳遞培訓內容和展示培訓內容的一種培訓方式。一般情況下，培訓師將培訓課程輸入培訓網站，全國各地甚至世界各地的學員透過網絡瀏覽器進入該培訓網站接受培訓。互聯網上的培訓複雜程度都不同，主要分為六個層次，由簡單到高級的層次順序是：培訓者和學員之間的溝通；在線學習；測試評價；計算機輔助培訓；聲音、自動控制以及圖像等多媒體培訓；學員與互聯網上其他資源相結合進行培訓傳遞、知識共享。其主要優點表現在：降低了培訓的費用，企業不需要支付交通費、食宿費和講課費；打破了傳統培訓面對面的固有模式，沒有培訓時間和空間的限制；透過互聯網這一載體，能夠及時

地、低成本地更新培訓內容；培訓課程形象、生動、有趣，有助於提高學員的學習效率；使學員可以自主調節培訓進度，便於其有效學習；有利於形成良好的企業文化，使企業變成學習型組織，緊跟技術和市場的變化。其主要缺點表現在：學員難以實現面對面的交流；學員往往容易沉迷於網上衝浪，影響實際的培訓效果；計算機無法處理大量的聲音和圖像；需要對學員進行控制並向用戶收費。

（3）虛擬現實培訓

虛擬現實培訓是指一種利用虛擬技術為學員提供三維體驗的培訓方式。它是發展到一定水準的計算機技術和思維科學相結合的產物，為人類認識世界開闢了一條新途徑。這種培訓方式可以讓學員用自然方式與虛擬環境進行交互操作，有效地擴展了自己的認知手段和領域。在培訓過程中，學員能夠接觸、觀看並進行操作演練，看到自己在工作中可能遇到的任何情境，從中獲得感性知識和實際經驗。這種培訓方式特別適用於軍事人員、飛行人員、汽車駕駛員、醫務工作人員、體育運動員等方面的人才培訓。其主要優點表現在：培訓中操作的設備具有仿真性；學員可以自主選擇或組合虛擬培訓場地與設施，超越了時空的限制，因此具有自主性和超時空性；學員可以在沒有實際危險的情況下進行一些危險性的操作和行為，因此具有安全性；可以反覆訓練，增強訓練效果。其主要缺點表現在：開發或購買設備的成本較高；質量較差的設備如果達不到讓人身臨其境的效果，會使學員產生不良的生理反應，如暈眩和惡心。

三、培訓方式的選擇

面對繁多的培訓方式，培訓師只有選擇合適的培訓方式才能獲得有效的培訓成果，滿足企業發展的要求。下面主要闡述培訓方式選擇的原則和影響因素。

第三節　培訓的方式及選擇

1．培訓方式選擇的原則

(1) 目標導向性原則

在選擇培訓方式時，要把培訓目標放在首位。通常培訓的目標有知識的更新、能力的培養、態度的改變等。培訓目標不同，培訓方式也不同。因此培訓師要首先確定培訓能夠產生的學習效果，依此選擇一種或幾種最有利於實現培訓目標的培訓方式。另外，還要考慮到開發和使用已選擇的培訓方式的成本，做出最佳選擇，最大限度保證培訓目標的實現。

(2) 因材施教原則

企業員工水準參差不齊，在智力、技能、興趣和經驗等方面都存在著差異，因而培訓方式的選擇要根據受訓者的不同特點來決定，不能採取齊步走的方式。也就是說，要根據不同的對象選擇不同的培訓方式。因此，培訓方式的選擇要堅持因材施教的原則，滿足員工的個性化要求。

(3) 方式為內容服務原則

培訓方式的選擇要針對培訓內容而定，不同的培訓方式在培訓內容取得的效果是不同的。培訓師要根據內容全面考慮不同培訓方式的優缺點、使用範圍和效果等因素，選擇更為有效的培訓方式。因為沒有哪一種培訓方式是萬能的，培訓師必須抓住培訓的重點內容，在綜合比較選擇方式後，選擇不同的方式或者一組最佳方式的組合，讓學員以最有效的方式掌握培訓內容。

(4) 理論聯繫實際原則

培訓和普通教育是不同的，它重視的是理論和實踐的結合，強調針對性，要按照企業發展的需要和企業員工的特點來選擇培訓方式。培訓方式的選擇要能讓學員真正做到學以致用，而不是不切實際、無法操作。培訓只有堅持理論和企業具體實際相聯繫的原則，才能提高企業整體的效益和水準。

(5) 經濟性原則

培訓方式的選擇要考慮到培訓預算成本的多少，因為培訓方法的選擇要依賴培訓經費的支持。如果培訓預算不多，培訓組織者就不能選擇成本高昂

的培訓方法，而應在預算範圍內選擇合適的培訓方式，這樣可以節約資源，使培訓實施得更為順暢。

2．影響培訓方式選擇的因素

（1）培訓時間

每種培訓方式所用的時間都不同，要根據培訓時間的長短來選擇合適的培訓方式。例如，多媒體和錄影帶教學等需要花較長時間準備，它就比較適合工作輪換等需要長時間實施的培訓。所以，一個好的培訓方式是要建立在合理充分的培訓時間上的。

（2）經費預算

培訓方式的選擇依賴培訓經費的支持，培訓的費用除了最基本的培訓師費用、教學設備和工具費用、管理支出等費用，還包括學員參加培訓所耽誤工作的機會成本。因此，培訓方式的選擇必須考慮企業和學員的消費能力和承受能力。

（3）科技的支持度

有些培訓方式特別是現代技術的培訓方式是需要依靠相關的科技知識和技術工具的，如網絡多媒體教學需要聲光器材的支持。培訓單位能否提供相關的技術和器材會直接影響到高科技培訓方式的採用。

（4）學員的情況

學員的年齡、學歷、行業、職位以及知識和能力等方面都各不相同，這些因素都會影響學員的培訓需求，進而影響培訓方式的選擇。因此在組織培訓之前，就應該全面瞭解學員的情況，以確定培訓需求和培訓方式的選擇。

（5）培訓師的情況

培訓師的水準高低直接影響到整個培訓效果的好壞。一些培訓方式如管理遊戲法和案例分析法等對培訓師的水準提出了很高的要求，要求培訓師具備充分的專業理論知識，有能力掌控和引導整個培訓過程，調動學員的學習積極性和參與度。

第四節　培訓效果的評估

　　企業一個培訓項目結束後，一般要對培訓的效果進行總結性的評估或檢查，以便找出員工在培訓中的收穫和提高。它不僅是本次培訓的收尾環節，還可以借此找出培訓的不足，發現新的培訓需求，作為下一輪培訓的重要依據，使培訓活動不斷循環。隨著計量理念和方法的引進，培訓效果評估已成為人力資源培訓與開發領域發展最快的領域之一，是實現企業員工培訓策略的重要手段，也是人力資源培訓專業人士獲得高層支持的必要工具。其實質就是對員工培訓活動的價值進行判斷的過程。

一、培訓效果評估的概念和作用

1．培訓效果評估的概念

　　培訓效果是指企業和員工從培訓中獲得的收益。收益是投資取得的能夠滿足社會需要的有效或有用成果。企業培訓效果評估是指企業按一定組織形式和目的要求，對所進行的培訓活動，採用科學的方法，來審查和評估培訓是否達到既定目標的過程。評估活動進行的前提是培訓已經實施、培訓成果已經轉化，包括對學員的評估、對企業績效的評估和對培訓工作本身的評估。

2．培訓效果評估的作用

（1）能為決策提供所需訊息

　　決策需要高質量和高可信度的訊息，培訓評估是提供邏輯根據的良好手段。它可以給決策者提供有關培訓項目的回饋訊息，有助於判斷在特定環境和條件下哪種培訓方案更為科學，有助於對時間跨度長、投入資本較多的培訓項目做出是否繼續或終止的決定提供有價值的意見。

（2）能提供比較和判斷的依據

　　不同的培訓方案會產生不同的效果。只有進行評估才能知道不同方案的實施取得的相對效果，而評估就是一個檢驗的過程，它能比較各種方案的優劣。透過培訓評估，可以對培訓過程的全程質量進行控制，使培訓需求更準確，培訓計劃更符合實際需要。

（3）能促進管理水準的提高

培訓評估能夠讓培訓管理者全程審視培訓的各個環節，可以從中汲取相關經驗和教訓，從而使培訓動員更有效，培訓資源分配更為合理，培訓內容和形式更相得益彰。同時還有利於對培訓進行修改和調整。這有利於下一步培訓管理工作的進行。

（4）能使培訓資源得到更廣泛的推廣和共享

透過培訓評估，學員能清楚自身的培訓需求和目前水準的差距，增強其今後參加培訓的願望，促進培訓的進一步開展。此外，在培訓評估中，員工之間交流培訓訊息和心得的機會增多，並展示培訓所取得的進步，使培訓資源得到更廣泛的推廣和共享。

二、培訓效果評估的內容

對培訓項目進行評估，就是為了確定該培訓項目的效果。透過評估，可以檢測培訓目標是否達到，發現培訓中存在的問題，並建立相關培訓獎懲措施。因此，評估培訓項目首先要明確培訓成果，即明確根據什麼來判斷培訓項目是否有效。培訓評估所涉及的內容十分廣泛，現達成共識的培訓成果分為五大類：認知成果、技能成果、情感成果、績效成果及投資淨收益。

1．認知成果

認知成果用來衡量學員對培訓項目中強調的知識、技術和態度的掌握程度。這是最直接的一種評估結果，一般透過書面考試測驗的方式來衡量認知成果。

2．技能成果

技能成果用來評估學員透過培訓獲得的技能以及行為改變的指標。它包括獲得的技能和技能轉化兩個方面，可以透過觀察學員在實際工作中的績效來掌握其技能轉化的程度。

3．情感成果

情感成果用來評估學員對待培訓的態度及學習動機的一個指標。情感成果是有關學員對培訓項目的反應，包括反應、態度和動機。反應包括受訓者對培訓設施、環境、教師和內容的感受；態度和動機需要瞭解學員的學習態度、學習動機、滿意度等。情感成果可透過訪談、觀察等方式獲得相關訊息。

4．績效成果

績效成果用來判斷培訓項目給企業帶來的回報，反映了培訓給企業帶來的績效改變和提高。績效成果評估是評估中最重要的一點。這是因為，雖然可以根據認知結果、技能結果以及情感結果來判斷學員的知識是否增長、工作行為是否有所改善，但如果沒有取得相應的績效成果，也就很難說培訓真正實現了目標。

5．投資淨收益

投資淨收益的評估是指對培訓所產生的貨幣收益與培訓的成本進行比較後，評價企業從培訓項目中獲得的價值。該評估關注的是培訓產生的業務效果所帶來的用貨幣形式體現的價值。它以投資回報的價值或成本收益的比率來體現，從而判斷培訓項目對企業的實際收益價值。

三、培訓效果評估的模型

目前眾多人力資源專家都展開了對企業培訓效果評估內容的研究，並透過界定相應的內容，提出了各自的企業培訓效果評估模型。運用得最為廣泛的企業培訓效果評估模型主要有唐納德·L·柯克帕特里克（Donald L·KirKpatricK）的四層評估模型、考夫曼（Kaufman）的五級評估模型、菲力普斯（Phillips）的五級六指標模型、CIRO 模型、CIPP 模型等。

1．柯克帕特里克的四層評估模型

美國人力資源管理專家唐納德·L·柯克帕特里克1959年在《評估培訓項目——四個水準的評估》一書中提出了培訓效果評估模型，這也是當前國內外運用得最為廣泛的評估方法。柯克帕特里克主要是以學員作為評估的對

象，根據他們的活動狀況進行劃分，在層級劃分上，依據行為學的研究結果，由表及裡，由觀唸到行為直至結果的變化規律，將培訓評估分為四個層面：反應層面、學習層面、行為層面、效果層面。

（1）反應層面

反應層面是指學員對培訓項目的印象如何，包括學員是否對培訓環境的舒適度感到滿意、對培訓項目的實用性是否認同、對培訓內容是否能夠接受、對培訓講師的教學是否滿意等。

（2）學習層面

學習層面是指學員對培訓所傳授知識和技能的把握程度，它是測量學員對原理、技能、流程等培訓內容的理解和掌握程度。學習層面評估可以採用筆試、實地操作和工作模擬等方法來考察。

（3）行為層面

行為層面是指學員培訓前後在實際職位工作中行為舉止和態度的改進或變化，以判斷學員是否在工作實踐中運用了培訓中學到的新概念和新技能，是否將所學知識轉化成個人技能和工作習慣等。

（4）效果層面

效果層面是指考察培訓為組織帶來的績效，也就是考察學員行為的變化是否積極地影響到了組織的業績結果，比如有多少成本的減少是源於培訓，又有多少收益的增加是源於培訓。

柯克帕特里克提出的四個評估層次雖得到十分廣泛的應用，但其不足之處在於沒有給出具體的評估方法，不能對培訓效益進行定量的評估；評估體系中考慮的因素不夠全面，因素的確定帶有一定的主觀性；數據的取得是根據單個人的描述取得的，但是每個人的理解又有不同，容易造成混亂；不能把各個層次形成一個有機的整體。

2．考夫曼的五級評估模型

考夫曼擴展了柯克帕特里克的四層評估模型。他在研究過程中發現，第一級的評估，即反應層級的評估應增加一部分關於培訓項目背景方面的評估，主要是關於培訓項目實現目標所需的資源基礎和條件分析，包括人力、物力、財力的有效性、可用性和質量。另外還應該評估培訓對企業周邊環境的影響，主要包括客戶、供應商，甚至是競爭對手的影響，評估培訓產生的社會效益，不單單是培訓企業獲得的結果。因此，他把四層評估模型做了一些擴展，其評估模型也被稱為五級評估模型。各級評估具體如表 8-2 所示。

表8-2 考夫曼的五級評估模型

層次	評估標準	評估內容描述
5	社會產出	社會和顧客的反應、結果和回報
4	組織產出	對組織的貢獻和回報
3	應用	組織內個體效用和小群體效用
2	獲得	個體和小群體技能掌握與勝任力
1B	反應	方法、手段和過程的可接受度和熟練度
1A	培訓可行性	人力、物力和財力資源投入的質量和可獲取性

考夫曼的評估模型既有對培訓項目的評估，也有對培訓效果的評估，綜合了兩個方面。另外，該評估模型擴展了培訓收益計量的範圍，不單單是企業，還應該評估利益相關者的收益。

3．菲利普斯的五級六指標模型

菲利普斯認為柯克帕特里克的四層評估模型不夠完整，儘管第四級評估標準包括產量、質量、成本、時間和客戶滿意度，可能產生了可以衡量的業務影響，但是也許培訓項目的本身成本很大，不一定合算。因此，則增加了「投資回報率」為第五層次，創建了「無形收益」為第六指標，並且對每一層級需要注意的問題做了提示，使得評估模型更具有操作指導意義。五級六指標模型如表 8-3 所示。

表8-3 菲利普斯「五級六指標」模型

層次	評估標準	評估內容描述
	無形收益	用非貨幣形式來體現培訓的價值
5	投資回報率	培訓項目的成本與獲得的貨幣價值
4	組織結果	培訓項目對組織績效的影響
3	工作應用	工作中的行為的變化以及對培訓內容的確切應用
2	學習結果	學員知識、技能、態度發生的變化
1	反應和既定的活動	培訓項目、培訓人員和培訓結果可能將如何得到應用

菲利普斯的補充非常重要，他注意到了企業的經濟性，開始關注培訓效果的經濟意義，把貼現率的概念引進了培訓理論中。他認為不但要瞭解培訓產生的效果，還要瞭解培訓投入是否合算，為培訓的改善提供決策依據。

4．CIRO 評估模型

CIRO 評估模型是由奧爾（Warr）、伯德（Bird）和萊克哈姆（RacKham）共同設計的。該模型認為培訓效果的評估必須從四個方面進行：情境評估（Context evaluation）、輸入評估（Input evaluation）、反應評估（Reaction evaluation）、輸出評估（Output evaluation）。

（1）情境評估

情境評估是指獲取和使用當前情境的訊息來明確培訓需求和培訓目標，實際上是培訓需求分析。培訓需求涉及個人層面、團隊層面和組織層面。培訓目標也涉及最終目標，即消除組織缺陷，提高組織績效；中間目標，即提升員工素質，改進員工行為；直接目標，即員工必須具備的新知識、新技能和新概念。

（2）輸入評估

輸入評估是指獲取和使用可能的培訓資源來確定培訓方法。這些資源包括內部和外部資源，其中財務預算和管理要求可能限制了目標的選擇。

（3）反應評估

反應評估是指獲取和使用參與者的反應來提高培訓質量的過程，其關鍵任務一方面是收集受訓者的回饋訊息，另一方面是改進人力資源培訓的評估程序。

（4）輸出評估輸出評估是指收集和使用培訓結果的訊息，該評估被認為是評估最重要的一個部分。它包括四個階段：確定培訓目標、策劃和準備培訓技術、使用培訓技術、審查培訓結果。

5．CIPP 評估模型

CIPP 評估模型是美國教育評價家斯塔弗爾比姆（Stufflebeam）倡導的培訓評估模式，也稱決策導向或改良導向評價模式，它認為評價就是為管理者做決策提供訊息服務的過程。它的基本觀點是評價最重要的目的不在證明，而在改進。與 CIRO 評估模型相似，它由背景評價（Context Evalua-tion）、輸入評價（Input Evaluation）、過程評價（Process Evaluation）、結果評價（Product Evaluation）四部分內容構成，如表8-4。

表8-4 CIPP評估模型

層次	評估標準	評估內容描述
1	背景評價	界定相關環境、需求和機會，診斷存在問題的評估
2	輸入評價	提供如何最佳使用資源去成功實施培訓的訊息
3	過程評價	培訓中提供回饋給培訓實施者，監控失敗的來源或提供預先的訊息
4	結果評價	培訓目標的解釋和培訓結果的測量

從這四個方面的分類看，斯塔弗爾比姆的 CIPP 評估模型其實質更應該是對培訓項目的評估，而不僅僅是培訓效果的評估。其目的不單純是對培訓效果的評價，而且還用來指導培訓的優化設計。

四、培訓效果評估的流程

在培訓實施之前，要制訂和明確培訓評估的流程方案，才能保證培訓的順利實施。對企業實施的培訓項目進行效果評估有助於企業對培訓項目的前

景做出決定、樹立結果為本的意識，有助於扭轉培訓目標錯位的現象，是提高培訓質量的有效途徑、提高培訓體系有效性的基礎工作。

科學有效的培訓效果評估流程能保證培訓評估活動的順利實施，有效的培訓評估應該主要包括以下八個環節，如圖 8-4 所示。

```
界定評估目標 → 確定評估標準 → 選定評估方案
     ↑                              ↓
調整培訓項目                      實施評估方案
     ↑                              ↓
反饋評估結果 ← 撰寫評估報告 ← 統計分析評估訊息
```

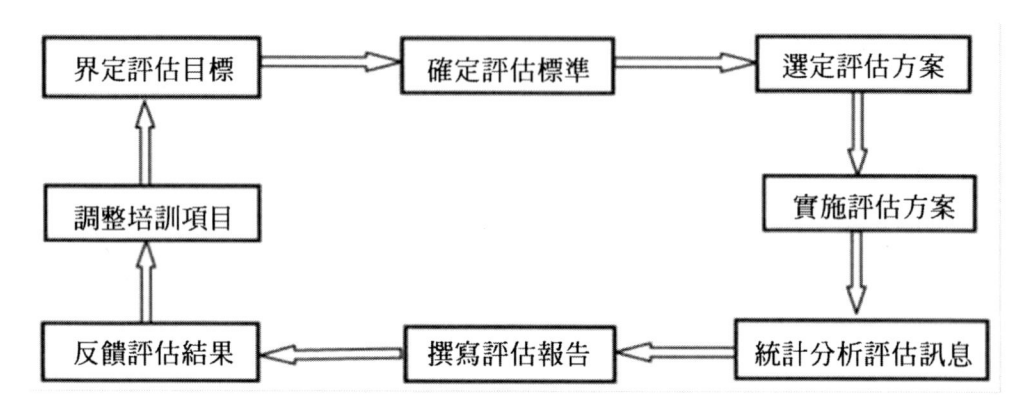

圖8-4 培訓效果評估的主要流程

1・界定評估目標

界定評估目標是進行培訓評估工作的前提條件，它決定了評估項目和評估方法的選擇。界定評估目標的關鍵是要說明培訓的作用並證明培訓的價值，培訓評估的目的不同，涉及的人員不同，培訓流程也不同。培訓評估的目的將影響數據收集的方法和所要收集的數據類型。同時，評估目標的實現程度也是衡量培訓效果的重要依據。透過評估，企業組織能夠獲取必要的訊息，對培訓項目進行修改以幫助企業完成不斷變化的培訓目標。

在培訓項目實施之前，培訓主管部門和相關業務主管部門就必須把培訓評估的目的明確下來。多數情況下，培訓評估的實施有助於對培訓項目的前景做出決定，對培訓系統的某些部分進行修訂，或是對培訓項目進行整體修改，使其更加符合企業的需要。培訓評估目標確定後，評估的後續工作才能有的放矢。

第四節　培訓效果的評估

2．確定評估標準

評估的標準來源於企業培訓效果評估的內容和培訓效果評估項目所要達到的目標。評估內容一般包含不同的層次，因此，培訓項目的指標設立應該考慮不同層次的特點，符合合理化指標所應該具備的普通標準。每個指標必須具有挑戰性、明確性、時限性、可實現性和簡單易懂的特點。為了達到這些標準，所有的部門應該參與指標的制訂工作，這有助於使培訓指標完全滿足管理者的要求，並使之貼近部門的工作實際。

3．選定評估方案

選定評估一般由組織的決策者和培訓項目實施者共同做出。這一過程一般包括：確定評估層次、明確培訓評估參與者、確定評估對象。

（1）確定培訓評估層次

培訓評估大致可以從反應層、學習層、行為層和結果層進行，培訓主管要根據培訓的深度與難度來確定最終的培訓評估層次，這將決定培訓評估開展的有益性和有效性。

（2）明確培訓評估參與者

為了保證評估結果的科學、客觀，必須選擇合適的評估參與者，並對評估參與者進行培訓。評估者既可以是外部專家，也可以從企業內部產生。另外，業務主管部門、員工的直線管理者以及項目參與者都可以參與評估活動。這樣有利於形成良好的溝通氛圍而使培訓評估更為有效。

（3）確定評估對象

只有選定評估對象，才能有效針對這些具體的評估對象開發不同的評估方式。這樣，培訓評估才會有所側重。

4．實施評估方案

實施評估方案的首要任務是選擇適當的、能夠反映培訓情況和評估要求的主要指標；確定對這些指標進行測量的工具和方法；用這些指標和工具對培訓項目進行客觀、準確的測量。

5．統計分析評估訊息

評估訊息的統計及分析是整個評估工作的重中之重。評估的過程就是對數據的收集分析過程。所以毫不誇張地講，此項工作決定了評估的成與敗。培訓主管不僅要對收集到的問卷、訪談資料等進行統計，還要分析這些資料得出相關結論

6．撰寫評估報告

評估報告就是利用評估過程中獲得的數據和分析結果，再結合培訓項目是否有效進行書面的、有說服力的整體評價。它主要包括評估目的概要，評估標準和對評估來源、方法和過程的說明，分析收集的資料並闡明結果，評審培訓費用，提供結論和改進建議。

7．回饋評估結果

有很多企業重視培訓評估，但是其評估卻與實際工作脫節，其原因就在於評估結束後，沒有將評估結果回饋給相關部門和人員。缺乏訊息回饋的評估不會給學員、培訓師以及培訓管理人員帶來動力，甚至會產生消極作用。因此，企業要建立良好的培訓評估回饋系統，及時把評估結果回饋給培訓相關者。

8．調整培訓項目

將培訓評估結果進行回饋後，就得採取相應的糾偏措施並進行不斷的跟蹤。培訓主管可以根據培訓效果的回饋對培訓項目進行調整，對好的培訓項目進行保留，對存在問題的項目進行修改。

因此，培訓效果的評估是一個完整的循環，任何一項評估都是一個長期的、連續不斷的過程。每一個步驟有其各自的特點，任何一步沒有得到有效執行，都會影響下一個步驟的開展，從而對整個系統產生影響。要使培訓評估造成應有的作用，就必須遵循科學的培訓效果評估流程，使整個評估流程順利推進，進而提高評估的科學性和效用，並對改善整個培訓系統產生積極的影響，最終推進組織目標的實現。

本章小結

　　本章介紹了員工培訓的概念、形式、意義和發展趨勢，闡述了員工培訓需求分析和培訓效果評估的流程和主要方法。員工培訓是指企業透過各種科學方式促使員工具備完成現在或將來工作所需要的知識、技能並改變他們的工作態度，以改善員工現有或將來職位上的工作業績，並最終實現企業整體績效提升的一種計劃性和連續性的活動。在實際工作中，員工培訓的內涵大致可分為廣義培訓和狹義培訓，各自具有不同的含義。培訓的形式和方法多種多樣，它對組織具有重要的意義。培訓需求分析是指在規劃與設計培訓活動之前，由培訓部門、主管人員、工作人員等採用各種方法與技術，對各種組織及其成員的目標、知識、技能等方面進行系統地鑒別和分析，以確定是否需要培訓及培訓內容的一種活動或過程。它既是確定培訓目標、設計培訓規劃的前提，也是進行培訓評估的基礎，因此是培訓活動的首要環節。它包括培訓需求溝通，培訓需求的收集與彙總，培訓需求分類，確定培訓需求的結果，設計培訓的內容、形式和方式五個流程。需求分析的方法有三要素分析法、前瞻性培訓需求分析、勝任力模型等。企業培訓效果評估是指企業按一定的組織形式和目的要求，對所進行的培訓活動，採用科學的方法，來審查和評估培訓是否達到既定目標的過程。培訓效果評估內容分為五大類：認知成果、技能成果、情感成果、績效成果及投資淨收益。培訓效果評估模型主要有柯克帕特里克的四層評估模型、考夫曼的五級評估模型、菲力普斯的五級六指標模型、CIRO 評估模型、CIPP 評估模型等。

關鍵術語

培訓　　　培訓方式　　培訓需求分析　　培訓效果評估

導師制　　情景模擬法　案例分析法　角色扮演法

管理遊戲法　　團隊培訓　　法計算機輔助培訓法　　網絡培訓法

虛擬現實培訓法　三要素分析法　　前瞻性需求分析　　勝任力模型

投資淨收益　　四層評估模型　　五級評估模型　　CIRO 評估模型

人力資源管理
第八章 員工培訓

CIPP 評估模型　　五級六指標模型

討論題

1．什麼是員工培訓？它分為哪些形式？

2．員工培訓的方式有哪些？各自的優缺點是什麼？

3．員工培訓需求分析包括哪些流程？

4．簡述員工三要素分析法、前瞻性培訓需求分析法和勝任力模型分析法。

5．員工培訓效果評估的內容是什麼？

6．簡述員工培訓效果評估的流程。

7．簡述四層評估模型、五級評估模型和五級六指標模型。

8．簡述 CIRO 評估模型和 CIPP 評估模型。

案例

培訓就是智力的儲蓄

某百集團股份有限公司是一家具有一甲子歷史、集貿易、廣告、租賃、進出口、新技術為一體的大型企業集團。集團認為員工的培訓和教育是企業抓根本、管長遠、打基礎、上水準的大事。公司為了將培訓工作落到實處，把教育與培訓工作作為單項指標列入經理任期目標責任制，進入公司重要議事日程。

公司認真制訂員工教育培訓長遠規劃和短期目標，建立健全了一整套保證職教目標實現的規章制度。制訂了員工教育條例、長期和短期培訓制度、考核制度、獎懲制度。東百集團的培訓方案包括以下幾個方面。

1．職位培訓

公司根據「幹什麼，學什麼；缺什麼，補什麼」的原則，定期培訓櫃組長、中級技術工人，培訓面達 100%，使員工的職位技能水準不斷提高，把好新

員工「先培訓，再入職」的關，並根據業務需要，及時進行企業文化、相關法律法規、安保知識、服務規範的學習。

2．等級培訓

集團對營業員實行等級制度，營業員共分為見習、初級、中級、高級四個等級。營業員實行動態管理，堅持每兩年一考，從政治素質、業務能力、服務態度、完成任務四個方面綜合考評，評定結果張榜公布，並直接與年終榮譽評定和個人利益掛鉤。

3．超前培訓

針對對外開放需要，公司還開辦了為期三個月的商業櫃臺英語口語培訓班，編印了具有特色的櫃檯英語會話三百句。透過培訓，大部分學員已能直接接待外國顧客。

4．中層幹部培訓

為使中層幹部更新知識，開闊眼界，提高管理能力，集團先後開辦了領導藝術、營銷策略、公共關係、商業法規、訊息技術等培訓班。

隨著集團經營的迅速發展，需要一大批高、精、尖的營銷專業人才。公司決定和大學策略聯盟實行聯合辦學。雙方在資金、生源、師資等硬軟體設施上優勢互補，使集團的職業教育工作更上一層樓。

案例討論題

1．某集團的培訓體系是否合理？你如何評價？

2．根據所學知識，分析該集團的培訓體系有哪些需要進一步改進的地方？

3．如果你是該集團的人力資源部門經理，你如何對本公司的培訓效果進行評估？

第九章 績效管理

第九章 績效管理

學習目標

●理解績效和績效管理的含義；

●瞭解績效管理的作用與意義；

●理解績效管理與人力資源管理其他職能的關係；

●瞭解績效管理的過程；

●理解並掌握績效管理的方法；

●瞭解績效管理的執行與回饋。

知識結構

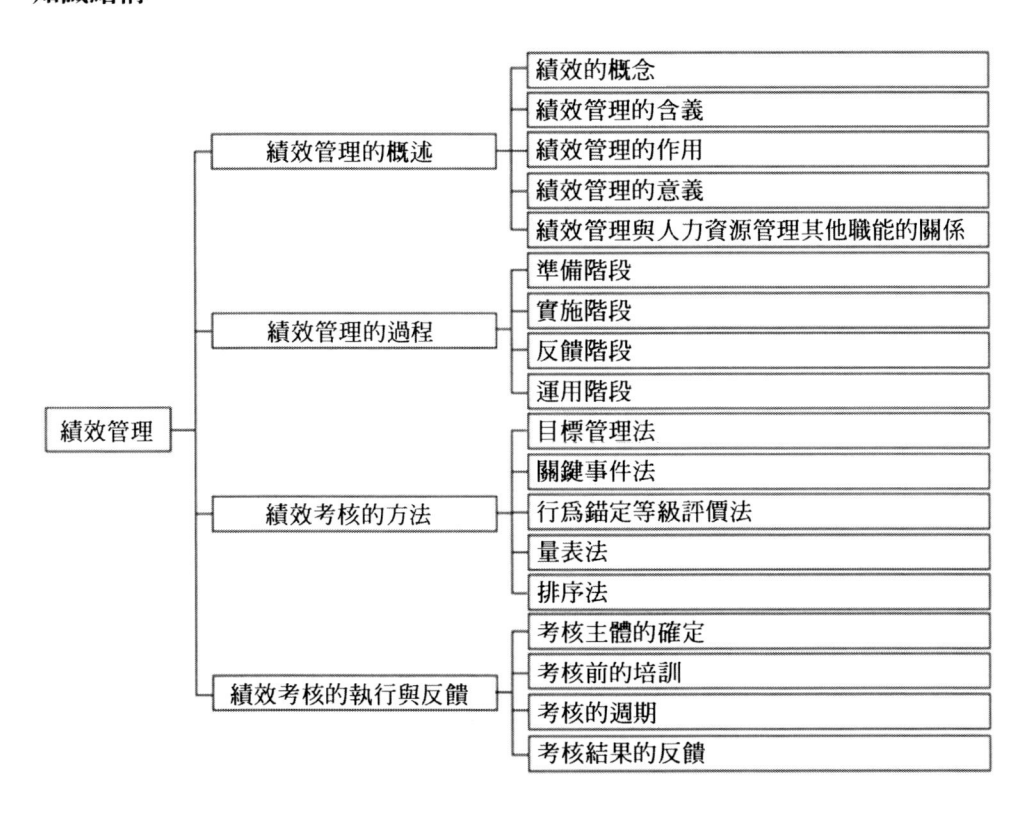

```
                                        ┌─ 績效的概念
                                        ├─ 績效管理的含義
                   ┌─ 績效管理的概述 ─────┼─ 績效管理的作用
                   │                    ├─ 績效管理的意義
                   │                    └─ 績效管理與人力資源管理其他職能的關係
                   │                    ┌─ 準備階段
                   │                    ├─ 實施階段
                   ├─ 績效管理的過程 ─────┼─ 反饋階段
  績效管理 ────────┤                    └─ 運用階段
                   │                    ┌─ 目標管理法
                   │                    ├─ 關鍵事件法
                   ├─ 績效考核的方法 ─────┼─ 行為錨定等級評價法
                   │                    ├─ 量表法
                   │                    └─ 排序法
                   │                         ┌─ 考核主體的確定
                   │                         ├─ 考核前的培訓
                   └─ 績效考核的執行與反饋 ───┼─ 考核的週期
                                             └─ 考核結果的反饋
```

人力資源管理
第九章 績效管理

案例導入

　　為了激勵員工，某公司決定實施績效管理。總經理決定採用很多企業廣泛使用的「月度績效考核」方法。三個月後，員工積極性未見提高，反而原先表現積極的員工也不積極了。每個部門上交的考核結果也日趨平均，甚至有的部門給每個員工打了相同的分數。整個公司的人際關係也變得有些微妙，沒有以前和諧了，同時員工的離職率也開始攀升……

　　總經理覺得很困惑：不是說績效管理好嗎？為什麼我的「月度績效考核」得不到一個好的效果，反而產生那麼多負面影響？

　　這是因為績效管理並不等同於績效考核。那麼績效管理又是什麼呢？透過本章的學習，你將理解績效管理的相關內涵，掌握績效管理的整個過程，同時也瞭解績效考核的方法及其實施與回饋。

第一節　績效管理的概述

　　績效管理概念的理解基於對績效的全面理解。在此基礎上，不僅要瞭解績效管理的含義，更要知曉績效管理的作用和所存在的意義，進而能夠認識到績效管理在人力資源管理中的重要作用。

一、績效的概念

1．績效的含義

　　對於績效的含義，人們有著不同的理解，最主要的觀點有三種：

　　一是從工作結果的角度出發進行理解；

　　二是從工作行為的角度出發進行理解；

　　三是從工作行為和工作結果相結合出發進行理解。

　　應當說，這些理解都是有一定道理的，但是又都不很全面，因此我們應當從綜合的角度出發來理解績效的含義。

（1）績效是結果

伯納德（1984）認為，績效是在特定的時間範圍內，在特定的工作職能、活動或行為上產生的結果記錄。因而將績效定義為「工作的結果，因為這些結果與組織的策略目標、顧客滿意度及所投資金的關係最為密切」。凱恩（1996）認為「績效是一個人留下的東西，這種東西與目的相對獨立存在」。他認為，對於績效管理來說，採用結果為中心的定義方式更好，因為它是從個人角度出發，並且能使個人的努力與組織的目標結合起來，實現了兩者的結合。勞埃德·拜厄斯和萊斯利·魯認為，績效是指完成組織成員職位任務的程度，反映了組織成員能在多大程度上實現職位要求。績效往往與努力相混淆，努力是指耗費的能量，而績效是以結果來衡量的。

東吳大學管理學研究所王忠宗教授認為，所謂績效，包含效率與效果兩個層次的意義，效率是以產出與投入的比率來衡量的，效果則是指達成組織整體的目標。許玉林和付亞和提出：從管理學的角度來看，績效就是組織期望的結果，是組織為實現其目標而展現在不同層面上的有效輸出，包括個人績效和組織績效兩個方面。

（2）強調績效的行為

墨菲認為，績效是一套與組織或部門的目標相關聯的行為，而組織或部門則構成了個人工作的環境。在此基礎上進行定義，「績效可以視為行為的同義詞，它是人們採取的行動，而且這種行動可以被他人觀察到。績效因此只包括那些與組織目標有關的，並且可能根據跟人的能力進行評估的行動或行為」。埃裡根等人提出，績效是個人或系統的所作所為。而坎貝爾、麥克樂、奧普萊和塞奈爾認為，績效是組織成員自己控制的與組織目標相關的行為。

（3）強調績效是結果和行為的統一

根據韋氏詞典，績效指的是完成、執行的行為，以及完成某種任務或者達到某個目標，通常是有功能性或者有效能的。對於一個組織而言，由於組織機構的層次性，績效也呈現出多樣性，通常分為組織的績效和組織成員的績效。王懷明提出應以綜合的觀點來看待組織成員的績效，績效反映了組織

成員在一定時間內以某種方式實現某種結果的過程。績效被定義為經過評價的工作行為、方式和結果。

實際上，作為結果和行為的績效觀各有其優點和缺點，績效既包括工作結果，也包括工作行為，這樣一個相對寬泛的界定更容易被大家所接受，也能更好地解釋實際現象。正如布羅姆布朗奇所說「績效指行為和結果。行為由從事工作的人表現出來，將工作任務付諸實施。行為不僅僅是結果的工具，行為本身也是結果，是為完成工作所付出的腦力和體力的結果，並且能與結果分開進行判斷。」這說明，當對個體的績效進行管理時，既要考慮個體的投入（行為），還要考慮個體的產出（結果）。因此績效是組織成員經過評估的工作行為表現及結果。組織透過對組織成員做績效的評估，獲得回饋訊息，便可以制訂相應的人事決策與措施，以調整和改進組織成員的工作效能。

因此，綜合上述三種觀點，所謂績效，就是指組織成員在工作過程中所表現出來的與組織目標相關的並且能夠被評價的工作業績、工作能力和工作態度，其中工作業績就是指工作的結果，工作能力和工作態度則是指工作的行為。在理解定義的基礎上，對於績效還要把握以下幾點。

①績效是基於工作而產生的，與組織成員的工作過程直接聯繫在一起，而工作之外的行為和結果不在績效的範圍之列。

②績效要與組織的目標有關，對組織的目標應當有直接的影響作用。由於組織的目標最終都會體現在各個職位上，因此與組織目標有關就直接表現為與職位的職責和目標有關。

③績效應當是能夠被評價的工作行為和工作結果，那些不能被評價的工作行為和結果也不屬於績效。

④績效還應當是表現出來的工作行為和工作結果，沒有表現出來的就不是績效。這一點和招聘錄用時的選拔評價是有區別的，而績效考核的重點則是現實性，就是說要評價組織成員是否做出了績效。

2．績效的類型

美國教授坎波爾將績效歸納為具體工作任務熟練程度、非具體工作任務熟練程度、書面和口頭交流任務的能力、所表現出的努力、維護個人紀律、促進他人和團隊的績效、監督管理或領導、管理或行政管理八個主要個體因素或組成部分的框架。

卡茲（Katz）和卡恩（Kahn）提出工作績效的三維分類法，他們把績效分為三個方面。

（1）加入組織並留在組織中；

（2）達到或超過組織對組織成員所規定的績效標準；

（3）自發地進行組織對組織成員規定之外的活動，如與其他成員合作、保護組織免受損害、為組織的發展提供建議以及自我發展等。

波曼和托維德羅在總結前人及自己研究的基礎上提出了任務績效和關係績效的概念。他們把任務績效看成是組織所規定的、與特定工作中核心的技術活動有關的所有行為，包括工作的數量、質量、時效和成本等方面的內容；關係績效則是自發的行為，它是主動幫助工作中有困難的同事，同時保持與同事之間的良好工作關係，透過額外的努力完成任務的行為。它不直接增加核心的技術活動，但卻為核心的技術活動保持廣泛的組織的、社會的和心理的環境。實質上，組織成員的工作結果就是所謂的任務績效；組織成員在工作過程中所表現出來的行為，就是所謂的關係績效。

績效包括組織績效、部門績效和組織成員績效三個層次。阿普勒指出：「組織經營與人事管理密不可分，經營就是人事管理」。在組織成員績效和組織績效的關係方面，組織成員績效的改善有助於組織績效的維持和提升。已有的研究結果表明：不管是從結果衡量，還是從過程衡量，組織成員績效與組織績效之間是相關的。組織成員績效就是組織成員按照一定要求做事所達到的效果，強調結果考核。組織非常重視實質意義上的考核，及評價組織成員做績效的過程，並以此作為獎懲的依據。

3．績效的特點

（1）多因性

多因性就是指組織成員的績效是受多重因素共同影響的，並不是哪一個單一的因素就可以決定的，績效和影響績效的因素之間的關係可以用一個公式加以表示：

$P = f(K, A, M, E)$

在這個關係式中，f 表示一種函數關係；P（performance）就是績效；K（Knowledge）就是知識，指與工作相關的知識；A（ability）就是能力，指組織成員自身所具備的能力；M（motivation）就是激勵，指組織成員在工作過程中所受的激勵；E（environment）就是環境，指工作的設備、工作的場所等。

（2）多維性

多維性就是指組織成員的績效往往是體現在多個方面的，工作結果和工作行為都屬於績效的範圍。因此，對組織成員的績效必須從多方面進行考察。當然，不同的維度在整體績效中的重要性是不同的。

（3）變動性

變動性就是指組織成員的績效並不是固定不變的，在主客觀條件發生變化的情況下，績效是會發生變動的。這種變動性就決定了績效的時限性，績效往往是針對某一特定的時期而言的。

二、績效管理的含義

1．績效管理的定義

績效管理是指為了實現組織發展策略目標，採用科學的方法，制訂組織成員的績效目標並收集與績效有關的訊息，定期對組織成員的績效目標完成情況做出評價和回饋，以改善組織成員的績效並最終提高組織整體績效的制度化過程。此外，還需要注意以下幾個方面。

①績效管理是管理組織業績的系統,它透過業績計劃、業績改進、業績考察三個過程對組織的業績進行管理。

②績效管理是管理組織成員業績的系統,組織成員要參與到業績管理過程中,透過組織與組織成員的不斷溝通,雙方在績效評價內容和標準上達成共識;透過業績計劃、業績評價、業績回饋不斷改進組織成員業績。

③績效管理是綜合管理組織和與組織成員績效的系統,它透過將組織成員個人工作與組織目標聯繫在一起,提高組織業績,實現組織目標。

2.績效管理的內容

對於績效管理,人們往往把它視為績效考核,將績效管理和績效考核等同起來,認為兩者並沒有什麼區別。其實,績效考核只是績效管理的一個組成部分,最多只是一個核心的組成部分而已,代表不了績效管理的全部內容。完整意義上的績效管理是由績效計劃、績效溝通、績效考核和績效回饋這四個部分組成的一個系統。

(1) 績效計劃。這是整個績效管理系統的起點,它是指績效週期開始時,由上級和組織成員一起就組織成員在績效考核期內的績效目標進行討論並達成一致。

(2) 績效溝通。績效溝通是指在整個績效週期內,透過上級和組織成員之間持續的溝通來預防或解決組織成員實現績效時可能發生的各種問題的過程。

(3) 績效考核。績效考核是指確定一定的考核主體,借助一定的考核方法,對組織成員的工作績效做出評價。

(4) 績效回饋。其是指績效週期結束時,在上級和組織成員之間進行績效考核面談時,由上級將考核結果告訴組織成員,指出組織成員在工作中存在的不足,並和組織成員一起制訂績效改進的計劃。

此外,績效管理內容的把握,還需要區分績效管理與績效考核內涵的不同之處,如表9-1。

表9-1 績效管理與績效考核的比較

績效管理	績效考核
是人力資源管理體系的核心內容	是績效管理中的關鍵環節
是一個完整的管理過程，側重於訊息溝通與績效提高，強調實現溝通與承諾，並伴隨著管理活動的全過程	是管理過程中的局部環節和手段，側重於判斷和評估，強調事後的評價，而且僅在特定的時期內出現。
具有前瞻性，能幫助組織和經濟體前瞻性看待問題，有效規劃組織和組織成員的未來發展	是回顧過去的一個階段性成果，不具備前瞻性
有著完善的計劃、監督和控制的手段和方法	是提取績效訊息的一個手段
注重能力的高低	注重成績的高低

3．績效管理的特點

第一，績效管理的目標是不斷改進組織氛圍，優化作業環境，持續激勵組織成員，提高組織效率。它既可以按公司、部門或小組目標定位，也可以按組織成員的個人目標定位。

第二，績效管理的範圍，覆蓋組織中所有的人員和所有的活動，它是企事業單位全員、全面和全過程的立體性動態管理。

第三，績效管理是組織人力資源管理制度的重要組成部分，也是組織生產經營活動正常運行的重要支持系統。它由一系列具體工作環節所組成。

第四，績效管理是指一套正式的、結構化的制度，它透過一系列的考核指標和標準，衡量、分析和評價與組織成員有關的特質、行為和結果，考察組織成員的實際績效，瞭解組織成員可能發展的潛力，以期獲得組織成員與組織的共同發展。

第五，績效管理是以績效評估制度為基礎的人力資源管理的子系統，它表現為有序的、複雜的管理活動過程。它首先要明確組織與組織成員個人的工作目標，並在達成共識的基礎上採用行之有效的管理辦法，不但保障按期、按質、按量地達到和實現目標，還要考慮如何構建並完善一個更有效的激勵組織成員，不斷提升組織成員綜合素質的運行機制。

4・績效管理的目的

由績效管理的定義可以看出,對績效實施管理的根本目的是為了改善組織成員的工作績效並最終提高組織的整體績效,因此絕對不能把它簡單地視為一種對組織成員的控制手段。績效管理不是在組織成員出現差錯時對他們進行懲罰,而是在工作過程中幫助他們改進績效。因此績效管理不僅看重績效的實現結果,更看重績效的實現過程。

三、績效管理的作用

在大多數人心目中,績效管理的作用在於進行獎金分配時有依據。不可否認,這是績效管理的一個重要作用,但這並不是它唯一的作用,績效管理是整個人力資源管理系統的核心,績效考核的結果可以在人力資源管理的其他各項職能中得到運用。績效管理不僅是組織管理過程中的一個重要工具,還能對組織成員個體產生一定的影響。

1・對組織的作用

(1) 診斷作用

績效管理是組織各個職能和業務部門主管的基本職責,在績效目標明確的前提下,不但需要對組織中每個成員的活動進行跟蹤,及時溝通、分析、回饋績效管理訊息,而且要及時發現組織中存在的共性問題,採用科學的方法進行組織診斷。透過調查掌握組織機構的現狀及其存在的問題,並對照工作職位說明書、組織功能圖、管理業務流程圖等文件,進行組織職能分析、組織關係分析和決策分析,找出組織中存在問題的癥結所在,確定有哪些部門、流程、程序、授權和協作關係需要改進和調整,從而為組織的發展提供依據。

(2) 監測作用

透過有效的績效管理體系的運行,可以顯示出組織中從高層領導到中層管理人員,以至於一線組織成員,從勞動環境、生產條件、技術裝備、工作場地等硬件條件,到組織文化、經營理念、領導方式、工作方法、工時制度

等軟件方面的實際運行情況。在組織績效管理的過程中，各級主管必須對人力、物力和財力等資源的配置及實際運行情況，進行及時的測定和監督，這樣才能達到有效地組織、協調和控制的目的，從而實現預定的績效目標。

（3）導向作用

績效管理的基本目標是不斷改善組織氛圍，提高組織的整體效率和經濟效益，促進組織成員與組織的共同發展。要達到這一目標，各級主管在組織績效管理的過程中，應該充分發揮績效管理的導向作用，透過積極主動的績效溝通和面談，採用科學的方法從不同需求出發，激勵和引導下屬朝著一個共同的目標努力學習，積極進取。

（4）競爭作用

績效管理總是與組織的薪酬獎勵、晉升等制度密切相關。透過績效管理，績效優秀的組織成員不但會受到獎勵，還可能會獲得晉級，這為全體組織成員樹立了工作的榜樣；同時那些落後的、工作績效不佳的組織成員，也可能受到一定的批評或處罰。無論是受獎或受罰，對組織成員都會產生某種觸動和鞭策，在組織中形成競爭的局面。這種組織成員之間的相互競爭，勢必有助於組織的發展和目標的實現，使組織和組織成員同時收益。

2．對個體的作用

（1）激勵作用

績效管理可以充分肯定組織成員的工作業績，能使組織成員體驗到成就的自豪，有利於鼓勵先進、鞭策落後、帶動中間，從而對每個組織成員的工作行為進行有效的激勵。

（2）規範作用

績效管理為各項人力資源管理工作提供了一個客觀而有效的標準和行為規範，並依據這個考核的結果對組織成員進行晉升、獎懲、調配等。透過不斷的考核，按照標準進行獎懲與晉升，會使組織形成按標準辦事的風氣，促進組織的人力資源管理標準化。

(3) 發展作用

績效管理的發展功能主要表現在兩個方面：一方面是組織根據考核結果可以制訂正確的培訓計劃，達到提高全體組織成員素質的目標；另一方面又可以發現組織成員的特點，根據組織成員的特點決定培養方向和使用方法，充分發揮個人長處，將個人與組織的發展目標有效地結合起來。

(4) 控制作用

透過績效管理，不僅可以把組織成員的數量和質量控制在一個合理的範圍內，還可以控制工作進度和協作關係，從而使組織成員明確自己的工作職責，按照既定規定做事，提高工作的自覺性和紀律性。

(5) 溝通作用

績效考核結果出來以後，管理者將與組織成員進行談話，說明考核的結果，聽取組織成員的看法與申訴。這樣就為上下級提供了一個良好的溝通機會，使上下級之間能夠相互瞭解，並增進相互間的感情。

四、績效管理的意義

1．績效管理有助於提升組織的績效

組織績效是以組織成員個人績效為基礎而形成的，有效的績效管理系統可以改善組織成員的工作績效，進而有助於提高組織的整體績效。

2．績效管理有助於保證組織成員行為和組織目標的一致

組織績效的實現依賴於組織成員的努力工作，但是近年來的研究表明，兩者的關係並不像人們想像的那麼簡單，而是非常複雜的。在努力程度和組織績效之間有一個關鍵的中間變量——努力方向與組織目標的一致性。如果組織成員的努力程度比較高，但是方向卻與組織的目標相反，那麼這不僅不會增進組織的績效，相反還會產生負面作用。保證組織成員行為與組織目標一致的一個重要途徑就是借助於績效管理，由於績效考核指標對組織成員的行為具有導向作用，因此透過設定與組織目標一致的考核指標，就可以將組織成員的行為引導到組織目標上來。

3. 績效管理有助於提高組織成員的滿意度

提高組織成員的滿意度對於組織來說具有重要的意義，而滿意度是和組織成員需要的滿意程度聯繫在一起的。按照馬斯洛的需求層次理論，在基本的生活得到保障以後，每個組織成員都會內在地具有尊重和自我實現的需要，績效管理則從兩個方面滿足了這種需要，從而有助於提高組織成員的滿意度。首先，透過有效的績效管理，組織成員的工作績效能夠不斷地得到改善，這可以提高他們的成就感，從而滿足自我實現的需要；其次，透過完善的績效管理，組織成員不僅可以參與管理過程，而且還可以得到績效的回饋訊息，這能夠使他們感到自己在組織中受到了重視，從而可以滿足尊重的需要。

4. 績效管理有助於實現人力資源管理其他決策的科學合理

績效管理還可以為人力資源管理的其他職能活動提供準確可靠的訊息，從而提高決策的科學化和合理化程度，使整體的管理過程具有較高的科學性。

五、績效管理與人力資源管理其他職能的關係

1. 與工作分析的關係

在績效管理中，對組織成員進行績效考核的主要依據就是事先設定的績效目標，而績效目標的內容在很大程度上都來自透過工作分析所形成的工作說明書。借助工作說明書來設定組織成員的績效目標，使績效管理工作更有針對性。

2. 與人力資源規劃的關係

績效管理對人力資源規劃的影響主要表現在人力資源質量的預測方面。借助績效管理系統，能夠對組織成員目前的知識和技能水準做出準確的評價，不僅可以為人力資源供給質量提供預測，還可以為人力資源需求質量的預測提供有效的訊息。

3. 與招聘錄用的關係

績效管理與招聘錄用的關係是一種雙向的。首先，透過對組織成員的績效進行評價，能夠對不同招聘管道的質量做出比較，從而可以實現對招聘管

道的優化；此外，對組織成員績效的評價也是檢測甄選錄用系統效度的一個有效手段。其次，招聘錄用也會對績效管理產生影響，如果招聘錄用的質量比較高，組織成員在實際工作中就會表現出良好的績效，這樣就可以大大減輕績效管理的負擔。

4・與培訓開發的關係

績效管理與培訓開發也是相互影響的。在講培訓需求分析時已經指出，透過對組織成員的績效做出評價，可以發現培訓的「壓力點」，在對「壓力點」做出分析之後就可以確定培訓的需求；同時，培訓開發也是改進組織成員績效的一個重要手段，有助於實現績效管理的目標。

5・與薪酬管理的關係

績效管理與薪酬管理的關係是最為直接的，按照赫茨伯格的雙因素理論，如果將組織成員的薪酬與他們的績效掛鉤，使薪酬成為工作績效的一種反映，就可以使薪酬從保健因素轉變為激勵因素，可以使薪酬發揮更大的激勵作用。此外，按照公平理論的解釋，支付給組織成員的薪酬應當具有公平性，這樣才可以更好地調動他們的積極性，為此就要對組織成員的績效做出準確的評價，一方面使他們的付出能夠得到相應的回報，實現薪酬的自我公平；另一方面也使績效不同的組織成員得到不同的報酬，實現薪酬的內部公平。

6・與人員調配的關係

組織進行人員調配的目的就是為了實現組織成員與職位的相互匹配，透過對組織成員進行績效考核，一方面可以發現組織成員是否適應現有的職位，另一方面也可以發現組織成員適宜從事哪些職位。

第二節　績效管理的過程

績效管理是一個管理過程，這個過程大致可以分為四個階段：準備階段、實施階段、回饋階段和運用階段。

人力資源管理
第九章 績效管理

一、準備階段

準備階段是整個績效管理過程的開始，主要是指績效計劃，也就是說透過上級和組織成員的共同討論，確定出組織成員的績效考核目標和績效考核週期。

1．績效考核目標

績效考核目標，是對組織成員在績效考核期間的工作任務和工作要求所做的界定，這是對組織成員進行績效考核時的參照系，績效目標由績效內容和績效標準組成。

（1）績效內容

績效內容界定了組織成員的工作任務，也就是說組織成員在績效考核期間應當做的事情，它包括績效項目和績效指標兩個部分。

績效項目是指績效的維度，也就是說要從哪些方面來對組織成員的績效進行考核，按照前面所講的績效的含義，績效的維度，即績效考核項目有三個：工作業績、工作能力和工作態度。對於工作業績，設定指標時一般要從數量、質量、成本和時間四個方面進行考慮；對於工作能力和工作態度，則要具體情況具體對待，根據各個職位不同的工作內容來設定不同的指標。

績效指標則是績效項目的具體內容，它可以理解為是對績效項目的分解和細化。績效指標的確定，有助於保證績效考核的客觀性。在確定績效指標時，應當具備以下幾點特徵。

①績效指標應當有效。這就是說績效指標應當涵蓋組織成員的全部工作內容，這樣才能夠準確地評價出組織成員的實際績效，這包括兩個方面：一是績效指標不能有缺失，組織成員的全部工作內容都應當包括在績效指標內；二是績效指標不能有溢出，職責範圍以外的工作內容不應當包括在績效指標中。有效的績效指標是績效指標和實際工作內容的重疊部分，剩餘的績效指標表示績效指標的溢出，剩餘的實際工作內容則是指績效指標的缺失。重疊部分越大，績效指標的有效性就越高。為了提高績效指標的有效性，應當依據工作說明書的內容來確定績效指標。

②績效指標應當具體。這就是說指標要明確地指出到底是要考核什麼內容，不能過於籠統，否則考核主體就無法進行考核。

③績效指標應當明確。這就是說當對指標有多種不同的理解時，應當清晰地界定其含義，不能讓考核主體產生誤解。

④績效指標應當具有差異性。這包括兩個層次的含義：一是對於同一個組織成員來說，各個指標在總體績效中所占的比重應當有差異，因為不同的指標對組織成員績效的貢獻不同；二是對於不同的組織成員來說，績效指標應當有差異，因為每個組織成員從事的工作內容是不同的。

⑤績效指標應當具有變動性。這也包括兩個層次的含義：

一是在不同的績效週期，績效指標應當隨著工作任務的變化而有所變化；

二是在不同的績效週期，各個指標的權重也應當根據工作重點的不同而有所區別，職位的工作重點一般也是由組織的工作重點決定的。

(2) 績效標準

績效標準明確了組織成員的工作要求，也就是說對於績效內容界定的事情，組織成員應當怎樣做或者做到什麼樣的程度。績效標準的確定有助於保證績效考核的公正性，否則就無法確定組織成員的績效到底是好還是不好。確定績效標準時，應當注意以下幾個方面。

①績效標準應當明確。按照目標激勵理論的解釋，目標越明確，對組織成員的激勵效果就越好，因此在確定績效標準時應當具體清楚，不能含糊不清，這就要求儘可能地使用量化的標準。此外，有些績效指標不可能量化或者量化的成本比較高，主要是能力和態度的工作行為指標。對於這些指標，明確績效標準的方式就是給出行為的具體描述，從而使這一指標的績效標準相對比較明確。

②績效標準應當適度。這就是說指定的標準要具有一定的難度，但是組織成員經過努力也是可以實現的，通俗地講就是「跳一跳就能夠到」。這同樣是源自目標激勵理論的揭示，目標太容易或者太難，對組織成員的激勵效

果都會大大降低，因此績效標準的制訂應當在組織成員可以實現的範圍內確定。

③績效標準應當可變。這包括兩個層次：一是對於同一個組織成員來說，在不同的績效週期，隨著外部環境的變化，績效標準有可能也要變化；二是對於不同的組織成員來講，即使在同樣的績效週期，由於工作環境的不同，績效標準也有可能不同。對於績效目標的設計要求，概括為 SMART 原則。

具體的（Specific）——保證其明確的牽引性；

可衡量的（Measurable）——必須有明確的衡量標準；

可以達到的（Attainable）——不能因指標的無法達成而使組織成員產生挫敗感，但這並不否定其應具有挑戰性；

相關的（Relevant）——必須與公司的策略目標、部門的任務和職位職責相聯繫；

以時間為基礎的（Time-based）——必須有明確的時間要求。

2．績效考核週期

績效考核週期，也可以叫做績效考核期限，是指多長時間對組織成員進行一次績效考核。由於績效考核需要耗費一定的人力、物力，因此考核週期過短，會增加組織管理成本的開支；但是績效考核週期過長，又會降低績效考核的準確性，不利於組織成員做績效的改進，從而影響績效管理的效果。因此，在準備階段，還應當確定出恰當的績效考核週期。考核週期的確定，要考慮以下幾個因素。

（1）職位的性質

不同的職位，工作的內容是不同的，因此績效考核的週期也應當不同。一般來說，職位的工作績效比較容易考核的，考核週期相對要短一些。其次，職位的工作績效對組織整體績效的影響比較大的，考核週期相對要短一些，這樣有助於及時發現問題並進行改進。

(2) 指標的性質

不同的績效指標,其性質是不同的,考核的週期也應當不同。一般來說,性質穩定的指標,考核週期相對要長一些,相反考核週期相對就要短一些。

(3) 標準的性質

在確定考核週期時,還應當考慮績效標準的性質,也就是說考核週期的時間應當保證組織成員經過努力能夠實現這些標準,這一點其實是和績效標準的適度性聯繫在一起的。

在準備階段,應當採取互動的方式,讓組織成員參與到績效目標的制訂過程中來。按照目標激勵理論的解釋,只有當組織成員承認並接受某一目標時,這一目標實現的可能性才比較大。透過互動的討論,組織成員對績效目標的接受程度就會比較高,從而有助於績效目標的實現。

二、實施階段

績效管理的實施階段則主要包括績效溝通和績效考核兩項。

1.績效溝通

績效溝通是指在整個績效考核週期內,上級就績效問題持續不斷地與組織成員進行交流和溝通,給予組織成員必要的指導和建議,幫助組織成員實現確定的績效目標。前面已經指出,績效管理的根本目的是透過改善組織成員的績效來提高組織的整體績效,只有每個組織成員都實現了各自的績效目標,組織的整體目標才能實現,因此在確定績效目標後,管理者還應當幫助組織成員實現這一目標。

2.績效考核

績效考核是指在考核週期結束時,選擇相應的考核主體和考核方法,收集相關的訊息,對組織成員完成績效目標的情況做出考核。這裡我們只討論考核主體,考核方法將在第三節中專門進行闡述。考核主體是指對組織成員的績效進行考核的人員,考核主體一般包括五類:上級、同事、下屬、組織成員本人和客戶。

第一類：上級

這是最為主要的考核主體。上級考核的優點表現在：由於上級對組織成員承擔直接的管理責任，因此他們通常最瞭解組織成員的工作情況；此外，用上級作為考核主體還有助於實現管理的目的，保證管理的權威。上級考核的缺點在於考核訊息來源單一，容易產生個人偏見。

第二類：同事

同事作為考核主體的優點表現在：由於同事和被考核者在一起工作，因此他們對組織成員的工作情況也比較瞭解，同事一般不止一人，可以對組織成員進行全方位的考核，避免個人的偏見；此外，還有助於促使組織成員在工作中與同事配合。同事考核的缺點表現在：人際關係的因素會影響考核的公正性，和自己關係好的就給高分，不好的就給低分；大家有可能協商一致，相互給高分；還有可能造成相互的猜疑，影響同事關係。

第三類：下屬

用下屬作為考核主體，其優點表現在：可以促使上級關心下屬的工作，建立融洽的組織成員關係；由於下屬是被管理的對象，因此最瞭解上級的領導管理能力，能夠發現上級在工作方面存在的問題。下屬考核的缺點表現在：由於顧及上級的反應，往往不敢真實地反映情況；有可能削弱上級的管理權威，造成上級對下屬的遷就。

第四類：組織成員本人

讓組織成員本人作為考核主體進行自我考核，其優點表現在：能夠增加組織成員的參與感，加強他們的自我開發意識和自我約束意識；有助於組織成員對考核結果的接受。其缺點表現在：組織成員對自己的評價往往容易偏高，當自我考核和其他主體考核的結果差異較大時，容易引起矛盾。

第五類：客戶

客戶考核就是由組織成員服務的對象來對他們的績效進行考核，這裡的客戶不僅包括外部客戶，還包括內部客戶。客戶考核有助於組織成員更加關

注自己的工作結果，提高工作的質量。但它的缺點表現在：不利於對組織成員進行全面的評價；有些職位的客戶比較難以確定，不適於使用這種方法。因此客戶作為主體的考核方式侷限性是最大的。

由於不同的考核主體收集考核訊息的來源不同，對組織成員績效的看法也會不同，為了保證績效考核的客觀公正，應當根據考核指標的性質來選擇考核主體，選擇的考核主體應當是對考核指標最為瞭解的。由於每個職位的績效目標都由一系列的指標組成，不同的指標又由不同的主體來進行考核，因此每個職位的評價主體也有多個。此外，當不同的考核主體對某一個指標都比較瞭解時，這些主體都應當對這一指標做出考核，以儘可能地消除考核的片面性。

3·績效考核中的錯誤

由於績效考核是一種人對人的評價，存在較大的主觀性，因而在這一過程中往往會出現一些誤差，從而影響考核的效果。為了避免這些誤差，我們要正視以下一些錯誤。

（1）暈輪效應。它是指以組織成員某一方面的特徵為基礎而對總體做出評價，通俗地講就是「一好遮百醜」。

（2）邏輯錯誤。它是指考核主體使用簡單的邏輯推理而不是根據客觀的情況來對組織成員進行評價。

（3）近期誤差。它是指以組織成員近期的表現為根據而對整個績效考核週期的表現做出評價。

（4）首因效應。它和近期誤差正好相反，是指考核主體根據組織成員起初的表現而對整個績效考核週期的表現做出評價。

（5）對比效應。它是指考核主體將組織成員和自己進行對比，與自己相似的就給予較高的評價，與自己不同的就給予較低的評價。

（6）溢出效應。它是指根據組織成員在考核週期以外的表現對考核週期內的表現做出評價。

（7）寬大化傾向。它是指考核主體放寬考核的標準，給所有組織成員的考核結果都比較高。與此類似的錯誤還有嚴格化傾向和中心化傾向，前者指掌握的標準過嚴，給組織成員的考核結果都比較低；後者指對組織成員的考核結果比較集中，既不過高也不過低。

為了減少甚至避免這些錯誤，應當採取以下措施：第一，建立完善的績效目標體系，績效考核指標和績效考核標準應當具體、明確；第二，選擇恰當的考核主體，考核主體應當對組織成員在考核指標上的表現最為瞭解；第三，選擇合適的可靠方法；第四，對考核主體進行培訓，考核開始前要對考核主體進行培訓，指出這些可能存在的錯誤，從而使他們在考核過程中能夠有意識地避免這些錯誤。

三、回饋階段

實施階段結束以後，接著就是回饋階段，這一階段主要是完成績效回饋的任務，也就是說上級要就績效考核的結果和組織成員進行面對面的溝通，指出組織成員在績效考核期間存在的問題，並一起制訂出績效改進計劃，為了保證績效的改進，還要對績效改進計劃的執行效果進行跟蹤。

1．績效回饋應注意的問題

（1）績效回饋應當及時

在績效考核結束後，上級應當立即就績效考核的結果向組織成員進行回饋。績效回饋的目的是要指出組織成員在工作中存在的問題，從而有利於他們在以後的工作中加以改進。如果回饋滯後的話，那麼組織成員在下一個考核週期還會出現同樣的問題，這就達不到績效管理的目的。

（2）績效回饋要指出具體的問題

績效回饋是為了讓組織成員知道自己到底什麼地方存在不足，因此回饋時不能只告訴組織成員績效考核的結果，而應當舉出具體的問題。

(3) 績效回饋要指出問題出現的原因

除了要指出組織成員的問題外，績效回饋還應當和組織成員一起找出造成問題的原因並有針對性地制訂出改進計劃。

(4) 績效回饋不能針對人

回饋過程，針對的只能是組織成員的工作績效，而不能是組織成員本人，否則容易傷害組織成員，造成牴觸情緒，影響回饋的結果。

(5) 注意績效回饋時說話的技巧

由於績效回饋是一種面談，因此說話的技巧會影響回饋的效果。在進行回饋時，首先要消除組織成員的緊張情緒，建立起融洽的談話氣氛；其次在回饋過程中，語氣要平和，不能引起組織成員的反感；再次要給組織成員說話的機會，允許他們解釋，績效回饋是一種溝通，不是在指責組織成員；最後該結束的時候一定要結束，否則就是在浪費時間。

2．績效回饋效果的衡量

在績效回饋結束以後，管理者還必須對回饋的效果加以衡量，提高以後的回饋效果。衡量回饋效果時，要考慮以下幾個方面：回饋是否達到了預期的目的；下次回饋時，應當如何改進談話的方式；有哪些遺漏是必須加以補充的，又有哪些無用的內容必須刪除；此次回饋對組織成員改進工作是否有幫助；回饋是否增進了雙方的理解；對於此次回饋，雙方是否感到滿意。對於上述問題中得到肯定回答的問題，在下一次回饋中就應當堅持；反之，得到否定回答的問題，在下一次回饋中就必須加以改進。

四、運用階段

績效管理實施的最後一個階段是運用階段，就是說要將績效考核的結果運用到人力資源管理的其他職能中去，從而真正發揮績效管理的作用，保證績效管理目標的實現。績效考核結果的運用包括兩個層次的內容：

一是直接根據績效考核結果做出相關的獎懲決策；

二是對績效考核的結果進行分析，從而為人力資源管理其他職能的實施提供指導或依據。

按照期望理論的解釋，當組織成員經過個人的努力取得了一定的績效後，組織應當根據績效的結果給予相應的獎勵。這樣他們才會有繼續努力工作的動機，當然這些獎勵要能夠滿足組織成員的需要才行。此外，強化理論也指出，當組織成員的工作結果或行為符合組織的要求時，應當給予正強化，以鼓勵這種結果或行為；當工作結果或行為不符合組織的要求時，應當給予懲罰，以減少這種結果或行為的發生。因此，組織應當根據組織成員績效考核的結果給予他們相應的獎勵或懲罰。

這種獎懲主要體現在兩個方面：

一是工資獎金的變動；

二是職位的變動。

為了便於考核結果的運用，往往需要計算出最後的考核結果，並將結果區分成不同的等級。當用於不同的方面時，各績效項目在最終結果中所占的權重也應當有所不同。一般來說，用於第一個方面時，工作業績和工作態度所占的比重應當相對較高；用於第二個方面時，工作業績和工作能力所占的比重要相對較高。此外，還要將最終計算出的考核結果劃分成不同的等級，據此給予組織成員不同的獎懲，績效越好，給予的獎勵就要越大；績效越差，給予的懲罰就要越大。

第三節　績效考核的方法

一、目標管理法

目標管理的概念首先是由彼特·杜拉克在 20 世紀 50 年代作為一種運用目標激勵的方法提出的。目標管理先由組織確定，提出在一定時期內期望達到的理想總目標，然後由各部門和全體組織成員根據總目標確定各個分目標並積極主動實現的一種管理方法。

當前,目標管理已廣泛運用於各個行業的管理中。目標管理強調製訂目標的參與性,要求組織上下經協商制訂組織和個人目標,並以此確定彼此之間的責任;強調人人為實現目標而努力,進行自我調節和控制;強調透過績效考核來對整個管理工作進行引導、監督、驗證和激勵。目標管理的考核以「事」為主,以組織成員年初制訂的工作目標的達成狀況作為考核內容。

目標管理的基本思想是組織首先根據其發展的要求制訂一段時期內的總目標,然後再將總目標層層分解,從而得到各層次的部門和組織成員個體的階段目標。各部門及個人的工作圍繞其分目標開展,其過程強調自我約束和上級的監督檢查,把完成目標的情況作為評價組織成員績效的主要依據。因此,目標管理的目標轉化過程既是「自上而下」的,又是「自下而上」的。最終結果是一個目標的層級結構,在此結構中,某一層的目標與下一級目標連接在一起,而且對每一位僱員,目標管理都提供了具體的個人績效目標。因此,每個人對他所在單位成果的貢獻都很明確,如果所有的人都實現了他們各自的目標,則他們所在單位的目標也將達到,而組織整體目標的實現也將成為現實。

目標管理的考核,旨在年底必須對未來一年工作上的期望和成果予以規劃,著重未來 12 個月的績效。換言之,目標管理的考核,主管與下屬對實現考核項目具有充分溝通的機會,也會定期商談目標的進度,因此,考核結果雙方能達成一定共識,紛爭較少。目標管理的考核方法可以進一步訓練和培養人才。

二、關鍵事件法

關鍵事件法是由美國學者福萊·諾格和伯恩斯(Baras)提出的。該方法是指組織成員的上級在績效考核的過程中觀察到的組織成員突出的工作行為,列出一張組織成員行為的清單,從而將組織成員好的行為和差的行為分別記錄在表格中,據此對組織成員進行評價。這樣一份結構化的行為記錄表,不但提供了考核的依據,而且使考核的結果更為準確和客觀。由於要對組織成員的工作表現進行記錄,而不是在年中或年末時根據組織成員近期的表現做一個評估,避免了近因效應。而且,這樣可以給組織成員提供好的工作範

例,給表現較差的組織成員設定工作目標時,可以將此範例作為工作的樣板。該方法的優點在於:對組織成員的評價建立在具體的事實基礎之上,從而有效地避免了評估者的主觀片面性;為向組織成員解釋績效評價結果提供了一些確切的事實證據。然而使用該方法需要注意的地方是,績效記錄的工作需要貫穿在整個考核週期內,而不是僅在臨近考核的時候才開始。而且這種方法對考核者有著較高的要求,一方面,考核者必須記錄被評估者工作過程中的所有關鍵事件,不能遺漏;另一方面,考核者進行記錄的必須是具體的行為或事件。

三、行為錨定等級評價法

行為錨定等級評價法是由美國學者史密斯(P·C·Smith)和德爾(L·Kendall)於20世紀60年代提出的,該方法的實質是評級量表法與關鍵事件法的結合,且兼具兩者的優點。該方法在評估的過程中需要確定一定數量的考核維度,與其他評價法有所區別的是在考核每個維度的績效等級時,不再用簡單的好、中、差來描述,而是在不同的級別都有一個關於該級別的一些關鍵事件描述。實施考核時,組織成員的上級根據這些描述來確定組織成員究竟在哪個級別上。行為錨定等級評價法的目的在於:透過等級評價表,將關於特別優秀或特別劣等績效的表述加以等級性量化,提高評價結果的客觀性,降低評價結果的主觀性。該方法的具體操作步驟包括以下幾個方面。

首先,獲取關鍵事件,對一些代表優良績效和劣等績效的關鍵事件進行描述。其次,建立績效評價等級,將關鍵事件合併成為數不多的幾個績效要素,並對績效要素的內容加以界定。再次,對關鍵事件重新加以分配,將所有這些關鍵事件分別放入最合適的績效要素中去。另外,對關鍵事件進行評定,以判斷它們能否有效地代表某一工作績效要素所要求的績效水準。最後,建立最終的工作績效評價體系。

四、量表法

量表法就是指將績效考核的指標和標準製作成量表,以此對組織成員的績效進行考核。這是最為常用的一類方法,它的好處表現在:因為有了客觀

的標準，因此可以在不同的部門之間進行考核結果的橫向比較；由於有了具體的考核指標，因此可以確切地知道組織成員到底在哪些方面存在不足和問題，有助於改進組織成員的績效，為人力資源管理的其他職能提供科學的指導。但這種方法的問題是開發量表的成本比較高，需要制訂出合理的指標和標準，這樣才能保障考核的有效。

1・評級量表法

評級量表法是指在量表中列出需要考核的績效指標，將每個指標的標準區分成不同的等級，每個等級都對應一個分數。考核時考核主體根據組織成員的表現，給每個指標選擇一個等級，彙總所有等級的分數，就可以得出組織成員的考核結果。

2・行為觀察量表法

行為觀察量表法指在考核各個具體的項目時給出一系列有關的有效行為，考核者透過觀察組織成員表現各種行為的頻率來評價他的工作績效。由於行為觀察量表法能夠將組織發展策略和它所期望的行為結合起來，因此能夠向組織成員提供有效的訊息回饋，指導組織成員如何得到高的績效評分。管理人員也可以利用量表中的訊息有效地監控組織成員的行為，並使用具體的行為描述提供績效回饋，此外這種方法使用起來十分簡便，組織成員參與性強，容易被接受。但是存在的差異也較為明顯：第一，該方法只適用於行動比較穩定、不太複雜的工作，只有這類工作才能夠準確詳細地找出有關的有效行為，從而設計出相應的量表；第二，不同的考核者對「幾乎沒有——幾乎總是」的理解有差異，結果導致績效考核的穩定性下降；第三，與其他行為導向型的考核方法相同，在開發行為觀察量表時要以工作分析為基礎，而且每一個職務的考核都需要單獨進行開發，因此開發成本相對比較高。

3・混合標準量表法

這種考核方法是美國學者伯蘭茲（Blanz）於1965年創立的。在「混合標準測評量表」中，包含許多組概念上相容的描述句。用來描述統一考核項目的高中低三個層次，這些描述句在測評量表中是隨機排列的，考核者只需

要指出被考核者的表現是「好於」「相當於」還是「劣於」描述句中所敘述的行為即可。

五、排序法

排序法包括簡單排序法、對偶比較法和配對排序法。

1．簡單排序法

簡單排序法就是在全體被考核組織成員中挑選出績效最出色的一個排在第一位，然後在剩下的組織成員中尋找最為出色的人將其排在第二位，以此類推，直到剩下最後一個組織成員，排在末位。

2．對偶比較法

對偶比較法運用於有較多的組織成員需要進行等級評價的情況，是指逐個將組織成員兩兩比較，在所有被考核的組織成員中找出最優者，排在第一位，然後在剩下的組織成員中找出表現最差的組織成員將其排在最後一位；繼而在剩下的組織成員中找出一個最優者將其排在第二位，然後再在剩下的組織成員中找出最差的一個，將其排在倒數第二位。按照這樣的程序，不斷地在剩下的組織成員中挑選出最好和最差的，直到所有的組織成員都被排列完為止。

3．配對排序法

配對排序法是將全體組織成員逐一配對比較，按照逐對比較中被評為較優的總次數來確定等級名次。為了使評價能夠拉開等級，可以採用組織成員間比較的方法，即對組織成員相互之間的工作表現進行比較，獲得一個相對好的考核結果。最容易和最常用的組織成員之間的比較方法是等級排序法。這種方法將組織成員績效設一個相關維度按照優劣進行排序，最後求出所有維度評價等級的平均分數作為對該組織成員的最後的評價等級。操作方法包括以下幾個方面。

首先，將需要進行評價的所有人員名單列舉出來，然後將不是很熟悉因而無法對其進行評價的人的名字劃掉。其次，運用表格顯示在被評定的某一

特點上,哪位組織成員的表現是最好的,哪位組織成員的表現是最差的。最後,在剩下的組織成員中挑出最好的和最差的,以此類推,直到所有必須被評價的組織成員都被排列到表格中為止。

第四節　績效考核的執行與回饋

一、考核主體的確定

考核主體是指考核責任的承擔者,主要是考核者和被考核者。考核主體最初侷限於領導者及其下屬,考核結果往往是領導者憑自己主觀的感受和臆測來評定下屬的成績。而現代績效考核更強調組織成員參與,即自我陳述、自我考核以及結果回饋,考核主體也逐漸多元化。參與評估的人一般有五種:直接上級、同事、下屬、自己和客戶。每一種人的評估都有其優點和不足。布魯圖斯等人對有關工作績效與各類考核者評價結果之間關係研究的分析發現:組織成員的績效與上級評價結果的相關係數為 0.42,與自我評價的相關係數為 0.1,與同級評價的相關係數為 0.28,與下級評價的相關係數為 0.2。

1.直接上級考核

直接上級是指被評估組織成員的直接主管,通常是績效考核中最主要的考核者。在組織裡,直接上級參與評估的優點有以下幾個方面:績效考核較為準確。直接上級比較瞭解組織成員的工作表現,掌握的訊息較多,能夠較為準確地從組織的角度進行績效評估。評估可與加薪、獎懲等結合。直接上級在組織成員的薪酬等級和職務晉升方面有較大的決策權,因此,直接上級進行評估可以有效地把績效評估與加薪、獎懲等結合起來,使激勵的作用更為明顯,有利於把培訓和組織成員的職業發展與績效評估結合起來。直接上級有機會與下屬更好地溝通,瞭解下屬的想法,發現下屬的潛力,從而把考核和培訓、工作安排更好地結合起來。

然而,直接上級參與考核也有其自身的缺點,具體表現在以下方面:第一,會產生主觀性評價。由於直接上級與下屬組織成員平時在一起工作,因

而，可能會把一些私人感情方面的因素帶入績效評估中來，難以保證評估的公平性和公正性，甚至挫傷下屬組織成員的積極性。第二，容易造成單向溝通。由於上級與下屬在職位上的差距的現實存在，因而會使被評估者不敢發表相反的意見或對評估的結果進行辯解。這樣的評估只會造成簡單的說教，從而失去其本來的意義和作用。

2．同事考核

所謂同事考核，就是組織成員之間相互評價。同事評價經常用在一個相對固定的工作小組或團隊裡面。在這樣的集體裡，每個人的工作表現都能被其他人所瞭解，這樣評估的結果才能比較準確和可信。每個人都希望在身邊的人群中獲得較高的評價，同事之間的合理比較、公平競爭可以提高組織的整體績效。但需要注意的是，這種評價方法有其固有的侷限和不足。譬如，同事之間的私人關係往往會影響到評價結果的公正性和真實性，甚至出現透過「輪流坐莊」獲得獎勵或避免懲罰的不負責任的行為。

3．下屬考核

下屬考核的方法就是由被評估組織成員的直接下屬對被評估組織成員的工作進行評定打分。該方法對組織民主作風的培育、組織成員之間凝聚力的提高等方面起著重要作用。當然，該方法只適用於管理者。下屬考核法的優點主要表現在以下方面：

其一，能夠建立起上下級之間訊息溝通的一個管道。透過下屬評估，可以使上級瞭解下屬對其態度並促使上級改善工作作風，以使工作更有效。

其二，能夠達到權力制衡的目的。下屬評估使上級明白其在工作中也受到監控，而不至於有獨裁武斷的傾向。

其三，能夠幫助上級發展其管理才能。評價的結果對上級主管的培訓、晉升等有重要的參考意義。

採用下屬考核法同樣存在一些缺點，具體表現在以下方面：由於顧慮上級的態度及反應，下屬在評估的過程中會做「好好先生」。為了避免上級的報復，下屬往往會給上級過高的評價，造成「只報喜不報憂」的現象，使考

核失去客觀性。下屬可能僅僅從自身的角度而不從公司的角度評價直接上級主管，從而使評估的結果與事實產生較大偏差。下屬對上級的評價可能會片面。下屬對上司的工作內容、工作難度等方面缺乏真實和全面的理解，因此在評估時往往側重於個別方面，容易產生片面的看法。

4．自我評估

顧名思義，自我評估就是組織成員按照既定的評估細則對自己進行評價。其內容一般包括工作總結、經驗教訓和自我評價等。

自我評估的優點表現在：自我評估的推行壓力小，當自我評估的結果可以當作上級主管對其評價的參考時，組織成員對評估基本上不會抵制，而且會積極參與；自我評估有利於幫助組織成員改善績效，由組織成員自己評價可以幫助其瞭解自身工作的結果與職位要求之間的差距，考核結果往往較有建設性。

當然自我評估也有一些不可避免的缺點：組織成員對自身要求的標準可能會與職位的基準要求有偏差，評估的結果可能會與上司、同事的考核結果有些差異。那些自我要求高的人，可能會對自己的評價偏低，而那些自我要求低的人，可能會傾向於高估自己的績效。

5．客戶考核

對於服務行業的許多組織來說，客戶是唯一能夠在現場觀察組織成員績效的人，因此，許多公司都已經把客戶納入自己的組織成員績效考核系統中。由於客戶考核過程比較複雜，為保持過程的客觀性，組織都外包給顧問公司負責採集客戶考核的訊息，並不是所有的公司都使用該方法。一般來說，下列兩種情況比較適合採用客戶考核：組織成員所從事的工作是直接為客戶提供服務的；公司希望透過收集訊息來瞭解客戶的需要。

客戶考核的優點表現在：考核結果較為客觀、公正。客戶是組織的外部人員，不受組織內部各種因素的牽制，因此能夠真實地反映組織成員的績效。當然，客戶考核也存在許多弊端，比如操作具有一定的難度；沒有統一的標準；考核成本比較高；只適用於評價與客戶接觸比較密切的組織成員。

二、考核前的培訓

績效考核是一項複雜的工作，往往需要投入較大的精力、物力、財力，但不一定可以達到預期的效果。績效考核沒有取得預期的效果，原因是多方面的，其中一個不容忽視的原因就是在績效考核前沒有進行有效的動員與培訓。為了最大限度地減少績效考核誤差，在正式的績效考核實施之前，要對所有考核人進行一次業務培訓。培訓的目的是為了使考核人瞭解績效考核的目的、作用和原則，瞭解各職位績效考核的內容，掌握進行考核的操作方法和考核溝通技巧，識別和預防考核中的誤差。

1．培訓內容

績效考核前的培訓包括兩個方面：

一是對管理人員的培訓，提高他們的業務能力，減少考核評定中人為的非正常誤差。對管理人員的培訓內容一般包括兩個方面：培養正確的態度，提高對績效考核意義、人力資源開發與管理和考核關係的認識；提高專業知識和技術水準，包括考核中容易產生錯誤的原因及其防止對策、考核方法、文件資料和數據處理的方法、專用工具與設備的實用技術等。

二是對組織成員的培訓，由於績效考核更加強調組織成員的主動參與，因此，也需要組織成員提高與之相關的各方面綜合技能，包括參與目標設定、自我行為管理等，這些都是不可忽視的一個方面。

培訓的具體內容包括：

績效考核的含義、用途和目的；

組織各職位績效考核的內容；組織的績效考核制度；

考核的具體操作方法；

考核評語的撰寫方法；

考核溝通的方法和技巧；

考核的誤差類型及其預防。

2．培訓程序

美國學者韋恩·F·卡肖提出了培訓績效考核人員的具體程序，包括以下幾個方面。

（1）受訓者首先看一部反映一名組織成員工作情景的錄影帶；

（2）受訓者根據確定的評價方法對這位組織成員進行評價，並把評語寫在卡片上；

（3）受訓者對不同的評價及其原因進行討論；

（4）受訓者就工作標準和有效與無效工作行為的界限達成一致；

（5）重新播放影片；

（6）受訓者在看錄影帶時記錄典型的工作行為，然後重新對該組織成員進行評價；

（7）根據上一批受訓者最終達成的共同評價結果，對這一批受訓者的評價進行衡量；

（8）給每位受訓者以具體的回饋。

三、考核的週期

所謂考核週期，就是指多長時間進行一次考核，可以是一個月、一個季度、半年度或者一年等。

考核的目的、被考核的職位、被考核的工作性質和考核指標等因素影響考核週期的長短。

考核的目的是為了提供人力資源部門和相關領導足夠的訊息進行決策，基本上，組織人力資源部門規定年度績效考核的週期、年度調整薪資的期間、年度職位調整的期間和年度組織成員大會等，績效考核週期應該配合上述的人力資源管理政策。

基層人員考核週期短，較頻繁些；中高層人員考核週期略長，但通常不超過半年，一般而言，基層生產或銷售人員進行月度考核、季度考核以及年度考核；中層管理人員則實行季度考核結合年終考核，高層管理人員將實行半年和年終考核。

事實上，考核週期還與考核指標類型有關，不同類型的績效考核指標也需要不同的考核週期。對於工作業績考核指標，考核週期比較短。一方面，在較短的時間內，考核者對被考核者在這些方面的工作結果有較清楚的記錄和印象；另一方面，對工作結果及時進行評價和回饋，有利於組織成員及時地改進工作，避免問題的擴大化。

四、考核結果的回饋

考核結果的回饋是能否取得預期效果的一個關鍵環節。如果只做考核而不將結果回饋給被評價者，績效考核便會失去重要的激勵、獎懲和培訓開發功能，促進溝通的功能更無從發揮。如果沒有回饋環節，績效考核表不能成為一個完整的、現代的績效管理系統。進行有效的回饋可以提高組織成員重視並參與績效考核的主動性，可以幫助組織成員改進工作績效。考核結果的回饋更是「以人為本」的現代管理思想的要求。

1．績效考核的應用

績效考核的應用主要分為組織成員發展、管理決策和組織發展三個層面。每個層面都包括具體的應用，體現在以下幾個方面。

組織成員發展層面包括：從組織成員發展的角度確定組織成員培訓的需要；工作績效的回饋，將結果告訴組織成員，及時調整組織成員的行為；確定組織成員的調動和分配，實現人力資源的優化配置，確定將合適的人用在合適的位置上；指出組織成員的優點和需要改進的地方，透過考核促進個人發展；根據德能勤績的考核結果考慮該組織成員的使用。

管理決策層面包括：工資標準的制訂、個人獎勵標準的制訂；組織成員的去留，根據工作績效的考核做出決定。

組織發展層面包括：人力資源規劃的制訂，基礎是考核結果；從組織需要的角度確定培訓的需要；評估組織目標達成度；評估組織的人力資源管理系統的效用性。

2．建立全面的績效考核結果回饋系統

績效考核最後能不能改善被評價者的業績，在很大程度上取決於評價結果的回饋。評價結果的回饋應該是一個雙向的回饋。一方面，應該就評價的準確性、公正性向評價者提供回饋，指出他們在評價過程中所犯的錯誤，以幫助他們提高評價技能；另一方面，應該向被評價者提供回饋，以幫助被評價者提高能力水準和業績水準。當然，最重要的是向被評價者提供及時的回饋。

（1）書面通知

人力資源部把考核結果以通知書形式送給被考核者，考核結果只對總裁、被考核人主管、被考核人、人力資源部經理、人事績效主管、人事培訓主管以及人事薪酬主管公開，任何人不得將考核結果告訴無關人員。考核結果和考核文件交由人力資源部存檔。

（2）當面回饋

溝通是績效考核的關鍵環節，在實際工作中，很多組織忽視了考核溝通，從而影響了績效考核的最終結果。它的主要任務是讓被考核人認可考核結果，客觀地認識自己並且改進工作，這也正是進行績效考核的根本目的。面談正是上下溝通的重要管道，直接上級與被考核人當面回饋是必要的。面談回饋的內容主要有下列方面：肯定下屬優點所在，指出下屬有待改進之處，雙方共同擬定績效改進計劃，以及下屬在下一考核期的工作要點和計劃目標。在面談過程中做好記錄，整理成文，回饋結果由人力資源部彙總審查。為了防止在考核溝通中考核人與被考核人對考核結果發生爭執，考核人應該事前做好考核溝通的準備工作。

一般可由被評價者的上級、人力資源工作者或者外部專家根據評價的結果，面對面地向被評價者提供回饋，幫助被評價者分析在哪些方面做得比較

人力資源管理
第九章 績效管理

好，哪些方面還有待改進，該如何來改進。還可以比較被評價者的自評結果和他評結果，找出評價結果的差異，並幫助被評價者分析其中的原因。如果被評價者對某些評價結果確實存在疑問，可以由專家透過個別談話或者集體座談的方式向評價者進一步瞭解相關情況，然後再根據座談結果向被評價者提供回饋。

（3）考核結果與工資、晉升等掛鉤

根據考核設計思想，有功者受祿，有能者授權。月度考核結論與工資結合，為了使工資分配或獎金分配對應於所做的貢獻，應該參照業績考核的評語進行。對考核結果優秀者給予一定的物質獎勵，並作為以後增資、年度述職考核工作業績的參考依據之一。依據月度工作業績考核結果的不同等級，將本月的職位工資按標準數增加或降低相應比例，從而達到獎懲有序、激勵組織成員努力工作的目的。

本章小結

本章在績效、績效管理兩個概念內涵的介紹基礎上，對兩者進行對比，並就績效管理與人力資源管理其他職能的關係進行了整理。績效管理的過程分為準備、實施、回饋和運用四個階段。同時，對績效考核的方法主要介紹目標管理法、關鍵事件法、行為錨定等級評價法、量表法和排序法這五種。最後，對績效考核的執行和回饋進行介紹。

關鍵術語

績效	績效管理	績效考核週期	績效溝通
績效標準	績效考核	績效回饋	考核主體
目標管理	法行為錨定等級評價法	量表法	排序法

討論題

1．什麼是績效？如何理解績效管理的內涵？

2．績效管理的作用是什麼？意義又在於何處？

3．績效管理和績效考核的區別有哪些？

4．績效考核目標和績效考核週期是如何制訂的？

5．績效考核的主體是什麼？

6．績效考核有哪些方式？

7．績效回饋是如何制訂的？

案例

績效考核「考」跑了員工的信心

A企業從2014年3月份起試行績效考核，「考」到至今，所有參與績效考核的人都喪失了工作激情，企業氛圍比以前沒開展績效考核時更差了。

2014年2月，總經理從外面聽了績效飛輪，興致很高，認為績效考核是一個好東西，一定要在全公司試行績效考核，並要求人力資源部經理老王組織員工學習績效飛輪，並且試行績效考核。

老王聽了後，心裡很不舒適，他認為目前公司的各項工作都不完善，也沒有一種良好的績效氛圍，不宜搞績效考核，即使要搞績效考核，也一定要請外部諮詢治理公司或者人力資源部組織一次全員績效考核的動員並介紹績效考核的技巧，各部門經理要具體討論績效考核方案。總經理最好親自組織會議，並且與人力資源部深入溝通形成一種良好的績效考核氛圍。

但總經理是一個說做就做的人，沒有開會，沒有統一思想，只說要做績效考核，只說要全面試行績效考核，前兩個月不與薪資掛鉤，只有2位部門經理、5個基層員工進行考核。老王也做了一個系統的績效治理方案給總經理審批，他提出的思路是既然要試行績效考核方案，不要給員工造成一種扣工資的想法，於是給每位員工增加100～300元，再拿出工資總額的40%作為績效考核標準工資。績效考核分數80分才能拿到現有工資，做得越好工資越高。但總經理看了考核方案後，也沒說同意，也沒說不同意，特別是看到工資漲了，就一拖再拖。後來，生產部又拿了一個新的考核方案給總經理批了。隨著考核面的擴大，出現了下面的一些情況。

人力資源管理
第九章 績效管理

　　有些部門經理認為下屬員工不容易，不管工作業績如何，分數都打很高。而有些部門經理抓得很嚴格，分數很低。這樣，分數低的人看到人家做得不好也得了高分，心裡不是滋味。而分數高的人想反正領導好，不會怎麼扣，做好做壞一個樣。而人力資源部老王，因為公司一直沒開績效分析會，公司又有好幾個績效考核方案，沒敢跟總經理進一步溝通。最終，透過績效考核，變相地加了部分員工的工資，透過績效考核，讓公司的工資分配變得更加不公平，「考」掉了員工的信心和激情，公司處於更加混亂的情形。

案例討論題

　　請問：案例中 A 企業績效考核的問題到底出在哪裡？

第十章 獎酬與激勵

學習目標

- ●瞭解獎酬、工資、獎金、津貼、福利的概念；
- ●瞭解獎酬體系的構成；
- ●瞭解獎酬設計的目標和影響因素；
- ●掌握薪酬的構成和功能；
- ●掌握工資的形式；
- ●掌握獎金的特點；
- ●掌握與獎酬有關的激勵理論的內涵與運用；
- ●瞭解福利的特點與功能；
- ●瞭解福利的類型。

人力資源管理
第十章 獎酬與激勵

知識結構

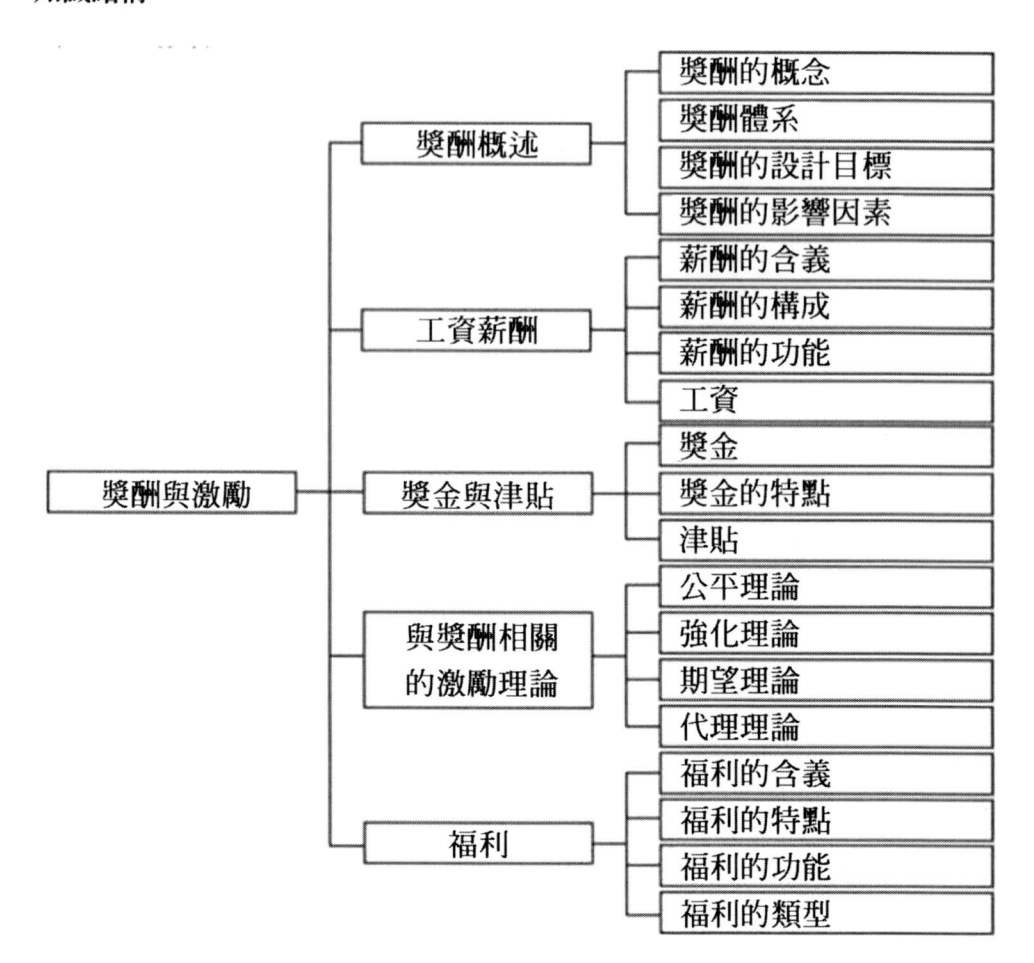

```
                        ┌─ 獎酬概述 ─┬─ 獎酬的概念
                        │           ├─ 獎酬體系
                        │           ├─ 獎酬的設計目標
                        │           └─ 獎酬的影響因素
                        │
                        ├─ 工資薪酬 ─┬─ 薪酬的含義
                        │           ├─ 薪酬的構成
                        │           ├─ 薪酬的功能
                        │           └─ 工資
                        │
         獎酬與激勵 ─────┼─ 獎金與津貼 ─┬─ 獎金
                        │             ├─ 獎金的特點
                        │             └─ 津貼
                        │
                        ├─ 與獎酬相關 ─┬─ 公平理論
                        │  的激勵理論 ├─ 強化理論
                        │             ├─ 期望理論
                        │             └─ 代理理論
                        │
                        └─ 福利 ─────┬─ 福利的含義
                                    ├─ 福利的特點
                                    ├─ 福利的功能
                                    └─ 福利的類型
```

案例導入

CA 公司的激勵措施

CA 公司是美籍華人王嘉廉創辦的公司，是全美第二大軟體公司。到 CA 公司參觀的人留下深刻印象的是他的節儉，公司裝飾樸素、實用，簡潔的白色粉牆，沒有任何昂貴的藝術品或名畫裝飾。但是王嘉廉在員工薪酬支付上一點也不節儉，在 CA，平均工資比 IBM 的員工高出 1／3。一名程序設計

師的起薪 3 萬美元，一年後薪金加倍的例子並不奇怪，不少不到 30 歲的年輕人，除紅利外，薪金已達 20 萬美元。

CA 提供免費的早餐，公司 8000 餘人，僅早餐一項的支出每年高達 100 多萬美金。

波斯灣戰爭期間，美國許多大公司的員工被徵入伍，按照法律規定，其公司不必再為他們支付工資，但 CA 公司照舊為這些應徵入伍的員工支付工資。不僅如此，王嘉廉還善於從細微之處關心員工。為了員工健康，CA 公司建立了健身中心，配備一流的健身器材、籃球場、回力球場、有氧舞蹈室等，公司員工都可免費使用。為了方便員工照顧孩子，公司在總部建立了 17100 平方米的現代化托兒中心，托兒中心有 100 個兒童。

CA 的員工中流傳著一個「鼻子打碎，員工升遷」的故事。派克是剛進公司六個月的新員工，在一場員工籃球賽中，不小心打壞了王嘉廉的鼻子，當時血流得到處都是，X 光表明，鼻骨已經粉碎。當時，異常害怕的派克認定要被開除了。但是，王嘉廉不僅沒有開除他，一段時間後，反而因為他出色的工作表現得到不斷的提拔，一直升到副總裁。

CA 公司清醒地認識到，在知識經濟時代，人力資源已經成為組織的第一資源，人的主動性、積極性和創造性是組織真正的核心競爭力所在，組織要追求可持續發展，必須將生存和發展放在第一位，而決定組織生存和發展的第一位要素不再是資金、技術以及自然資源，而是人，要對人的主動性、積極性和創造性進行調動和保持，用薪酬來認可員工的貢獻，用事業來更好地激勵員工。

第一節　獎酬概述

　　獎酬的管理與分配是人力資源開發的核心內容之一，受到各種社會組織的廣泛重視。

人力資源管理
第十章 獎酬與激勵

一、獎酬的概念

從一般意義上講,所謂獎酬,就是透過評價、鑒定員工的工作表現及其成果,並給予相應的報酬和獎勵,來達到激勵員工積極性的目的。

從人力資源的角度來講,所謂獎酬,是一個整體的概念,一般由薪酬、福利、事業三個部分組成。

薪酬:薪酬只是員工整個獎酬組合中的一部分,包括基本工資、短期和長期的激勵性獎金,在物質欠發達的前提下,薪酬同樣為員工所看中。從一定意義上講,勞動者的層次越低,勞動的複雜程度越低,對薪酬的看重度也就越高。在日常生活中,人們所看重的往往是薪酬中的貨幣工資部分。

福利:福利是整體獎酬計劃中不可或缺的組成部分,也可以是員工薪酬的一部分,但福利又有著薪酬無法替代的功能和獨特的特點。在今天,對絕大多數組織來說,福利的強制性體現比較充分,而強制性福利是由更多的人性化的方式表現出來的。

事業:事業是現代人力資源管理的重要概念,對員工而言,事業代表著他留在一個企業未來可以實現的價值。依據美國心理學家赫茨伯格的雙因素理論,真正能夠對人起激勵作用的因素是工作本身、賞識、進步、成長的可能性、責任、成就。也就是說如果員工不能將工作作為事業來幹,工作本身就不可能像遊戲和娛樂一樣自然,獲得賞識和進步的可能性也可能弱化,成長的可能又會隨時受到破壞或打斷。

與傳統員工僅僅為生計而工作相比,事業這個概念對現代組織尤其是創新型組織、新經濟體以及所有視人為第一資源的組織來說都十分重要,組織十分注重引導、培養員工將工作當事業來對待,強調員工是組織的員工、組織是員工的組織,員工所努力追求的,正是組織所希望的;而組織更是員工事業發展的平臺和保障。

在組織追求可持續發展以及堅持將生存放在第一位、盈利放在第二位的價值觀的前提下,員工的工作就不能僅僅是謀生的手段,必須讓員工將工作

作為事業來對待，使員工在工作中找到滿足感、成就感，從而將自身的潛能不斷地開發出來。

二、獎酬體系

獎酬體系可以從物質和精神層面去理解，從內容上可以將獎酬分為金錢獎酬和非金錢獎酬。

金錢獎酬分為直接獎酬和非直接獎酬。直接獎酬包括工資、獎金。非直接獎酬包括公共福利、個人福利、有償假期。

非金錢獎酬包括工作本身的獎酬、工作環境的獎酬和社會性的獎勵。

工作本身的獎酬是指有趣的工作、工作的挑戰性、責任感、成就感、晉升的機會、褒獎的機會，參與決策等。

工作環境的獎酬包括組織的地位和聲望、合理的政策、稱職的管理者、意氣相投的同事、舒適的工作條件、彈性的工作時間、較大的工作自由、流動的多樣性等。

社會性的獎勵包括社會地位的象徵、頭銜、個人辦公用品、社會交往的機會等。

三、獎酬的設計目標

成功的獎酬設計決定著組織的高度和未來，從人力資源功能的角度來講，應該考慮的目標有選人的目標、用人的目標、育人的目標和留人的目標。

選人的目標要求組織的獎酬設計要有競爭力，能吸引人，有利於組織選擇到適合自己的優秀人才，這是組織保持競爭力的基礎和源泉所在。因此組織的獎酬設計既要從組織的實際出發，更要考慮在行業中的競爭力，能否提供有競爭力的獎酬對員工來說是必須考慮的因素而且是首要的因素。

用人的目標要求獎酬設計從兩個方面體現，一是要保證職位上的人無生活的後顧之憂，能一心一意地專注本員工作，在本員工作中貢獻自己的聰明才智，因此獎酬設計的最低目標是能滿足員工及家人維持生活、保持生產再

生所需；二是用獎酬認可員工的貢獻，體現員工的價值，最直接的目標就是對組織成員產生儘可能大的激勵作用，使員工能滿懷信心、充滿激情地工作，此目標的關鍵是獎酬對員工的激勵性。

育人的目標要求獎酬設計應該包括員工必要的教育訓練的內容，更主要的是讓員工從獎酬中體會到成就感、事業感，從而激發自動、自覺的動力，主動地尋求進步、自覺地學習、不斷提高自覺性。在全員學習和終身學習的時代，獎酬不應僅僅包含必要的教育訓練費用，而更應該體現員工培訓開發的價值。

留人目標要求獎酬設計不僅具有在社會和行業中的競爭優勢，更要體現公平性和激勵性，不僅能將人留在組織中，更主要的還在於願意自覺、自動地為組織的發展努力。我們知道人員的相對穩定是組織發展的重要前提之一，保持人員的合理流動、減少人員的流失以及確保組織在人才競爭中的魅力是人力資源管理的內在職責和重要使命所在，獎酬設計在這幾方面都有著不可替代的作用。

四、獎酬的影響因素

在商品經濟和市場經濟條件下，組織的獎酬設計受多種因素的影響，一般來說影響獎酬的因素主要有組織的外部因素、組織的內部因素、員工的個人因素。

1．組織的外部因素

組織的外部因素包括國家的法律法規、勞動力的市場狀況、物價水準和行業水準。市場經濟的發展與成長是與法治同行的，國家的法律法規對於組織的行為具有強制性的約束作用，這也是組織的獎酬設計必須考慮的首要的因素。例如，《勞動基準法》（簡稱《勞基法》）關於最低工資的規定、社會保險的法律、共同富裕的政策等都是組織的獎酬設計所必須考慮的因素，對勞工提供了依據和保障，也為員工保護自己的合法權益提供了支持；最低工資規定了組織支付工資的下限；相關法律規定了對員工的基本保障，給予員工一份安全感；共同富裕政策指明了組織努力的方向。

第一節 獎酬概述

同樣，在市場經濟條件下，獎酬是勞動力價格的體現，價格在價值規律作用下取決於供求關係。

在組織需求一定的情況下，勞動力資源供不應求，價格就會上漲，組織想要獲得相應的勞動力資源，支付的獎酬水準就會相應地提高；反之，如果勞動力市場供過於求，勞動力的價格就會下降，組織的獎酬水準會相應降低。因此，勞動力的市場狀況對獎酬有著直接的影響。

物價水準是獎酬設計需要考慮的直接的因素之一，物價對獎酬水準的影響在於獎酬在現實條件下它最基本的功能仍然是保障員工的生活，因此獎酬對於員工的實際意義源於與物價水準的比率，物價水準高，支付的獎酬相應就高，同時獎酬設計必須考慮物價上漲的因素，合理的獎酬設計應該能跟上物價上漲的腳步。

行業水準同樣是獎酬設計考慮的最直接的因素之一，行業的總體狀況對獎酬影響是最直接的，它是員工進行橫向比較的重要參照，如果獎酬設計總體水準在行業中沒有競爭力，不論是吸引員工、保留員工，還是員工開發等方面都會很困難，獎酬水準是組織在行業中競爭力的最重要的體現。

2．組織的內部因素

組織的內部因素包括發展策略、發展階段以及組織的財務狀況。組織採取的發展策略對獎酬設計有重要的影響，從企業的角度講，如果企業採取的是總成本領先策略，企業的固定獎酬太高就會很不利，因此在獎酬設計中會提高可變獎酬在獎酬體系中的比重。如果採取創新策略，獎酬設計中的激勵獎酬的比例就會提高。

在組織的不同發展階段，因發展的重點和面臨的內外部環境都是不同的，所以獎酬設計考慮的重心也是不同的。一般來講，在創業和起步階段，獎酬設計的水準不應過高，在組織的成熟期，獎酬設計應讓員工分享到發展的紅利才能保障組織可持續發展的能力。

財務狀況對組織的重要性是不言而喻的，在獎酬設計中，組織的財務狀況是獎酬得以實現的物質基礎，良好的財務狀況是保證有競爭力的獎酬設計

得以實現的基礎，從一定意義上講財務狀況對獎酬設計起著重要的決定性作用。

3．員工的個人因素

員工的個人因素包括員工所處的職位、員工的能力和績效，員工的工作年限。員工所處的職位是獎酬設計所考慮的直接的因素之一，但是職位對獎酬的影響並不完全來自它的級別，而是職位所承擔的工作職責以及對員工任職資格的要求。對獎酬設計來說，職位本身也是一種獎勵。

員工的能力是完成工作的關鍵因素之一，員工的績效是支付給員工獎酬的關鍵依據，一般而言，能力要求越高，獎酬水準就應該越高，績效越好，獎酬就會越高，成功的獎酬設計應該是對能力的認可和績效的認定，能更好地激發人的能力，提高員工的績效。獎酬設計成功與否的關鍵要素就是看員工的貢獻在獎酬中能否得到體現，就是看員工的潛力在獎酬激勵下能否得到有效的開發。

員工的工作年限主要有工齡和職齡，比如教師的工齡和教齡。工齡是員工參加工作以來的整個工作時間，職齡是員工在某一職位上的工作時間。一般來說，工齡和職齡越長的員工，獎酬水準相應越高。在競爭性的獎酬設計中工齡和職齡是參考因素而不是決定因素。一般來說，工齡和職齡越長的員工，薪酬水準相對也越高。

第二節　工資薪酬

一、薪酬的含義

薪酬，由薪和酬組成，就字面意思來講，「薪」原意為草柴，是具有一定使用價值的物品；薪酬的「薪」指薪水，又稱薪金、薪資，所有可以用現金、物質來衡量的個人回報都可以稱之為薪，也就是說薪是可以數據化的，我們發給員工的工資、保險、實物福利、獎金、提成等都是薪。做工資、人工成本預算時我們預計的數額都是「薪」。「酬」是給予的回報，即報酬、報答、酬謝，是一種著眼於精神層面的酬勞。

目前學者對薪酬有不同的界定。比較公認的是，薪酬是指組織為員工的工作與服務而支付的各種直接和間接的經濟收入。

二、薪酬的構成

一般來說，在組織中員工的薪酬由三部分構成：基本薪酬、激勵薪酬、間接薪酬。

基本薪酬是指組織根據員工所承擔的工作或所具備的技能而支付的較為穩定的經濟收入。基本薪酬是薪酬體系中最基礎的部分，也是大多數員工所獲得的薪酬中最主要的部分。薪酬體系的基本薪酬設計主要考慮的因素是公平性問題，它涉及兩個方面：一是內部的公平性，一是外部的公平性。

人們對公平性的考察方法可以從三個方面下手：員工怎樣看待在組織內部承擔其他職位，但是工作層級與自己相同或不同員工的薪酬水準；員工怎樣看待在組織內部與自己承擔相同職位的那些員工的薪酬水準；員工怎樣看待在其他組織中承擔與自己相同職位的員工的薪酬水準。

激勵薪酬是指組織根據員工、部門或團隊、組織自身的績效而支付給員工的具有變動性質的經濟收入，激勵薪酬又稱為可變薪酬、績效薪酬。由於激勵薪酬將員工的獲得與績效掛鉤，能有效地鼓勵員工為組織、為團隊做出更大的貢獻，所以激勵薪酬最大的特點在於它的激勵性。在激勵薪酬設計中所考慮的因素是激勵薪酬能否真正造成激勵作用，激勵薪酬能否將員工的努力集中到組織和團隊的目標上來，激勵薪酬能否激發內部的競爭力。

間接薪酬主要是指組織提供給員工的各種福利。福利作為支付給員工總薪酬的一部分，它具有與薪酬類似的功能，有助於吸引、留住員工，但福利又遠比一般的薪酬結構更複雜、更難以理解，如果設計不當，容易造成價值得不到真正體現的情形。在福利的設計中應該以員工的滿足度為重要指標，強調福利的保健功能而不是激勵功能。

三、薪酬的功能

從人力資源管理的角度來講，薪酬的功能有補償功能、吸引功能、激勵功能和保留功能。

補償功能是指薪酬在勞動力生產和再生產中起補償作用，這是薪酬最基本的功能。員工在勞動過程中體力與腦力的消耗得到補償是勞動力的再生產能繼續的條件，也是勞動能得以繼續以及社會能不斷進步、發展的條件。同時，員工為了提高勞動力素質，要進行教育投資，這筆費用也需要得到補償，否則就沒有人願意對教育投資，勞動力素質就難以不斷提高，進而影響社會發展。對員工來說，透過薪酬的取得，以薪酬換取物質、文化生活資料，就可保證勞動力消耗與勞動力生產費用支出的補償。同時，員工還必須利用組織提供的經濟收入來維持自己和家庭的生活，以保證整個社會勞動力的可持續性。

吸引功能是指組織的薪酬對人和人才的吸引力，能將組織需要的人選擇到組織，為組織服務，這是薪酬對現代組織重要的功能之一。薪酬是組織向社會傳遞的重要訊息，也是組織競爭力的重要體現，當組織支付給員工的薪酬在社會和同行業中有競爭力時，也就意味著對組織外部人員有很強的吸引力；反之，如果薪酬沒有吸引力，組織所需要的員工就不能到位，組織的生存和發展將面臨嚴重的危機，組織的可持續發展就會受阻。

激勵功能是指薪酬能將員工的努力吸引到組織目標上來，員工願意為組織的目標而努力，這是現代組織最看重的功能之一，也是整個獎酬設計能否成功的關鍵所在。在市場經濟條件下，薪酬既是對員工勞動的認可，也是員工購買滿足自己和家人需要的物質和經濟生活必需品的經濟基礎，同時在一定程度上還是員工社會地位的象徵。一般來講，員工都會願意為了更高的薪酬去努力。但值得注意的是薪酬的激勵功能不僅僅體現在高薪酬，而更在於薪酬設計本身是否是以激勵為重心。如果薪酬設計僅僅在於滿足較低層次的需要，或者僅僅依靠貨幣薪酬的刺激，那它的激勵效果是十分有限的。

保留功能是指薪酬能讓員工安心本員工作，對組織有較高的忠誠度，這也是薪酬基礎性的功能。穩定是事業發展的基礎，人員的穩定決定著一個組織的興衰成敗，而人員的穩定在很大程度上取決於組織支付給員工的薪酬。

四、工資

工資是指用人單位以貨幣形式支付給勞動者的勞動報酬。它一直是員工關注的重心，不同的獎酬設計，工資的重要性也不相同。理論上講，工資只是勞動力的貨幣表現形式，它與勞動者使用勞動力的貢獻大小的關係並不直接，更不能真正體現勞動力的價值。

一個組織的工資制度從形式上講包括計時工資制度、計件工資制度、職位工資制度、技能工資制度、業績工資制度和契約工資制度。

計時工資制度是一種按照單位時間的工資標準和勞動時間來計算和支付的工資制度。計算方式：計時工資＝特定職位在單位時間的工資標準 × 實際有效的勞動時間。計時工資適用於有明確的工作等級並能夠制訂出恰當的工資標準的企業或職位，如餐館中的一些服務人員、汽車公司的司機等。

計件工資制是指根據員工完成的工作量或合格產品的數量和計件單價來計發工資的制度。計件工資的計算方式是：計件工資＝完成產品的數量 × 單件工資標準。計件工資適用於員工能夠獨立完成一件相對完整的產品，例如，製衣行業中，一些企業將設計好的樣式交給員工，員工按照要求進行加工。企業根據每位員工完成的合格產品數量來計算工資。

職位工資制度是按照員工在組織中的工作職位性質來決定員工的工資等級和工資水準的薪酬制度。職位工資的基礎：職位不同、勞動付出不同、對組織的貢獻不同，報酬水準也應不同。職位工資適用於專業化程度高、分工細、職位設置固定、職位職責明確的企業，如製造企業。

技能工資制度是依據員工技能等級確定員工的工資標準和工資水準的薪酬制度。技能工資的基礎：技能水準不同，在相同時間段內的勞動付出不同，對組織的貢獻不同，工資水準也應不同。技能工資適用於規模小、技術人才集中的企業，如高科技企業。

業績工資制度又稱績效工資制度，是一種根據員工工作業績來確定員工工資水準的薪酬制度。業績工資的基礎：員工的業績越大，企業支付給員工的工資就應該更高。業績工資適用於工作流動性大、難以監控的企業或者部門。

契約工資制度又可以稱為談判工資制度，指員工的工資由企業和員工之間根據市場工資水準和員工的能力、貢獻特徵進行磋商決定的工資制度。契約工資的基礎：工資由勞動力市場或人才市場的價格決定。契約工資適用於一些小型企業或者大中型企業中的部分特殊人才。

第三節　獎金與津貼

一、獎金

獎金是對勞動者在創造超過正常勞動定額以外的社會所需要的勞動成果時，所給予的物質補償。獎金作為一種工資形式，其作用是對與生產或工作直接相關的超額勞動給予報酬。

獎金的形式多種多樣，按時間可分為日獎、月獎、季度獎、半年獎、年度獎等；按形式可分為事物獎、現金獎、股權獎等。

二、獎金的特點

1．獎金具有很強的針對性和靈活性

獎勵工資有較大的彈性，它可以根據工作需要，靈活決定其標準、範圍和獎勵週期等，有針對性地激勵某項工作的進行；也可以抑制某些方面的問題，有效地調節企業生產過程對勞動數量和質量的需求。

2．及時地彌補計時、計件工資的不足

任何工資形式和工資制度都具有功能特點，也都存在功能缺陷。例如，計時工資是從個人技術能力和實際勞動時間上確定勞動報酬，難以準確反映經常變化的超額勞動；計件工資主要是從產品數量上反映勞動成果，難以反

映優質產品、原材料節約和安全生產等方面的超額勞動。這些不足都可以透過獎金形式進行彌補。

3．獎金具有激勵作用

在這種工資制度和形式中，獎金的激勵是最強的，這種激勵功能來自依據個人勞動貢獻所形成的收入差別。利用這些差別，使僱員的收入與勞動貢獻聯繫在一起，造成獎勵先進、鞭策後進的作用。

4．收入具有明顯的差別性

是獎金的顯著特點，也是獎金能否造成獎勵作用的顯著代表，在此一定要處理好差別性與公平性之間的關係，否則獎金帶來的積極性效果會大大降低，帶來的消極影響會增強。

5．獎金分配所形成的收入具有不穩定性

獎金作為一種特殊的工資形態，是對人們努力的一種獎勵，而人們的努力會因多種因素的影響表現出不同，同一個人在不同的條件、不同的時間、不同的地點、不同的職位，其努力程度會有不同，而不同個體努力程度的差異性和努力結果的差異性更是顯而易見的，所以基於態度、能力、結果而給予的獎勵就會表現出不穩定性的特點。

三、津貼

津貼是對勞動者在特殊條件下的額外勞動消耗或額外費用支出給予補償的一種工資形式。津貼分配的唯一依據是勞動所處的環境和條件的優劣，而不與勞動者勞動的技術水準和勞動成果直接對應和聯繫。

津貼不與技術業務水準及成果直接聯繫，這就決定了它是一種補充性的工資分配形式。津貼具有很強的針對性。津貼具有相對均等分配的特點。

全世界津貼的主要形式：地區津貼；野外作業津貼；井下津貼；夜班津貼；流動施工津貼；冬季取暖津貼；糧、煤、副食品補貼；高溫津貼；職務津貼；放射性或有毒氣體津貼。

第四節　與獎酬相關的激勵理論

獎酬設計通常被用來激發、指引和控制員工的行為，期望能對員工造成很好的激勵作用。在獎酬設計中首先應該考慮的理論是西方管理學界關於「人性假設」的理論。同時由於大多數員工都會將自己和他人比較，因此公平理論也不容忽視。另外強化理論、期望理論和代理理論對於員工與獎酬的關係也十分重要。由於人性假設理論前面已經涉及，這裡談談與獎酬設計相關的其他四個理論。

一、公平理論

公平理論是由美國心理學家約翰·斯塔西·亞當斯於 1965 年提出的，公平理論以工資報酬分配為研究重心，主要研究獎勵與滿足的關係。在亞當斯看來，公平是一種心理現象，是透過比較而產生的心理感受。公平理論指出，員工的工作動機，不僅受其所得的絕對值的影響，更受到相對報酬的影響。每個人都會不自覺地將自己的勞動付出和勞動報酬與他人付出的勞動和報酬進行比較，當發現對等時，會認為這是應該的、正常的，會對激勵產生積極的影響；如果發現不對等，就會產生不公平感，同時會採取相應的行為來消除這種不公平，如改變自己的付出、選擇其他的參照對象進行比較，或者一走了之，或者採取其他的消極行為。

在獎酬設計中，員工所做的兩種類型的比較應該引起關注。

第一是外部的公平性比較，獎酬的外部公平性比較集中在對其他組織中從事大體相同職位工作的員工所獲得的獎酬水準的考察，此公平性對吸引和保留員工起著十分重要的作用。

第二是內部的公平性比較，獎酬的內部公平性比較集中在組織內部不同職位之間的獎酬對比問題上，此公平性對保持和激發員工的工作熱情、主動性和創新性方面都有著不可替代的作用。

如果組織的獎酬設計能讓員工體會到其在行業中的領先地位和在社會中的榮譽感和成就感，那麼獎酬就能很好地體現出對人才的吸引和保留功能；

如果獎酬設計能體現員工的貢獻與實績,那麼獎酬就能很好地體現出保持與激勵功能。可以說獎酬的公平性對於組織保持競爭力和可持續發展意義重大。

二、強化理論

強化理論是由美國心理學家斯金納提出的,該理論認為,行為是結果的函數,行為的原因來自外部。當人們因採取某種行為而受到激勵時,他們就非常有可能會重複這種行為;當某種行為沒有受到獎勵時,則其重複的可能性就會非常小。

強化理論不考慮需要、公平等因素,只關注採取行動後會帶來什麼後果,因此可以採取正強化、負強化、自然消退和懲罰四種方式來對人的行為進行修正。

正強化就是獎勵希望看到的行為以使重複出現;負強化就是規避不合意或不希望看到的行為;自然消退就是冷處理,對不希望發生的行為採取置之不理的態度;懲罰就是對不希望看到的行為採取懲罰措施,使之不再出現。

強化理論對獎酬設計的意義在於:高水準員工的績效如果在獎酬中被充分認可,那麼他們就更有可能在將來達到更高的績效水準,同樣的道理,高水準的績效如果沒有得到認可,那麼這種績效在未來出現的可能性就不會太大。

三、期望理論

期望理論是行為科學家維克托·弗魯姆於 1964 年提出來的。其理論可以用公式表示為:激勵力＝效價 × 期望值,效價是一個人對某一成果的偏好程度,期望值是某一行動導致預期成果的機率。其基本觀點是一個人把目標的價值看得越大,估計其能實現的機率越高,激勵作用就越強。期望理論說明,激勵效果取決於獎酬和潛在績效之間的關係。績效獎勵的水準越高,激勵效果越好。

組織應當明確工作的任務與職責並且將獎酬與績效聯繫。與此同時，員工對自身能力的評價也很重要。組織應該有意識地提供相應的培訓和資源，使員工相信自己可以達到績效標準。

基於期望理論，組織向員工提供的獎酬必須是對員工有吸引力的、可達到的。應該注意的是，不同員工的效價範圍和權重取值不同，組織應儘可能採用大多數員工認為效價最大的獎勵，適當調整期望機率與實際機率的差距以及達成目標的難易程度。拉開組織期望與非期望行為間的差異，也有助於增強激勵效果。

四、代理理論

代理理論是由簡森（Jensen）和梅克林（MecKling）於1976年提出的，後來發展為契約成本理論。

代理理論主要分析了企業的不同利益相關群體之間存在的利益差異與目標分歧，以及怎樣才能利用薪酬制度來使不同利益群體之間的利益與目標統一起來。

現代企業的一個重要特徵就是所有權與管理權的分離，儘管這種分離有著極大的優勢，但同時也產生了代理成本問題——委託人與他們的代理人之間的利益可能不再是一致的。

在薪酬問題上存在著三種類型的代理成本：

第一，儘管股東尋求的是實現個人財富的最大化，但是管理層卻有可能總是將錢花在使自己能夠享受特權或者提高個人聲望等方面；

第二，管理人員和股東在對待風險的態度上可能存在分歧；

第三，決策的基點可能是不同的。由於管理者更換受僱企業的頻率與所有者變更所有權的頻率有不一致性，管理人員更願意實現短期績效（或薪資）的最大化，而這種目標的實現可能是以犧牲企業的長期成功為代價的。

代理理論對於獎酬管理的價值在於強調了風險與報酬之間的替代關係，當企業考慮採用浮動型獎酬計劃時，應當對這種相互替代關係給予特別的注意，注意規避它內在的風險，規避的關鍵點在於使代理成本達到最小化。

第五節　福　利

福利是獎酬的一個組成部分，具有與獎酬、薪酬類似的功能，同樣有助於組織吸引、留住和激勵員工，但是福利有它獨特的一面，與薪酬相比，福利受法律法規的影響更大，有些福利是受到法律強制約束的，比如社會保障；福利往往是一種制度化的東西，而且是組織的一種強制性義務，比如醫療和退休福利；同時理解福利的價值要比理解薪酬的價值複雜一些。一般情況下，人們對貨幣薪酬的理解是一目瞭然的，而對於醫療保險、社會保障等福利項目價值的理解要困難得多。

一、福利的含義

福利是指企業以組織成員身分為依據（而不是以員工的勞動情況為依據）支付給員工的間接薪酬。在勞動經濟學中，福利又被稱為小額優惠，是組織為提高員工滿意度，向員工及其家屬提供的旨在提高其生活質量的措施和活動的總稱。根據這一定義，我們可以從以下幾個方面來理解福利。

（1）福利的提供方是組織，而接受方是員工及其家屬；

（2）福利是整個獎酬系統中的重要組成部分；

（3）福利的形式多樣；

（4）福利主要目的在於提高員工的滿意度和對企業的歸屬感。

二、福利的特點

福利與其他獎酬相比具有三個特點：固定性、均等性、集體性。

1. 固定性

固定性是相對獎酬的可變性而言的，由於福利是根據組織成員的身分而不是勞動情況為依據而支付的，因而固定性體現充分，它與員工個人直接相連，不會因為工作績效的好壞而在福利的享受上存在差異。

2. 均等性

均等性是指福利對於組織內部的員工而言具有一視同仁的特點，只要履行了勞動義務的組織員工，都有享有各種福利的平等權利，不會因為職位層級的高低而有所差異。但是均等性是針對一般福利而言的，對一些高層次的福利，許多組織還是採取了差別對待的方式，例如對高層管理人員的專車配備等。

3. 集體性

福利的集體性特點是指福利主要透過集體消費或使用公共物品等方式讓員工享有，集體消費主要體現在透過集體購買、集體分發的方式為員工提供一些生活用品等。

三、福利的功能

福利的功能透過對員工的作用和對組織的作用兩個方面體現出來。

福利對員工的作用體現在增加員工收入、保障員工家庭生活及退休後的生活質量、滿足員工的平等和歸屬需要以及員工多樣化的需求。

福利對組織的作用體現在吸引和保留員工、提高員工的滿意度和凝聚力、幫助組織根據自己所需要的員工類型來量體裁衣地制訂自己的薪酬。傳統觀點認為工資是吸引員工的關鍵所在，現在許多組織和管理者認識到良好的福利有時比高工資更能吸引人；同時良好的福利會使員工無後顧之憂、使員工與組織有共榮辱之感，從而使員工滿足感提高、士氣提高；良好福利還會使許多可能流動的員工打消流動的念頭，降低員工流動率。

在獎酬設計中，福利在穩定性和積極性方面都有著不可替代的功能。透過科學的福利設計，可讓員工真實地感受到組織是員工的組織，組織追求的

正是員工想要的，員工努力的正是組織需要的，同時福利能很好地平衡員工、組織和家庭的關係，使員工安心本員工作。

四、福利的類型

福利的類型多種多樣，一般可以分為：社會保險、集體保險、退休保險、帶薪休假福利、家庭扶助計劃等。

社會保險屬於法定福利要求，有社會保障、失業保險、工傷保險。社會保障系統為退休人員提供了經濟支持，失業保險為解僱的員工提供經濟援助、工傷保險為在工作中受傷的員工提供各種福利和服務。

社會保險作為法定福利有很強的約束性，各國的情況有很大差異。美國在1935年的《社會保障法》中只建立了失業保險和養老保險，1939年以後逐漸加上了遺囑保險、傷殘保險、住院保險。

1．養老保險

養老保險又稱老年社會保障，目前有三種典型模式：投保資助型養老保險、強制儲蓄型養老保險和國家統籌型養老保險。

投保資助型養老保險是傳統養老保險模式，以德國、美國、日本為典型代表，其特點是以個人繳費為領取養老金的前提，養老金水準與個人收入掛鉤，基本養老金按退休前僱員歷年指數化月平均工資和不同檔次的替代率來計算，並定期自動調整。除基本養老外，國家還透過稅收、利息等方面的優惠政策，鼓勵企業實行補充養老保險。

強制儲蓄型養老保險有以新加坡為典型的公積金模式和以智利為典型的強制儲蓄模式。公積金模式強調自我保障，建立個人公積金帳戶，由勞動者於在職期間與其僱主共同繳納養老保險費，國家不再以任何形式支付養老金。個人帳戶的基金在勞動者退休後可以一次性連本帶息領取，也可以分期分批領取。國家對個人帳戶的基金透過中央公積金局統一進行管理和營運投資，是一種完全積蓄型的籌資模式。以智利為典型的強制儲蓄類型也強調自我保障和建立個人帳戶模式，不同的是個人帳戶的管理完全實行私有化，即將個

人帳戶交由自負盈虧的私營養老保險公司管理，規定了最大年化回報率，同時實行養老金最低保險制度。

國家統籌型養老保險也稱為福利型養老保險，以英國、瑞典、澳大利亞、加拿大、挪威等為典型代表，其特點是實行完全的「現收現付」制度並且按「支付確定」的方式來確定養老水準。養老保險費全部來源於政府稅收，個人不需要繳納。享受養老的對象不僅僅為勞動者，還包括全體成員，養老金的保險水準相對較低，通常只能保障最低生活水準而不是基本生活水準。

基本養老保險。基本養老保險（亦稱國家基本養老保險），它是國家和社會根據一定的法律法規，為解決勞動者在達到國家的解除勞動義務的勞動年齡界限，或因年老喪失勞動能力退出勞動後的基本生活而建立的一種社會保險制度。基本養老保險以保障離退休人員的基本生活為原則。它具有強制性、互濟性和社會性。它的強制性體現在由國家立法並強制實行，企業和個人都必須遵守而不得違背；互濟性體現在養老保險費用來源，一般由國家、企業和個人三方共同負擔，統一使用、支付，使企業員工得到生活保障並實現廣泛的社會互濟；社會性體現在養老保險影響很大，享受人多且時間較長，費用支出龐大。

個人儲蓄性養老保險。員工個人儲蓄性養老保險是多層次養老保險體系的一個組成部分，是由員工自願參加、自願選擇經辦機構的一種補充保險形式。實行員工個人儲蓄性養老保險的目的，在於擴大養老保險經費來源，多管道籌集養老保險基金，減輕國家和企業的負擔；有利於消除長期形成的保險費用完全由國家「包下來」的觀念，增強員工的自我保障意識和參與社會保險的主動性；同時也能夠促進對社會保險工作實行廣泛的群眾監督。

商業養老保險是以獲得養老金為主要目的的長期人身險，它是年金保險的一種特殊形式，又稱為退休金養老保險，是社會養老保險的補充。商業性養老保險的被保險人，在交納了一定的保險費以後，就可以從一定的年齡開始領取養老金。這樣，儘管被保險人在退休之後收入下降，但由於有養老金的幫助，他仍然能保持退休前的生活水準。商業養老保險，如無特殊條款規

定，則投保人繳納保險費的時間間隔相等、保險費的金額相等、整個繳費期間內的利率不變且計息頻率與付款頻率相等。

2．醫療保險

醫療保險起源於西歐，可追溯到中世紀。工作環境的惡劣，流行疾病、工傷事故的發生使工人要求相應的醫療照顧。可是他們的工資較低，個人難以支付醫療費用。於是許多地方的工人便自發地組織起來，籌集一部分資金，用於生病時的開支。但這種形式並不是很穩定，而且是小範圍的，抵禦風險的能力很低。18世紀末19世紀初，民間保險在西歐發展起來，並成為國家籌集醫療經費的重要途徑。

醫療保險具有社會保險的強制性、互濟性、社會性等基本特徵。因此，醫療保險制度通常由國家立法，強制實施，建立基金制度，費用由用人單位和個人共同繳納，醫療保險金由醫療保險機構支付，以解決勞動者因患病或受傷害帶來的醫療風險。

醫療保險是為補償疾病所帶來的醫療費用的一種保險，是在員工遇疾病、負傷、生育時，由社會或企業提供必要的醫療服務或物質幫助的社會保險，醫療費用由國家、單位和個人共同負擔，可以減輕企業負擔，避免浪費。發生保險責任事故需要進行治療需按比例支付保險金。

3．失業保險

失業保險是指國家透過立法強制實行的，由社會集中建立基金，對因失業而暫時中斷生活來源的勞動者提供物質幫助進而保障失業人員失業期間的基本生活，促進其再就業的制度。

失業人員在滿足非因本人意願中斷就業；已辦理失業登記，並有求職要求；按照規定參加失業保險，所在單位和本人已按照規定履行繳費義務滿1年這三個條件後，方可享受失業保險待遇，待遇內容主要涉及以下幾個方面。

按月領取的失業保險金，即：失業保險經辦機構按照規定支付給符合條件的失業人員的基本生活費用。

領取失業保險金期間的醫療補助金，即：支付給失業人員領取失業保險金期間發生的醫療費用的補助。

失業人員在領取失業保險金期間死亡的喪葬補助金和供養其配偶直系親屬的撫卹金。

為失業人員在領取失業保險金期間開展職業培訓、介紹的機構或接受職業培訓、介紹的本人給予補償，幫助其再就業。

4．工傷保險

工傷保險是指勞動者在工作中或在規定的特殊情況下，遭受意外傷害或患職業病導致暫時或永久喪失勞動能力以及死亡時，勞動者或其遺屬從國家和社會獲得物質幫助的一種社會保險制度。

工傷保險是透過社會統籌的辦法，集中用人單位繳納的工傷保險費，建立工傷保險基金，對勞動者在生產經營活動中遭受意外傷害或職業病，並由此造成死亡、暫時或永久喪失勞動能力時，給予勞動者法定的醫療救治以及必要的經濟補償的一種社會保障制度。這種補償既包括醫療、康復所需費用，也包括保障基本生活的費用。

5．生育保險

生育保險是國家透過立法，在懷孕和分娩的婦女勞動者暫時中斷勞動時，由國家和社會提供醫療服務、生育津貼和產假的一種社會保險制度，是國家或社會對生育的員工給予必要的經濟補償和醫療保健的社會保險制度。

6．帶薪休假

實行員工帶薪休假制度，是世界各國勞動制度的普遍做法，其主要類型包括假期、節假日以及病假，此外，組織還應當針對員工需要請假的其他一些情況來制訂相應的政策。在國外，很多組織都會針對員工的需要如擔任陪審團成員、參加家庭成員的葬禮以及服兵役等情況提供帶薪休假。

除了法定的福利外，許多組織也自願地向員工提供其他種類的福利，比如企業補充養老金，團體人壽保險計劃，健康醫療保險計劃，除法定假期之

外的各種假期、休假，為員工及其家屬提供的各種服務項目（如兒童看護、老年人護理等），以及靈活多樣的員工退休計劃等，這類福利成為組織的自主福利，也可稱為集體保險，它與法定福利本質上的不同之處在於它們不具有任何強制性，具體的項目也沒有一定的標準，企業可以根據自身的情況靈活決定。

縱觀世界各國，福利形式多種多樣，而且受重視的程度越來越高，從一定意義上講，福利制度代表著一個組織的高度，也代表著社會的文明程度。對組織來說，福利既是組織前進的重要助推劑，也是組織形象的重要載體；是員工幸福指數的重要體現，也是人本時代構建組織核心競爭力的重要因子。

本章小結

獎酬是現代人力資源管理所關注的重要問題。本章以獎酬為重心，對獎酬的概念、體系、設計目標和影響因素，工資薪酬，獎金與津貼，福利以及與獎酬相關的激勵理論做了系統的介紹。

獎酬是透過評價、鑒定員工的表現及成果，並給予員工相應的報酬和獎勵來達到激勵員工積極性的目的，由薪酬、福利和事業三個部分組成。從內容上也可分為金錢獎酬和非金錢獎酬兩個部分。獎酬在選人、育人、用人、留人方面具有不可替代的功能，在設計中考慮的因素主要有組織的外部因素、組織的內部因素和員工的個人因素。

薪酬是組織為員工的工作與服務而支付的直接和間接的經濟收入，可分為基本薪酬、激勵薪酬和間接薪酬三部分，具有補償、吸引、激勵和保留四大功能。工資是指以貨幣形式支付給勞動者的勞動報酬，從形式上課分為計時工資、計件工資、職位工資、技能工資、業績工資、契約工資等。

獎金是對勞動者在創造超過正常勞動定額以外的社會所需要的勞動成果時，所給予的物質補償。津貼是對勞動者在特殊條件下額外勞動消耗或額外費用支出給予補償的一種工資形式。

與獎酬有關的激勵理論主要介紹了公平理論、強化理論、期望理論和代理理論。

人力資源管理
第十章 獎酬與激勵

　　福利是組織以組織成員身分為依據支付給員工的間接報酬，它具有固定性、均等性、集體性的特點，對組織和員工都有著不可替代的功能，著重介紹了養老保險、醫療保險、失業保險、工傷保險、生育保險和帶薪休假的相關情況。

關鍵術語

獎酬	薪酬	工資	獎金
津貼	基本薪酬	激勵薪酬	間接薪酬
選人目標	育人目標	用人目標	留人目標
補償功能	吸引功能	激勵功能	保留功能
計時工資	計件工資	職位工資	福利
社會保險	帶薪休假		

討論題

1．如何看待獎酬體系中事業的構成？

2．如何看待獎酬設計的影響因素？

3．公平理論在獎酬設計中的影響如何？

4．簡述獎金的特點和作用。

5．為什麼組織要向員工提供福利，而不是以薪酬的形式向員工提供報酬？

6．組織如何運用福利來滿足員工的需求與願望？

案例

　　某醫院推行了一項針對 127 名護理師的正規績效評估計劃。一開始，該計劃受到了一些新護護理師和主管的反對；但作為評估護理效果的一種客觀方式，該計劃漸漸地受到歡迎。抱怨主要集中在完成績效評估過程的時間增

加和主管想面對那些與其績效考核不一致的事實上。該計劃要求主管每年評估員工的績效，並向醫院的人力資源經理上交每一份評估表的複本。

兩年後，醫院人力資源經理檢查了實施這一計劃以來的員工評估表，發現82%的員工被評估為「平均水準」，10%被評為「高於平均水準」或「優秀」，其餘的人被評為「差」。為此，決定以醫院所在市區的消費物價指數作為年度工資增長的基礎。他認為，這樣可以在保證所有護理師的年度工資增長的同時維持其生活水準。在過去的三年裡，所有護理師都按照這一政策領取年度工資增加額。

作為醫院員工參與計劃的一部分，每季度都主持不同小組員工參與的會議，向他們徵求關於醫院政策和工作的感受。會上大家既提出了肯定意見，也提出了否定意見。在去年的幾次會議中，一些年輕員工和資深員工表達了他們對這一年度工資增長政策的不滿。最大的抱怨是，由於對每個護士都支付相同的報酬，而不考慮績效問題，這使增加產出缺乏激勵。這些評論如此之多，致使不得不考慮調整一下醫院的薪資政策。在過去的7個月中，有9位好護理師辭職，去了一家根據工作表現而制訂工資增長率的地區醫院。

案例討論題

1．醫院實施與績效掛鉤的工資增長計劃的優點是什麼？推行這樣一種計劃會有什麼缺點？

2．在醫院，團隊工作不太普遍。請解釋如何制訂適用於醫院的團隊激勵計劃？需要用哪些標準評價團隊績效？

人力資源管理

第十一章 職業生涯規劃

第五節　福　利

第十一章 職業生涯規劃

學習目標

- ●掌握職業生涯規劃的含義；
- ●掌握職業生涯規劃的內容；
- ●理解職業生涯規劃的原則與作用；
- ●瞭解職業生涯規劃基礎理論；
- ●掌握職業生涯規劃的影響因素。

知識結構

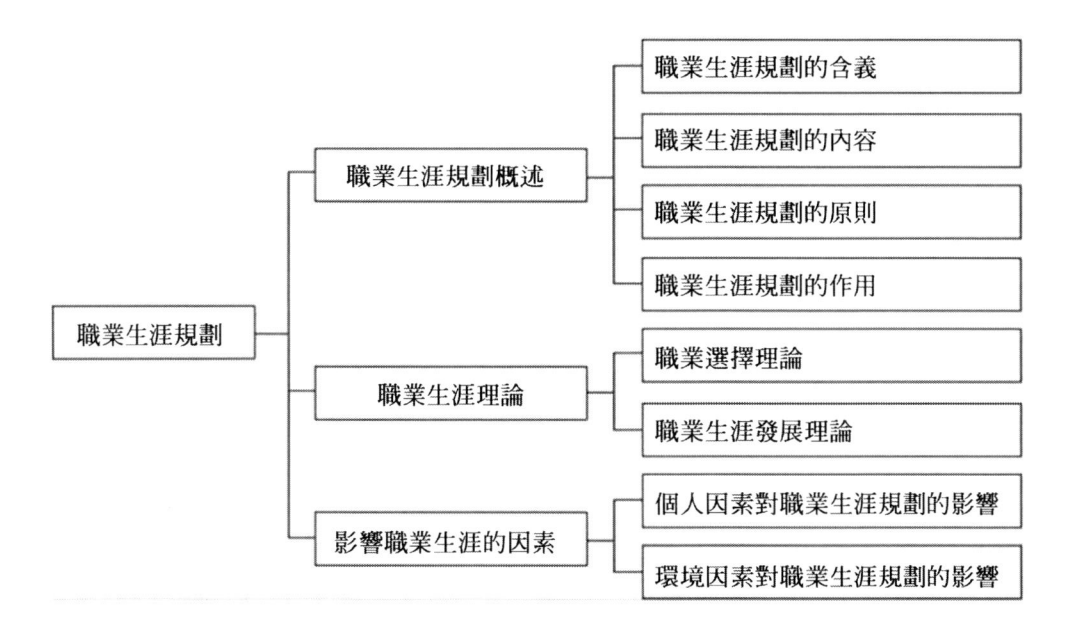

```
                              ┌─ 職業生涯規劃的含義
                              │
              ┌─ 職業生涯規劃概述 ─┼─ 職業生涯規劃的內容
              │               │
              │               ├─ 職業生涯規劃的原則
              │               │
              │               └─ 職業生涯規劃的作用
              │
職業生涯規劃 ─┼─ 職業生涯理論 ─┬─ 職業選擇理論
              │               │
              │               └─ 職業生涯發展理論
              │
              └─ 影響職業生涯的因素 ─┬─ 個人因素對職業生涯規劃的影響
                                   │
                                   └─ 環境因素對職業生涯規劃的影響
```

案例導入

　　何東江從中學起就立志要成為一名優秀的企業家，抱著這樣的夢想，何東江開始繪製自己的職業藍圖，即在大學期間就讀企業管理專業，然後運用

343

這些知識進入企業界。但是經過其父親和老師的分析之後，何東江認為要成為一名優秀的企業家，應學習理科知識，因為在創辦企業的過程中，還需要更多的技術作為支持，而且理科學習不僅能培養專業技術知識，還能幫助建立一整套嚴謹的邏輯思維體系，養成一種嚴謹踏實、邏輯推理能力較強的工作態度。於是在大學期間，何東江在學習工科知識的同時，大量研習管理學、經濟學方面的知識，並參加了大量的實踐活動，培養自身各方面的素質和能力。在大學期間已具備較高能力的何東江畢業後進入了一家研究院工作，期間其努力創新並取得了成果，申請了專利，但是作為職務發明，何東江不能帶走該項發明。

此時，何東江自認為已經具備創業的基礎和能力，於是提出辭呈，與另一個人合夥創辦了一家公司，將其發明創造嚮應用性方面發展，為自己公司的發展提供了拳頭產品。這時何東江發現自己的管理水準和知識能力與現實開始不符，於是其在職考取 MBA 學位。就這樣，何東江使自己的職業生涯與公司發展同步，成為一名出色的企業家。

我們可以看到，何東江對自己的理想和目標思路清晰，且進行了有步驟的規劃，充分考慮了自身興趣和能力的培養，並在父親和老師的指導下，不斷努力提高作為企業家應具備的素質，並且能夠看清自身不足，及時改正和提升，最終實現了自己的夢想。

第一節　職業生涯規劃概述

全球競爭經濟環境的轉變，導致越來越多的組織比以往更加注意到員工的自我管理，懂得自我管理的員工將成為組織新一輪的人才資源，這意味著組織開始考慮如何儘可能多地利用各級員工的才能。隨著環境的變化，組織和員工也在發生變化，他們面臨個人需求、工作能力、動機等壓力的同時也面臨著更大發展空間的機遇。市場經濟環境下，職業也開始受到環境因素和個人因素的影響。人力資源管理領域中，越來越多的組織開始承認和認可需要職業生涯規劃，組織和個人都必須在機遇和壓力下對未來發展形成清晰的藍圖。

一、職業生涯規劃的含義

職業生涯從狹義上講，是指個人開始直接從事職業到退職的時間段；廣義上看，職業生涯是個人從事職業活動的整體構成，包括職業準備、職業選擇、職業調整等職業活動，是一個人不間斷的、持續的工作經歷。狹義的職業生涯可以指在一個組織內部的短期活動，而廣義的職業生涯是從職業準備到失去職業能力為止的時間週期，不侷限於一個組織，因此，廣義的職業生涯更能體現職業生涯的特殊地位，如圖 11-1。

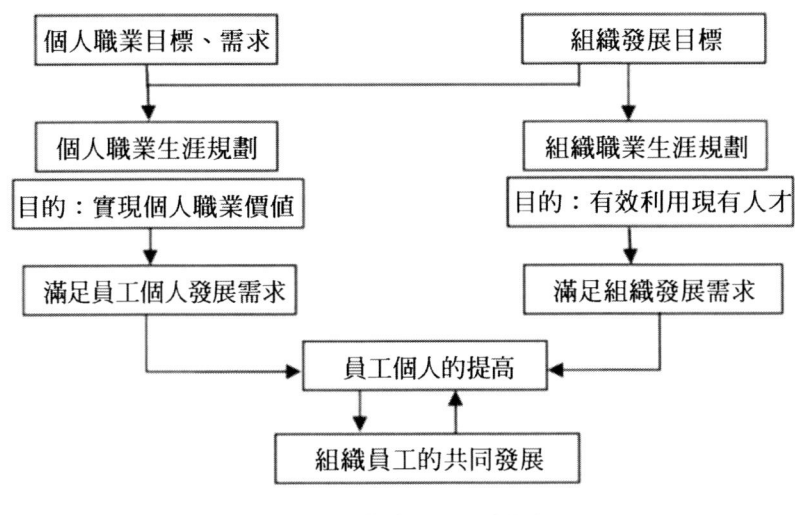

圖11-1 職業生涯目標圖

職業生涯規劃是人力資源管理的重要內容之一，是指以實現和提升個人職業價值為核心，透過員工和組織的合作和努力，員工和組織的職業生涯規劃相一致，從而實現員工與組織的共同進步和發展。職業生涯規劃包括個人職業生涯規劃和組織職業生涯規劃。個人職業生涯規劃，是員工個人根據自身主觀因素和客觀條件，為滿足自身需求或從組織為員工提供的職業生涯規劃中尋求適合自己的職業，實現個體本身的最大發展。組織職業生涯規劃，是組織透過分析員工職業發展需求，針對員工需求科學設計職業生涯規劃，從而實現個人對組織的貢獻和組織效益的提高。

二、職業生涯規劃的內容

職業生涯規劃包括兩個方面：

一是個人職業生涯規劃，員工作為自我管理的主體，是職業生涯規劃的關鍵；

二是組織職業生涯規劃，是組織幫助員工制訂職業生涯發展規劃的一系列活動，為員工提供必要的教育、培訓、換職等機會。

1．個人職業生涯規劃的內容

個人職業生涯規劃以員工自身為核心，根據個人特點和需求不同，在對自身充分認識的基礎上，客觀分析工作環境，樹立職業目標，制訂適合自己職業發展的計劃，並運用適當有效的措施實現目標。個人職業生涯規劃主要包括：自我評估、環境評估、職業選擇、職業生涯目標的設定、制訂職業生涯規劃和實施、職業生涯規劃的回饋和調整等，如圖11-2。

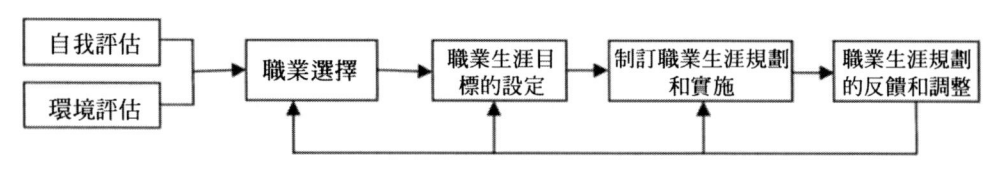

```
┌──────┐
│ 自我評估 │──┐
└──────┘  │    ┌──────┐   ┌────────┐   ┌────────┐   ┌────────┐
          ├──→│ 職業選擇 │──→│職業生涯目│──→│制訂職業生│──→│職業生涯規│
┌──────┐  │    └──────┘   │標的設定  │   │涯規劃   │   │劃的反饋 │
│ 環境評估 │──┘      ↑        └────────┘   │和實施   │   │和調整   │
└──────┘          │                        └────────┘   └────────┘
                   └─────────────────────────────┘
```

圖11-2 職業生涯規劃流程圖

（1）自我評估

員工個人的職業生涯規劃，必須是在正確認識自身基礎上充分地自我認識和全面地自我剖析，明確自己的人生價值和目標，正確認識自己的知識水準、性格特徵和興趣愛好等，深入、客觀地剖析自己的優勢與劣勢，從而為選定適合自身的職業、制訂科學有效的職業生涯目標和規劃提供客觀基礎。

（2）環境評估

環境評估是評估外部環境對職業選擇和職業生涯規劃的影響，主要是指職業機會的評估，包括社會環境、行業環境、組織環境等。個人職業選擇和職業生涯規劃，要分析職業環境的特點、環境發展與變化的情況、環境對人

力資源提出的要求等，使個人充分認識到社會環境需要什麼樣的人才、何種行業或職業最具發展前景、自身條件是否符合理想職業的要求等，並且正確認識自身發展的優勢與不足會對未來職業生涯帶來何種機會或威脅等。只有清晰瞭解自身條件與環境因素，才能在複雜的環境中選擇正確的職業、制訂科學合理的職業生涯規劃。

（3）職業選擇

透過自我評估和環境評估，員工可以在瞭解自身條件與環境要求的基礎上進行職業的選擇。職業選擇的正確與否是員工個人目標與組織目標是否實現的前提，直接關係到員工個人職業生涯的成功與否，因此職業的選擇通常要注意以下幾個方面：

一是職業選擇要考慮個人與職業的適應性，以員工個人的能力、性格、興趣、特長等主觀因素為主；

二是要考慮客觀事實，實現個人主觀與客觀事實的平衡，衡量職業發展空間和個人發展機遇；

三是要揚長避短，以客觀環境和個人特質為依據，選擇與客觀條件相匹配的職業；

四是要結合規律的變化，適時調整職業選擇和目標，改變自身興趣、特長等客觀條件，適應環境對職業條件的要求。

（4）職業生涯目標的設定

職業生涯目標是員工個人事業成敗的核心。職業生涯目標的設定是職業選擇之後對職業生涯規劃道路的選擇，通常以員工個人性格、興趣和外部職業環境為主要依據。根據目標實現時間的長短可分為終身目標、長期目標、中期目標和短期目標。目標的設定應主要考慮以下幾點：

一是目標要以員工個人性格和興趣為主，職業與興趣愛好完美結合，才能形成為之奮鬥的終身目標，實現職業轉化為具有無上榮耀的事業；

二是目標的設定要充分考慮員工個人特長，個人特長和優點與職業有機結合，才能取得更好的成績；

三是目標要符合客觀實際，要滿足社會環境對職業的要求，只有將個人職業生涯目標與社會需求、組織需求相結合，才能推動個人職業生涯目標的實現。

（5）制訂職業生涯規劃和實施

職業生涯規劃要以目標為方向，制訂切實可行的職業生涯規劃及具體行動措施，包括員工個人為達到目標，應制訂和實施提高工作效率的措施、提高知識水準的措施、提升個人能力的措施等，具體包括個人再學習、參加培訓、工作、輪職、換職等。

（6）職業生涯規劃的回饋和調整

職業生涯規劃的行之有效，就要根據不可預測的變化因素做出適時調整。從員工個人的自我評估到實現目標的整個職業生涯規劃過程，伴隨著各種各樣影響職業生涯規劃的因素，因此需要對職業生涯規劃實施跟蹤、評估，並及時調整。根據職業生涯規劃回饋做出的調整包括：職業的再選擇、職業生涯目標的修訂、職業商業規劃的調整、規劃實施的改變等。

2．組織職業生涯規劃的內容

組織職業生涯規劃是指組織根據員工自身特點，結合組織自身發展和規劃需求，幫助員工個人制訂合理、科學的職業生涯發展規劃，員工實現職業生涯目標的同時，也能夠促進組織自身的發展。個人職業生涯規劃因為個體差異性使得每個個體的職業生涯規劃各不相同，但是組織作為管理員工的整體，對員工制訂的職業生涯規劃所考慮的因素就基本相同。個人職業生涯規劃重視員工個人需求，而組織職業生涯規劃是以員工個人職業要求為基礎，體現組織整體的發展要求。

第一節 職業生涯規劃概述

(1) 組織對員工的評估

組織職業生涯規劃是組織要在員工個人的評估基礎上，對員工進行準確的定位，從而根據員工特點制訂相應的職業生涯目標和規劃。員工個人的評估是員工自身對其性格、能力、興趣、特長及自己的職業要求等進行評估，但是受到員工能力水準、知識水準、主觀過強等限制，可能出現評估不足或偏差等現象，這就需要組織對員工的評估進行客觀指導。組織要以員工個人評估為基礎，透過招聘時獲得的訊息、工作狀況、績效評估結果等訊息對員工的能力、潛力等進行相應的評估，從而確定員工的職業生涯目標。

(2) 制訂員工的職業生涯目標

組織職業生涯目標的確立主要包括職業選擇和職業發展機會兩個方面，組織內部的職業訊息是個人制訂職業生涯目標的重要因素。為協助員工制訂切實可行的職業生涯目標，組織應及時提供組織的發展規劃、職業變更和空缺、晉升條件、績效評估結果、培訓機會等訊息，幫助員工確定自己的職業目標和發展規劃。

組織的職業訊息傳遞必須注重公平性、及時性、準確性和多樣性原則，透過電話、公告、內部報刊、局域網等形式及時傳達到有關員工手上，在公平競爭的原則下幫助員工瞭解和制訂自身的職業發展規劃。

(3) 幫助員工制訂職業生涯規劃

組織職業生涯規劃是組織對員工的發展前途所做的設計和安排，為幫助員工實現職業生涯目標和提升各方面能力，組織可以實施職位輪換計劃、培養計劃及提升計劃等，包括舉辦培訓活動、辦業餘課程學習班等具體措施，以及對員工進行職業規劃制訂的指導和諮詢工作。

(4) 職業生涯規劃的回饋和調整

隨著員工在職業中的成長和發展，以及組織環境的變化，員工之前制訂的職業生涯目標也會隨之發生改變，

一是由於工作經驗和潛力的不斷提升，員工創造出巨大的成就，超額實現職業生涯目標；

二是部分員工職業生涯目標與現實出現落差，致使他們對職業生涯規劃和自身產生懷疑。針對職業生涯規劃實施之後的回饋，組織要及時幫助員工調整規劃，一方面防止目標得以有效實現的員工在獲得職業高峰值後出現懈怠狀態，使得其職業生涯停滯甚至下滑。組織要盡力保持這類員工的良好狀態，激勵發掘更大的潛力，實現組織目標；另一方面，要幫助未能實現職業生涯目標的員工重新審視自我，並且加以正確的引導，激發其積極性，提高組織效率，也要避免員工目標未能得到滿足，出現職業再選擇，從而導致組織喪失勞動資源。

三、職業生涯規劃的原則

1．持續性原則

職業生涯規劃並不侷限於員工在某一組織內的就職期間的職位活動，現實中大部分就業者在其職業生涯中不僅僅就職於一個組織，因此從廣義上來看，職業生涯規劃應貫穿員工個人職業生活的始終，具有長期性和持續性的特徵。只有長期堅持職業生涯規劃活動，才能取得良好的效果，最終實現個人追求和人生價值。

2．動態性原則

職業生涯規劃不是一成不變的，根據影響職業生涯規劃的各因素進行合理調整，保證職業目標的實現。

一是組織發展策略、組織結構、組織職位等發生變化，職業生涯目標也發生變化；

二是員工個人不同時期性格、興趣、特長等發生變化，職業生涯目標、職業選擇等規劃活動也隨之發生變化；

三是職業生涯規劃活動的評估回饋，根據回饋結果要適時對職業生涯規劃活動進行調整。

因此可以說，職業生涯規劃活動是要隨著各因素的變化發展而進行動態調整的。

3．客觀性原則

職業生涯規劃中自我評估環節，是職業目標設定的基礎，如果出現偏差，將會導致目標設定的偏差及目標無法實現的情況。因此在自我評估環節，要遵從客觀性原則，切勿盲目誇大自我愛好、特長等主觀因素，要貼合實際，與組織目標、與職位、與職業任務相結合。

4．互助性原則

職業生涯規劃是由組織和員工個人雙方共同完成的，是個人目標和組織目標實現雙贏的活動。從員工方面看，職業生涯規劃根據個人能力、興趣、性格等規劃未來職業生涯目標，其中有可能出現自我評估偏差現象，就需要組織對其進行指導；從組織方面看，組織根據員工自我評估、組織策略發展幫助員工進行職業生涯規劃過程。整個制訂過程必須透過有效溝通，才能完成有利於雙方利益的職業生涯規劃。

5．創新性原則

職業生涯規劃的目標要有挑戰性，具有挑戰性的目標才能激發員工的積極性，發掘員工潛能，獲得創造性成果；實現目標的滿足才能激勵員工為進一步提升自我、突破自我制訂更高層次的職業生涯規劃。

6．可行性原則

職業目標的設定，要符合客觀規律，誇大目標或目標過低，都會導致目標與現實不符，無法達到預期效果，從而不能實現個人能力的提升和潛力的有效發掘，也不能與組織目標相匹配，使得個人作為組織的人才資源不能得到充分的發揮，進而導致組織對個人能力的懷疑，影響個人獲得職業發展機遇。

四、職業生涯規劃的作用

1．職業生涯規劃對個人的作用

個人職業生涯規劃是個人自我管理、自我變革的重要手段，只有在充分認識自己的基礎上合理規劃職業生涯，才能有效發揮自身的主觀能動性，保證自我能力的提升，透過實現職業生涯目標從而實現人生目標。

（1）能夠幫助員工確立職業目標，增強競爭力

職業生涯規劃的基礎是個人評估和個人分析。透過分析，員工可以清晰地認識和瞭解自己，評價自己的能力、性格、特長和優點，發現自己的不足和差距，從而正確制訂合理的職業生涯目標，並充分發揮才能。如果缺乏職業生涯規劃的自我分析環節，個人職業生涯可能出現目標與自身、與現實不符，甚至毫無職業目標的情況。另一方面，職業生涯規劃不僅促使員工透過分析瞭解自身情況，也可以養成在職業生涯規劃過程中自我反思、分析環境和設定目標的習慣，從而增強員工個人對職業環境、職業機遇和職業危機的洞悉能力、掌握能力。

（2）能夠鞭策和引導個人實現目標、發揮潛能

以員工個人性格、興趣、能力和特長等為依託的職業生涯規劃並不是擺設，正是與員工個人切身利益相關，才能讓員工集中精力完成其特長和興趣，形成其努力工作的鞭策，從而有助於發揮員工個人的最大潛力。透過自我評估，運用科學的方法制訂合適的目標，採取有效的行動使個人得到恰當的發展，可以實現員工自己的人生理想；而且，隨著職業生涯目標的實現，目標實現高回報所帶來的滿足感加深，進而鞭策員工制訂更高一層、更長期的職業生涯規劃，從而提升個人能力水準和素質能力，實現組織與人才發展的雙贏。

（3）能夠幫助員工評估個人工作成果

職業生涯目標的設定必須是現實、客觀和具體的，職業生涯規劃的最後一個環節回饋，就可以反映職業生涯規劃的目標實現狀況及所取得的成績。

透過評估個人成果，發現自身優點或欠缺，從而更進一步加強自我變革、職業選擇、職業調整等規劃。

（4）能夠幫助協調工作與個人、家庭的關係

職業生涯規劃在綜合個人興趣、特長等個人追求的同時，也可以與個人目標、家庭目標、職業目標相融合，儘可能平衡各個目標在職業生涯規劃中的比重，避免左右為難的境地，從而協調好職業與個人追求和家庭的關係，促使職業生活高效、高質地發展。

2．職業生涯規劃對組織的作用

員工個人的職業生涯規劃其目標的實現和職業選擇，不僅關係到員工個人，也關係到組織目標實現和人才流動等問題。組織職業生涯規劃是透過幫助員工制訂職業生涯規劃，保證組織人才的需求和有效開發，進而實現組織的長效發展。

（1）保證組織人才發展的需要

人才是組織發展的基礎，除待遇、工作環境等影響條件，「懷才不遇」、沒有發揮空間和機會才是人才流失的最大原因。組織應根據發展需要，預測組織未來發展所需的人才類型、層次、能力等，透過訊息傳遞和組織職業生涯規劃的引導，幫助員工個人制訂重視自身發展、自身興趣和特長，與組織發展相結合的職業生涯目標和規劃，保證組織未來人才的需要，避免人才流失和職位空缺。

（2）使組織人才資源得到充分發揮

職業生涯規劃根據個人自我分析，使員工個人興趣、性格、特長得到重視，使員工積極性大大提高，使員工能夠集中精力完成與自身興趣、特長相關的目標，充分發掘了自身的潛能，從組織的角度上看人才資源得到了充分的發揮。

(3) 促進組織目標的實現

組織透過員工自我評估在瞭解員工特長、興趣以及發展方向時，結合組織發展需求合理指導員工個人制訂與組織發展方向相匹配的職業生涯規劃，使人才資源得到充分發揮、組織人才效能得到加強的同時，也實現了組織目標；只有使員工個人職業生涯目標與組織目標相一致，才能減少個人與組織的目標和需求的矛盾。

第二節　職業生涯理論

在個人的職業生涯中，個體知識水準、能力、興趣、性格等差異的存在，使員工個人職業種類、職業轉換等職業選擇和制訂職業生涯規劃具有差異性；此外，每個人在從職業準備到職業能力消失的過程中，隨著時間的變遷，不同階段個人對職業的選擇、職業生涯規劃也會發生轉變。在職業生涯規劃研究中，只有深入理解個體差異、階段特徵、知識水準等對職業生涯規劃的影響，才能促進個人和組織更好地利用職業生涯規劃共同發展。因此，一些著名的管理學家透過長期的人力資源研究，總結了許多關於職業生涯規劃的理論。

一、職業選擇理論

1．帕森斯的特質因素理論

20世紀20年代初，被譽為「職業指導之父」的弗蘭克·帕森斯（FranK Parsons）在其《選擇一個職業》一書中提出了特質因素理論，又稱人職匹配理論，是職業生涯理論中最早被提出且應用較為廣泛的理論觀點。他認為個人由於主觀條件的不同，都具有獨特的個性，從心理學角度上是可以測量的，包括個人性格、能力、興趣、特長、缺點等；職業需求也具有獨特性，透過職業分析也可以瞭解，即職業必備的知識水準、性格或資格等。而特質因素理論的核心為：個人特性與職業需求特性相適應的過程中，個人與工作匹配程度越高，則工作就越有效率。因此，可以說個人特質、職業特性和人職匹配是特質因素理論的三大要素。

在職業生涯規劃中，要完成職業選擇必須結合三大要素，完成以下步驟。

第一，分析個人特質。從員工個人角度出發，要求個人進行自我評估，充分瞭解自身身體狀況、知識水準、能力水準、興趣、特長等；從組織角度出發，可以透過面談、調查員工背景、成績、經歷等方式瞭解員工上述個人資料和特質。

第二，分析職業特性。從員工個人角度出發，要瞭解職業最低要求，包括學歷需求、專業、年齡、身體條件及其他能力等，以及工作內容、工作條件、工資待遇、培訓、職業機遇和前景等；從組織角度出發，也要充分瞭解空缺職位各項特性和要求。

第三，綜合上述分析內容，在清楚瞭解個人和職業的條件下，平衡個人主觀條件和職業，最終實現個人特質與職業的相匹配。

帕森斯認為根據特質因素理論中對個人和職位的分析，可以將人職匹配分為兩種類型：

一是條件匹配，即個人條件與職業的匹配，包括個人學歷、專業、性格、能力、年齡等條件或技能；

二是特長匹配，即一些職業需要一定的特長，包括具有獨創性、創新性、藝術性等特長。

特質因素理論強調個人和職業特質匹配，需要對個體特質和職業特性進行深入瞭解和分析，可以說特質因素理論必須以特性的測評為基礎。但是從職業生涯規劃具有動態性的角度出發，特質的測量需要個人和職業特質具有穩定性，該理論就可能會忽視其他因素對特質的影響，從而造成職業生涯規劃的差異或滯後。

2．霍蘭德的職業個性理論

20世紀60年代，美國著名職業指導專家約翰·霍蘭德（John L. Holland）在帕森斯特質因素理論的基礎上，結合人格心理學的理念，認為

人力資源管理

第十一章 職業生涯規劃

人的性格是個人職業選擇的主要因素,因此提出了具有廣泛影響力的職業個性理論,又稱職業傾向理論、職業性向理論。

霍蘭德認為相同性格或者特質的人對於具有相同特性的職業具有相似的選擇傾向,因此在同一組織中極有可能創造出具有同一特色的職業環境,從而增加員工個人對工作的滿意度和成就感,進而提高組織人才的穩定性。在此基礎上,霍蘭德提出了六種人格類型和六種工作環境的假設,人格類型包括現實型、研究型、藝術型、社會型、開拓型和常規型;工作環境的名稱和性質分類與人格類型是一致的。其提出的六種人格類型如下圖 11-3 所示。

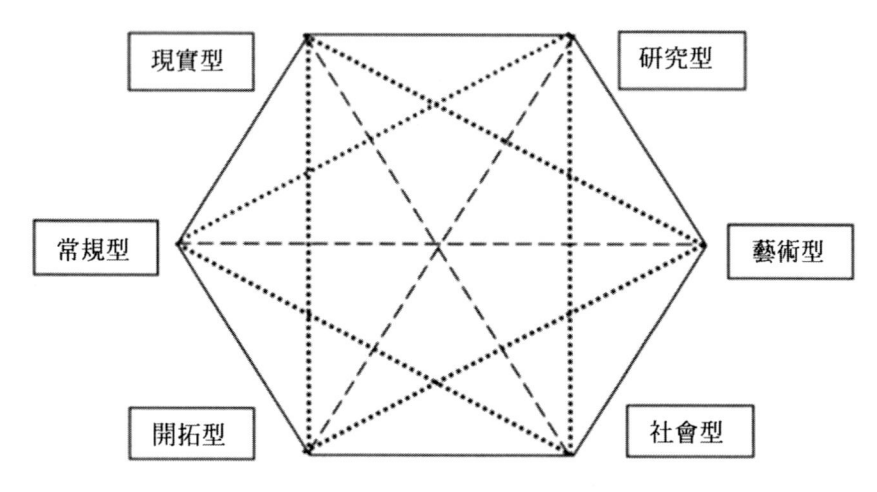

圖11-3 霍蘭德的職業個性選擇圖

霍蘭德設計了一個六邊模型,形象地闡述了人格特質與職業環境之間的關係,六個角分別表示六種職業類型傾向,每種職業類型之間有著一定的關聯,連線越短,相關係數越大,適應程度越高,反之適應程度越低。如上圖所示,現實型與常規型之間的聯繫最近,說明一個人身上可能具備這兩種職業類型的特性,那麼在職業選擇中在這兩種類型中也容易互換;常規型與藝術型距離最遠,說明這兩個類型的人職業特質是相互排斥的,職業選擇也會排斥。霍蘭德認為,在實際職業選擇中,個人無法準確無誤地在偏好類型中選擇合適的職業,並且個人特質在很大程度上具有廣泛的適應性,其人格類型有可能和與之相近的兩個類型存在共同特徵,那麼也可能勝任另外兩種類

型的工作。利用模型六個角的相鄰關係、相對關係和相隔關係，使得職業選擇的多樣化具有科學和合理的解釋。

（1）現實型。現實型的人願意從事實物性和操作性強的職業，偏好戶外及工具的使用，較為保守但實踐能力、協調能力較強，傾向於具有實際物質回報的工作，但是缺乏交流能力。如技術型和技能型職業：程式設計師、製圖員、機械操作員、修理工、木匠、農民等。

（2）研究型。研究型的人願意從事具有較多認知活動的職業，偏好探索、理解、預測、思考和控制能力的發揮，喜歡獨立和具有創造性的工作，知識水準較高且善於分析、推理，傾向於精神領域和自身素質提高的回報。如科學研究人員、教師、工程師、醫生等。

（3）藝術型。藝術型的人會被自我表現機會多、藝術創造力強、情感活動豐富的個性化職業吸引，喜歡創造，善於創新和表達，做事理想化但缺乏辦公技能。如音樂家、演員、設計師、詩人、建築師等。

（4）社會型。社會型的人願意從事具有大量人際交往活動的職業，善於與人合作、樂於助人，且具有耐心，認為和諧的人際圈就是高回報。如教育工作者、公關人員、社會工作者、心理諮詢師等。

（5）開拓型。開拓型的人願意從事具有控制能力、能夠影響他人的職業，喜歡領導、支配、管理他人，善於說服和影響他人行為，具有領導才能和活力，偏好競爭、敢於冒險，做事具有目的性，以追求權力、權威、物質和社會地位為目標。如項目經理、政府官員、法官、律師等。

（6）常規型。常規型的人願意從事規則和結構都較為固定的職業，這一類型的人尊重權威和組織，喜歡按計劃、按規則辦事，保守且善於服從，缺乏創造力但是細心、謹慎，不喜歡冒險，偏好固定、有秩序的行為標準。如會計、助理、圖書管理員、辦公室人員等。

霍蘭德提出的人格興趣職業理論，有助於在職業生涯規劃中對個人特質和職業類型的分析和理解，六種類型的人格特質和環境特性具有較廣泛的適應性，按其提出的職業選擇六角圖，職業選擇可以根據個人特質的傾向具有

綜合性，避免了特性對職業選擇的影響中只對一種職業進行選擇。但是人格的發展是隨著社會因素的影響不斷變化的，對環境具有主動的適應性，這一理論中將人的職業興趣穩定為個人特質，可能忽視個人情感、學習和經驗的重要性。

3. 弗魯姆的擇業動機理論

美國心理學家弗魯姆在其《工作和激勵》一書中提出了擇業動機理論，即期望理論。弗魯姆透過對個體行為動機的研究認為，個體的職業追求動機取決於個體對職業價值的評價和期望值的高低，用公式表示為：

F＝V×E（職業動機＝職業效價 × 職業機率）

F 表示動機強度，即個體追求某職業的積極性強度；V 表示職業效價，即個體對職業價值的主觀評價；E 表示職業概論，即個體對獲得某職業可能性大小的期望值。可以看出，個人的擇業動機與職業效價和職業機率成正比關係，效價越大、期望值越高，個人獲得職業的機會就越大，那麼職業動機就越強烈；反之，如果效價與期望值一方為零，那麼該職業對個人就毫無動機可言。根據擇業動機理論可以理解為，對某職業的動機強度越大，個人對該職業的選擇傾向越高；反之，動機越低，則個人對職業的滿意度就越低，對該職業的選擇傾向越低。

將這一理論運用到個人職業選擇中，具體分為以下兩個步驟。

（1）確定擇業動機

擇業動機是指個人對職業選擇意向的大小，根據擇業動機理論公式，職業效價和職業期望值是決定職業意向的關鍵。在應用公式進行職業選擇時，必須正確分析職業效價和職業機率的係數，注意影響兩個係數的決定性因素。這一步的主要工作就是個體評估職業效價和職業機率。

第一，評估職業效價，即對職業價值進行評價。影響職業效價的因素包括個人對職業價值的評價和個人對職業要素的評價。個人對職業價值的評價是個人自身的職業價值觀，如個人興趣；個人對職業要素的評價是對職業所附帶客觀條件的評價，包括工作條件、薪酬條件、職業地位、發展機會等。

第二，評估職業機率，即個人對獲得某一職業可能性大小的評估。職業機率主要取決於社會需求、個人能力和競爭係數。社會需求，是指社會對某類型職業的需求量。職業機率與社會需求是成正比的，社會需求越大，獲得職業的可能性就越大；反之，社會需求越小，競爭就會越大，獲得職業的可能性就越小。個人能力，是指個人自身知識水準、工作能力、社交能力等能力的綜合。個人能力與職業機率也成正比關係，個人綜合能力越強，競爭力就越大，獲得職業可能性就越高；反之競爭力就相對較弱，獲得職業可能性就越低。競爭係數，是指某一職業的競爭力度，包括求職者人數、其他求職者的個人能力。競爭係數與職業機率呈負相關，競爭係數越小，個人獲得職業機率越大；反之，競爭係數越大，獲得職業機率就越低。

（2）比較擇業動機，選擇職業

現實中個人職業選擇通常會對集中職業進行評估和比較，弗魯姆的擇業動機理論是在測定幾種職業因素的基礎上，客觀測試職業動機，從而實現多種職業選擇的科學比較。擇業動機公式說明，個人進行職業選擇時一般會選擇動機指數高的職業。

4・沙因的職業錨理論

20世紀70年代，美國著名管理學教授埃德加·沙因（Edgar H·Schein）對44名畢業生進行長達12年的職業生涯發展跟蹤研究之後，在其《職業動力學》中首次提出職業錨理論。職業錨是指一個人面臨必須要做出抉擇的時候，無論如何都不會放棄個體自認為對其至關重要的部分或價值觀。

沙因認為，職業生涯是一個持續的過程，在這個過程中隨著對自我的不斷瞭解，其自身能力、需求、價值觀、動機、態度等特質會與職業形成一個固有的自我觀，並在自我職業生涯中占據主要的地位，成為個人職業選擇、職業生涯規劃中不可放棄、緊緊圍繞的核心要素，這就是職業錨。

職業錨是以員工個人的工作經驗為基礎形成的，是個人和職業環境不斷調整的產物，是在實際工作中的自我評估和回饋得出的職業價值觀。沙因認為，個人很難提前測量自己的職業錨，因為個人的職業不是固定的，而是不

人力資源管理
第十一章 職業生涯規劃

斷變化發展的，在職業初期個人不可能深入瞭解自己的能力、動機、價值觀、態度以及對職業的適應度等。因此，職業錨是在個體具有工作經驗後不斷探索得出的，或者是在職業面臨重大抉擇時，綜合工作經驗中自身表現出興趣、性格、態度、價值觀等因素，才能產生準確的職業錨概念。

　　沙因在 20 世紀 70 年根據研究提出了五種職業錨類型，1992 年以後，大量學者在沙因的基礎上經過長期研究，將職業錨類型拓展為八種。

　　（1）技術職能型職業錨。技術職能型的人追求在其專業領域體現個人的工作能力和技術水準，不願意從事全面管理工作，熱愛本專業技術和職能工作，重視個人專業領域的挑戰發展，在進行職業生涯規劃中只關注本專業實際技術和特長。如工程技術員、財務分析、營銷人員等。

　　（2）管理能力型職業錨。管理型的人追求全面管理工作，表現出想成為管理人員的強烈動機，希望工作具有較大責任、能夠領導他人，且要有挑戰性、豐富性。此類型的人具有很強的溝通能力、人際溝通能力，性格穩重，在職業生涯規劃中重視對權力和晉升的追求。如政府機構、企業領導者等。

　　（3）創造型職業錨。創造型的人追求具有創新性和挑戰性的工作，不喜歡墨守成規的傳統職業，具有強烈的求知慾望和創造慾望，敢於冒險，希望有自由、獨立的工作方式和環境，在職業生涯規劃中多以自我為中心，追求不受限制的工作環境，自由發揮個人能力。如作家、投資家、發明家、企業老闆等。

　　（4）安全型職業錨。安全型的人追求安全、穩定、長期的職業，對組織具有強烈的依賴性和忠誠度，只看到穩定、可預測的未來，關注穩定的職位、工資和地位，喜好長期的工作職位和收入，循規蹈矩，並不在乎具體的工作內容和自身興趣。這類人很難透過職業生涯規劃活動實現個人提升。如教師、醫生、公務員、研究人員等。

　　（5）自主獨立型職業錨。獨立型的人追求不受約束的工作環境，希望以自己的方式、節奏和標準安排工作，討厭來自上級的壓力和限制，即使放棄

職業機會也不願意放棄自由和獨立，渴望擁有更多的自主權。如牧師、諮詢師、科技研發人員、自由撰稿人等。

（6）服務型職業錨。服務型的人以服務他人、幫助他人為人生價值觀，認為透過努力創造環境和條件做對人有益的事、幫助他人渡過難關、提高人們的生活水準等是最具價值意義的事。這類人把服務他人這樣的人生價值觀作為職業生涯規劃的核心，極少在乎職業機遇、晉升、收入等現實因素。如醫護人員、社會工作者、慈善機構服務人員等。

（7）純挑戰型職業錨。與創造性相似，這種類型職業錨偏好挑戰性的職業，但是挑戰型的人更追求多苦難、多障礙的職業，喜歡解決看上去無法解決的問題、克服無法克服的困難，對成功的定義是完成常人認為不可能的任務，對他們而言工作就是實現各種新奇、變化、困難的目標。職業生涯規劃中職業選擇、職業生涯目標可能過分驚人、誇張，這類型的人並不在乎職業類型、興趣、晉升、薪酬等，只重視目標是否具有挑戰性。如運動員、極限運動員、冒險家等。

（8）生活型職業錨。生活型的人追求工作能夠與生活充分結合的職業，希望在職業中實現享受生活的目的，渴望平衡職業、個人需求、家庭的關係，並且希望職業能成為整個生活的一部分。在職業生涯規劃中，會將家庭作為核心，圍繞提高生活質量實現家庭與職業的平衡。

沙因認為，在職業錨的穩定性上，個體有了工作經歷之後，就會形成穩定的職業錨，而且職業錨形成之後就很難改變，年齡較大或職業經歷豐富的人，其職業錨穩定性相對較高，但是現實中有很多年輕人在職業初期並沒有經歷多種多樣的職業和組織，因此他們的職業錨也有可能會因為年齡、環境、工齡等因素的影響而發生變化，所以可以說職業錨不是一經認定就一成不變的。

職業錨是個體在長期的職業經歷中對自我職業價值觀的定位，反映了員工個人的職業追求和職業需要，因此它相對員工個人特質更具有準確性，為員工個人和組織中後期制訂職業生涯規劃指引了方向。該理論經過 40 年的

發展，已成為職業生涯規劃中的基礎理論，成為職業生涯規劃活動中的重要理論依據。

二、職業生涯發展理論

1．金斯伯格的職業意識發展階段理論

美國著名的職業指導專家金斯伯格（Eli Ginsberg）是職業生涯發展理論的代表人物之一。他認為職業選擇是個體終身不斷發展和變化的決策，是個體持續進行自我評估，企圖實現職業生涯目標和職業之間的最佳適應度的過程。金斯伯格認為，職業選擇應在充分理解個體興趣、能力、價值觀等主觀因素的基礎上進行決策，那麼選擇的重要時期應是在個體職業生涯的初期和中期，因此他認為研究的重點應該是個體從童年到青年階段的職業心理過程。透過比較美國家庭富裕的人，研究分析他們從童年到成年的過程中所表現出的與職業有關的想法和行動，金斯柏格將職業生涯階段分為幻想期、嘗試期和現實期三個階段。

階段一：幻想期（11歲以前）

幻想期也稱為空想期，是個體成熟之前的兒童時期，職業選擇觀念帶有空想和幻想的特徵，對接觸到的各類職業充滿新奇感，會幻想自己未來的職業並會透過遊戲扮演自己喜歡的職業角色。

這個時期的職業選擇具有單純根據自己興趣所決定的特點，不考慮自身條件、能力、社會需求等因素，甚至可能出現不切實際的幻想。

階段二：嘗試期（11～17歲）

嘗試期也稱為試驗期，是個體由兒童到青年的過渡時期，也是個體心理和生理迅速發展的階段。此階段個體開始注意個人興趣和特長的培養，在知識水準、獨立意識、價值觀和各方面能力都得到很大的提升，並且開始考慮職業與自身條件的匹配、職業的社會需求、社會地位等問題。金斯伯格將嘗試階段細分為以下四個子階段：

①興趣階段（11～12歲），個體開始關注自己喜歡職業所需的特長，並培養與職業有關的興趣；

②能力階段（13～14歲），個體開始重視個人能力及自身條件，可以自我衡量自身能力，並主動表現在與職業相關的一些活動中，能夠嘗試客觀地審視自身條件與職業的適應度；

③價值觀階段（15～16歲），個體逐漸形成自己的職業價值觀，能夠發現個人的職業需求和社會的需求，能夠判斷職業的價值性並選擇職業，而這個時期的職業價值觀多與物質上的滿足相聯繫；

④綜合階段（17歲），個體將以上三個階段進行綜合，能夠整合自己喜歡的職業資料，以此個人判斷未來的職業生涯方向。

階段三：現實期（17歲以後）

現實期也稱為決策期，是個體正式步入社會進行職業選擇的初期，這一時期已具有現實的職業價值觀和職業目標，能將個人客觀條件與環境、社會需求、自身要求相結合，選擇與自己最匹配的職業類型。金斯伯格又將這一階段細分為三個子階段：

①試探階段，透過嘗試獲取自我評估和對職業的初步總結，個體開始進行職業試探，將自己的職業目標和社會需求職業相結合，嘗試進行職業的選擇，有的會在選擇的職業中經歷簡短的職業活動；

②具體化階段，根據嘗試階段的經歷，定位自己的職業目標，進入職業的具體選擇階段；

③專業化階段，針對自己選擇的職業目標做特定的準備，為能夠獲得職業或勝任職業接受專業化學習。

金斯伯格的職業生涯階段理論對實踐產生過廣泛的影響，其內容實際上僅反映了職業生涯前期中的不同階段，是就業前的職業意識、職業目標、職業選擇的發展過程。他認為職業選擇是一個終身的過程，但是在其理論中，並未對職業生涯中後期做出具體的分析。

2．薩珀的職業生涯發展理論

薩珀（Donald E．Super）是美國具有代表性的職業管理學家，他把職業發展理論擴展到人終身，質的不同影響著個人適應一種或若干種職業，並且個體職業生涯模式的不同不僅與個體特質有關，也與家庭認同、父母地位等相關；個體的職業選擇和職業價值觀等是具有彈性的，會隨著時間、年齡、經歷等現實因素的變化不斷進行調整，是一個持續協調的過程；個體的工作滿意度由其能力的發揮、興趣和價值的實現衡量，可以說職業生涯的發展是一個自我實現的過程，而這個過程是可以透過指導加以完善的。薩珀透過對職業行為進行分析，從終身發展的角度，以年齡為分界依據將個體的職業生涯劃分為五個階段。

階段一：成長階段（14 歲以前）

這一階段個體屬於兒童期。個人透過對周圍環境、事物的認知，逐漸建立自我的概念，並開始對所認知的職業產生好奇、幻想和興趣，產生有意識的職業能力培養的過程。受知識水準和思維能力的限制，此階段的職業意識侷限於幻想、模仿、喜好等特徵。薩珀將這一階段具體細分為以下幾個成長期：

①幻想期（10 歲以前），兒童時期對事物充滿新奇感，透過父母、親戚、媒體等認知到許多職業，並喜歡透過遊戲扮演自己喜歡的職業；

②興趣期（11～12 歲），此階段脫離了兒童時期的幻想，開始重視自身興趣的發展，個人喜好成為參與各項活動的主要因素，職業選擇僅考慮個人興趣；

③能力期（13～14 歲），開始嘗試比較自身能力、條件與職業的匹配度，能夠認知職業對個人條件的要求，並且有意識地為適應職業而培養個人能力。

階段二：探索階段（15～24 歲）

這一階段屬於學習和工作前期準備階段。透過前一階段有意識的能力培養，個人將其在學校和社會活動中獲取的能力和職業條件進行客觀評價，探索多種多樣的職業可能。此階段的職業選擇不僅會考慮個人興趣，也會重視

自身能力和社會的需要，隨著對個人和職業的瞭解加深，不斷修訂之前的職業選擇，並根據職業選擇完成就業或教育深造。探索階段又可具體細分為以下幾個時期。

①試驗期（15～17歲），個體嘗試將個人興趣、需要與能力和價值觀相融合，透過學校學習、觀察、見習、社會實踐等方式做出嘗試性的選擇，形成最後的職業目標。由於自身能力的不足以及對未來的不確定性，此階段的職業選擇具有較大的實驗性；

②轉變期（18～21歲），個體開始進入職場或接受專業化的學習，此階段的職業選擇已出現明確的目標，並進入客觀現實的選擇階段，能夠根據自身能力和社會需求對職業選擇進行調整；

③嘗試期（21～24歲），即職業的試行階段，個體正式進入自己選擇的職業職位，開始考慮將所從事職業發展為長期職業生涯的可能，如發現不適合則有可能再次經歷上述時期確定方向。

階段三：確立階段（25～44歲）

經過早期的嘗試和實驗階段，會希望在這一階段確定某一職業，透過努力在這一職業領域獲得穩固的地位，並渴望獲得職業生涯的發展。薩珀認為，這一階段是大多數職業生涯的核心部分，個體的職位、工作內容可能有所變化，但是職業卻很難發生改變。此階段又可分為三個子階段：

①嘗試期，透過審視就業初期個人興趣、個人能力、職業目標、職業機會等，為穩定的職業和生活做出最後的調整，包括職業再選擇、變化職業工作等；

②穩定期，在合理的再調整之後，個體最終確立穩定的職業和職業生涯目標；

③發展期，這一時期，個體為穩定的工作和生活以及實現職業生涯目標不斷努力，尋求職業的發展機會；另一方面，職業中期可能會出現職業生涯目標與現實的偏差，或發現了新的職業目標，進而出現另一個轉折點，重新審視自身、改善職業生涯目標。

階段四：維持階段（45～64歲）

個體經過長期從事某一職業已獲得一席之地，這一階段的任務是發掘新能力保持已取得的階段性成果，維護既得的社會地位，並致力平衡家庭與職業的關係，實現職業目標、個人目標以及家庭目標的和諧發展。

階段五：衰退階段（65歲以上）

衰退階段即進入退休階段，個人能力逐漸衰退，並逐步結束職業生涯，這一階段要適應減少職業權利和退休生活，以個人的人生目標為核心。

薩珀的職業生涯發展階段理論比較全面地闡述了個人各個階段的特徵與職業相匹配的動態過程，根據個人的年齡階段與職業選擇規律的有機整合，對職業生涯規劃具有較高的理論價值。但在現實中職業生涯是一個持續的過程，職業生涯規劃的各個階段並沒有明確的時間分界線，根據個人特質差異、環境等因素，職業選擇的時間每個人都有一定的偏差或出現階段性反覆。

3．格林豪斯的職業發展過程理論

美國著名心理學博士格林豪斯（Greenhouse）從職業對個體不同階段所要求的條件出發，著重研究不同年齡段個體應具備的能力和所需要完成的任務，其將職業生涯劃分為以下五個階段。

階段一：職業準備階段（18歲以前）

這一階段的主要任務是根據對外界的認知和經驗，透過聯想、幻想、模仿等手段發展職業喜好，並開始培養職業興趣，從而進行初步職業評估和選擇，進行必要的專門職業教育和培養，提升職業所需能力。

階段二：進入組織階段（18～25歲）

這一階段是正式進入社會的職業環境，透過前一階段職業的探索和試驗期，在取得職業能力和獲得大量職業訊息的基礎上，進行合理的職業選擇，選擇最符合個人興趣和性格以及最為滿意的組織和職業。

階段三：職業生涯初期（25～40歲）

這一階段的主要任務是適應和融入組織生活，接受組織文化，確立作為職業者在組織中的作用；提升職業能力，透過學習不斷提高個人素質，為成功的職業生涯打好組織和個人的基礎。

階段四：職業生涯中期（40～55歲）

這一階段的主要任務是對早期的事業生涯目標和目前的實現程度進行評估，發現不合理的情況要盡快改善職業目標或改變職業發展道路，不斷提升自我潛力，努力獲得更好的成就和更高的組織地位。

階段五：職業生涯後期（55歲以上）

職業生涯後期已進入退休階段，主要任務是維持現有職業成就和地位，準備隱退工作。

4．沙因的職業生涯發展理論

美國的心理學家沙因教授不僅就職業選擇提出了影響深遠的職業錨理論，而且還透過對人的生命週期與職業生涯階段研究，提出了職業生涯發展理論。沙因根據職業生涯階段的特點、不同階段職業提出的要求以及不同階段個體所面臨的問題，將職業生涯分為以下九個階段。

階段一：成長、幻想、探索階段（21歲以前）

此階段主要針對學生和求職者。這一階段面臨如何將早期的職業幻想轉化為現實的職業選擇，為進行實際的職業選擇接受適當的教育和培訓，開發實際職業所需的能力和技能。主要任務：

一是自我評估發現自己的興趣、需求，為未來的職業規劃打好基礎；

二是透過學習職業知識、獲取職業訊息，發現自己的求職動機、抱負和價值觀，進行合理的職業選擇操作；

三是接受教育和培訓，提升自我素質和職業技能。

階段二：進入組織階段（16～25 歲）

此階段主要針對應聘者和新學員。這一階段開始進入職場，面臨跨越職業選擇的第一步，為獲取職業生涯基礎的第一項工作，此階段的人要合理評估組織和職業訊息，科學測試和選擇。

階段三：基礎培訓階段（16～25 歲）

此階段針對實習生、新入組織人員。這一階段要面臨適應日常工作、解決實際工作與理想之間的差異，渴望盡快成為組織成員的主要任務：一是克服新入組織的不安全感，融入組織生活；二是要接受組織文化、規則的培訓和教育，與組織成員和睦相處。

階段四：職業早期的正式獲取組織成員資格階段（17～30 歲）

此階段針對新的獲得組織成員資格的人。其主要任務有：

一是要學會承擔責任，充分發揮自己的特長和技能；

二是根據自己能力、價值觀，在組織的機會和約束中尋求更合適的匹配度；

三是針對第一份職業中的成就感或失敗感，為將來職業生涯的發展建立目標；

四是學會如何有效工作，學習前輩的工作經驗。

階段五：職業中期（25 歲以後）

此階段是指組織中的正式成員、主管、經理等。這一階段面臨如何利用、創造職業機會，提高競爭力從而獲得晉升機會，獲得組織認同。其主要任務有：

一是客觀評估自身能力、價值觀以及組織機遇，為職業生涯目標的實現做出科學的決策；

二是取得一定的職業成就，確立自己的地位；

三是適當調節個人、家庭與工作的關係，為職業目標的實現打好基礎。

階段六：職業中期危險階段（35～45歲）

此階段面臨兩方面問題：一方面是個人夢想與職業目標與現實的不符，而不得不抉擇穩定職業的問題；另一方面是職業中期個人能力和職業機會的矛盾，面臨如何實現個人在職業中的重要地位。因此這一階段的主要任務：一是現實地評估個人抱負、職業前途和能力是否相匹配，進一步明確個人前途和目標；二是不斷提升職業知識水準和能力，尋求職業機遇。

階段七：職業後期階段（40歲以後）

這一階段主要針對組織骨幹成員、管理者、官員等。其主要任務有：

一是學會發揮個人影響力和指導力，發展必要的管理能力和人際能力；

二是現實地估計自己在組織中的作用，不斷發展職業技能，從而承擔更大的組織責任；

三是針對穩定職業的選擇，要正視自己在職業目標未能實現時的失落感，接受在組織中影響力和地位下降的現實。

階段八：衰退和離職階段（40歲之後至退休）

此階段面臨個人在組織中權力、地位的下降，以及能力和競爭力衰退的問題。這一階段的主要任務有：

一是要正視和接受權力、地位的下降；

二是要評估自己的職業生涯，從另一方面實現自己的人生目標。

階段九：退休階段這一階段需要個體在脫離組織、失去職業地位之後，要保持一貫的價值觀，盡快適應角色轉變之後的生活方式，運用職業生涯累積的智慧和經驗，在另一個角色領域獲得人生目標的昇華。

沙因的職業生涯發展理論沒有按照人的年齡順序進行職業階段的劃分，更多側重於各個階段面臨的問題、任務以及個人應有的態度和行為方面。並且，沙因看到了職業初期基礎培訓和中期（35～45歲）作為職業開端和職業轉折點的重要性，將職業的基礎培訓階段和中期危險階段單獨列出，從而

能夠更清晰地瞭解在職業生涯重要節點上個人應實現的任務。但是各階段年齡出現交叉，職業生涯階段的表現比較複雜。

5．廖泉文的「三三三理論」

廖泉文教授主要研究職業生涯過程中各階段個體的心理活動和主要任務，1993年在其《人力資源管理》一書中，她提出了職業生涯發展的三大階段理論。

階段一：輸入階段（23歲以前）

這一階段是指從出生到就業前。個體主要透過學校學習、見習、實踐等輸入知識、經驗、技能，在學習知識和經驗的基礎上，分析客觀環境，不斷提升自己的各項能力，為未來職業選擇打下基礎。

階段二：輸出階段（23～55歲）

這一階段是指從就業到退休，以在職業中輸出前一階段學習的知識、經驗、能力為主。廖教授認為職業規劃是一個終身的過程，這一階段也有知識、經驗的再輸入，從而實現能力的再提高。輸出階段又可分為如下三個子階段。

①適應階段，即適應組織的階段。透過服從上級領導、與同事和睦相處，在接受組織規則和文化的基礎上充分發揮自己的才能，真正進入組織職業角色。

②創新階段，即能夠獨立工作、承擔責任的階段。這一階段個體能夠為組織創造效益、實現價值，並得到組織和同事上下的認可，實現職業目標並獲得職業地位。

③再適應階段。職業生涯中期，個體職業狀態往往出現分化狀態，包括順利晉升、原地踏步和降到波谷。順利晉升狀態時，要面臨權力和地位的提升所帶來的責任壓力，要應對新工作環境所要求的能力挑戰，以及與組織上下人際關係的協調關係；原地踏步表現為不求上進、標榜自己為老員工的狀態，此時組織應對原地踏步員工進行適當的職業調整，如職業平移、換職等，以激發員工積極性和活力；受主觀或客觀原因導致個體職業降到波谷狀態時，

如能振作重來，有望進入第二次「三三三」的發展階段，實現職業生涯的再調整。

階段三：淡出階段（50 歲以後）

淡出階段即退休前後，這一階段個人體力、能力、競爭力等逐漸衰退，需要開始退出職業領域。

一是維持階段，是個體歲退休之前的時期（50～60），需要個體運用長期累積的知識、經驗和技能維持現有的地位和成就，並指導和幫助年輕一代，並逐漸淡出職業職位；

二是衰退期，是指個人完全脫離組織退出職業領域，經歷衰退但閱歷豐富，在適應社會人而不是職業人的酵素之後，實現自己的人生價值。

第三節　影響職業生涯的因素

職業生涯規劃設計的正確性，關係到個體事業的成功和人生價值的實現，以及家庭和組織目標的共同發展。因此，必須對能夠影響職業生涯規劃的各個要素進行綜合分析，才能有效實施職業生涯規劃，幫助員工確定合理的職業目標，並根據要素的不斷變化適時調整。

一、個人因素對職業生涯規劃的影響

1．性格與職業

性格是一個人對待事物的態度以及相應的行為方式中比較穩定的，具有核心意義的個性心理特徵，是在個體透過幼年的觀察認知到成年的親身經歷所逐漸形成的，通常表現在個人的語言、行為方式、工作態度及狀態等方面。人的性格是千差萬別的，著名的職業指導專家霍蘭德在其職業個性理論中，就提出了個人特質類型是與具體職業相匹配的，職業是選擇，為個體性格的體現。近年來中國心理研究人員和教育學者根據國外研究經驗，並結合中國實際情況，將華人職業性格類型分為以下幾種。

①變化型：喜歡新奇變化的工作環境，厭惡一成不變並且反覆的工作內容和工作方式，偏好具有挑戰性的職業，追求職業或職業內容的多樣化，並且善於接受和適應新事物。此類型性格的人適合記者、演員、推銷員等職業。

②重複型：喜歡從事重複、具有一定規律性的職業，忠於組織規章制度和模式，喜歡按照固定的模式或計劃工作，缺乏創造力和冒險精神，但是在固定標準下不容易出現錯誤。此類型性格的人適合生產線工人、辦公室職員、電影放映員等職業。

③服從型：願意按照上級的指示去工作，通常與其他人協作而不喜歡獨立做出決策，害怕獨自承擔責任，願意接受領導和指揮。此類型性格的人適合辦公室職員、秘書、翻譯等職業。

④獨立型：喜歡自己的想法安排，希望根據自己的方式、節奏進行工作，與服從型不同的是渴望獲得獨立負責的權力，並希望能夠對自己的職業做決定。此類型性格的人適合管理者、律師等職業。

⑤協作型：喜歡與他人合作完成工作任務，在與他人協同工作中能感到愉快，人際關係融洽，在職業中的滿足感是不希望受到排擠。此類型性格的人適合社會工作者、公司職員、諮詢人員等職業。

⑥機智型：在危急時刻能夠控制情緒、臨危不亂，並且能很好地完成任務，在出差錯時應變能力強，表現出色。此類型性格的人適合駕駛員、飛行員、警察、消防員等職業。

⑦自我表現型：喜歡能夠自我表現的職業，希望透過工作來表達自己的思想和情感，因此職業選擇時更多傾向於自己的興趣和特長。此類型性格的人適合演員、導演、音樂家、畫家等職業。

⑧嚴謹型：願意從事煩瑣的職業，喜歡根據既定的標準、規則和步驟工作，工作嚴格且保質保量，缺乏挑戰性，但是細心、嚴謹。此類型性格的人適合會計、統計人員、編輯、圖書管理員等職業。

⑨勸服型：喜歡從事具有控制、管理性質的工作，善於觀察和判斷，希望透過不同方法使別人接受自己的觀點。此類型性格的人適合管理者、推銷員、營銷員、談判專家等職業。

個人性格與職業類型的匹配程度，決定了職業滿意度、職業成就以及個人和組織目標的實現。性格是個體在長期的習慣中逐漸保存固定下來的，一經形成就很難改變，能力與職業不匹配可以透過後天教育、學習和培訓有所提高，但是性格與職業不匹配就很難改變性格，甚至出現阻礙職業發展的情況。因此，在職業生涯規劃中，應該根據自己的性格類型，合理設定職業目標進行職業選擇，不能盲目跟風，切忌在意社會環境和社會輿論的過度干預，以致自己職業滿意度降低、職業生涯目標無法實現。

2．興趣與職業

興趣是個體對事物或活動表現出來的心理傾向，表現為有意識、有目的的偏好並在從事其他活動中有所體現。在職業活動中如果興趣濃厚，就會有效地激發個人積極性，從而及時有效地完成任務；反之，如果對職業沒有興趣，即使外界對職業環境、地位評價如何高，個體也容易產生倦怠感，從而降低職業效率。因此在職業生涯規劃中，興趣應是需要考慮的重要因素之一。

下面是加拿大職業分類詞典中關於主要職業興趣特點的介紹。

①對事物感興趣。具有此類興趣的人喜歡基礎具體的事物，包括工具、機械、數字等，對需要想像力的活動並不感興趣。與其相適應的職業有修理工、裁縫、建築員、會計、機械操作等。

②對與人交流感興趣。這類人喜歡與人接觸，對能與人交往的職業感興趣，喜歡從事語言方面、交流方面、訊息傳遞方面的工作。與之相適應的職業有記者、服務員、推銷員、外交發言人等。

③對慈善福利感興趣。這類人喜歡幫助他人，樂意為他人解決困難，並試圖改變困難人群的生活現狀，願意從事社會福利類工作。與之相適應的職業有醫生、慈善機構工作人員、法律援助律師等。

④對研究人感興趣。這類人喜歡研究與人相關的人類心理、人類行為等方面的知識,喜歡研究人類發展、人類思維、人類心理等問題。與之相適應的職業有心理學研究人員、人類學研究人員、社會工作者、作家、人力資源管理學者等。

⑤對領導和組織感興趣。這類人喜歡控制和掌管事物,渴望成為組織的領頭人,喜歡發號施令,希望獲得地位和權力,願意從事組織管理的職業。與之相適應的職業有行政人員、單位主管、幹部等。

⑥對科學技術感興趣。這類人對物理學、生物、化學、地理等自然科學等領域具有濃厚興趣,喜歡進行理論分析、邏輯推理、科學測試等活動,富有邏輯思維能力和想像力,喜歡驗證自己的分析,或透過實驗發現新成果、新發明。與之相適應的職業有科學家、工程師、大學教授等。

⑦對農業、生物、化學的具體工作感興趣。這類人喜歡養殖、種植、化工等具有實驗性的具體活動,與上述對科技感興趣類型不同,他們更願意對已有的科技成果繼承與發展,並不完全致力於對新成果的發現和實驗。與之相適應的職業有農業技術員、飼養員、化驗員、製藥人員等。

⑧對自然感興趣。這類人樂於親近大自然,喜歡融入自然的工作環境,致力於對大自然的開採或保護活動。與之相適應的職業有鑽井工、地質勘探人員、考古人員等。

⑨對具體手工活動感興趣。這類型喜歡從事具體的活動,喜歡看得見摸得著的活動,樂於從事與生活相近的職業。與之相適應的職業有園藝師、廚師、美容美髮師、室內裝潢人員等。

⑩對創新、創造感興趣。這類人對新鮮、創新的抽象性事物抱有濃厚的興趣,喜歡富有創造力和想像力的活動,致力於發現別人沒有的新奇事物。與之相適應的職業有導演、演員、詩人、畫家等。

興趣與職業不僅是一對一的,一個人可能有多種興趣,而且一個人興趣方面也包含多種職業類型,因此職業與興趣的匹配是比較困難的,不是一蹴而就的。透過興趣分析進行職業選擇需要在長期的職業經歷中,將職業興趣

第三節　影響職業生涯的因素

發展為樂趣，最終實現志趣的過渡。職業選擇是以個人興趣為基礎的，而當職業生涯目標的完成可以提高一個人的滿足感和成就感時，就是樂趣，直到個體發現職業生涯目標的實現已成為人生不可或缺的一部分，那麼職業樂趣又昇華為志趣，才能成為職業生涯規劃中個人目標與職業目標相融合的最佳狀態。

3．能力與職業

能力是個體掌握知識並能有效利用知識和技能的表現。能力作為個體能否勝任職業的客觀要求，是進行職業選擇的基礎條件。無論從事何種職業，都必須要有一定的職業能力與之相適應，即在職業中能否完成任務。對自身能力的評估，對職業生涯規劃具有重要的影響。

（1）能力類型要與職業相匹配

從能力的差異性看，個體的能力也是具有差異性的，即能力的優勢領域不同。每個人經過長期的學習和經驗累積，具有一定的能力系統，由於專業、興趣等因素的影響，個體能力常表現出在某一方面具有優勢的特徵，因此在職業生涯規劃中，就應該要首先考慮個體的優勢能力，注重優勢能力在職業中的作用，從而充分發揮個體的能力和技能。另一方面，由於職業環境、工作內容的不同，職業也被劃分為不同的類型和層次，因此不同職業對個體能力類型和層次的要求也會不同。所以在職業生涯規劃中，考慮自身優勢能力的同時，也要根據職業對能力的客觀需求，在充分評價個人能力類型和層次的基礎上，制訂職業類型與自身能力類型相吻合的職業生涯規劃。

（2）能力要與職業類型相匹配

職業能力通常分為一般能力和特殊能力兩種，一般能力是指職業活動所要求的基本能力，即個體智商，包括思維能力、注意力、觀察力、記憶力等；特殊能力是指能夠從事某項特定活動的能力，即與他人具有差別的特長，包括計算機能力、舞蹈能力、音樂能力、語言表達能力、協調管理能力等。

不同的職業類型對一般能力的要求也不盡相同，如律師、教師、工程師等職業對個體的一般能力要求就很高，需要個體具有很高的智商，包括觀察

力、記憶力、思維能力等；如警察、消防員等職業就要求個體要具備很高的觀察力、邏輯思維能力、空間判斷力等一般能力。另外，有些職業除對一般能力具有要求外，還要求個體具備必需的特殊能力，如音樂教師還需要具備音樂天賦，數學教師還需要有邏輯思維和空間想像力等。

4・需要與職業

需要是個體對某種不滿足狀態的客觀要求，是個體一些行為和活動的開始，也是推動個體進行職業活動的動因。根據馬斯洛的需求層次理論，人的需求是不斷遞進的，最低層次的需求滿足了又會出現新的需要，並且人的需要也是多樣化的，在滿足需要的過程中，不同層次和類型的需要必然也會發生衝突。因此，在實際職業生涯規劃中，在正確認識社會需要的基礎上，透過客觀評估個人需要，從實際出發，才能實現自我需要與職業的相匹配。

二、環境因素對職業生涯規劃的影響

職業生涯規劃中，個人因素的影響起著基礎性作用，而職業生涯規劃的制訂如果只考慮個體的主觀條件，那麼就可能造成理想與現實的偏差，因此環境因素對職業生涯規劃則造成平衡和制約的作用。這裡所指的環境因素包括社會環境、組織環境和家庭環境。

1・社會環境

職業生涯規劃是以個人興趣、性格、能力等作為職業選擇的基礎，但是也要充分考慮社會環境帶來的客觀實際問題，才能實現職業滿意度的提升。社會環境對職業生涯規劃的影響包括社會需要、社會評價和社會經濟發展水準三個方面。

(1) 社會需要

美國著名心理學家弗魯姆在其擇業動機理論中，就提到職業機率與職業動機呈正相關關係，而社會對某職業的需求是影響職業機率的重要因素之一，社會需求越大，獲得職業的可能性就越大，擇業動機也就越大。因此，在職業生涯規劃中，要注意收集關於職業的社會訊息，包括社會各行業人才需求

狀況、人才供給狀況、社會人才政策等。透過分析社會需要，在結合客觀實際的基礎上合理設計職業生涯規劃，提高職業機率。

（2）社會評價

儘管社會上有「三百六十行，行行出狀元」「人不分高低、職業不分貴賤」等觀點，但是在現實生活中，人們通常會對職業存在「職業有高低貴賤之分」的態度，並且這種態度在媒體、輿論、生活習慣等方面都有所體現，一個人走向成熟的社會經驗，必然會受到社會大眾價值觀的影響，進而在其職業選擇初期就會不自覺將社會評價考慮進去。另一方面，職業生涯規劃是一個長期持續變化的過程，有的人在職業活動過程中也可能切身體驗到社會對其職業的評價，進而對其職業生涯規劃進行調整，或者重新進行職業選擇，因此在其職業生涯規劃中，社會評價的作用更加明顯。

（3）社會經濟發展水準

在經濟發展水準較高的地區，優秀企業相對集中，個人職業選擇的範圍也較大，職業機會也相對廣闊，也有利於個體的職業生涯發展；相反，經濟相對落後的地區，個人職業生涯發展也會受到限制。因此在職業生涯規劃中，就職地區的經濟發展水準、基礎條件等也會成為個人考慮的因素之一。

2．組織環境

職業生涯規劃的前提是必須有組織，組織是職業生涯得以實現的載體。組織目標也與個人職業生涯目標緊密相關。因此組織環境對於職業生涯規劃具有重要的影響。

（1）經濟利益對職業選擇具有突出的吸引作用

市場經濟環境下必然會出現經濟利益優先的意識，組織的職業環境必須要有物質刺激，才能保證人才的穩定，在收入差距較大的社會環境下，經濟利益在職業選擇中扮演著越來越重要的角色。如馬斯洛的需求層次理論中提到的，只有在滿足了低層次需求的基礎上，才能尋求高層次的需求，因此在職業生涯規劃的初期，經濟利益作為最低層次的物質需求具有重要的作用。

(2) 組織管理制度

個人職業生涯規劃的制訂是在組織的幫助和指導下完成的，職業生涯規劃的實施也必須在組織這個載體上才能實現，因此員工職業生涯的發展始終與組織緊密相連。員工職業生涯目標的實現，也必然需要組織完善管理制度作為保障，包括培訓制度、晉升制度、績效制度等。沒有制度作為保障，員工個人的職業生涯目標就很難實現，甚至出現員工職業再選擇的情況，造成組織人才浪費甚至流失，進而組織目標也將無法實現。

(3) 組織文化和價值觀決定員工職業生涯規劃的制訂

一個組織的文化如果重視員工發展，就會為員工提供更多的發展機會，及時傳遞職業訊息，幫助和指導員工制訂與組織目標相適應的職業生涯規劃，激勵員工提升個人能力、實現職業目標；相反，如果組織不重視員工的職業發展，即使有渴望尋求發展機會的員工也很難實現其目標。

3．家庭環境

家庭是人生的重要場所，因此個人的職業生涯發展與家庭密不可分，個人職業生涯目標也是家庭目標的組成部分。

(1) 家庭對個人能力的影響

個體從兒童時期開始的認知，絕大部分是從家庭環境開始的，父母、親戚的職業、社會地位，是個體對職業認知初期的雛形；在與親屬的長期接觸中，很有可能影響個體的職業興趣，也可能繼承親屬的職業價值觀，進而培養職業能力。如藝術家庭出生的人，從小耳濡目染，在父母的長期影響下，極有可能具有較強的藝術能力。另一方面，專業和學歷作為個體職業選擇所必需的能力類型和能力層次，在很大程度上受到了家庭意志的影響，個體在受教育階段，其專業和受教育程度的選擇大部分都是由家庭幫助決定的。

(2) 家庭對個人職業選擇的影響

職業選擇階段個體已具備一定的社會經驗和專業知識，個人決策能力相比職業選擇之前已日漸成熟，但是家庭對職業選擇的影響並沒有完全消失，

尤其是個體職業選擇出現猶豫的情況下，父母、親屬等對其的左右能力就會放大，成為個體職業決策的主要力量。

本章小結

　　本章介紹了職業生涯規劃的含義，職業生涯是個人從事職業活動的整體構成，具有社會性、連續性和經濟性的特徵；介紹了個人職業生涯規劃的內容，包括自我評估、環境評估、職業選擇、職業生涯目標的設定、制訂職業生涯規劃和實施、職業生涯規劃回饋和調整等；職業生涯規劃持續性、動態性、客觀性、互助性、創新性、可行性的原則，對個人和組織都均有重要的作用。職業生涯理論包括職業選擇理論和職業生涯發展理論，職業選擇理論包括帕森斯的特質因素論、霍蘭德的職業個性理論、弗魯姆的擇業動機理論、沙因的職業錨理論；職業生涯發展理論包括金斯伯格的職業意識發展階段理論、薩珀的職業生涯發展理論、格林豪斯的職業發展過程理論、沙因的職業生涯發展理論、廖泉文的「三三三理論」。影響職業生涯規劃的重要因素，不僅包括性格、興趣、能力和個人需求等，還包括社會、組織和家庭等環境因素。

關鍵術語

　　職業生涯　　職業生涯規劃　　　自我評估　　　　職業選擇
　　職業目標　　職業特質因素理論　職業個性理論　　擇業動機理論
　　職業錨理論　　職業發展理論　　職業意識發展階段理論
　　職業生涯發展理論　　職業發展過程理論

討論題

　　1. 什麼是職業生涯規劃？職業生涯規劃有哪些特徵？

　　2. 職業生涯規劃包括哪些內容？

　　3. 職業生涯規劃有哪些基本理論？

4．簡述霍蘭德的職業個性理論和沙因的職業錨理論。

5．簡述薩珀的職業生涯發展理論和廖泉文的職業理論。

6．職業生涯規劃具有哪些重要的影響因素？

案例

今年大三的小何是國際經濟與貿易系的大學生，現在所學專業是高三那年聽從家人安排報選的。從小學到大學，很多事情都是小何父母親手包辦的。高考結束後的填報志願，小何任憑父母拿著招生簡章反覆挑選，自己急切想要放鬆也沒在意，父母聽說國貿是個熱門專業，雖然不知道具體學習什麼，也不知道將來職業發展怎樣，認為只要和經濟相關的專業就很好，於是小何稀里糊塗地在父母的安排下進入現在的大學。這個專業確實很好，招收進來的學生都是高分錄取，可是小何本人在上課後發現自己對經濟卻沒什麼興趣，甚至覺得無聊、聽不懂，下課更不願翻書，臨到期末考試才臨陣磨槍。經過一個學期的學習，小何發現自己對歷史、社會學等人文科學更感興趣，曾想要轉專業，但是父母卻極力反對，因此只能繼續學習國貿專業，但是小何對專業知識根本毫無興趣，成績也很一般。學習已到大三、馬上升入大四時期，同學有的開始準備出國、考研究所，有的準備考公務員、就業，可是小何仍然覺得自己前途一片渺茫，不知道自己畢業以後要做什麼。

案例討論題

1．運用本章學習的理論分析，小何的專業是父母選的，前景很好，為什麼小何仍然覺得前途一片渺茫？

2．如果你是職業規劃師，應該怎樣幫小何做職業規劃？

第三節　影響職業生涯的因素

第十二章 人力資源危機管理

學習目標

●理解危機管理和人力資源危機管理的概念；

●瞭解人力資源危機的特質；

●瞭解人力資源危機的主要類型；

●理解人力資源危機產生的原因；

●掌握人力資源危機管理的原則；

●掌握人力資源危機管理的預防措施和應對措施。

知識結構

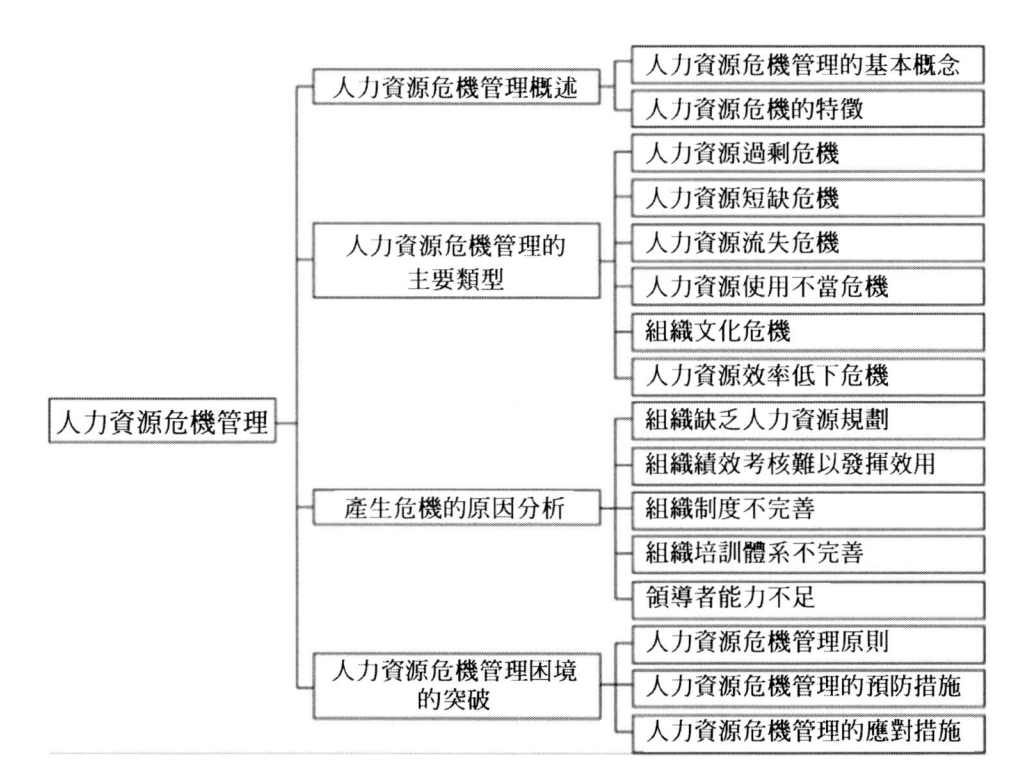

```
                            ┌─ 人力資源危機管理概述 ┬─ 人力資源危機管理的基本概念
                            │                      └─ 人力資源危機的特徵
                            │
                            │                          ┌─ 人力資源過剩危機
                            │                          ├─ 人力資源短缺危機
                            ├─ 人力資源危機管理的       ├─ 人力資源流失危機
                            │   主要類型               ├─ 人力資源使用不當危機
人力資源危機管理 ─────────── │                          ├─ 組織文化危機
                            │                          └─ 人力資源效率低下危機
                            │
                            │                          ┌─ 組織缺乏人力資源規劃
                            │                          ├─ 組織績效考核難以發揮效用
                            ├─ 產生危機的原因分析 ──── ├─ 組織制度不完善
                            │                          ├─ 組織培訓體系不完善
                            │                          └─ 領導者能力不足
                            │
                            │                          ┌─ 人力資源危機管理原則
                            └─ 人力資源危機管理困境 ── ├─ 人力資源危機管理的預防措施
                                的突破                 └─ 人力資源危機管理的應對措施
```

人力資源管理
第十二章 人力資源危機管理

案例導入

2011 年 12 月，微博上一條「美的大裁員，新員工幾乎全作炮灰」受到了廣泛的關注。消息稱，11 月開始，美的集團大裁員，幅度令人瞠目：製冷集團 60 多家，各地銷售公司裁員幅度在 40% 以上，有些超過 60%，總部約 50%；日用家電集團 2012 年大規模校園招聘的新員工幾乎全裁。

美的此輪裁員首先是從日電集團開始的，美的集團旗下二級產業集團中的日電集團原本有 60 多家合資銷售分公司，現在只保留了 11 家。如今，在日電集團之後，上市公司美的電器的主體美的製冷集團也開始了調整。

顯而易見，美的集團面臨著的正是人力資源過剩危機，人力資源過剩危機是因人力資源存量或配置超過企業經營策略發展需要而產生的危機。面臨此種危機，如果處理不當，極容易造成人力資源危機的突發事件，如被裁減人員或解職人員上街遊行，到政府門前靜坐等過激行動。這不僅會給企業經營和形象帶來較大危險，也會帶來重大的社會影響。因此，如何處理人力資源危機，如何進行人力資源危機管理，對組織而言有著十分重大的意義。

第一節　人力資源危機管理概述

知識經濟時代的到來，人力資源成為最為重要的資源。然而，人力資源每天都面對著各式各樣潛在的危機，如何加強對人力資源危機的識別、防範以及應對，成為組織健康發展不可或缺的一個環節。

一、人力資源危機管理的基本概念

1．危機

「危機」從字面上理解，具有危險與機會二重屬性。

韋氏詞典（2001）將危機定義為「在危難時刻，或好或壞的轉折點」。

羅森塔爾與皮內伯格（2001）將危機定義為「危機是一個事件實際威脅或潛在威脅到組織的整體」。

巴頓認為危機即是一個會引起潛在負面影響的具有不確定性的大事件，這種事件及其後果可能對組織及其員工、產品、服務、資產和聲譽造成巨大的損害。

西蒙·A·布斯（1993）認為危機是個人、群體或組織無法用正常程序處理而且突然變遷所產生壓力的一種情境。

班克思認為危機是對一個組織、公司及其產品或名譽等產生潛在的負面影響的事故。

赫爾曼認為危機是指一種情境狀態，在這種形勢中，其決策主體的根本目標受到威脅且做出決策的反應時間很有限，其發生也出乎決策主體的意料之外。

福斯特（1980）認為危機具有四個顯著特徵：急需快速做出決策、嚴重缺乏必要的訓練有素的員工、相關物資資料緊缺、處理時間有限。

對於危機的定義，學者都持有不同的觀點，雖然觀點不同，但對於危機本質的認識卻是一致的，即都認為危機的爆發會給組織帶來一定的危害，危機的爆發是具有突發性的，需要組織快速地做出決策。因此，本文將危機定義為：危機是指潛伏於組織中的，一旦爆發將給組織帶來不可避免的負面影響的事故。危機具有突然性，這就要求組織在最短的時間內運用有限的資源做出應對危機的決策。

2．危機管理

「危機管理」這一概念是由美國學者於20世紀60年代初提出的，被廣泛應用於企業、政府部門或其他組織為應對各種危機情境所進行的一系列規劃和決策的活動當中。對於危機管理一詞的定義，目前學界尚未形成統一的界定。以下是學者們根據危機的不同側重點對危機管理的定義。

美國學者史蒂文·芬克認為：危機管理是針對企業前途轉折點上的危機，有計劃地挪去風險與不確定性，使企業更能掌握自己前途的藝術。

人力資源管理
第十二章 人力資源危機管理

日本學者龍澤正雄將危機管理定義為：危機管理是發現、確認、評估和處理危機，視為危機管理的流程，同時在這一過程中，始終確立以最少的費用獲得最大的效果為目標。

鮑勇劍與陳百助認為危機管理是一門研究為什麼人為造成的危機會發生，什麼樣的步驟或方法可以避免這些危機發生，一旦危機發生，如何控制危機發展及消除危機影響的學科。

格林（Green，1992）認為危機管理的一個特徵是「事態已經發展到不可控制的程度」「一旦發生危機，時間因素非常關鍵，減小損失將是主要任務。」因此格林認為，危機管理的任務是儘可能控制事態，在危機事件中把損失控制在一定的範圍內，在事態失控後，要爭取重新控制住事態。

從以上學者對於危機管理的認識中，不難看出學者對於危機管理的定義主要從引發危機的原因以及危機爆發後的解決措施方面來定義。因此，綜合以上學者對於危機管理的定義，本文將危機管理定義為：危機管理是組織在危機爆發後所採取的一系列補救措施，透過對危機的控制與處理，將危機的傷害減小到最低限度的活動。

3・人力資源危機管理

目前，學術界對於人力資源危機管理尚沒有形成統一的認識，對於人力資源危機管理的概念，不同的學者有不同的認識。

學者黃攸立（2004）等人從危機管理過程的角度提出人力資源危機管理是發現和確認人力資源危機因子，並對其進行分析、評價、處理，然後以最迅速、最有效的方法對組織中可能發生的人力資源危機情境提出有效的管理措施和應付策略。

王金柱（2010）認為人力資源危機管理是指企業在人力資源方面為緩解、消除潛在或者正在發生的危機，將之給企業帶來的負面影響降到最低程度而進行的一系列管理活動。

雷有才（2004）在分析人才流失特點和成因的基礎上提出了人才危機管理理論，他認為面對人才流失所引發的人事危機，需要實施危機預防、危機處理和危機事後管理等一整套人才危機管理方略。

從上述學者的觀點來看，本文可將人力資源危機管理定義為：在人力資源危機爆發後，為了減輕、降低人力資源危機帶來的危害，採取的一系列危機應對措施及實施的管理活動。

二、人力資源危機的特徵

1．突發性

危機的發生往往都是不期而至的，通常令人措手不及。人力資源危機的發生一般都是在組織毫無防備的情況之下突然發生的，在人力資源危機已經爆發的情況下，組織只能夠實事求是地將危機帶來的傷害降到最低。由於危機的突發性特徵，組織在危機爆發前往往沒有任何準備，然而在危機爆發時，必須在最短的時間內做出正確的決策。針對人力資源危機突發性的這一特徵，要求組織領導者樹立危機管理意識，做好危機預防措施。

2．破壞性

人力資源危機一旦爆發將具有十分強大的破壞性。人力資源危機的爆發不僅會影響組織員工的士氣、凝聚力，還會導致組織策略目標無法達成。由於危機具有「出其不意，攻其不備」的突發性特點，不論是何種性質、何種規模的危機，都將給組織造成破壞、混亂以及恐慌。而且在面對危機爆發的時刻，通常需要組織在最短的時間做出相應的危及應對決策，由於決策時間以及對危機訊息認識的有限性，在短時期內難以快速地做出正確的決策，所以會給組織帶來一定的破壞。

3．複雜性

人力資源危機不是某一環節特有的危機，而是貫穿於整個人力資源管理的全過程，這就導致人力資源危機具有複雜性。造成人力資源危機的原因並非只有一個，往往是由組織內部及外部因素共同造成的。如人力資源效率低

下，既有可能是由於人才使用不當造成的效率低下，也有可能是因為組織成員消極怠工所造成的效率低下。總之人力資源危機潛藏在人力資源管理的各個環節，引起人力資源危機的原因也存在於人力資源管理的各個環節中，因此人力資源危機管理過程中，要明確人力資源危機複雜性這一特徵，在進行人力資源危機管理時，要充分對引發危機的各種可能的因素進行分析，並在此基礎上，有針對性地提出危機應對措施，將危機的危害性降低到最小。

4・擴散性

人力資源危機的發生不僅僅是對組織內部成員的危機，隨著危機程度的不斷加深，人力資源的危機會演變到組織管理的各個方面，對組織的生產、經營、產品及形象等都會造成一定的危害。

第二節　人力資源危機管理的主要類型

一、人力資源過剩危機

人力資源過剩危機是因為人力資源存量或配置超過了組織策略目標發展的需要而產生的危機。組織在人員配置上存在人員超荷，編制臃腫，因而導致行政成本過高等問題。造成這些問題的原因一方面在於缺乏人力資源規劃，人員的配備超過了達成組織策略目標的需求；另一方面由於部門之間職能交叉、重疊，導致人員過多，人浮於事現象比較嚴重。

在組織人力資源管理過程當中，由於組織策略失誤的原因造成了人力資源危機。如組織制訂了較高的策略目標，然而由於目標的制訂沒有基於組織的實際，導致策略目標的失敗。而在高策略目標的情況下，往往會配備較多的人力資源以保障策略的正常實施，然而由於策略目標的失敗，就造成了大量的冗員，形成了人力資源過剩危機。組織為了降低行政成本，不得不大量地裁員，對組織的形象以及未來吸引人才都產生了嚴重的影響。

二、人力資源短缺危機

人力資源短缺危機是組織現有人力資源無法滿足組織未來發展策略的需求，在組織經營策略展開的時候，出現人力資源短缺危機。

人力資源短缺危機主要有兩種表現形式：一種是在人力資源數量上的短缺，在組織經營策略時，沒有足夠的人力資源來填補各個職位的需求量；二種是在人力資源結構上，由於在人才引進過程中缺乏一定的職位分析，導致人力資源的素質、能力無法滿足相應職位的需求，導致組織的經營策略無法正常實施，致使組織處於經營管理的困境之中。

三、人力資源流失危機

人力資源流失危機是指在非正常的職業生命週期下，組織出現了大量的人力資源的出走或離職，從而造成人力資源流失危機。在知識經濟時代，人才資源作為最具有競爭力的第一資源，組織人力資源的頻繁跳槽或離職會給組織的持續長遠的發展帶來一定的影響，尤其是組織核心人才的流失，一方面會對組織原有的結構帶來嚴重的破壞，妨礙組織策略的正常實施；另一方面，由於核心人才的流失，若核心人才被競爭對手吸收，組織的技術、機密等存在流失的風險，對組織的運營造成巨大的傷害。

造成員工流失的原因不僅僅在於薪水福利等方面的金錢因素，社會心理因素也是影響員工生產效率的重要因素。組織要想留住人才，除了在物質上要滿足員工的需求以外，還應當充分體現對員工的尊重與關懷，使員工本身感受到組織的重視，這樣才能加深員工對組織的認同感以及忠誠度。

四、人力資源使用不當危機

人力資源使用不當危機主要在於人力資源配置不合理，能力與職位不匹配。合理的人力資源配置是指將具有相應能力與才能的人員配置在能使其才能得以充分發揮的職位上。這就要求我們在人力資源的配置過程中，不斷地完善用人機制，透過職位分析，來將適合的人配置到正確的職位上，真正意義上做到人與職位匹配，人盡其才。

造成人力資源使用不當危機的很大一部分原因在於缺乏科學合理的職位分析。職位分析作為人力資源管理的一項基礎性工作，是人力資源管理的組織基礎，在整個人力資源管理系統中占有非常重要的地位。然而，由於職位分析在組織人力資源管理中沒有引起足夠的重視，大多數組織的職位分析比較簡單，對工作的性質、內容、形式等只是簡單地進行介紹，導致求職者在求職前對職位的情況只有大概的瞭解，這就使得人才引進之後與工作職位無法良好銜接，既影響了員工的工作效率及工作熱情，同時也不利於組織的正常運轉。

五、組織文化危機

組織文化是指一個組織在經營過程中所逐步形成的，為全體組織成員所共同遵守的帶有本組織特點的使命、願景、宗旨、精神、價值觀和經營理念。組織文化是組織的靈魂，能夠激發組織成員的使命感、歸屬感、責任感等，能夠在最大程度上激勵組織成員。一個組織若是缺乏組織文化，那麼這個組織將只是一具沒有靈魂的軀殼。

組織文化危機通常有兩種情況。

一是組織文化建設缺失。組織文化建設缺失是指一個組織中並沒有營造一種為全體組織成員所共同遵守的價值觀、信念、處事方式、制度等文化現象。

二是組織文化運行不暢。這是指組織雖然建立起了自己獨有的組織文化，然而由於組織成員在實際的行事過程中，並沒有按照組織文化來做，甚至是違背組織文化，這就導致組織文化形同虛設，這樣組織成員就失去了行事的方向，大大降低了組織成員的行事效率，還會對組織的行事理念產生一定的誤解與懷疑，不利於組織成員凝聚力、責任感的建立。

六、人力資源效率低下危機

人力資源效率低下是指組織成員的效率過低，造成策略目標無法在規定的期限之內完成，既影響了工作進度，也增加了行政成本。人力資源效率低下通常有以下幾種情況。

第一，組織成員素質低下，其素質、能力等方面無法滿足其所對應的工作職位的要求，因而無法在規定的時間內完成其工作，或完成工作的質量不高，工作效率低下。

第二，由於人才使用不當造成的人力資源工作效率低下。在人力資源職位配置過程中，由於沒有將適合的人才配置到正確的職位上，導致人才資源的潛力沒有得到正常的發揮，人才資源由於對工作職位的工作內容的不熟悉，工作難度增加，導致工作效率低下。

第三，由於缺乏良好的激勵機制以及績效評估的原因，導致組織成員在工作過程中缺乏激勵，工作積極性與主動性都較低。同時由於績效評估制度的不合理，組織成員績效意識普遍不強，認為幹好幹壞一個樣，這在很大程度上打擊了組織成員的工作熱情與創新性，本著不犯錯的原則，大多數組織成員選擇墨守成規的原則去工作，大大地影響了組織的創新。

第三節　產生危機的原因分析

一、組織缺乏人力資源規劃

人力資源規劃根據組織策略目標，科學地預測、分析組織在不斷變化的環境下人力資源的需求和供給狀況，並以此為依據制訂必要的政策以及措施來確保組織在實施策略的過程中所需要的人力資源。組織人力資源過剩或短缺都是由於缺乏人力資源規劃，對於策略實施的過程中所需要的人力資源沒有明確的定義，同時由於缺乏對現有人力資源的核查、人力資源的需求預測、人力資源的供給預測，導致人力資源供求失衡，供不應求、供大於求的情況時常發生。組織缺乏人力資源規劃不利於組織制訂和實現策略目標以及發展

規劃，也不利於實現人力資源管理活動的有序化，在人工成本控制以及調動人員工作積極性與創造性方面有一定影響。

二、組織績效考核難以發揮效用

組織實行績效考核的目的不在於扣員工的薪酬，而是為了提升員工的能力。而如今在組織人力資源績效管理過程中卻存在很多問題，最大的一個問題在於組織將績效考核等同於績效管理，績效管理就是績效考核，忽略了績效管理的其他環節。組織在進行人力資源績效考核中，往往會遇到各種困難，如組織成員對績效考核不重視或排斥績效考核，甚至可以迴避績效考核。

績效考核指標設定的隨意性，績效考核意識的淡薄，導致績效考核流於形式，難以達到績效考核的目的。而績效考核存在的問題主要有以下幾種表現形式。

第一，績效考核的目的不明確。到目前為止，大多數組織的績效考核還處於事後考核的階段，即在組織成員完成工作之後再對其進行考核，並根據考核的結果來進行獎懲。這就導致績效考核只重視工作的結果，而不重視工作的過程，給組織成員的工作帶來了一定的心理壓力，使得組織成員對績效考核有一種莫名的恐懼及排斥。

第二，績效考核的實施力度不足。到目前為止，組織績效考核的實施並不是很順暢，一方面由於績效考核的內容、方式等方面還存在一定的不足；另一方面因為組織對於績效考核的重視程度還不夠，這就導致績效考核的實施力度不足，組織績效考核往往流於形式，失去了其應有的效用。

第三，績效考核結果應用的不足。多數組織對於績效考核結果的應用還不足，績效考核結果與其他體系的關聯程度較低，與關鍵的薪酬、晉升等也沒有結合起來，使得組織成員對績效考核失去興趣，甚至出現排斥心理。這不僅不能夠提升組織成員的績效水準，反而會適得其反。

三、組織制度不完善

組織人力資源危機的產生通常是由於組織學習力低下所引發的,從深層次講也就是由於組織制度的不完善所引發的組織人力資源危機。組織的組織結構、領導制度、用人制度、組織文化制度、薪酬制度、激勵機制等都是影響人才發展的重要因素,如果組織的制度不能夠激發人才工作的積極性、主動性與創新性,勢必會引發組織人力資源危機。

四、組織培訓體系不完善

從組織現行的培訓體系來看,其存在諸多問題。

第一,組織對培訓的重視程度不夠,導致大多數的培訓流於形式,組織成員對培訓的態度僅僅是把它當作一項任務來完成,並沒有意識到培訓的真正效用。

第二,組織的培訓體系不完善還表現在培訓內容的老舊、培訓方式的單一。在培訓過程中,缺乏規範的層次性,培訓資源的分配不合理。在培訓中,並沒有根據組織成員的實際需求進行有針對性的培訓設計。在培訓方式上,大多採用理論培訓,缺乏技能的培訓;並且千篇一律的培訓內容,會使員工產生一種抗拒,不能從培訓中獲得能夠幫助他們提升的內容。

第三,培訓未能與組織人力資源績效考核結合在一起。這就導致培訓的隨意性較大,既不利於組織成員素質能力的提升,也浪費了大量的組織資源。

五、領導者能力不足

人力資源危機管理是檢驗領導者領導能力的最好體現,領導者在人力資源危機爆發中所領導組織成員應對和處理危機的能力,直接影響到危機管理的效率。領導者如果沒有能夠領導組織應對危機的能力,沒有一定的危機意識,那麼在危機發生之後,組織會變得混亂。沒有組織領導者進行協調和主持大局,組織將會變成一盤散沙,這對於危機的應對與處理極為不利。

第四節　人力資源危機管理困境的突破

一、人力資源危機管理原則

1．未雨綢繆原則

由於人力資源危機的爆發具有突發性的特徵，因此在進行人力資源危機管理的過程中，首先要堅持未雨綢繆的原則。危機發生的時間、形式、影響程度等，不是我們能夠準確地預測出的，這就要求我們制訂危機預防的策略及設立危機管理的專門的組織機構，這些機構或策略在平常的組織運行過程中可能不發揮什麼作用，但一般危機爆發，則他們的效用就能夠得到發揮。人力資源危機管理最重要的環節在於危機實際爆發前的預防與控制階段，預防與控制是減少危機傷害最有效也是最節省成本的方式。

2．積極主動原則

人力資源危機是無法完全避免的，這就要求我們在危機爆發後要採取積極主動的原則，用積極的態度去面對危機、尋求危機產生的根源，並提出危機應對的措施，而不是在危機爆發後，刻意地去避免危機。否則只會讓危機變得越來越複雜、越來越難以解決，甚至給組織帶來毀滅性的傷害。

3．及時性原則

危機的發生往往是一瞬間的，為了儘可能地減少危機帶來的危害，要求組織在危機爆發之後，要最快速地採取有效的措施，必須要在第一時間內查明危機爆發的原因。危機應對及善後措施要及時提出，以免時間越久，危機的傷害程度就更廣更深。

4．溝通原則

人力資源危機爆發的很大一部分原因也在於溝通的缺乏，這就導致訊息不對稱。在人力資源危機爆發之後，組織要與各個利益相關體進行及時的訊息溝通，這樣才能夠將危機帶來的負面影響降到最低。因此，組織必須要樹立強烈的溝通意識，及時將事件發生的原因、處理的進展等情況向公眾傳達，杜絕謠言，穩定組織成員的情緒。

5・「以人為本」的原則

組織人力資源危機的爆發除了外部因素的影響之外，還有組織內部因素。組織人力資源危機的爆發關鍵在於組織在進行人力資源管理中，沒有重視組織人員的真實需求與願望。因此，在人力資源危機管理中要堅持以人為本的原則，必須尊重人才、強調人才的主體性地位，在工作上、生活中要關注人才的自我實現及生活追求，盡最大可能地為人才能力的發揮創造良好的環境，儘可能地滿足人才合理的需求。透過「以人為本」的危機管理原則，使得組織成員感受到其是被組織所重視的，所關懷的，這樣才能使組織成員加深對組織的忠誠度。

6・領導者參與原則

領導者作為組織的核心，在組織策略實施過程中擔負著指導各項活動的開展和協調的重任，組織領導者的領導風格是否與組織相匹配，在很大程度上影響組織的發展。在人力資源危機管理中，組織領導者必須在第一時間站出來，制訂危機管理的決策，對危機進行掌控與處理。在危機發生之後，領導者參與到危機管理中，會給組織員工起引領作用，同時能夠消除組織成員不安的情緒，造成穩定軍心的作用。

二、人力資源危機管理的預防措施

1・樹立人力資源危機管理意識

由於人力資源危機的爆發具有突發性與很強的破壞性，組織應該防患於未然，樹立人力資源危機管理意識，時刻應對危機的到來。組織要正確地認識危機，不要認為危機會給組織帶來傷害，不顧一切地去阻止危機的到來，這樣反而會失去很多寶貴的機會。樹立人力資源危機管理意識，就是要求我們正確認識危機，不要懼怕危機，要根據組織可能遇到的各種危機進行分析，提出危機預防及危機爆發後的危機應對措施，透過危機預防，避免危機或將危機的傷害程度降到最低。

2．制訂組織人力資源規劃

人力資源規劃，是指根據組織的發展策略，透過對策略實施過程中人力資源的需求供給狀況的分析，對人力資源的獲取、匹配、使用、保護等各個環節進行職能性的策劃，以確保組織策略實施過程中在需要的時間及職位上，獲得需要的人才。

制訂組織人力資源規劃應包含以下幾個環節，如圖 12-1。

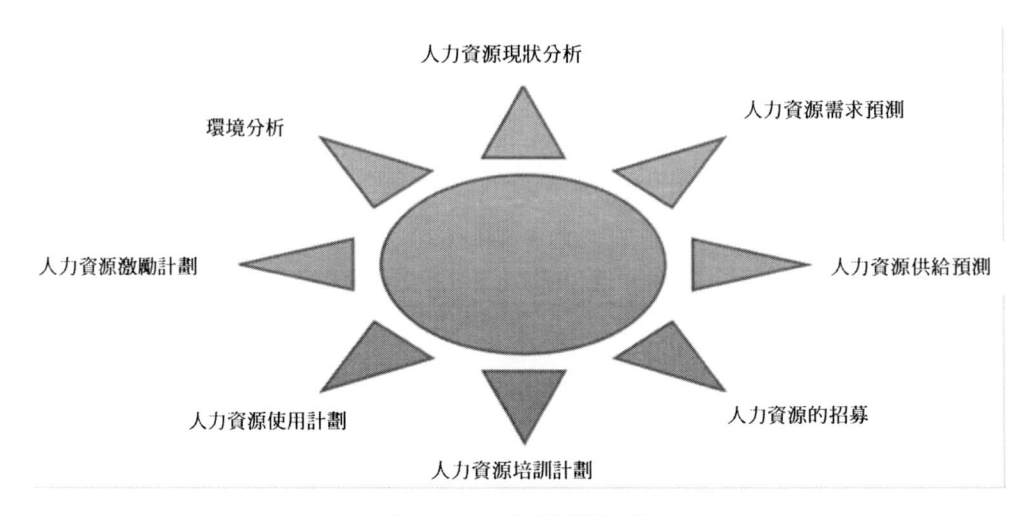

圖12-1 人力資源規劃環節圖

（1）環境分析

只有進行了充分的內外部環境分析才能夠做出正確的人力資源規劃。因此，在制訂人力資源規劃前，必須要掌握與組織策略相關的各項數據及訊息，將訊息整理編輯，為人力資源的規劃提供基礎數據。

（2）人力資源現狀分析

人力資源現狀分析就是要對現目前組織內部員工的基本情況進行分析，它包括組織現有員工的數量、質量、結構，組織員工所具備的知識結構及經驗，組織員工的能力與潛力，組織員工的個人目標與發展需求，員工的績效與成果，近年來組織員工的流動情況等方面內容。

(3) 人力資源需求預測

人力資源需求預測是在分析組織現有成員基本情況的基礎上，針對組織在未來策略實施過程中對人才資源的數量、質量、結構、知識水準、能力等方面的需求狀況進行的需求預測。在進行人力資源需求預測時一定要與策略目標緊密結合，要根據不同階段的策略目標來制訂人才的需求預測。

(4) 人力資源供給預測

這裡的人力資源供給預測主要是指外部人力資源供給預測。在內部供給無法滿足組織策略實施的情況下，組織有必要從組織外部尋求供給資源。外部人力資源供給預測主要有兩種方法，即市場調查預測方法和相關因素預測方法。

市場調查預測方法是指組織人力資源部門的管理人員參與到市場的調查當中，在充分掌握第一手的勞動力市場資料的情況下，透過對數據的整理及分析，推斷出勞動力市場的未來趨勢及發展狀況。

相關因素預測方法是指在經過大量的調查分析的基礎上，總結影響勞動力市場的各個因素。

透過對這些因素的分析，來找出影響勞動力供應的各類因素，以預測人力資源的供給狀況。

(5) 人力資源的招募

人力資源的招募是在組織確定人才需求的情況下，引進人才填補空缺的一種活動。人力資源的招募可分為內部招募與外部招募兩種形式。在人力資源招募過程中必須進行合理的職位分析，在招募過程中必須採用嚴格的招募標準來引進人才（圖 12-2）。

(6) 人力資源培訓計劃

人才引進之後，要對人才進行培訓，因此需要制訂培訓計劃。培訓計劃主要包含培訓的內容、培訓的方式、培訓的時間及週期等方面。

第十二章 人力資源危機管理

（7）人力資源使用計劃

人才資源的使用計劃，是指在人才引進之後，在接受了一定的培訓的情況下，對人才的合理使用。這就要求事前做好足夠的職位分析，並要求人力資源部門管理人員對員工的基本情況要有足夠的瞭解，這樣才能夠將正確的人才安排到適合的職位之上，實現人職匹配，人盡其才的目的。

（8）人力資源激勵計劃

人力資源激勵計劃是指組織應當採取何種激勵手段來激發組織成員的創新性及工作的主動性與熱情。這就需要對組織成員進行大量的調查分析，瞭解組織成員內心真實的想法。對不同類型的員工採取不同的激勵手段。

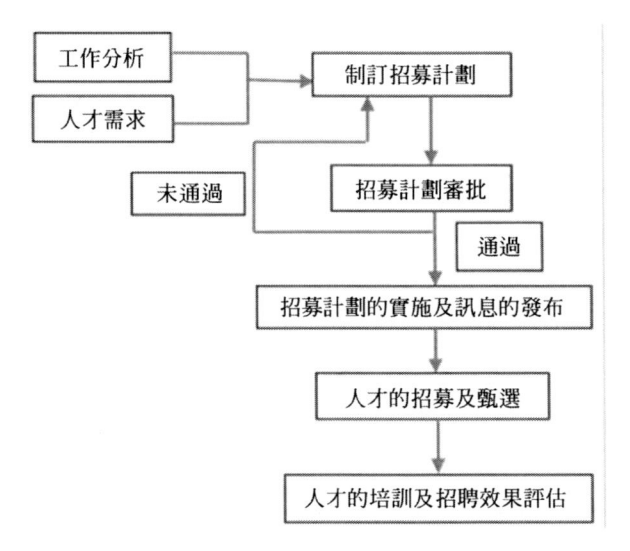

圖12-2 人力資源招募流程圖

3．營造積極向上的組織文化

積極向上的組織文化能夠引領組織成員向正確的方向發展。組織文化的建設是提高組織成員忠誠度及凝聚力的有效手段，營造積極向上的組織文化，建立學習型組織來不斷提升組織成員的整體素質。

組織文化建設的關鍵在於要將組織成員的個人目標有效地統一到組織目標上，形成良好的組織風氣與共同的價值觀，以引導組織成員正確的價值取向。積極向上的組織文化有利於組織成員樹立主人翁意識，積極向上的組織文化還能夠激發組織成員工作的積極性與創造性，對於組織的可持續發展具有重要意義。

4・樹立「以人為本」的管理理念

人才資源作為組織中最為珍貴且最具有競爭力的資源，是組織持續發展的保障及動力源泉，因此組織應當樹立以人為本的管理理念，將人才資源作為第一資源。積極地為人才資源施展才華提供良好的平臺與環境，並為人才資源提供一定的培訓機會，使得人才資源能夠得到不斷的提升。在工作中，要根據人才特點，安排能夠使其才能得到充分發揮的工作；加大薪酬及福利水準。在生活中，組織要積極地關注人才資源的生活狀況、安全等方面的情況，使人才資源能夠感受到關懷，從而加深對組織的忠誠度。

5・建立人力資源危機預警系統

人力資源危機預防是人力資源危機管理最基本的內容，同時也是最為重要的內容。危機的預防比危機的處理及善後顯得更為重要。對人力資源危機進行預防，可以在很大程度上避免危機的發生，因此，建立人力資源危機預警系統勢在必行。在人力資源危機預警系統的建設中，最關鍵的內容在於制訂人力資源危機指標。在綜合分析組織人力資源管理過程中會導致人力資源危機的各項因素的基礎上，制訂出一套人力資源危機指標體系。在危機爆發的過程中，透過危機指標能夠使組織快速地發現人力資源危機的類型，幫助組織快速地做出危機應對及處理的決策措施；也能夠預防危機的發生，即使危機發生，也能夠在很大程度上減少危機的危害程度。

三、人力資源危機管理的應對措施

1・完善組織的招聘及用人制度

對於人才的招聘、篩選、錄用環節要進行嚴格的把關，採用標準化的人才招聘方式進行人才的引進。在組織實施招聘活動前要根據人力資源規劃制

訂相應的招募計劃，然後根據招募計劃的要求來進行人才引進。在人才招募的過程中要堅持「公開招聘，擇優錄用」的原則，積極地引進人才。在用人制度上也要堅持人職匹配、人盡其才的原則，根據員工的能力特點，將員工安排到合適的職位上，使其才能得到最大限度的發揮。

2．建立完善的培訓體系

隨著知識經濟時代的到來，人力資源作為第一資源，在組織的發展中扮演著越來越重要的角色，可以說組織的發展離不開人才資源的支持與推動。由於外界環境的不斷變化，我們的人才資源也需要不斷地提升、不斷地修煉，以提高自己的能力、素質、技能，以適應環境的不斷變化，因此要不斷地完善組織的培訓體系。建立完善的組織體系應當包含以下幾個方面。

（1）將培訓納入績效考核之中。組織培訓之所以不受重視，是因為培訓與晉升、薪酬、獎勵等沒有結合起來。因此在組織成員接受培訓之後，進行一次考核，並計入人力資源績效考核的檔案之中，以作為考核的一個指標。同時將培訓體系納入績效考核之中，也是檢驗培訓是否有效的有力手段。

（2）建立層次化的培訓體系。根據高、中、低三個層次員工的不同特性，制訂層次化的培訓體系，並且將培訓資源在這三個層次中進行合理的分配。另外，組織要注意每一層次的員工的培訓重點在哪裡，有針對性地對重點進行培訓。

（3）豐富培訓內容及方式。隨著內外部環境因素的不斷變化，對人才素質能力的要求也日益不同。這就要求組織在進行培訓時要創新培訓方式、豐富培訓內容，要與組織的策略目標緊密結合在一起。在培訓實施過程中要採用新的方式與手段，將集中培訓、個體培訓、遠程培訓等方式結合起來。

3．重視績效考核及其結果的運用

績效考核是衡量組織成員工作效率、結果的最佳方式，透過績效考核能夠檢驗員工工作完成情況及質量。要嚴格區分績效管理與績效考核，不能簡單地將績效管理等同於績效考核，要明白績效考核只是績效管理眾多環節中的一個。

在應對組織績效考核危機的情況下，首先要明確績效考核的目標，將績效考核的目標與組織的策略目標結合在一起，樹立組織成員的績效考核意識。在績效考核中，不單單要進行事後考核，還要將績效考核貫穿到員工工作的每一個方面、每一個時段，不能僅僅對其工作的結果進行考核，同時也要注重對其工作過程進行績效考核。

其次，要加大組織人力資源績效考核的實施力度，完善績效考核的內容，創新績效考核的方式，合理制訂績效考核的週期。同時要加大對績效考核的重視程度，避免績效考核流於形式。

最後，要重視對績效考核結果的應用。我們不能認為績效考核完畢之後，整個績效考核也隨之結束。績效考核的目的在於透過績效考核的結果來進行績效改進，同時績效考核結果也是對員工進行獎勵與懲罰的依據。

4．制訂或修改有效的薪酬體系

良好的薪酬體系在一定程度上能夠激發組織員工的工作積極性與主動性。在建立組織薪酬體系的過程中，必須遵循公平、適度、平衡、刺激等原則，這樣才能夠有效地激勵員工。

在薪酬體系的設計上，除了員工的基本薪酬之外，還應當根據員工工作的實際情況，增加績效薪酬、個人獎勵薪酬與團隊獎勵薪酬。除了薪酬之外，還應當為組織員工提供多元化的福利政策，尤其是那些滿足組織員工需要的福利項目，為員工提供一個利於自我發展的良好環境。

5．實施積極高效的激勵機制

激勵也是人力資源管理的重要內容，有效的激勵能夠點燃員工的激情，能夠激發員工的工作熱情。在有效激勵的影響下，員工能夠自覺主動地去完成工作，而不是被動地工作。反之，不當的激勵不僅不能夠激發員工的工作熱情，反而會使員工產生消極不滿的情緒。

在建立激勵機制時要遵循物質激勵與精神激勵相結合的方式，其中物質激勵是基礎，精神激勵是根本。組織既要滿足組織員工對於物質財富的追求，也要滿足其自我實現的需求。在兩者結合的基礎上，逐步過渡到以精神激勵

人力資源管理
第十二章 人力資源危機管理

為主。建立激勵機制的過程中，組織要注重激勵時機的把握、激勵頻率的調控、激勵程度的掌控以及激勵方向的確立。在適當的時機，採用合理的激勵次數，有針對性地進行激勵。其中激勵的頻率既不能太高，也不能太低，要根據工作的實際情況而定。在激勵的程度上，也要做到恰如其分。

本章小結

　　危機是指潛伏於組織中的，一旦爆發將給組織帶來不可避免的負面影響的事故。危機具有突發性，這就要求組織在最短的時間內運用有限的資源做出應對危機的決策。危機管理是組織在危機爆發後所採取的一系列補救措施，透過對危機的控制與處理，將危機的傷害減小到最低程度的活動。人力資源危機管理是在人力資源危機爆發後，為了減輕、降低人力資源危機帶來的危害，採取的一系列危機應對措施及實施的管理活動。人力資源危機管理的特徵有突發性、破壞性、複雜性以及擴散性四個方面。人力資源危機的類型主要包含人力資源過剩危機、人力資源短缺危機、人力資源流失危機、人力資源使用不當危機、組織文化危機、人力資源效率低下危機。造成人力資源危機的原因在於組織缺乏人力資源規劃、組織績效考核難以發揮效用、組織制度不完善、組織培訓體系不完善、領導者能力不足五個方面。人力資源危機管理中應當遵循未雨綢繆原則、積極主動原則、及時性原則、溝通原則、「以人為本」的原則、領導者參與原則。人力資源危機管理的預防措施主要有樹立人力資源危機管理意識、制訂組織人力資源規劃、營造積極向上的組織文化、樹立「以人為本」的管理理念、建立人力資源危機預警系統。人力資源危機管理的應對措施包含完善組織的招聘及用人制度、建立完善的培訓體系、重視績效考核及其結果的運用、制訂或修改有效的薪酬體系、實施積極高效的激勵機制。

關鍵術語

　　危機　　　　　危機管理　　　　　人力資源危機管理

　　人力資源過剩危機　　人力資源短缺危機　　人力資源流失危機　　組織文化危機

第四節　人力資源危機管理困境的突破

討論題

1. 什麼是人力資源危機管理？
2. 人力資源危機管理的特徵有哪幾方面？
3. 人力資源危機管理的類型有哪幾種？
4. 造成人力資源危機的原因有哪些？
5. 人力資源危機管理的原則是什麼？
6. 人力資源危機管理的預防措施和應對措施分別有哪些？

案例

A 科技公司是知名系統集成商、CP 和 SP，具有 ICT 服務能力和提供全方位解決方案的能力，擁有豐富的、面向各類客戶的 ICT 產品，是電信運營商主要的增值業務合作夥伴。B 公司是大型固網電信運營商，2007 年初 B 公司向 A 公司注資，持股比例達到 86%，成為絕對控股股東，並委派闞先生出任 A 公司總經理，其他決策層領導未做調整。空降的闞先生對公司實行分權管理模式，從不過多地干預公司正常的經營活動。股權變動後的 A 公司很快以壓倒多數的絕對優勢透過了薪酬改革決議，將薪酬水準由行業中等水準調到行業最高水準，遠遠高出母公司員工的收入，員工收入倍增並對「新主人」寄予厚望。

2007 年下半年 B 公司為配合公司業務轉型加強了對 A 公司的管控力度。很快 A 公司運營過程中的問題凸顯：員工工作自由散漫，儀容不整，工作現場管理混亂；客戶管理嚴重缺位，公司內部缺少必要的、能夠支持決策的客戶訊息，公司對項目的控制力度極低，不少員工利用公司資源自己在工作之外做項目；保密制度缺失、財務管理混亂、客戶服務響應不及時導致有些客戶嚴重不滿，客戶投訴率居高不下。

瞭解情況後，闞先生依據公司章程緊急組織召開了決策層領導會議，會上闞先生力排眾議決定恢復原來的薪酬管理體系，並決定全面引進 B 公司的內部管理制度。但是內部管理制度的全面引進，特別是指紋考勤制度遭到了

人力資源管理
第十二章 人力資源危機管理

員工的抵制，有的拒絕工作以外時間加班，有些員工甚至拿起法律武器維權，向公司討取幾年來的加班費。企業文化的移植更是遭遇了「水土不服」的困擾。多種反對力量迅速聚合，公司內部各種非正式組織林立，人事危機最終釀成，先是五位決策層領導集體辭職，接著是 30 多名核心員工相繼離去。由於勞動合約中沒有競業限制條款，公司也不曾與員工簽訂保密協議，流失的領導和核心員工有的跳槽到了競爭對手那裡，更有一些手握公司管道和客戶的員工註冊了公司，成為公司新的競爭對手。公司內憂外患，競爭環境惡化。企業綜合性危機的爆發，使得履新不到一年的闞先生也不得不卸任總經理職務。

案例討論題

1. 上述案例中包含了人力資源危機的哪些類型？
2. 案例中闞先生決策失敗的原因在哪些方面？
3. 針對案例中的人力資源危機，我們應採取何種措施來應對？

第十三章 跨文化人力資源管理中的溝通管理

學習目標

- ●瞭解組織文化的內涵、結構和作用；
- ●理解文化差異與衝突；
- ●掌握管理溝通的基本含義、過程和要素；
- ●瞭解跨文化溝通的障礙；
- ●瞭解跨文化溝通的原則。

知識結構

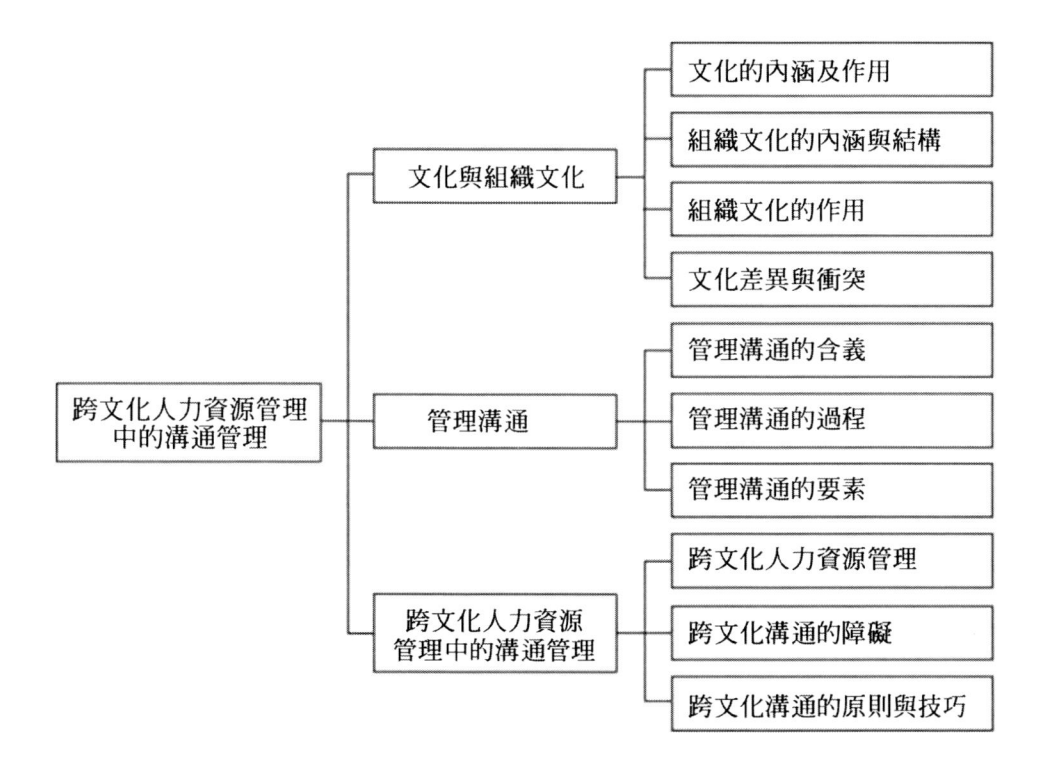

```
                                    ┌─ 文化的內涵及作用
                      ┌─ 文化與組織文化 ─┼─ 組織文化的內涵與結構
                      │                 ├─ 組織文化的作用
                      │                 └─ 文化差異與衝突
                      │
                      │                 ┌─ 管理溝通的含義
跨文化人力資源管理 ────┼─ 管理溝通 ──────┼─ 管理溝通的過程
中的溝通管理          │                 └─ 管理溝通的要素
                      │
                      │                 ┌─ 跨文化人力資源管理
                      └─ 跨文化人力資源 ─┼─ 跨文化溝通的障礙
                         管理中的溝通管理 └─ 跨文化溝通的原則與技巧
```

人力資源管理
第十三章 跨文化人力資源管理中的溝通管理

案例導入

外籍上司與台灣下屬討論工作

這天，從美國總部派來巡查的外籍項目總監 FranK 要聽取台灣下屬李的工程階段性匯報。

李帶來了厚厚的項目資料和內容豐富的 PPT，準備向大老闆好好展示一下。可是李講了不到 5 分鐘，FranK 就打斷了他。

「這樣吧，李，這些項目背景情況我已經基本瞭解了，你就不用再介紹了，我想聽聽重點。」

「好的，那我就從項目目前的進程來說吧，目前呢……」

李沒說兩句，又被 FranK 打斷了，「李，謝謝你的介紹，這些我也瞭解了……這樣吧，我有些其他問題想瞭解，據我所知，管道承包商那裡出了點問題……」FranK 直截了當地提出了三四條項目中出現的問題，並問李有什麼可行性建議。

李被 FranK 這麼劈頭蓋臉地一問，不禁愣住了，心想：「這老外怎麼這麼直接啊，一上來戳人家弱點，我準備了這麼多鋪墊，不就是為了說明這些問題嘛。」李趕忙把材料翻到倒數幾頁，解釋起來。

由於沒有前面的鋪墊，李講解起來有些吃力，不時要回到前面的資料和 PPT，把各方面的原因都結合起來分析，把想得到的解決方法都說了一遍，不落下任何一個細節。席間，FranK 仍然不時地打斷李，直言不諱地提出異議。而李則始終忍著性子，保持著華人傳統的儒雅和大局觀，力爭透過自己的方式給出全面的解釋。

雖然這次的對話是有成果的，但對於整個交流過程，雙方心裡都有些不悅。

第一節　文化與組織文化

文化伴隨著人類的出現而產生,並以物質和精神等形式貫穿人類歷史,可以說在人類社會生活的方方面面都有著不同形式的文化以不同的程度和方式在參與。組織中也存在著文化,如同文化存在於社會之中,任何組織皆有其共同的價值、信念、規範等,這些都無所知覺地存在於組織當中,並影響組織成員的外在行為。

一、文化的內涵及作用

文化既包括物質形式的,也存在精神形式的,不同形式、不同層次、不同領域的文化存在著不同的界定和內涵,但從宏觀層面和文化本質來講,文化是透過一些因素的綜合(包括共同的歷史、地理環境、語言、社會地位和信仰)而結合到一起的被一群人創造和共享的價值觀、傳統習俗、社會及政治關係。

此外,文化在人類歷史和社會的發展中也造成了重要的推進作用,既促進了社會科技的發展,也提高了人類的文明程度,具體來講文化的作用表現為以下三個方面。

第一,文化是人們生活和工作的重要構成部分。雖然形成和發展的脈絡不同,但由於人文和物產的流動,文化對人類社會的影響仍具有全球性,並且所有的社會都樂於把他們所特有的文化傳承和發展下去。可以說文化在形成社會整體認同的同時,也具體地存在於每一個人的身上,並透過個體的模式化、重複性的思維與感受、社會關係的內容與形式表現在語言和行為方式之中。

第二,文化本身使人們形成了個體的思維方式和行為模式。雖然每個人的生活是有差異的,但個體對生活、工作中一切事物的感受在同一種社會文化的影響下與自身的經歷相結合,會產生個體所獨有但又體現社會文化的思維方式以及行為模式。

第三，文化是表現社會內部結構的展現方式。由於文化能夠影響社會內部構成各要素以及要素間的組合，從而影響生活和工作的方式，因此透過觀察群體的文化可以清晰地把握一個社會的全部生活和工作本質。

二、組織文化的內涵與結構

組織文化是指在組織長期的生存和發展中形成的，其內涵與模式區別於其他組織，且被組織絕大多數成員所認可和共同遵守的最高目標、價值標準、基本信念、行為規範等方面的總和以及在組織活動中的反映。

若從組織文化的層次來界定，文化又可以進一步分解為表層文化、中層文化以及核心文化三個層次，正如著名的美國組織行為學家埃德加·沙因在其《組織文化與領導力》一書中所解釋的那樣。

1．表層文化

表層文化透過外在的事實、事物來表現，例如服裝、行為模式、禮儀規範、產品包裝設計、房間布局等外在的表現給人以強烈的、直接的、感性的衝擊，讓人能夠直接感覺到文化的存在及力量。

2．中層文化

中層文化是指由群體、組織以及社會所共同信奉並倡導的規範、價值觀、原則、宗旨、理念等制度與精神層面的較為內化的文化，可以理解為是對核心文化所包含的內涵做出具體的、細緻的解釋與說明。

3．核心文化

核心文化是一個社會共同的、關於如「人為什麼存在」等方面的假設，它已經觸及社會成員們最根深蒂固且不容置疑的精神骨髓。

組織文化中的這三個層面是彼此聯繫的且形成了一個有機整體，每一個外層文化都對應並反映其內一層文化。不同於表層文化易於感受的特點，中層文化與核心文化難以直接被人們所察覺，其體現必須透過人與人之間的溝通來表達，並在這一溝透過程中維持存在。

第一節　文化與組織文化

　　組織文化是組織的現實活動在人的價值理念上的反映，組織文化的狀況主要取決於組織自身的行為，可以說只有組織承載的使命、社會功能與其組織文化相一致，才能夠持續健康發展。但除了組織自身的因素，組織文化又是建立在一定的社會基礎之上的，這些社會基礎被組織文化影響並對其產生影響。一般來說，生產力發展狀況、經濟制度狀況、宏觀經濟狀況、國際化狀況、民族文化狀況、政治體制狀況以及大的社會文化總體狀況都是構建良好組織文化時所必須考慮的，只有這樣才能保證組織文化不與社會文化相脫節，避免社會環境對組織文化的影響與衝擊。

三、組織文化的作用

　　組織文化在組織的構建與運行中可以引導和規範成員的行為，並在激勵中凝聚組織的向心力，並對社會產生一定的影響，具體來說組織文化包括以下幾個方面的作用。

1．組織文化的導向作用

　　組織所承載的使命與功能也可以理解為是組織存在和發展的目的，只有組織文化與組織使命和功能相契合，組織才能夠健康有序地發展。因此透過構建與組織目標相適宜的組織文化，可以將整個組織及成員個人的價值取向和行為偏好向組織目標的方向上引導，在這個過程中組織文化透過引導觀念與行為促進組織的發展。

2．組織文化的規範作用

　　組織文化形成於組織長期的實踐之中，被絕大多數成員所認可並自覺遵守，在這一共識達成的基礎上組織文化就形成了一種約定俗成的規範。這種規範不同於形式上的制度規範，它根植於整個組織及每一個成員的思想和內心，如同道德與法律的關係一樣來彌補形式制度的缺失，透過內心的約束來規範和制約成員的具體行為。

3.組織文化的凝聚作用

文化是一個民族和社會的靈魂,同時它也在一定範圍內凝聚社會中的全部力量,正如中華文化在國家面臨一次次滅國亡族的危險中能夠凝聚大量國民無窮的力量來渡過危難一樣。組織文化也是如此,現代企業甚至將組織文化上升到策略地位,正是因為組織文化同社會文化一樣,具有凝聚成員信心、激發成員潛能的作用。組織文化在組織全體成員的共同意識中產生,在組織面臨危機和瓶頸時化解成員內心的焦慮和矛盾,造成成員間黏合劑的作用。組織文化代表組織目標的文化內涵,可以將組織內部的成員團結到組織目標的周圍,在組織內部形成凝聚力和向心力,在增強成員對組織認同感和歸屬感的同時加強組織與成員、成員之間的聯繫,自覺為組織的生存和發展貢獻力量。

4.組織文化的激勵作用

組織文化同時也是一種文化氛圍,良好的氛圍可以使人身心愉悅,保持良好的心情和態度,在減少摩擦的同時讓組織成員產生一種受到重視和尊重的感受。這一感受的產生也伴隨著激勵的出現,使每個為組織做出貢獻的成員得到應有的讚賞與獎勵,以激發組織成員在自我實現中推動組織的發展與目標的實現。

5.組織文化的輻射作用

組織文化是在一定的社會基礎上產生的,雖然區別於其他文化,但總是與大的社會文化相適應。組織文化透過對組織內部形象和外部形象的塑造,既激發了組織成員對組織的認同與歸屬,又向社會表現出自身的價值取向等內涵。因此組織文化並不是孤立存在的,組織文化在與其他組織文化、社會文化的交流、碰撞中樹立了組織自身的形象,在對組織內部成員產生影響的同時還直接或間接地對社會和公眾造成了一定的影響,組織文化在這一過程中雙向地改變自身和社會,為自己的發展贏得更多資源和機會。

四、文化差異與衝突

隨著世界的時代主題從「戰爭與革命」轉向「和平與發展」並且不斷深化，國家與民族之間的壁壘逐漸瓦解，世界多元文化的交流日益頻繁。但在這一過程中，不同文化的本質與核心由於不同的取向而產生了摩擦並逐漸形成衝突和矛盾，最終從文化的衝突演變成國家與民族的衝突。因此，瞭解文化差異和衝突的產生對於擁有越來越複雜成員構成的組織來說有著現實的意義。

1．文化差異

沒有文化差異就難以形成文化衝突，可以說文化差異是跨文化衝突產生的起點。因此探究文化差異自身的特性以及文化差異產生的基礎對把握文化衝突尤為重要。

文化差異並不是特指國家之間的文化差異，一國之內不同民族、不同區域的文化都普遍存在著差異，可以說文化差異是普遍存在的。這是因為不同的文化之間都存在或大或小的差異。雖然東西方文化呈現出一定的融合趨勢，但二者還是存在很大的差異，這種差異是由於兩種文化的思維方式和歷史傳統差異造成的。正如東方奉行綜合思維和西方奉行分析思維，以及東方傳統文化強調人倫關係和根本性，而西方文化以哲學和宗教為基礎。可以說不同的思維模式與歷史傳統應然地造成了不同的文化內涵，而文化內涵正是不同文化的差異所在。

從表面來看，文化差異一般表現為精神文化差異、制度文化差異和物質文化差異三種形式。組織的精神文化差異一般表現為組織的價值觀、意識形態等精神意志方面的總和，這是組織的核心層文化，且區別其他組織的精神文化，它是組織核心競爭力的有機組成部分。組織的制度文化差異是指為實現組織目標，對組織成員的行為和績效等方面制訂的制度和規章，相似制度的組織可能存在相似和借鑑之處，但鑒於組織目標的差異每個組織都有自己特有的制度文化。組織的物質文化差異是指組織的實體形式，即便組織內部

不同部門也因職能和分工的差異存在著包括組織結構、部門職能在內的物化差異。

這種文化差異的產生源於其內部的結構，世界著名跨文化專家，荷蘭教授吉爾特霍夫斯塔德（Geert Hofstede）的劃分方法至今仍為學術界所推崇。他及其他同事提出了文化差異的五個維度：

個體主義與集體主義、權力距離、男性特徵與女性特徵、不確定性規避、長期導向與短期導向。在對霍夫斯坦德的五個維度展開討論之後，愛德華·T·霍爾又提出了第六個維度——高關聯與低關聯。

這六個維度從人對個人目標和組織目標關注的差異性、成員間權利的差距、人的自然屬性和社會屬性、群體的價值觀念以及原始訊息在組織成員中的分布情況等方面，分析了文化差異的產生。

2．文化衝突

正是由於文化差異沒有得到及時的解釋與認可，因此在不同文化交往的過程中引發了文化衝突。

文化差異中含有多重的關係使其異常複雜，逐一整理分析既不現實也難以實現，但歸根結底，文化差異的產生更多地是由於價值觀的差異、思維方式的差異、生活方式的差異、社會制度和意識形態的差異以及宗教差異這五大方面差異而產生的。價值觀念屬於核心層的文化，價值觀念體現在文化的各要素之中，由於歷史、地域、民族等各方面原因，使一個群體在長期共同生活中構成了獨特的文化模式，在某種程度上可以認為文化差異就是價值觀的差異，而文化衝突的本質就是價值觀的衝突。思維方式的差異也是文化差異的重要方面，它與群體的價值觀緊密相連，由於各個群體的社會歷史實踐不同而產生迥異的思維方式，如果說文化衝突因價值觀差異而起，那麼文化衝突則更多地表現為思維方式的差異。同樣，生活方式、社會制度、意識形態以及宗教信仰的差異都是由於不同群體因歷史和地域等方面的特殊形成條件所造成的，而這些差異又是思維方式差異的具體表現。此外，還存在因為文化自我中心情節所引起的文化衝突。

因此可以將組織的文化衝突理解為不同形態的文化或文化要素之間相互對立、相互排斥的過程，這一過程既包括跨國組織在他國進行活動時與東道國的文化觀念不同而產生的衝突，又包括一國之內來自不同地區、民族成員文化間的衝突，以及組織內部由於管理層之間、成員之間的價值觀念和行為方式的巨大差異而引起的衝突。一般意義上，跨文化衝突的深層次原因主要是指利益格局中的衝突。

第二節　管理溝通

現代管理認為，組織的管理對象一般可以分為對人的管理和對物的管理，但由於一切對物的管理都是由人來實施的，所以管理的主要對象就是人。在對人的管理過程中除了依靠各類相關的規章制度，最主要的手段就是溝通。隨著管理科技的發展，管理溝通也逐漸成為一門新興學科出現在人們的視野中。在瞭解跨文化人力資源管理中的員工溝通之前，不妨先來瞭解一下管理溝通的一些基本概念。

一、管理溝通的含義

溝通是人類社會的一般現象，管理溝通則是溝通中的一種特殊現象，作為一門新興學科的管理溝通，與溝通的其他形式在內涵與外延等方面都存在著顯著的差異。

按照不同的標準劃分，管理溝通具有不同的含義，但無論哪種類型的管理溝通都具有相同的內涵。

首先，從性質來看，管理溝通是管理的固有內容。從行為的性質來看管理溝通是一種溝通的行為，同時這種行為也在管理活動中造成一定的作用。這種溝通發生在組織的管理活動中，形成了一種獨特的溝通類型。此類的溝通主要是管理者在履行其管理職責的過程中，為了有效地實現管理職能而進行的一種溝通活動。所以，管理溝通本身就是管理活動的固有內容。

其次，從內容來說，管理溝通是規範性的活動和過程。在管理活動中充斥著管理溝通和其他類型的溝通，管理溝通的內容不同於其他類型的溝通，

管理溝通中的內容交流與組織目標、任務等密切相關。其內容是服務於管理目標的，具有自覺性、組織性、計劃性和規範性等特徵。

再次，從形式來看，管理溝通是一種制度體系。從形式而言，管理溝通除表現為人際溝通、組織溝通、正式溝通、非正式溝通等形式之外，還包括現代組織訊息活動與交流的一般管理要求與現代管理方式。可以說管理溝通不僅是一種活動，它也是一種制度體系。這種制度體系就是組織結構的選擇和組織制度、體制的建設，目的是成為有效溝通並有利於組織特定管理溝通目標的形成。

最後，從必要性來說，管理溝通是管理活動的本質要求。管理的實質就是協調組織成員實現共同目標的過程。由於是人與人之間的協調，需要以大量的正式或非正式的溝通活動為基礎，這一溝通活動貫穿管理活動的始終。管理者的絕大部分職能和目的都是透過管理溝通來實現的，所以說管理溝通是管理者的基本職責之一，是管理活動的基本構成要素。

透過管理溝通的內涵，可以明確管理溝通的基本含義，即管理溝通是社會組織及其管理者，為實現組織目標，在履行管理職責、實現管理職能的過程中，透過信號、媒介和通路，有目的地交流觀點、訊息和感情的行為過程。

二、管理溝通的過程

管理溝通是一個系統，由多個環節和要素共同構成，這一過程還受到各種背景環境等因素的影響，如圖 13-1 所示。

第二節　管理溝通

```
                            反饋
        ┌─────────────────────────────────────┐
        ↓                                     │
┌ ─ ─ ─ ─ ─ ─ ─ ─ ─ ─ ┐           ┌ ─ ─ ─ ─ ─ ─ ─ ─ ─ ─ ┐
  ┌─────┐  ┌─────┐              ┌─────┐  ┌─────┐
  │訊息1│→ │編碼 │ →  媒介  →   │解碼 │  │訊息2│
  └─────┘  └─────┘              └─────┘  └─────┘
  ┌───────────────┐             ┌───────────────┐
  │ 發信者/受信者 │             │ 受信者/發信者 │
  └───────────────┘             └───────────────┘
└ ─ ─ ─ ─ ─ ─ ─ ─ ─ ─ ┘           └ ─ ─ ─ ─ ─ ─ ─ ─ ─ ─ ┘
        ↑                                     │
        └─────────────── 噪音 ────────────────┘

 溝通目的                                    溝通背景
```

圖13-1　管理溝通的過程

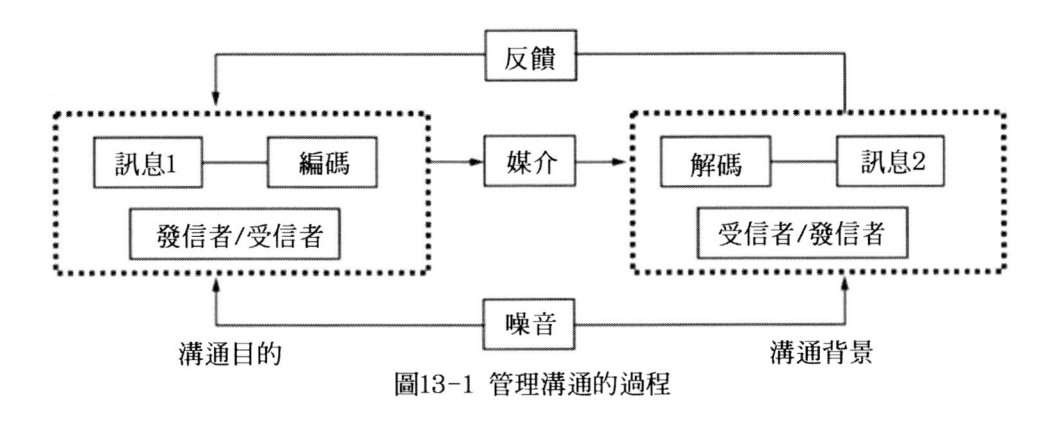

正如上圖所示，管理溝通是一個循環的複雜訊息系統，這個系統中的各環節從思想的形成到訊息的回饋構成了一個相對封閉的系統，在各要素和環境的共同作用下進行管理溝通行為。

1．形成思想

管理溝通不同於其他類型的溝通，具有很強的目的性，明確溝通目的是管理溝通的起點。在明確溝通目的的情況下，構建一定的溝通訊息內容，並對溝通對象進行分析，從而制訂有效溝通的策略。這些工作既是管理溝通形成的前提，也是管理溝通有效進行的保障，稱之為形成思想。

2．進行編碼

由同一個發信者發出的訊息被不同受信者接收後，其所理解的訊息因各受信者的知識背景、經驗閱歷不同會產生差異。所以在形成思想後將訊息準確有效地表達出來，就必須透過一定的口頭語言、書面語言等轉化為能夠被一般人合理感知和理解的訊息符號，即編碼。如果形成思想不清晰，受信者一般就無法有效接受訊息，即便思想清晰但表達不暢，受信者還是難以有效地感知。在編碼中需要將訊息內容、表達方式、溝通對象以及環境等主要因素綜合考慮，才能使受信者正確理解自己的意思。

3．訊息傳遞

被編碼後承載了一定內容的訊息符號必須透過一定的通路媒介，這些通路可以是有形的電話線路、郵路等，也可能是無形的網絡、微波等，訊息傳遞必須透過一定的媒介。發信者和受信者之間如果沒有媒介，就好像兩個在真空中說話的人無法傳遞訊息一樣。

4．訊息接受

溝通不是雙方各說各的，而是要保證自己所表達的訊息被對方成功接受，無論對方認同與否。因為訊息的傳遞並不是發信者和受信者雙方直接進行的，在媒介通路傳遞的過程中，被編碼的訊息符號會受到環境等因素的影響，在接受的過程中也有可能受到受信者心理或生理因素的影響，導致訊息並不能完整地被受信者接受。

5．訊息理解

相對於訊息編碼，可以將這一過程認為是訊息解碼的過程，即溝通對象在儘量完整地接受到訊息後，必然地要對訊息內容進行分析，試圖瞭解對方的意圖。在瞭解對方傳遞的訊息內容後，對這一內容進行評價，包括是非、喜惡、判斷等。有效溝通不能夠以自我為中心，要建立在換位思考的基礎之上。

6．訊息回饋

在溝通對象理解了對方發送的訊息內容後，就要將這一內容的評價相應地回饋給發信者。回饋的形式既包括有形的，即文字的、語言的，也包括無形的，如沉默、不理會等。在訊息回饋的過程中，發信者與受信者的地位發生了轉換，形成思想、進行編碼等環節在兩者地位轉換中往復進行。而整個管理溝通的過程也是發信者與受信者地位不斷轉換，訊息傳遞與回饋不斷進行，最終達到相互瞭解、相互理解、相互一致的過程。

三、管理溝通的要素

根據管理溝通的過程（圖 13-1），管理溝通一般由 9 個要素構成。

(1) 要素一：發信者（訊息源）

發信者回答「誰正在發起溝通」「訊息從哪裡發出的」「為什麼要信任他」等問題。發信者的動機、態度極其可靠性，對溝通的效果有重要的影響。

(2) 要素二：受信者（聽眾）

受信者即訊息接受者。對於受信者，必須要考慮如何使受信者更易準確地接受和理解訊息，如何吸引受信者的關注並提高其熱情，以及受信者群體中的主次成員等問題。

(3) 要素三：編碼和解碼

編碼和解碼是一一對應的概念，編碼是發信者將訊息編譯為能夠傳遞的符號形式的過程，發信者的知識和經驗對編碼能否被受信者成功解碼有著重要的影響。解碼是指受信者對已接收到的訊息，透過其已有的經驗和約定俗成的一些管理，對訊息內容進行解釋的過程。這一環節對溝通的有效程度影響極大。

(4) 要素四：目標

目標即溝通追求的結果。當人們接到一個指示或產生一個意圖時，希望儘可能清晰準確地記錄下來，並與其實現的成本進行比較。在這一比較過程中思考這一目標的價值、該目標與其他目標是否衝突、溝通雙方如何評價結果，也就是要考慮有效溝通標準的問題。

(5) 要素五：訊息

訊息也就是訊息內容，是指發信者和受信者之間交流的思想感情等。這些情感、思想透過評議和非語言兩種符號來表示。在訊息要素中，要考慮訊息與聽眾的匹配度、訊息供給的數量、訊息的可信度、訊息接受的結果、訊息產生的價值等問題。

(6) 要素六：通路或媒介

這是發信者將訊息傳遞到受信者的過程和手段，如當面交談、電話、網絡等。針對不同的溝通對象、不同的訊息、不同的媒介和通路，其所取得的

溝通的有效形式是不同的。某種程度而言，媒介本身就是訊息，也就是說在選擇媒介的時候也就當然地表達了一定的訊息，如採用面談的方式比電話溝通能夠給溝通對象一種更加正式、更加重要的感覺等。

（7）要素七：回饋

回饋是構成有效管理溝通的一個重要因素，它是發信者和受信者之間的反應。溝通是為了達到每種結果而進行的一系列行為，一個訊息能夠引起一個反應，而這個反應又引起下一個訊息。回饋的形成必須保證訊息的有效傳遞，並為受信者所反應和回應。在回饋的過程中，溝通雙方由於編碼、解碼等因素產生的認知差異和價值差異會逐漸消弭趨同，或在回饋中尋找出分歧的原因並設法消除。

（8）要素八：噪音

這是影響接受、理解和準確解釋訊息的障礙。根據噪音的來源，可將它分成三種形式：外部噪音、內部噪音和語義噪音。外部噪音源於環境，它阻礙人們理解訊息，最常見的外部噪音就是談話中其他聲音的干擾，如車間機器的轟鳴、課堂外的汽笛聲、隔壁裝修等，但外部噪音不侷限於聲音，還包括光線、溫度等外部環境。內部噪音發生在溝通主體自身之上，如注意力不集中，信仰、價值的傾向不同等。語義噪音是由人們對詞語情感上的歧義引起的，如同一個詞語在不同方言中表示不同意思。

（9）要素九：背景或環境

背景和環境是指溝通行為發生的時間和地點。人們的所有行為都是發生在一定的時空背景下的，環境或背景對溝通的效果有重大影響。從地點來講，溝通的場合正式與否在一定程度上對本次的溝通行為定了性，而且隨著環境的改變，溝通的內容和形式都要做相應的調整。從時間來講，對於組織成長的不同階段和項目進行的不同階段，溝通的內容和採取的方式都是有很大差別的。

第三節　跨文化人力資源管理中的溝通管理

隨著經濟全球化的趨勢與改革開放的浪潮，國際移民在許多國家的公共和政治議程中占據著重要地位，流動人口的趨勢已經不再是國家對移民控制所能規避的了。隨著人權意識的覺醒、全球經濟總體發展以及社會凝聚力和社會福利等方面的因素，各大洲的人口自由流動越來越頻繁，對組織而言人力資源跨境跨國流動已經成了常態。在這種不同文化地域所組成的組織中，如何解決將潛在的文化衝突化為文化動力、將跨文化的人力資源合理開發等問題，是跨文化人力資源管理中的溝通管理所要關注的重要內容。

一、跨文化人力資源管理

跨文化人力資源管理一般是指組織在國際化運行中對來自不同文化背景，具有文化差異的人力資源進行獲取、融合、保持、培訓、開發和調整等一系列的管理活動和管理過程。基於此，跨文化的人力資源管理具有兩大特徵。

一是多元性。跨文化人力資源管理的多元性特徵是指跨國組織人力資源具有多種民族、地域文化並存的特徵。首先跨國組織的成員來自不同文化背景，存在著文化差異，對跨國組織管理目標的理解、執行和評價都存在一定的差異，所以國際化成員所組成的工作群體更容易形成不同的文化派系，加劇人力資源管理的難度和複雜程度。其次，從管理的環境和過程角度來看，組織國際化進程的實質就是從單一的文化環境走向多元的文化環境的過程。最後，由於跨國組織人力資源管理的對象來自不同文化背景、具備不同文化特徵，所以人力資源管理的任務既包括對多元文化背景人力資源的管理，也包括管理內容和管理手段的多元化，因此多元化是跨文化人力資源管理的主要特徵。

二是變革性。首先，從組織國際化運行的過程來看，在國際化運行的不同階段，人力資源管理具有不同的目標和任務。國際化初期和發展中，跨國組織實施的是母組織策略下的人力資源管理和多國策略下的人力資源管理。前者以總部的外派人員管理為主，人員的招聘選拔、工作分析、工作業績考

評和薪酬管理主要針對來自總部的外派人員；而後者則重視多國市場的開發，對當地成員的管理成為更重要的核心任務。在全球化階段，跨國組織實施全球策略，全球性招聘和人員管理是管理的主要任務，這使得跨文化人力資源管理的重點對象一直處於持續的變化之中。其次，從國際化管理的技術手段來看，傳統的人際管理仍是主要手段，但隨著組織形式的發展和變化，成員管理的方式也正在不斷更新著跨文化人力資源管理的手段。最後，從跨國組織管理人員的態度來看，隨著經濟全球化的縱深發展，社會文化和價值觀出現變化，跨國組織思想觀念和管理理念也都在發生著重大變化，從僅重視總部成員管理的種群中心管理意識向重視東道國及當地成員的多國中心管理意識傾斜，並向全球中心和無邊界成員管理的理念發展。這些思想的轉變深刻影響了跨文化人力資源管理，表明了其變革的特徵。

二、跨文化溝通的障礙

在跨文化的人力資源管理中，管理溝通依然是管理者賴以實現組織目標的基本手段，它不同於本土文化的管理，多元文化的衝突造成的認知偏差以及誤解，使管理溝通在多元文化背景下障礙重重。

1．認知障礙

文化的本質內涵是人們的一種認識和感知。作為社會文化的組成部分，每個人作為個體也都是一種文化，只不過基於相同的背景表現為相近或相同的群體文化，這種文化會在個體的模式化思想和認知事物的內容、形式方面體現。這種隱藏在文化背後的認知會自覺地影響個體的人際交流模式——溝通。因為不同的群體文化背景使個體在溝通時的認知假定應然地存在差異，對於同樣的外界訊息其反應也就不一樣。組織中存在著不同文化背景的管理者和成員，在溝通時雙方經常會基於自己的文化思維模式而產生的觀念、假定，從而對現實與預期差距等認知層面產生衝突，造成跨文化溝通的失敗，破壞組織中良好人際關係的建立。

2・語言障礙

任何文化都是以某種語言為載體的。因此不同的語言實質就是不同文化的表象，每種語言都有區別於其他語言的獨特文化內涵。語言的差異是本地文化溝通與跨文化溝通最顯著的標誌，同樣這也是組織中跨文化溝通的最大障礙。在組織中由於多種語言的使用，不同語言使用的主體在進行溝通時，往往會因為語義和隱藏在語言後的文化歧義而引起誤會，產生跨文化溝通的障礙，進而引發文化衝突，這種衝突不僅會影響組織內部和諧人際關係的建立，還會破壞組織與外部合作者建立的良好關係。

3・非語言障礙

除了語言之外，非語言溝通中也存在著溝通障礙，它包括人的情緒在內的非語言溝通。不同情緒下的同一句話往往能夠表達出不同的語義，不瞭解這種非語言因素就難以正確地理解和判斷對方的意圖。由於情緒等非語言訊息的傳遞更多情況下處在一種無意識的狀態中，這種訊息更近乎人的本能表現，往往更加真實、可靠。在人們大量的非語言溝通使用中，不同文化背景的人對非語言溝通的理解和評價不同，如果溝通的雙方缺乏對彼此文化背景的瞭解就很可能造成溝通障礙。如交流時是否對視、視線注視對方身體的哪一部分這些非語言因素在不同文化中都有著不同的含義。正如溝通通路的選擇一樣，跨文化溝通中的語言溝通要配合適宜的非語言溝通才能實現有效溝通。

4・價值觀差異

價值觀是一個民族、國家的核心文化層，代表著個體和群體的信仰，由於個人或社會接受一種特定的行為或終極存在方式，因此會摒棄與其相反的行為或終極存在方式。作為文化重要內容的價值觀，既是民族性格反映的基礎，更是其民族文化的核心內容。不同文化背景的人具有不同的價值觀，即便在同一文化內部個體的價值觀也存在一定的差異。

5．種族差異

不同種族有著不同的文化，但它們都以自己的文化為驕傲，這種以自我為中心的傾向在溝通中經常會誘發一種錯誤：作為某一特定文化的成員，往往會表現出一種優越感，會以自身的文化標準和價值來解釋並判斷其他文化環境中的群體，包括其行為舉止、社會習俗、價值觀念等。在多元文化的背景下這種傾向本身是不合適的，由於忽略別人的價值觀念和思想感受從而產生跨文化溝通的障礙。

三、跨文化溝通的原則與技巧

跨文化的溝通與管理溝通存在許多聯繫，就基本原則而言，跨文化溝通也需要借鑑管理溝通的相關原則，並結合多元文化背景，從而形成能夠更好地理解和接受雙方文化，消除文化差異，對有效跨文化管理溝通形式產生影響的原則。

1．預設控制原則

為了實現組織目標，在管理中經常會做出一定的預設以預判某一行為的結果。法國文化研究專家安德爾·勞倫特（Andre Laurent）曾指出，「我們自己的文化已經成為我們自身的一部分，以至於我們看不見我們自己的文化，使我們總是認為別人的文化與我們的文化相類似。當受其他文化影響的人們的行為與我們的行為不一致時，我們經常會表現出吃驚甚至沮喪等情緒」。這句話深刻地揭示了我們在跨文化溝通中時常會有意或無意地用自己的標準去解釋和判斷其他群體的文化，對他人做出一系列基於自己價值判斷的假定，但事實上這些假定都是受到質疑的。科學的假定應該是根據對方的角度和價值標準來設計的，這樣才能夠理解對方的思維方式和邏輯判斷方式，進而理解對方想要表達的意圖。

2．尊重原則

每個國家和民族都有著不同的禮節、習俗、禁忌以及宗教信仰等獨有的文化，這種文化是基於一個國家或民族特定的歷史背景所產生並傳承的，且在一定的地域和時期內有著較強的影響力。因此對這些文化不能夠簡單地做

出先進或落後的評論，要與不同文化背景的人進行有效溝通，就必須樹立尊重對方文化和歷史的意識，包括對其語言、習慣、思想等方面的尊重。正如義大利著名思想家恩貝托·埃柯（Umberto Eco）所說，瞭解別人，並非意味著去證明他們和我們相似，而是去理解並尊重他們與我們的差異。

3・理解原則

隨著全球化與國際化的進程，不同的文化群體之間的距離越來越近，持有不同世界觀、語言、行為習慣的溝通雙方比以往任何時候都需要相互理解，而不是嚴格以自己的原則和規範行事，將自己的思想、習慣強加於別人。理解也包含多個層次：首先，確認文化差異就是相互理解的體現。我們應該意識到，在文化融合的過程中並沒有清晰的對錯之分，只能在實踐中去驗證。其次，要避免因為溝通雙方的職業習慣、教育程度以及知識的專業性等因素所造成的理解偏差。從表面上看，訊息接受者好像已經完全理解另一方所提供的訊息內容，但這種理解往往是主觀的、片面的，甚至與訊息內容的實際情況截然相反。最後，必須克服心理因素的影響，從內心真正地接受這種理解的現實。在這一情況下，溝通的一方已經理解另一方所提供的訊息內容，但由於受到態度、承接以及與對方打交道的經歷等影響，從而內心不願接受這種理解和事實。

4・融通原則

「融通」也就是「融會貫通」，是一種移情於跨文化溝通的過程，實現融會貫通，也就是設法做到用與其他人完全相同的方式來看待世界，它通常需要深入瞭解不同文化、信仰、假設以及各種看法和感情。融通是可以透過多樣化的途徑來實現的，可以透過認真地傾聽他人，理解他人的情感和觀點，透過思考、感覺和溝通來構建一個有效的聯結。透過事前精心準備，設法透過自己所擁有的資源來間接瞭解所在群體的成員、瞭解其他文化群體，從而避免異己文化群體之間的衝突。

5．平衡原則

平衡原則強調管理者需要盡力使自己的群體和異己的群體間達到平衡狀態。首先，管理者必須樹立正確的觀念。即便組織內的多元文化會給管理工作造成一定的阻力，但若管理者能夠合理運用，這種多元文化的結構必然會為組織帶來新的活力。不同文化背景的成員可以給組織帶來不同的思維模式，從而增強組織的靈活性以及對外部環境不確定性的適應性。其次，管理者應注重培養自身的文化差異識別與整合能力。文化作為一種隱形的知識，它貫穿了物質、行為、制度等各個層面。所有的行為都存在一定的文化現象，這種現象不易被人察覺，但它還是具有不同的含義。管理者必須善於探索和挖掘他人行為背後的文化，善於識別這之間的文化差異，並將文化具體顯現，使組織成員能夠真正認識到不同文化的價值。最後，管理者需要鼓勵成員克服文化所帶來的優越感或自卑感，幫助成員樹立「文化差異是普遍存在的，但有差異的文化並沒有優劣之分」的信念。

本章小結

本章內容以文化為切入點，對人力資源管理中的組織文化進行了介紹，進而引出跨文化人力資源管理中文化差異和文化衝突的話題。透過闡明文化差異與文化衝突的相互關係，引出管理溝通的重要性，並對其含義、結構和構成要素進行了介紹。在瞭解了文化衝突和管理溝通基本概念的前提下，對當今人力資源管理新趨勢之一——跨文化人力資源管理中的溝通管理進行介紹，並分析了跨文化溝通的障礙及其原則。

關鍵術語

文化	組織文化	表層文化	中層文化
核心文化	文化差異	文化衝突	跨文化
管理溝通			

第三節 跨文化人力資源管理中的溝通管理

討論題

1. 組織文化的結構是怎樣的？
2. 組織文化的作用有哪些？
3. 管理溝通的過程與要素包含哪些內容？
4. 跨文化溝通的障礙有哪幾種類型？
5. 跨文化溝通的原則有哪些？

案例

案例背景

W公司是一家德國在海外投資的企業，企業的高層管理人員大部分是從德國總部外派的。但德國經理在前往亞洲時，他們在跨文化方面大多準備不足，對亞洲各國的人瞭解不夠，比如在中國的人員招聘中，德方經理要求中方應聘人員除了需要文憑和專業匹配外，他們對相關工作經驗非常看重，而對年齡和性別倒並不太在乎。他們在挑選人員時特別注重對能力的考查，有時甚至挑剔到令中方招聘主管頗感費事費力。這是因為外國人奉行一種完美主義的文化，他們喜歡具有完美品質的人，他們對一切都要求精細、精確，而不能容忍大致相符合之類的情況。

由於中方人員對權力和待遇很看重，在合資企業中的中方員工，會發生一些明爭暗鬥。而德國經理對中國的人情世故卻不甚清楚，在進行人事管理時難免引起一些衝突。究其原因，是因為德國經理忽視了中國人的集體導向原則。另一方面，中國員工得到升職後，對德國上司就變得沒有原來那樣熱情，德國經理很不理解，認為升職就意味著承擔更大的責任，理應更密切合作並兢兢業業地工作。其實，這裡面包含著一定的文化因素，歷史經驗教育中國人不可與外國人交往過密，否則就給人一種巴結討好「洋主子」的不佳形象，而保持自己不卑不亢的職業形象，是保護中方管理人員尊嚴的先決條件。中國同事與部屬之間交往過密，如贈煙酒、經常一起去酒吧或娛樂場所請客等，在德國人看來這就是在搞小幫派。

人力資源管理
第十三章 跨文化人力資源管理中的溝通管理

　　在日常生活中，中德員工雖然同在一起工作，然而地位卻不平等，雙方員工不僅工資待遇相差懸殊，生活環境和福利待遇也不可同日而語。德方認為這是理所當然，德方的這種優越感使中方員工認為受到了國別歧視，這種含有文化因素的認知，使他們對企業的忠誠度大大降低，一有機會就會跳槽。

案例討論題

1．從案例中你可以看出中國文化與德國文化的差異主要體現在哪些方面？

　　2．企業從事跨國經營活動前，需要做好哪些準備，以防止跨文化衝突的產生？

　　3．如果你是這家合資公司的經理，你會採取哪些措施來解決中德員工之間的矛盾？

第十四章 人力資源管理的全球化發展趨勢

學習目標

● 認識全球化的歷史必然性和對管理的新要求；

● 理解全球化背景下人力資源概念的演變和新內涵；

● 瞭解全球化背景下人力資源管理的新特徵；

● 明確全球化背景下人力資源管理面臨的全新挑戰和當前人力資源管理實踐面臨的突出問題。

知識結構

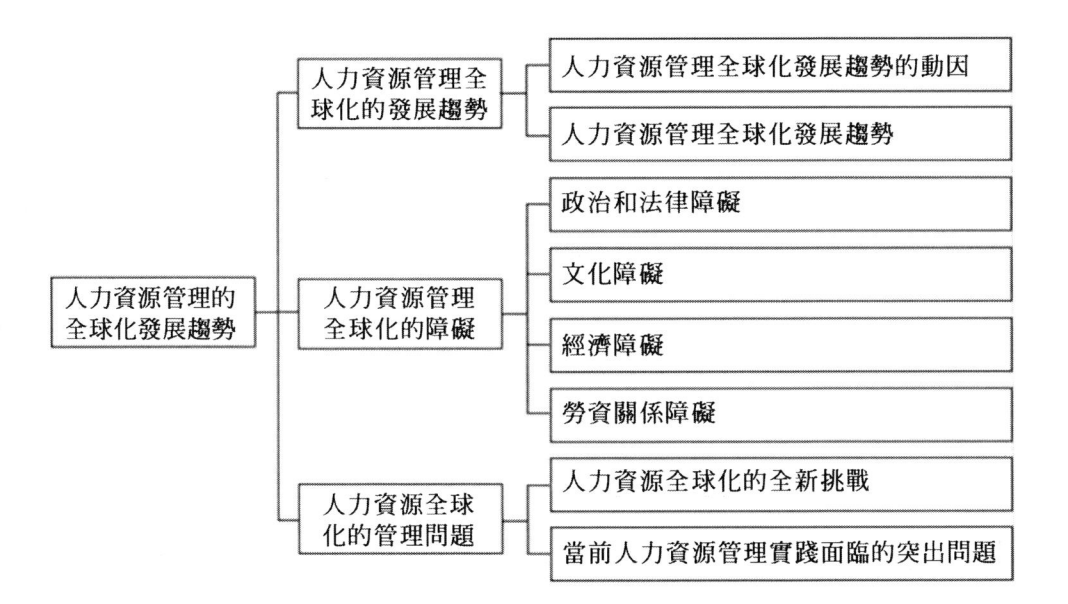

```
                              ┌─ 人力資源管理全球化發展趨勢的動因
            ┌─ 人力資源管理全 ─┤
            │  球化的發展趨勢   └─ 人力資源管理全球化發展趨勢
            │
            │                  ┌─ 政治和法律障礙
人力資源管理的 │                  ├─ 文化障礙
全球化發展趨勢 ┼─ 人力資源管理 ─┼─ 經濟障礙
            │  全球化的障礙    └─ 勞資關係障礙
            │
            │                  ┌─ 人力資源全球化的全新挑戰
            └─ 人力資源全球 ──┤
               化的管理問題    └─ 當前人力資源管理實踐面臨的突出問題
```

人力資源管理

第十四章 人力資源管理的全球化發展趨勢

案例導入

全球化背景下的蝴蝶風暴

蝴蝶效應由氣象學家愛德羅倫茲（Eduard N·Lorenz）於1963年提出。蝴蝶效應是指一只蝴蝶抖動一下翅膀，都會導致四周空氣或其他系統發生相應的變化，從而引起一系列的連鎖反應。

從大洋彼岸的美國開始遭受次貸危機的襲擊開始，金融危機和更大範圍的經濟危機像水潭中的漣漪一樣，在全世界範圍內快速地傳遞。受次級貸款危機的影響，世界經濟貿易明顯放緩，而在大洋另一岸的中國，美國的次貸危機也成為經濟界關注的焦點，美國作為中國第二大出口貿易國，經濟衰退也必然將影響到中國外貿。有研究數據顯示，美國經濟增長速度放緩1%，中國出口增速就要放緩6%。

美國次級債引發的美國市場流動性風險，導致美國股市下跌，由於美國股市的影響力巨大，導致其他主要經濟體股市相繼出現暴跌局面。在聯繫日趨緊密的全球證券市場中，股市大跌的蝴蝶效應也從紐約傳到了在股市中涉世未深的中國。在經濟全球化日趨緊密的今天，各國都被捲入進來，誰都無法「獨善其身」。2008年1月，花旗銀行公布98·3億美元淨虧損引發美國市場急跌，全球股市尤其是亞太股市應聲全線暴跌；2009年底爆發的希臘債務危機，不僅在歐盟國家掀起軒然大波，更引發了美國、中國、日本等經濟的高度關注；2010年初智利發生大地震，就在震後的幾分鐘，全球期貨市場由於擔心地震影響智利銅礦產量而引發銅價的劇烈震盪。

韓國媒體曾做過一系列專題研究，闡述中國對全球的蝴蝶效應。「中國動一動，秘魯礦主就笑，巴西鞋廠就哭，柬埔寨服裝展翅飛翔」。不可否認，全球化已經是潮流所趨，是經濟發展不可逆轉的大方向，所有的參與國家都能夠不同程度地從中得益或者受損，關鍵看我們怎樣應對全球化。在全球一體化的時代中，中國要抓緊機遇前行，要啟用全球人力資源和物質資源為我所用，要發揮中國在國際上的經濟影響力。

第一節　人力資源管理全球化的發展趨勢

　　人力資源管理從 20 世紀 80 年代確立至今，已經歷了近 20 年的發展。這期間，全球的社會經濟環境已發生了巨大變化，正在結束所謂的後工業社會而邁入知識經濟社會。組織賴以生存的外部環境和組織的競爭方式也正進行著悄無聲息卻深入持久的變革，組織的各種管理職能必須適應潮流，不斷改變自身以應對正在變革著的世界。人力資源管理面臨的現實挑戰從現代人力資源管理取代傳統的人事管理開始，人們的觀念已經發生了非常重大的變化。隨著時間的推移和國際社會經濟環境的急劇變化，人力資源管理面臨再一次的調整和改變。人力資源管理的發展趨勢將會是什麼樣的呢？下面對發展趨勢做一下分析。

一、人力資源管理全球化發展趨勢的動因

1．全球經濟一體化、文化多元化的衝擊

　　隨著區域性合作組織如歐盟、北美自由貿易區、亞太經合組織等的產生，國與國之間的交流開始變得越來越頻繁，地區經濟甚至全球經濟牽一髮而動全身，正日益成為一個不可分割的整體。作為經濟一體化自然結果的跨國公司，既面對著不同的政治體制、法律規範和風俗習慣，同時又推動著各文化的相互瞭解與不斷融合。管理者們經常會遇到類似國籍、文化背景、語言都不相同的員工如何共同完成工作，以及管理制度與工作價值觀迥然不同的組織如何溝通等問題。

2．新的管理概念與管理方法的出現與應用

　　許多組織已經開始運用「參與系統」從事人員招聘，開發合適的管理形態、領導風格和招聘態度；建立功能團隊以超越傳統的「任務強制力」「目標團隊」或「質量循環」，並且認識到在初始階段，團隊在組織中的位置；同時運用自我評價，參考優秀的組織管理模式，建立充分的內部交流和回饋機制；擴大技能，超越狹隘的功能界限，發展管理能力和技術。

人力資源管理
第十四章 人力資源管理的全球化發展趨勢

二、人力資源管理全球化發展趨勢

傳統的人際關係開始消失，這使得組織成員為一項任務而結合起來變得更加複雜；組織的層級結構趨於扁平，中層管理人員不斷減少，而組織中工作群體和團隊變得越來越重要；高質量員工人數不斷增加，社會越來越需要組織承擔更多的社會責任。

1．企業人力資源管理部分職能的弱化及向直線管理部門的第二次回歸

隨著訊息技術日新月異的發展，企業的組織形式和管理方式發生了巨大的變化。傳統的規模經濟在知識經濟社會裡已不再占有昔日的優勢，取而代之的是一些規模小、技術含量卻很高的小型企業，它們為顧客提供高附加值的產品和服務。由於使用訊息技術提高了生產工藝，這些小型企業的人均產出遠遠高於傳統的大企業，其總產出也相當可觀。在中小型企業裡，管理部門，尤其是職能管理部門的濃縮是降低成本的有效方式。在這些企業中，人力資源管理部門、行政管理部門，有時甚至和財務會計部門都可能合併為一個部門，統一為企業提供綜合職能支持。人力資源管理的一些職能，像招聘、員工晉升和降級、績效考核等職能都會以不同的方式重新轉移到直線管理部門，由直線部門直接管理，重新整合於一般管理之中。例如，招聘在相當多的企業裡都是由用人部門負責人直接進行，從找人、面試、錄用到起薪的確定，幾乎是完全獨立的，人力資源管理部門的某些職能因而被削弱。另一方面，巨型跨國公司在新的市場環境中發現其中巨大規模不再是優勢，尾大難掉，出於激烈競爭的壓力，也在集團內部實行所謂的「內部企業家」式的管理方式，把全球幾十萬人的大公司整編成數百個相對獨立的、自負盈虧的成本—利潤中心。這些成本—利潤中心享有巨大的自主權，在財務、人事、生產、銷售等企業管理方面享有獨立的管理權。這樣的成本—利潤中心與上面提到的單個的中小公司十分相似，其人力資源管理部門的職能弱化同樣不可避免。

2・人力資源職能的分化

人力資源管理的全部職能可以簡單概括為人力資源配置、培訓與開發、工資與福利、制度建設四大類。如果說這四大類職能是在其發展過程中逐步形成與完善的話，那麼，隨著企業外部經營環境的變化，以及社會專項諮詢服務業的發展，這些職能將再次分化，一部分向社會化的企業管理服務網絡轉移。企業的管理職能是企業實現其經營目標的手段，企業可能根據其業務需要對這些手段進行重新分化組合，以達到其在特定環境下的最佳管理。人力資源管理的四大類職能活動是相互聯繫也是相互獨立的，對其進行不同方式的分化組合在理論上是可行的，在企業管理實踐中也經常可以看到。例如，人事代理管理諮詢服務業的迅速發展為企業外包其某些相對獨立的職能提供了更多的選擇。人事代理把檔案管理、社會保險、職稱評定等龐雜的事務性工作從人力資源管理部門轉移出去；組織設計、工作分析等具有開創性的職能則交給管理諮詢公司承擔。這些管理諮詢公司，一般由一大批在人力資源管理方面具有很深造詣的專家和實際工作者組成，它們通常都擁有企業本身不具備的知識和技能，既能夠幫助企業降低長期管理成本，又可以使企業獲得新的管理技術與管理思想，對企業的發展造成巨大的促進作用。

3・人力資源管理的強化

人力資源管理的強化趨勢，看起來似乎與上述兩方面的內容相互矛盾，實則是同一個問題的不同側面。上述兩方面提到的人力資源管理職能的弱化和分化，涉及的都只不過是人力資源管理的一部分職能，而非全部職能。實際上，在某些職能不斷弱化與分化的同時，人力資源管理的另一些職能卻在逐步加強。根據組織宏觀管理理論，具有凝聚力和長期高成長能力的組織，都具有一個被組織大多數員工認可的共同理想與使命，大家為實現同樣的理想和使命而前赴後繼，一代接一代地努力工作。從某種意義上說，組織的一切管理活動都是為了實現組織的理想與使命，它們相互支持、相互配合，從各自不同的角度實現組織的共同目標。人力資源管理雖然只是整個組織管理的一部分，但因為它的管理對象是組織中最重要的資源——人力資源，它透過其所管理的人與其他管理職能進行互動，在實現組織整體目標的過程中起

著不可估量的重大作用。因而，人力資源管理也正在更高的層次上得到不斷的強化，更趨於強調策略問題，強調如何使人力資源為實現組織目標做更大的貢獻。人力資源管理的強化主要關注組織對風險共擔者的需求是否敏感，開發人力資源迎接未來挑戰，確保員工把精力集中到增加組織投入的附加價值上等。例如，透過制訂適當的人力資源政策影響和引導員工的行為，為支持組織文化和實現組織變革提供保障；透過參與組織的策略決策和對員工職業生涯的設計與開發，實現員工與組織的共同成長和發展。在現代市場競爭中，這種更重視人的進步與發展、強化人力資源管理的傾向正越來越被人們所接受。

4・政府部門與私營機構的人力資源管理方式漸趨一致

一般來說，政府部門的管理方式與私營機構大相逕庭，因為政府屬於社會公共事務管理部門，其主要目標是公正、公平；而私營機構則多是營利單位，效率、效益是它的典型特徵。然而，自 20 世紀 80 年代以來，很多國家特別是歐美一些國家，由於國內經濟狀況差強人意，再加上長期以來實施的福利國家制度，公共開支居高不下，社會各界對政府部門的工作成效頗有微詞。在這種情況下，歐美國家開始率先推行所謂的「新公共管理」，政府服務也應以市場觀念為主導，強調管理方式向私營機構靠攏，並引入競爭、效率和效益等概念。於是，更講求靈活性和適應性的人力資源管理便受到了各國政府的廣泛重視。在這些變革中，最引人矚目的是改變公務員的終身僱用制度和長俸制度，建立以工作表現為基礎的激勵機制。同時，透過適當的培訓開發制度，不僅提高公務員的知識技能水準，而且加強公務員為公眾服務的責任感和使命感。種種改革，一方面使政府部門形成了類似私營機構的具有競爭性的人力資源管理新體制，另一方面創造出以公正、效益為本的政府管理新文化，反過來又進一步影響著私營機構的經營理念與管理方法。儘管政府與私營機構的最終目的仍然差異巨大，但兩者在管理方式上的逐步接近趨勢卻越來越明顯。

全球化趨勢下的管理和人力資源管理出現了許多新的特點，並且越來越為企業家與管理學家所關注。比如全球化的發展所帶來的國際競爭的日益加

劇和相互依存程度提高的二律背反現象，訊息通信技術的迅速發展和普及引起的組織變化和人際交往的變化，更加凸現的國際安全問題和人類健康問題所引發的人類對於自身需要的深度反思和對管理的不確定性的重新思考，以及企業管理和人力資源管理過程中對於許多具體問題的困惑與探索，特別是諸如技術與文化、效率與公平、管理國際化、核心競爭力等問題，都是關乎企業與員工生存與發展的重要課題。國際管理學家們普遍認為，現在的管理和人力資源管理，已經進入了全球化和知識化的管理新階段。在這個階段，持續成長成為管理的目標，知識管理成為管理的主題，人力資源成為管理的核心，員工知識或智慧的管理正迅速成長為最重要的管理技能。

第二節　人力資源管理全球化的障礙

一個全球性組織必須應對許多未知的情況。由於需要使人力資源政策及實施方法與不同的東道國相適應，全球性人力資源管理相當複雜。人力資源管理必須考慮人力資源全球性差異帶來的潛在衝擊。政治、法律、文化、經濟、勞資關係系統和其他因素，使全球人力資源管理任務複雜化。

一、政治和法律障礙

政治與法律系統的性質和穩定性在世界各地是不同的。美國的公司喜歡相對穩定的政治和法律系統。許多其他發達國家，尤其是歐洲各國，情形也是這樣的。然而，不少國家的政治和法律系統依然不穩定。有些政府常有政變、獨裁統治和腐敗，這些政治上的不穩定改變了商務環境，也改變了法律環境，法律系統也變得不穩定。因為內部政治原因，會導致合約突然變得無法執行。

另外，各個國家的人力資源規則和法律很不相同。在許多西歐國家，關於勞動工會和僱傭的法律使解僱員工變得很難，均等就業法律和性騷擾法律與美國的法律法規相比似乎只是程度上的不同，但通常有相當大的差異。在其他國家，宗教或倫理差異使就業歧視變成一件可以被接受的事。因為政治

人力資源管理
第十四章 人力資源管理的全球化發展趨勢

和法律的差異，在開始全球性業務之前對東道國的政治和法律環境有一個全面的認識是非常必要的。

另外對全球性公司運作環境產生影響的因素還有能夠顯著影響企業獲利能力的特定的關稅和配額。關稅（tariffs）是對跨越國界轉移的貨物所徵收的稅款。配額（quotas）限制跨越國界進口的貨物數量或價值。因為對人員的需求是隨著全球性公司獲利能力的變化而變化的，所以關稅和配額能夠對人力資源產生影響。

二、文化障礙

各國之間存在著文化差異，相應地，在人力資源實踐上也存在差異。國家的文化（countries culture）是一個國家內部指導人們行為的一套價值觀、符號、信仰、語言和準則。例如，亞洲的文化準則推崇忠誠和團隊協作，這些準則影響著員工的工作方式。日本是一個典型，日本員工通常希望用忠誠換取終身僱傭。在日本，焦點在工作團隊上；而在美國，焦點還是在個體身上。顯然，這種文化差異有特定的人力資源內涵，僱傭活動必須與當地的文化準則相適應，從而一家外國分支機構的人力資源工作人員大多應該從東道國國民中選取。

然而，一定的文化準則具有約束力的事實並不意味著不應該嘗試改變。在日本，婦女很少做秘書以外的工作，但這並沒有阻礙安休斯爾—布希（Anheuser-Bush）公司的國際人力資源主管戴維·霍夫（David Hoff）招聘女性員工的步伐。按照霍夫的說法，安休斯爾—布希公司在亞洲招募婦女為其合資機構工作時發現亞洲婦女在銷售工作中相當有效率。美國銀行（BanK of America）也發現，日本男員工更容易與女性，甚至是駐外女性分擔他們面臨的問題。保持公司文化非常重要。公司必須帶入一批有判斷力的、奉行公司文化的駐外人員，並且總是留下一個或兩個來監督當地人員以確保他們遵從公司的政策，在保持公司文化性質的同時適應當地文化。

三、經濟障礙

對經濟系統的差異也必須進行詳細研究。在一個資本主義系統中,對效率的勢不可擋的需求,推動人力資源政策和實踐向著強調生產率的方向發展。在一個社會主義系統中,人力資源實踐注重防止失業,而這通常需要以犧牲生產率和效率為代價。在競爭性的全球經濟中,這種方式的結果最終是不能接受的。

在制訂人力資源政策和實施辦法之前,經濟因素對即將進行的全球性業務的影響必須被充分地理解和說明。較重要的經濟因素之一可能是東道國與母國之間勞動成本的差異,這種差異能夠造成人力資源政策與實踐的真正差異。高勞動成本可能會鼓勵公司招聘和選擇更有技能的員工,並且更強調效率;低工資比率更可能會導致一個需要進行進一步培訓和開發的員工組織,僅僅為了將生產率維持在可以接受的水準上。儘管工資可能很低,一些公司已經發現,其績效只能達到美國標準的 40%,甚至是 30%。

四、勞資關係障礙

對美國勞動工來說全球化不能停止,因為美國經濟正處於繁榮期,而這種繁榮部分地是建立在全球化基礎上的。開放使新觀念和新技術在全球範圍內自由流動,推動著生產力的發展,並使美國公司變得更具有競爭力。全球性經濟存在並將繼續,除非勞動工會使用新的組織技術,否則管理層將保留談判的權利。

各國員工、工會和僱主之間的關係差異非常大,並且這種差異顯然會對人力資源管理活動產生巨大的影響。在美國,大部分涉及補償和利益事務的人力資源政策是由僱主決定的,有時受到勞動工會的干預;在其他國家,僱主和工會之間不是干預的關係。像通用電氣、大眾汽車(VolKswagen)和 VOLVO 汽車這樣的公司正在試圖促成國際談判,要求全球各公司採納一個全球性行為準則,這一全球性行為準則將保護全球所有僱員的權利。

人力資源管理實踐——網路的全球性影響。跨越傳統地理界限的全球性電子商務,在網路上每天 24 小時運轉。網路趨向於模糊地理界限,使電子

商務比傳統的全球性商務活動更天衣無縫。網路影響著商務活動的很多方面。儘管北美只有占全世界5%的人口，但是占到了全世界上網人數的一半。由於網路模糊了國界，運作電子商務使人力資源專業人員面臨陌生的權限、法律、稅收、文化，甚至是技術。並不是只有人力資源專業人員對這些問題表示關心，網路使原本就複雜的全球化行動變得更加複雜。

網路使全球性公司的招聘工作更有效率。智力資源和技術團隊的執行主管雷吉·巴菲爾德（Reggie Barefield）說：「網路是一個工作發生器，是一個創造具有優勢的招聘組織的全球性工具。」2000年，全球《財富》500強公司中的70%以上利用網路進行招聘。儘管網路不能很快取代傳統的招聘方式，但它確實提供了一種可行的與候選人才庫接觸的全球性途徑。

第三節　人力資源全球化的管理問題

經濟全球化帶來的巨大變化，是對人力資源管理理念和實踐的一次革命，管理者需要清楚地看到當前的全新挑戰，做好充分的準備，從而化挑戰為機遇，成功實現人力資源開發與管理的全球化轉型。

一、人力資源全球化的全新挑戰

經濟全球化及其所具有的基本特徵，正在對人類的經濟活動、社會生活、組織管理等各個領域產生深遠的影響，同樣也對人力資源管理產生日益明顯的影響。現階段，經濟全球化給人力資源管理帶來了全新挑戰，主要體現在以下四個方面。

1．稀缺人才的「零距離」國際競爭問題

經濟全球化的重要特徵是生產要素配置的全球化，其中包括人力資源要素配置的全球化。因此，一般意義上說，人力資源將成為全球共有、共享的財富，勞動力將突破一國的市場區域而進行跨國界的流動，因而將會引發全球性人力資源競爭。從實際情況分析，在知識經濟時代的人力資源供求關係上，中低層次的勞動力相對充裕，高層次人力資源相對不足，高端人才尤其顯得稀缺，全球性人力資源競爭勢必體現為高層次緊缺人才的競爭。同時，

在經濟全球化的國際環境中和開放引資的國內背景下，越來越多的跨國公司、金融機構、諮詢機構、研發機構等外資組織往往採取因地制宜、就地取材的用人策略而與國內組織進行人才爭奪，因此，全球化緊缺人才競爭所表現的空間形勢已是短兵相接的「零距離」競爭，即國際化人才競爭優勢。如何應對「零距離」的稀缺人才競爭，如何克服人才競爭中的「馬太效應」，如何吸引和留住組織所需要的人才，這是經濟全球化背景下人力資源管理的新課題。

2．企業跨國併購中的人力資源整合問題

近些年來，為了規避或降低競爭風險及成本，「雙贏」或「多贏」的競爭模式正在取代傳統的「你死我活」或兩敗俱傷的「博弈」競爭邏輯，由此，企業間尤其是大公司的跨國兼併和收購之風盛行。企業併購中涉及多方面資源的重新洗牌問題，如產品、市場、技術、資本以及人力資源的整合等，其中，人力資源整合具有統領性效應。不同的企業具有不同的企業文化、管理模式、管理制度、管理風格以及不同的員工組合結構。企業在兼併和收購過程中，是否有能力以及如何進行取長補短、優勢互補，實現人力資源存量、企業文化、管理制度的優化整合，產生一加一大於二的正效應，而不是一加一小於二的負效應，並透過人力資源和人力資源管理制度的有效整合，實現產品、市場、技術、資本的整合，這是決定企業併購成敗的關鍵。

3．企業國際化中的「跨文化」管理問題

經濟全球化以及人力資源配置全球化的過程是一個企業國際化過程。經濟全球化導致企業的融資、技術、生產、銷售等經營活動國際化，跨國公司進一步向全球市場擴展，同時出現越來越多不夠跨國公司規格的國際經營企業，這是企業國際化的外在標誌；跨國公司的擴展和國際經營企業大量出現又加快了人力資源配置的全球化進程，使跨國公司和國際經營企業的員工在結構上形成多元化特徵，不同程度上成為「移民」企業，這是企業國際化的一個內在標誌。企業國際化中凸現出跨文化管理的問題。如何在一個員工來自不同國家的國際化企業中，形成一種多元文化成分有機融合的企業文化，

並使這種「跨文化」型企業文化體現於制度化管理中，正在成為經濟全球化時代人力資源管理的新課題。

4．人力資源管理遊戲規則的國際化問題

經濟全球化存在一個各國經濟行為的法制化規範的一致性問題，或者說各國的遊戲規則與國際接軌的問題，包括人力資源管理遊戲規則的國際接軌，這一點在各國加入 WTO 後已經成為一種現實的制度挑戰。

二、當前人力資源管理實踐面臨的突出問題

現階段，經濟全球化給人力資源管理帶來了全新的挑戰，我們從企業人力資源管理最基本的「知人、用人和激勵人」層面出發，借鑑胡八一博士等人的研究成果，站在公司管理和發展的策略高度，對當前人力資源管理實踐面臨的突出問題做如下簡要的歸納。

1．突出問題之一：如何應對經濟全球化帶來管理問題多元化？

在經濟全球化的影響下，隨著全球性營銷和跨國經營的日趨普遍，多元化文化管理已經成為當代企業迫在眉睫的問題。首先，在許多國家，企業員工的組成在性別、國籍和種族方面正日趨多樣化。其次，企業更為強調跨職能工作團隊的重要性。而團隊的不同職能會形成不同文化，這一趨勢使當今的工作群體面臨嚴峻的文化多元化問題。

與此同時，隨著企業全球化步伐的加快，跨國兼併收購是一個必然的方向，如何處理由於跨國兼併收購所帶來的民族文化和企業文化的雙重衝突，是管理者面臨的突出問題，在這方面，失敗的例子近年來頻繁發生，需要引起我們的高度關注。

2．突出問題之二：如何構建最優化的組織結構來引導最佳績效？

越來越多的企業認識到組織結構和績效之間的緊密聯繫，並透過優化組織結構來提升工作效率，達到最佳績效。這對企業人力資源管理在策略規劃和對組織結構的深入研究方面，提出了很高的要求。組織結構的優化往往帶來一系列的人事變動，對企業和員工產生比較大的影響，如何構建最優化的

組織結構，是企業策略和人力資源方面的突出問題。組織結構的優化體現出以下幾個特徵。

第一，由縱向高聳結構向橫向扁平結構轉變，從而可以大大壓縮組織縱向層次，擴大管理幅度等，致使整個組織結構扁平化，組織的適應能力和戰鬥力也大為增強。

第二，組織狀態由剛性向柔性轉變。這主要表現為集權與分權、穩定與變革的統一，並常採用微型組織結構、核心開發計劃、策略聯盟等形式增進組織的柔性。

第三，組織邊界由清晰向模糊化轉變。這種轉變主要包括打破內部各種不必要的分割，再造企業流程，強化組織內部的溝通和協調能力；消除企業、客戶和供應商之間的外部障礙，要求組織與外部利益相關者加強訊息交流和分享，必要時還可與它們（包括競爭者）建立策略聯盟，共同應對市場變化。

3．突出問題之三：如何處理人際衝突，克服企業內耗？

企業人際衝突問題已成為普遍存在的現象，例如新員工與老員工的衝突、女上司與男下屬的衝突、小幫派衝突、不同職能部門的衝突、來自管理者不同指令的衝突、工作與個人生活的衝突等。人際衝突對企業產生積極和消極兩方面的影響。在企業衝突中，有建設性的衝突，也有破壞性的衝突。我們要發展建設性的衝突，減少破壞性的衝突。

人際衝突的消極作用體現在，它造成企業員工之間關係緊張、互不信任、互不團結、內耗現象嚴重、缺乏溝通、各自心靈閉鎖、拉幫結派等不良人際關係，會造成企業生產效率低下，凝聚力下降。

人力資源管理者要積極研究群體衝突形成的原因，可能產生的後果，及尋找化消極為積極的辦法。

4．突出問題之四：如何培養中層管理者的策略眼光，克服思維錯誤？

中層管理者是企業的中堅力量，是企業策略的承載體，負責企業的策略執行、戰術發難的執行和實施。然而，由於各方面的原因，目前為數不少的

企業中層管理者的管理觀念相對落後，缺乏一個職業經理人應具備的管理技能和策略眼光。例如，有相當一部分的中層管理者重技術輕策略、重短期收益而忽略長期競爭力，僵化地看待策略，缺乏隨機應變能力。因此，克服中層管理者的思維錯誤，是當今企業管理和人力資源管理的突出問題。

很多企業為了提高中層管理者的素質，花大量的資金和時間為中層人員提供培訓，透過培訓提升中層管理者的時間管理、溝通技巧、計劃統籌、團隊管理、工作授權、激勵等管理技能，這些能力對中層管理者非常重要。與此同時，人力資源管理應該為提升中層管理者的策略眼光提供機會，把中層管理者的工作重心投入到構建管理體系中來，以企業策略為導向，為部門搭建一個優秀的管理平臺，而非簡單忙於日常的執行工作。

5．突出問題之五：如何防備腹背受敵，員工集體跳槽？

集體跳槽已經成為企業管理的致命傷害，它不僅嚴重打擊了公司的生產經營和日常管理，更嚴重地破壞了公司的形象和聲譽，造成的損害短時間很難彌補。作為人力資源管理者，你是否知道哪些人容易集體跳槽？是否知道如何防範集體跳槽的發生？是否知道集體跳槽的預兆？集體跳槽一般不是空穴來風，它的發生有其複雜的原因。瞭解這些原因，有助於企業主動採取措施，有效防範，減少危機發生的可能性。

發生集體跳槽的公司大多都有一些共性：高層失和、利益糾紛、憤然出走。位於高層的經營者都有追求個人成就的慾望，但企業的目標是盈利，要在短期內見到效益，在企業策略上，個人意願與企業目標之間必然會產生矛盾，這種矛盾解決不好，就有可能導致高管跳槽。

6．突出問題之六：如何讓「空降部隊」落地生根，發揮效力？

「空降部隊」是對企業外部職業經理人群的一個形象的稱呼。全球化使企業組織趨同，在細分的人力資源市場上也不例外。曾幾何時，許多企業在面臨困境或尋求更大發展時，都把引入外部人才──「空降部隊」作為一種最佳的解決方案。但是，成功者卻寥寥無幾。中國有句古話：「外來的和尚

第三節　人力資源全球化的管理問題

好唸經」。那麼為什麼很多「空降部隊」到了企業後水土不服，反而念不好經呢？

企業已經認識到，「空降部隊」的問題不僅是「空降部隊」本身的問題，還有企業的問題。「空降部隊」

是人力資源「拼圖」鏈條中的一個具有策略意義的組成部分，如何使其適應企業文化的土壤並生根開花，達到人與職位完美契合，是企業尋求新的業務增長點的鑰匙。

7．突出問題之七：如何管理核心員工，留住骨幹？

「為政之要，惟在得人」，這個道理也同樣適用於企業的經營。核心員工和業務骨幹是企業的支柱，是人力資源部門需要花力氣重點培養和關注的對象之一。企業應以人為本，在制訂、實施各項措施時，處處「留心」，只有留住心，才能留住員工。可以透過建立一種上下溝通的良性機制，定期或不定期地與員工進行深層次的會談，關心員工的成長，輔助員工做出理想的職業生涯設計。

8．突出問題之八：如何用好調薪技術，有效獎懲員工？

薪酬是對員工的最基本激勵，「加薪」是員工關心的大問題。然而，很多企業面臨「加薪」難的問題：加還是不加，加多少，舉棋不定；加薪後，仍舊會有員工不滿意；總是不能調和管理層與員工的調薪理由，等等。

人力資源管理需要科學的激勵機制。科學的機制從來都是有據可依，有據可查的，績效性薪酬體系也不例外。它的設計由兩部分組成，數據依據與邏輯依據。另外，還需要綜合考慮員工的期待值和心理上的滿足感。同時，要很好地將短期激勵與長期激勵結合起來，從而更好地調動員工的積極性。

9．突出問題之九：如何打敗「職業倦怠症」這個危險的敵人？

「職業倦怠症」又稱「職業枯竭症」，是一種由工作引發的心理枯竭現象，按照國際公認的定義，衡量職業倦怠的三項指標分別為情緒衰竭、玩世不恭、成就感低落。

人力資源管理
第十四章 人力資源管理的全球化發展趨勢

職業倦怠使個人身心疲憊，工作質量下降，職業發展停滯；使組織反應遲鈍，行動不力，效率下降；嚴重者，還可能觸發一系列社會問題。它包括社會道德水準下降、對公眾時事關注度降低、危害社會行為增加等。如何克服這種職業上的倦怠感？怎樣才能讓員工重新找回對工作的熱情？這些都是擺在人力資源管理者面前的突出問題。

10．突出問題之十：如何培養員工的忠誠度？

當今企業在經營管理過程中，員工在工作中的「偷盜行為」、惡意破壞、洩露公司機密、突然離職等這些涉及員工忠誠度的現象，已經成為令所有管理者心力交瘁的問題。培養員工的忠誠度是一項系統化的工程，需要人力資源管理者在各個工作環節中加以貫穿。

上述十大突出問題，是從人力資源管理中的組織結構、激勵機制、員工管理等最根本最重要的方面出發而進行的總結。企業要實現人力資源開發與管理的全球化接軌，應對經濟全球化帶來的挑戰和機遇，不僅要充分認識現有的這十大突出問題，更要把目光放遠，結合企業的長遠發展，用策略的規劃和踏踏實實的執行來實現人力資源管理的全球化轉型。

本章小結

把握時代特徵，是人力資源管理的基礎。當今時代，全球化日益加速。經濟全球化既是歷史的必然，又是一艘充滿不平等的航船，很難順利地抵達彼岸。我們要瞭解在全球化背景下，經濟的新特點，瞭解全球化對人力資源管理的全新要求。

一個全球性組織必須應對許多未知的情況。由於需要使人力資源政策及實施方法與不同的東道國相適應，全球性人力資源管理相當複雜。人力資源管理必須考慮人力資源全球性差異帶來的潛在衝擊。政治、法律、文化、經濟、勞資關係系統和其他因素，使全球人力資源管理任務複雜化。

經濟全球化帶來的巨大變化，是對人力資源管理理念和實踐的一次革命，管理者需要清楚地看到當前的全新挑戰，做好充分的準備，從而化挑戰為機遇，成功實現人力資源開發與管理的全球化轉型。

關鍵術語

全球化　　　人力資源管理新趨勢　　　人力資源管理障礙　　　人力資源管理問題

討論題

1．人力資源全球化的發展趨勢是什麼？

2．人力資源管理全球化的障礙有哪幾個方面？

3．人力資源全球化的管理問題有哪些？

4．當前人力資源管理實踐面臨的突出問題是什麼？

5．應如何實現人力資源管理的全球化轉型？

案例

聯想：國際化下的人力資源挑戰

聯想，一個成立於1984年的典型中國國有民營企業，在過去十幾年的發展過程中，一直本本分分地做著一個本土企業該做的努力。兩年前，聯想選擇了國際化發展道路後，不僅經歷了和IBM的PC業務併購這樣的大事件，更實現了從本土企業到跨國企業的轉變。

聯想全球併購不僅把聯想推向了國際舞臺，也把聯想的人力資源管理推到變革的第一線，成為聯想國際化進程中必須首先解決的問題之一。人力資源的國際化變革帶給聯想許多經驗和教訓，期間也有痛苦與困難，這主要集中在三個方面：文化衝突與融合、國際化人才儲備和本土人才培養。

一、文化衝突與融合

聯想從全球併購的第一天起，就非常重視企業文化的建設。聯想人力資源部把更多的精力放在發現並有效解決國際併購中存在的種種文化衝突上。這些文化衝突主要表現在以下方面：

人力資源管理
第十四章 人力資源管理的全球化發展趨勢

　　一是先溝通再執行，還是邊執行邊溝通。在聯想，過去員工們習慣在工作中確定好目標之後便馬上開始執行。但是西方人的工作習慣卻是在整件事情還沒有一個完整設想的時候就拿出來溝通，透過溝通與大家一起完善思路和設想，這種差異實質上反映出中國人在工作中更願意與事物打交道，而西方人在工作中更致力於與人交流。

　　二是考核標準全球統一還是因地制宜。聯想全球併購之後，在人力資源部做考核時，就遇到了如何選擇考核單元的問題。

　　聯想的員工被細分為三類，這樣的劃分，使聯想的考核標準有了自己的標準和內容側重。

二、國際化人才儲備

　　聯想國際型人才儲備的缺乏在全球併購時顯得特別突出，簡單來說當聯想走出中國之後，才發現自己還沒有一個具有國際管理能力的新型管理者，更不用說是其他層面的國際人才了。因此，聯想人力資源部有計劃、有目標地進行全球招聘，不僅引進跨國人才，吸納大量「海歸」，而且積極地從競爭對手中發掘符合自己需求的人才，迅速實現聯想的國際化人才累積。

三、本土人才培養

　　雖然聯想把國際型人才作為近兩年來的招聘重點，但並沒有忽視對中國本土人才的培養。首先，從語言培訓入手，有計劃地把大量的人才外派出去，在增強員工業務能力的同時，也鍛鍊他們的英語能力，實現業務和英語的雙豐收。其次，透過把聯想過去非常成功的業務模式和做法推廣到全球去，來激勵、培養本土的人才。

案例討論題

1. 分析聯想走向全球化過程中，如何處理文化衝突和融合？
2. 分析聯想國際化人才儲備的舉措和值得借鑑的方面。

後記

能夠完成本教材的編寫，得益於出版社和陳躍教授、吳江教授，感謝出版社米加德社長，鄭持軍社長，特別感謝出版社杜珍輝編輯在整個編寫教材過程中的關心與幫助，對杜編輯的辛勤付出致以深深的謝意！本書的責任編輯杜珍輝老師、劉凱老師，以出色的業務能力和認真負責的精神，為本書的出版做了大量艱苦細緻的工作，在此致以由衷的感謝！

本書借鑑和引用了大量國內外學者研究成果，我們儘可能將相關文獻完整地列入參考文獻之中，由於涉及面寬、文獻量大，可能有所遺漏，在此向所有相關研究成果支持者表示真摯的感謝。

本書由王斌、魏大明擔任主編，諸彥含、張雪峰擔任副主編，負責大綱的擬定和全書的統稿。張冬在全書寫作工作中承擔了溝通、協調的全部工作，同時張冬和姚丹青在最後的統稿和格式修改中協助主編做了大量的文字工作。本書各章的編寫分工如下：

第一章	人力資源管理導論	王　斌、張　冬
第二章	人力資源管理的基本原理	張雪峰、王　斌
第三章	人力資源管理的發展歷程	劉忠艷
第四章	人力資源規劃	徐志花
第五章	職位分析	諸彥含
第六章	招聘管理	黃　蕾
第七章	錄用測評	向　建
第八章	員工培訓	姚丹青
第九章	績效管理	張　娜
第十章	獎酬與激勵	魏大明
第十一章	職業生涯規劃	伍　蕾

人力資源管理
後記

  第十二章 人力資源危機管理   周 露

  第十三章 跨文化人力資源管理中的溝通管理 張 冬

  第十四章 人力資源管理的全球化發展趨勢   吳卿昊

  本書編寫組

第三節　人力資源全球化的管理問題

國家圖書館出版品預行編目（CIP）資料

人力資源管理 / 王斌, 魏大明　主編. -- 第一版.
-- 臺北市：崧燁文化, 2019.07
　　面；　公分
POD 版

ISBN 978-957-681-855-4(平裝)

1. 人力資源管理

494.3　　　　　　　　　　　　　　　　108009062

書　　名：人力資源管理
作　　者：王斌, 魏大明　主編
發 行 人：黃振庭
出 版 者：崧燁文化事業有限公司
發 行 者：崧燁文化事業有限公司
E - m a i l：sonbookservice@gmail.com
粉 絲 頁：　　　　　　網　址：
地　　址：台北市中正區重慶南路一段六十一號八樓 815 室
8F.-815, No.61, Sec. 1, Chongqing S. Rd., Zhongzheng Dist., Taipei City 100, Taiwan (R.O.C.)
電　　話：(02)2370-3310　傳　真：(02) 2370-3210
總 經 銷：紅螞蟻圖書有限公司
地　　址：台北市內湖區舊宗路二段 121 巷 19 號
電　　話:02-2795-3656 傳真:02-2795-4100　　網址：
印　　刷：京峯彩色印刷有限公司（京峰數位）

本書版權為西南師範大學出版社所有授權崧博出版事業股份有限公司獨家發行電子書及繁體書繁體字版。若有其他相關權利及授權需求請與本公司聯繫。

定　　價：750 元
發行日期：2019 年 07 月第一版
◎ 本書以 POD 印製發行